교육역량 강화를 위한

개정판

기초 에스테틱

AESTHETICS

메디시인

머리말

현대를 살아가고 있는 전 세계인의 화두는 웰빙(Well-being)으로 급속히 발전하는 산업사회의 다변화와 생활수준의 향상으로 고연령시대에 접어들게 되었습니다. 과거와는 달리 남녀노소를 막론하고 미(美)에 대한 욕구가 점차 높아지고 있으며 대중화되어가고 있는 것이 현실입니다.

이는 개인의 건강과 젊음유지, 아름다움을 위한 과감한 소비패턴과 미를 선호하는 문화적 현상으로 해석할 수 있으며, 개개인마다 젊음을 유지하기 위한 많은 노력을 기울이고 있습니다.

미(美)의 기본이 되는 피부는 단순히 겉으로 보이는 것을 넘어 개인의 내적 건강을 보여주는 중요한 창으로써, 피부를 통해 건강한 몸상태를 보여주게 되고 개인의 좋은 이미지를 부각시킬 수 있기 때문에 목표달성 및 개인의 성공에도 큰 영향을 미치는 분야라 할 수 있습니다.

이 책은 2024년 교육부 및 고용노동부와 한국산업인력공단이 발표한 교육역량강화를 위한 새로운 NCS 국가직무능력표준을 기반으로 집필하였으며, 보다 더 전문적이고 수준있는 산업현장에 맞춰진 전문인력을 배출하기 위한 능력단위별 능력단위요소를 세부적으로 다루어 집필하였습니다. 뿐만 아니라 능력단위요소에 따른 수행준거와 지식, 기술, 태도, 고려사항 및 자료 및 관련서류와 장비 및 도구, 평가지침, 평가시 고려사항을 수록하였습니다.

현재 피부관리 이론과 실기를 동시에 쉽게 배울 수 있는 교재는 부족한 현실입니다. 이에 각 대학의 전공교수들로 구성하여 다년간의 학생지도 및 피부강의를 통한 노하우를 녹여서 효과적인 핵심지식전달과 실습을 지도할 수 있도록 세심하게 집필하였습니다.

이 책을 출판하기까지 만족도 높은 교재를 집필하기 위해 많은 수정과 보완작업을 하였으나 부족한 점은 판을 거듭하면서 앞으로도 피부관리실습에 대한 진보된 내용들을 추가 수록, 수정해 나아가 이 교재를 통해서 쉽고 재미있게 피부관리교육이 이루어지도록 힘쓸 것입니다.

모쪼록 독자들의 기본기를 배우고자 하는 꿈이 이루어지기를 바라며, 가르치는 교수님들에게도 사랑 받기를 기대합니다.

끝으로 이 책이 출판되기까지 도움을 주신 많은 분들과 촬영에 도움을 준 제자들에게도 감사를 드리며, 아낌없는 지원을 해주신 ㈜지구문화/메디시언 사장님을 비롯한 임직원 여러분들께 감사를 드립니다.

갑진년 새 봄에

저자 대표

차례

Contents

차례

Part Ⅱ 기초에스테틱 실무

Chapter 4 실무(실기) 1 : 얼굴

Contents

Chapter 5 실무(실기) 2 : 전신

Chapter 6 특수관리

차례

Part Ⅲ 부 록

Part I

에스테틱

Chapter 1. 에스테틱의 개요
2. 피부유형 분석 및 관리계획표 작성
3. 준비사항

Chapter 1

에스테틱의 개요

1. 피부이론

피부는 우리몸의 가장 넓은 부분을 차지하는 기관으로 신체내부의 주요장기를 보호하고, 외부의 미세먼지나 환경으로부터 몸을 보호하는 역할을 한다. 피부의 구조는 표피, 진피, 피하지방층으로 나누어진다.

인체를 둘러싸고 보호하는 막, 즉 표피의 두께 평균은 0.1~0.3mm 정도(손바닥 : 1.6mm, 눈꺼풀 : 0.04mm)이며, 진피의 두께 평균은 0.5~4mm, 피하지방층은 3cm(복부, 둔부의 경우)이고, 눈꺼풀은 0.04~0.05mm로 얇게 분포한다.

피부타입은 나이, 성별, 신체부위별로 차이가 있다.

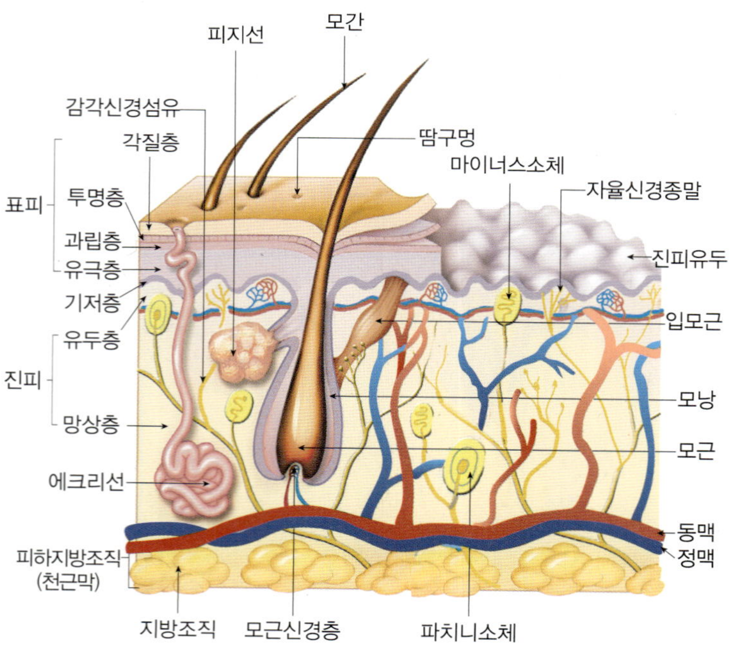

그림 1-1
피부의 구조

피부의 넓이 : 성인 : 1.6m^2, 10세 어린이 기준 : 1.0m^2 (개인 체중의 7~8%를 차지한다)

1. 피부의 구조

(1) 표 피

표피는 피부의 가장 바깥층에 존재하며 0.1~0.3mm 정도의 두께를 가지고 있다. 각질층, 투명층, 과립층, 유극층, 기저층으로 구성되어 있다.

1) 표피의 구성

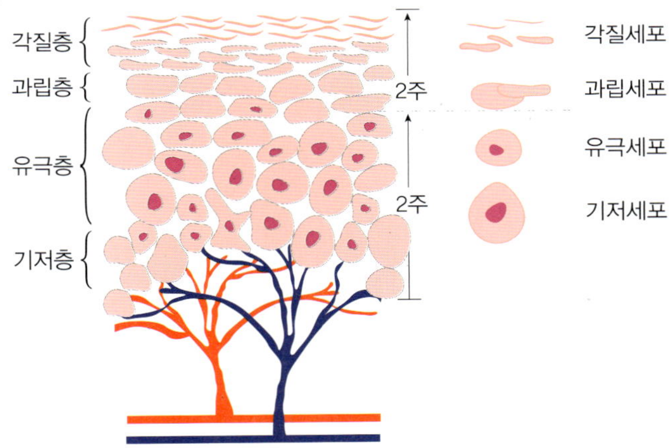

그림 1-2 탈락되는 각질세포

① **각질층** : 피부의 가장 겉부분에 위치하며 피부를 보호하는 역할을 한다. 이상적인 수분 함량은 10~20%이며, 무핵 10~25층의 편평하고 얇은 기와 모양으로 쌓여 있다. 각질층은 케라틴 58%, 각질세포간지질 11%, 천연보습인자 31%로 구성되어 있다.

② **투명층** : 무핵세포의 2~3층으로, 반유동성 단백질인 엘라이딘(Elaidin)을 함유하며 빛을 차단하는 역할을 한다. 수분을 흡수하지 않는 특징이 있어서 물속에 오래 있다가 나올 경우 투명층에는 수분이 거의 흡수되지 않고 각질층에만 수분이 흡수되어 피부가 팽창됨으로써 겉피부의 굴곡이 생기는 현상이 일어난다.

③ **과립층** : 2~5층의 방추형 및 편평형 세포로 구성, 핵이 없는 무핵세포로 이루어져 있으며, 세포의 생명력이 없어지면서 실질적인 피부의 각화가 일어나는 층이다. 내부의 수분 증발방지 및 외부의 이물질을 차단하는 방어막 역할을 한다. 케라틴 단백질이 뭉쳐진 과립인 케라토히알린(Keratohyalin)이 존재하며, 과립층에 유황단백질(Sulfurprotein)을 함유하고 있어서 빛의 굴절을 통해 피부를 맑게 하는 효과가 있다.

④ **유극층** : 5~10개의 유핵세포층으로 표피 중에서 가장 두꺼운 층이다. 유극층에 존재하는 랑게르한스세포는 면역을 담당하는 중요한 역할을 한다. 다각형의 세포들의 표면에 존재하는 짧은 극돌기는 세포와 세포 사이에 노폐물 등의 물질이동이 이루어지게 하는 세포간교를 형성한다.

⑤ **기저층** : 단일세포층으로 구성되어 있는 기저층은 표피 중에서 가장 아래에 위치한다. 원주형 모양의 유핵세포로 존재하며 물결모양으로 되어 있으며 산소와 영양분을 모세혈관으로부터 공급받아서 새로운 세포를 생성 및 분열시키는 역할을 한다. 세포의 분열은 대개 밤 10시~새벽 2시까지 이루어진다. 기저층은 각질형성세포(Keratinocyte)와 멜라닌생성세포(Melanocyte)로 구성되어 있으며, 각질형성세포와 멜라닌형성세포의 비율은 4:1~10:1의 비율로 구성되어 있다.

2) 표피층의 구성세포

표피의 구성세포에는 각질형성세포, 멜라닌형성세포, 랑게르한스세포, 머켈세포(촉각세포) 등이 존재하며 케라티노사이트라는 각질형성세포가 80% 이상을 차지한다. 기저층에서 새로운 세포가 생성되어 분열되는 과정에서 계속 밀려 올라오는 데 걸리는 시간이 10~14일 정도 소요되며 각질층에 얇게 붙어있다가 떨어져 나가는 데까지 걸리는 시간이 약 14일 정도 소요된다. 즉, 세포의 생성부터 탈락까지는 28일의 턴오버(Turnover)주기를 갖는다. 촉각을 담당하는 기저층 부근에 머켈세포와 면역을 담당하는 유극층의 랑게르한스세포, 그리고 색소를 결정짓는 기저층의 멜라닌세포가 존재한다.

① **각질형성세포** : 표피세포의 80%를 차지하며 기저세포라고도 한다. 표피의 가장 아래인 기저층에서 새로운 세포가 생성되어 분열과정을 거친 후

마지막 분화의 단계로 각질층의 얇은 비닐조각과 같이 붙어있다가 떨어져 나간다.

② **멜라닌형성세포** : 표피의 기저층에 위치한 멜라닌형성세포는 피부색을 결정짓게 되며 문어발과 같은 수상돌기로 되어 있어서 자극을 통해서 멜라닌의 양을 증가시키는 역할을 한다.

③ **랑게르한스세포** : 표피의 유극층 상부나 과립층에 존재하며 면역기능을 담당한다. 또한 면역학적 반응 이외에도 알레르기나 바이러스 감염 등에 중요한 역할을 한다.

④ **머켈세포** : 표피의 기저층에 위치하며 모발이 없는 구강점막, 손바닥, 발바닥, 입술 등에 존재한다. 신경섬유의 말단부위와 연결되어 있어서 신경자극을 뇌로 전달하는 촉각수용체이다.

(2) 진 피

표피와 피하지방층 사이에 존재하는 피부의 90%를 차지하는 치밀한 조직으로 표피의 20~40배 정도의 두께를 가지고 있다. 개인차는 있겠지만 0.5~4mm 정도의 두께를 가지고 있다.

콜라겐(교원섬유)과 엘라스틴(탄력섬유) 등의 단백질 구성으로 되어 있으며 피부탄력에 중요한 역할을 하는 층이다.

1) 진피의 구조

① **유두층** : 표피의 가장 하단에 위치한 기저층 아래, 진피의 상단에 위치하고 있는 유두층은 유두모양의 돌기를 형성하고 모세혈관이 존재해서 표피 기저세포의 영양과 산소공급에 중요한 역할을 하며 이를 통해서 건강한 각질세포 생성과 분열에 중요한 역할을 한다.

② **망상층** : 진피의 유두층 아래에 위치하며 섬유단백질인 콜라겐(교원섬유)와 엘라스틴(탄력섬유)로 이루어진 결합조직으로 일정 방향의 망상구조로 되어있는 특징이 있다. 모세혈관은 존재하지 않으며, 한선(대한선, 소한선)과 혈관 및 피지선 및 신경들이 존재하며, 유두층에 비해서 굵은 섬유조직을 이루고 있다.

2) 진피의 구성물질

① **콜라겐(Collagen)**: 교원섬유라고도 하며 진피의 85% 정도를 차지한다. 세포 성장 및 기관 형성 등의 중요한 생리적 기능을 수행한다.

② **엘라스틴(Elastin)**: 탄력섬유라고도 하며 진피성분의 2~3% 정도를 차지한다. 피부탄력을 결정짓는 데 중요한 역할을 한다.

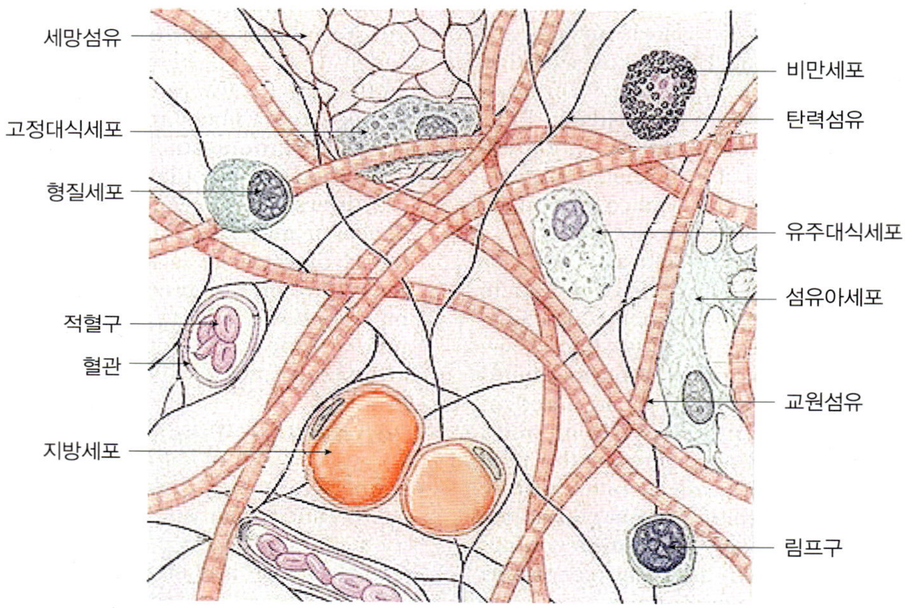

그림 1-3 진피구성과 섬유

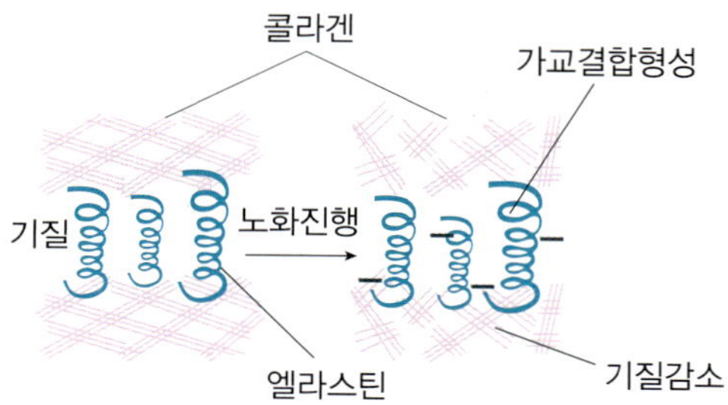

그림 1-4 교원섬유와 탄력섬유

③ **기질** : 진피 내의 결합섬유와 진피 사이를 채우고 있는 물질로서 대부분이 히알루론산(Hyaluronic acid)과 황산으로 이루어져 있다. 물에 녹았을 경우 끈적거린다고 해서 뮤코다당류라고도 하며 수분 친화력이 높아서 자기 몸의 수백 배의 수분을 보유할 수 있으며 노화에 큰 영향을 미친다.

(3) 피하지방층

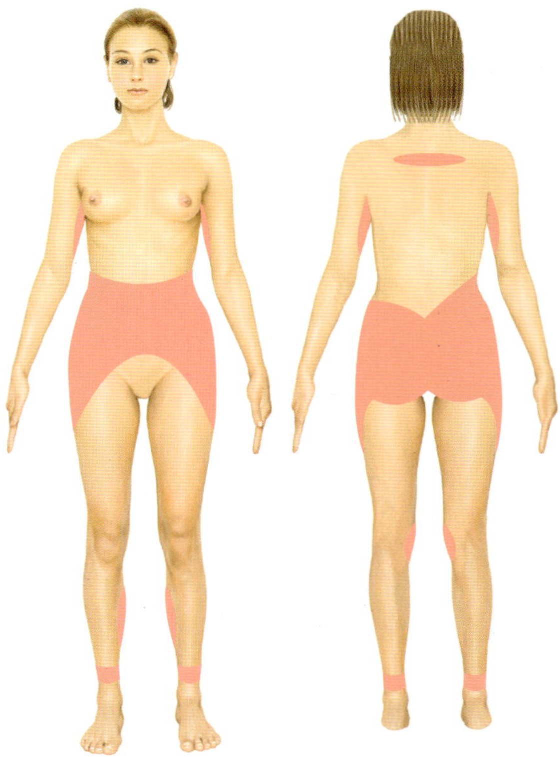

그림 1-5 셀룰라이트 형성 부위

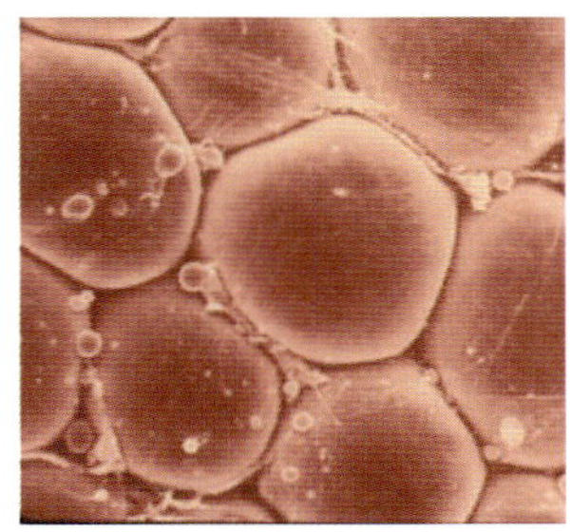

지방세포

피부의 가장 아래에 위치하며 피하조직이라고도 한다. 피하지방층에 존재하는 지방세포들은 정상체온유지기능과 수분조절기능, 충격완화 작용 및 영양소의 저장기능을 한다. 피하조직발달이 미숙한 부위는 고환 · 외이 · 눈꺼풀 · 입술 등이며, 지방축적이 잘 되는 곳은 하복부 · 가슴 · 허리 · 대퇴부 등이다.

지방층이 과도하게 축적되면 림프 순환이나 혈액순환의 방해로 피부표면을 고르지 못하게 만드는 셀룰라이트(Cellulite)가 많이 형성되며 피하지방층은 여성의 신체선을 결정짓는 중요한 역할을 한다.

2. 얼굴 근육의 이해

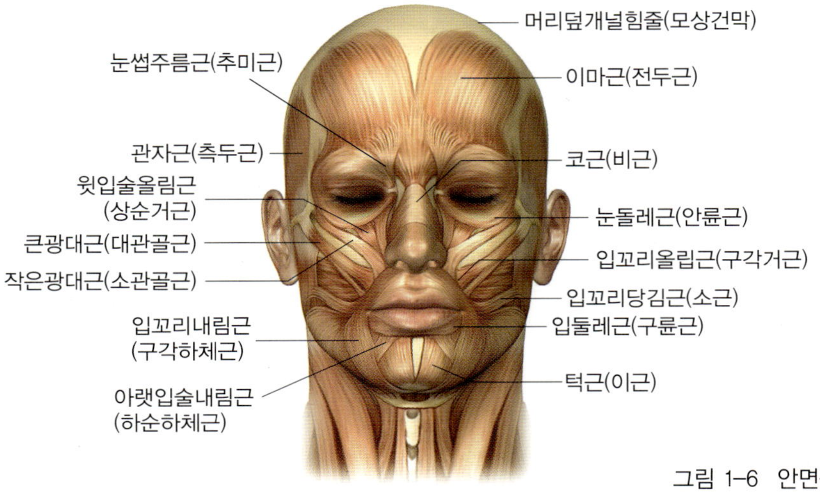

그림 1-6 안면근 (전면)

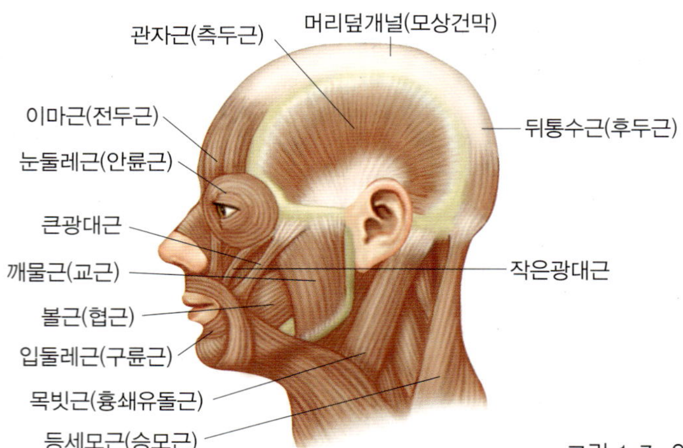

그림 1-7 안면근 (외측면)

① 모상건막 : 눈썹의 추미근을 당겨 올리거나 이마주름을 형성하는 데 관여

② 전두근(이마근) : 놀란 표정, 이마주름, 눈썹 들어올림 관여

③ 측두근(관자근) : 음식을 씹을 때 관여하는 근육, 하악골을 상 · 후방으로 당기는 역할

④ 추미근(눈썹주름근) : 눈썹의 상 · 하 움직임 및 미간의 주름을 만드는 데 관여

⑤ 안륜근(눈둘레근) : ❶ (안와부) – 눈을 꽉 감을 때 관여
❷ (안검부) – 눈을 살짝 감을 때 관여

⑥ 비근(코근) : 코의 움직임, 콧구멍 크기 조절, 비공확장에 관여

⑦ 상순거근(윗입술올림근) : 윗입술 외측부를 위로 당겨 불쾌한 표정에 관여

⑧ 소관골근(작은광대근) : 윗입술을 위로 당겨 못마땅한 표정에 관여

⑨ 대관골근(큰광대근) : 구각을 상방, 외측으로 당겨 웃는 표정에 관여

⑩ 구각거근(입꼬리올림근) : 구각을 상방으로 당기는 근육

⑪ 구륜근(입둘레근) : 입을 벌리고 닫는 데 관여

⑫ 소근(입꼬리당김근) : 구각을 외방으로 당겨서 보조개를 만들 때 관여

⑬ 구각하체근(입꼬리내림근) : 구각을 하방으로 당겨 슬퍼서 눈물 흘릴 때와 같은 표정을 만드는 데 관여하는 근육

⑭ 협근(볼근) : 뺨의 넓고 얇은 근육, 볼을 압박시킬 때 관여, 구강의 음식물을 치아쪽으로 보내는데 관여, 많은 공기를 내보내는 데 관여

⑮ 교근(깨물근) : 턱의 측면에 있으며 광대뼈에서 시작해서 아래턱뼈로 이어짐, 음식물을 씹는 데 관여

⑯ 하순하체근(아랫입술내림근) : 아래입술을 내 · 하방으로 당겨 입이 돌출되는 데 관여

⑰ 이근(턱근) : 턱부위 주름 및 구각을 상방향으로 올리는 데 관여

⑱ 광경근(넓은목근) : 목 전체의 주름에 관여, 구각을 하방으로 당겨 슬픈 표정에 관여

⑲ 흉쇄유돌근(목빗근) : 머리를 상하로 움직이거나 좌우로 방향을 바꿀 때 관여

3. 전신 근육의 이해

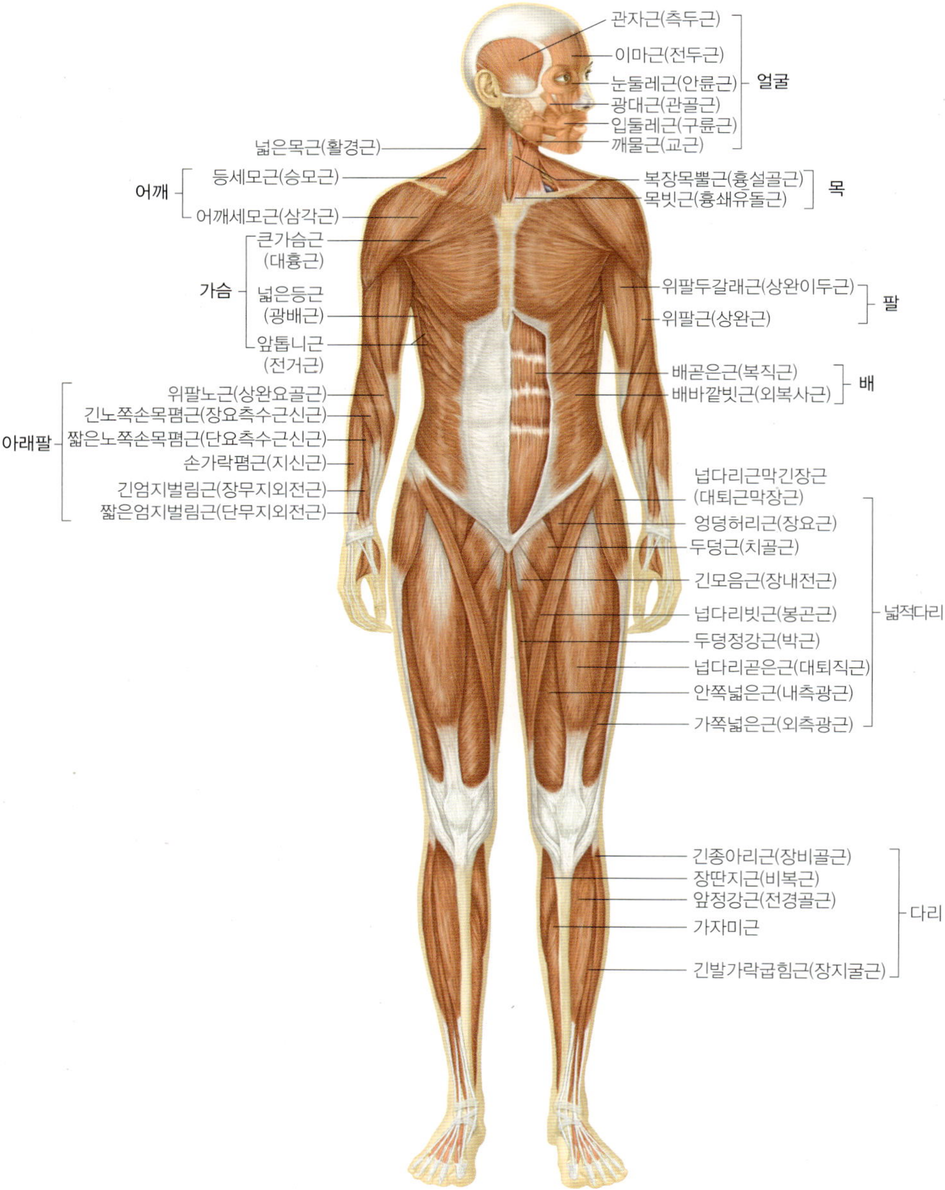

그림 1-8 인체 근육도 (전면)

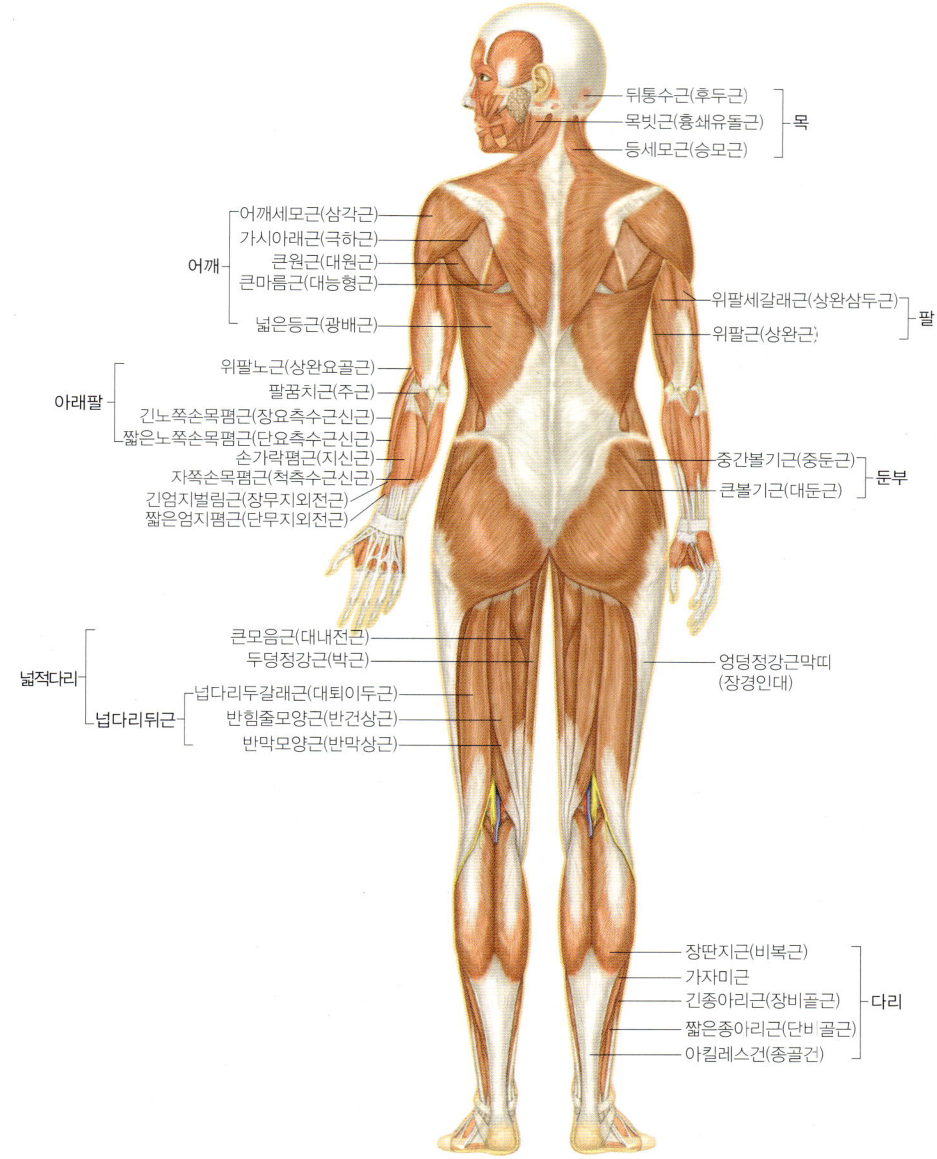

그림 1-9 인체 근육도 (후면)

4. 전신 골격의 이해

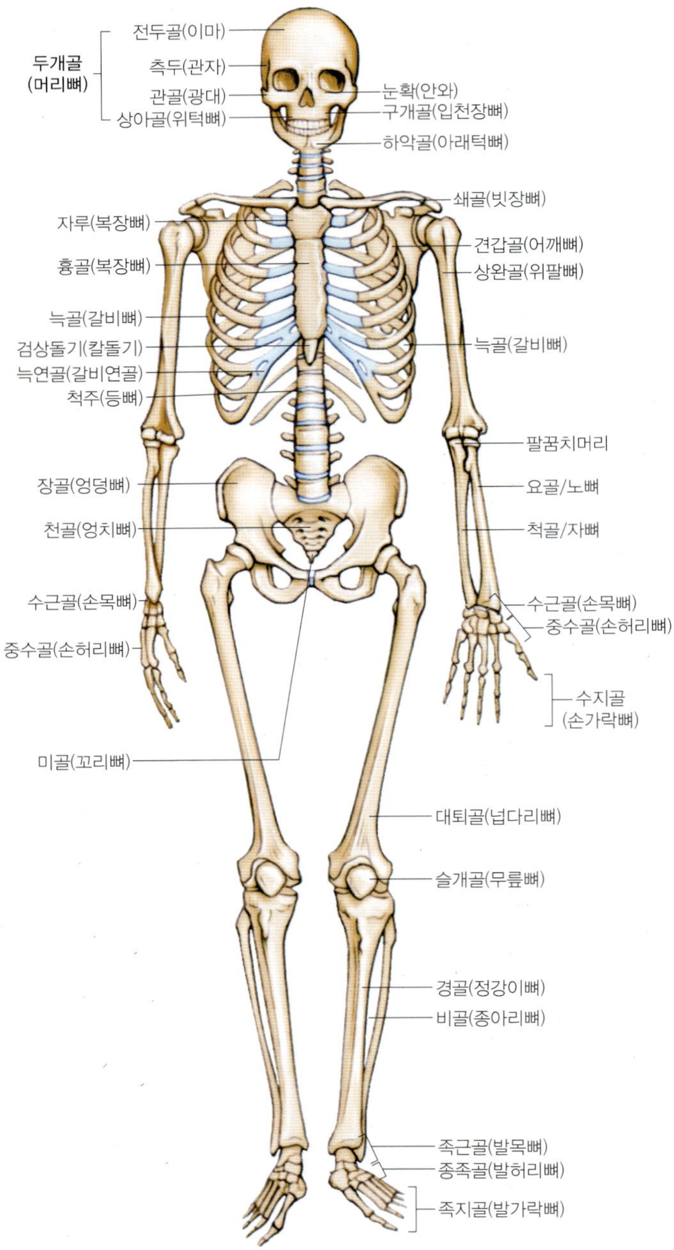

그림 1-10 전신의 골격 (전면)

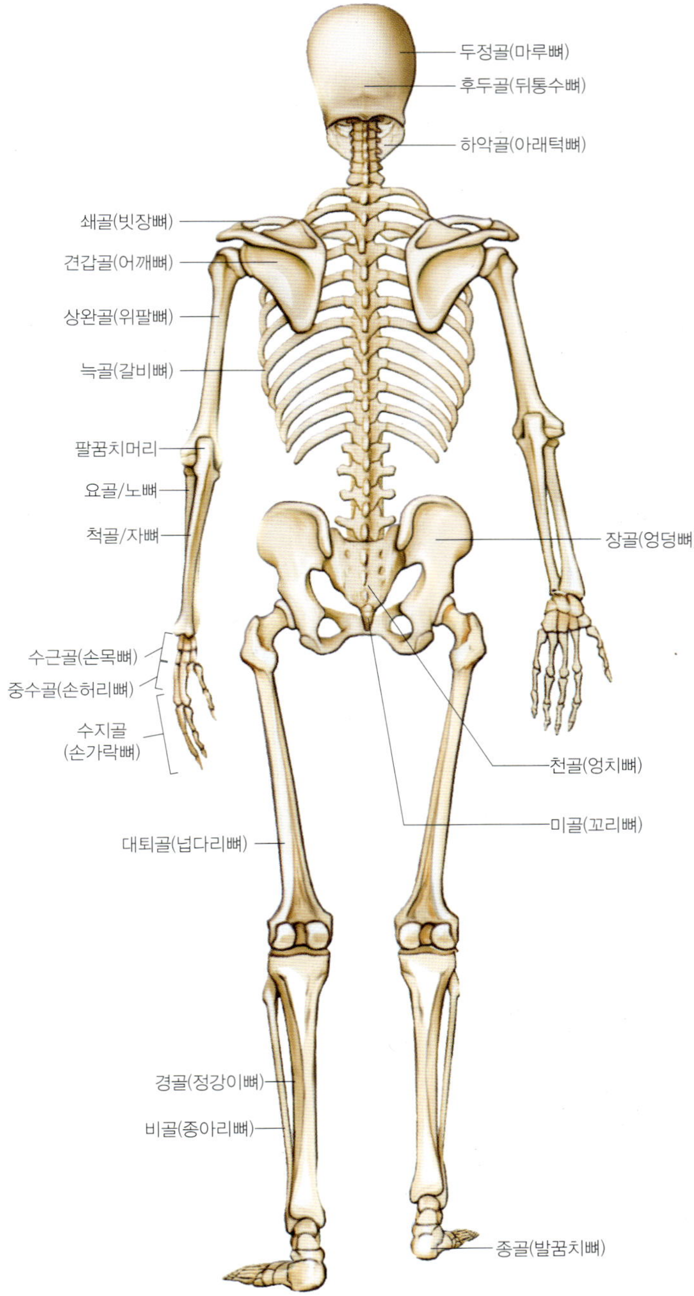

그림 1-11 전신의 골격 (후면)

2. 에스테틱 이론

1. 클렌징(Cleansing)

(1) 정의와 목적

① 정의

피부 내부에서 분비되는 피지, 땀, 그리고 외부로부터의 먼지, 환경오염, 메이크업과 같은 노폐물을 제거하는 데 사용한다.

② 목적

- 피부 표면의 노폐물을 제거함으로써 신진대사를 원활하게 하여 건강한 피부상태로 만든다.
- 화장품의 유효성분들의 흡수를 도와준다.

(2) 클렌징제의 종류

① 포인트 메이크업 클렌징

- 포인트 메이크업을 지우는 데 사용한다.
- 눈과 입은 보호막이 얇으므로 자극을 최소화한다.
- 움직임이 많은 부위이므로 주름발생을 예방한다.

② 클렌징 크림

- 피지분비가 많거나 두꺼운 유성 메이크업을 했을 때 사용한다.
- 크림의 잔여물이 남아있으면 피부트러블의 원인이 되므로 이중세안이 필요하다.
- 친유성(W/O) 크림 상태의 제품으로 가격이 저렴하고, 쉽게 부패되지 않는다는 장점이 있다.

③ 클렌징 로션

- 친수성 에멀션(O/W) 상태의 제품으로 식물성 오일이 함유되어 있다.
- 클렌징 크림에 비해 수분함유량이 많아 물에 잘 용해된다.
- 건성, 민감성, 노화피부 타입에 적당하다.

④ 클렌징 오일

- 물과 친화력이 있는 오일성분을 배합시킨 제품으로 물에 쉽게 녹는다.
- 노화, 수분부족, 건조하고 민감성 피부에 적당하다.

⑤ 클렌징 겔

- 오일 성분이 전혀 함유되지 않은 세안제로 물로 제거할 수 있다.
- 지방에 예민한 예민성, 알레르기성 피부나 지성, 여드름 피부에 자극없이 사용한다.

⑥ 클렌징 워터

- 수성원료 함유
- 가볍고 산뜻한 느낌
- Cotton pad off 방법이 피부에 자극적일 수 있다.

⑦ 비누

- 알칼리 작용으로 피부에 있는 노폐물을 제거한다.
- 조직을 유연하게 하고 각질을 부풀게 한다.
- 탈수, 탈지 현상으로 피부 건조화를 유발한다.

⑧ 토닉 로션

- 보습
- 수렴, 청정효과
- pH Balance 유지
- 메이크업 잔여물 제거 효과

2. 눈썹 정리

(1) 준비물

족집게, 눈썹 가위, 탈지면, 알코올, 눈썹 칼, 진정 겔(알로에 겔)

(2) 정리방법

① 눈썹 도구를 베드 위에 세팅한다.

② 관리사의 손과 도구를 소독한 후, 고객의 눈썹을 소독한다.

③ 눈썹 앞머리, 눈썹 산, 눈썹 꼬리의 각도를 잰 후, 눈썹 브러시와 가위를 이용하여 각도에 맞춰 자른다.
④ 손가락 2, 3지를 이용하여 피부 텐션을 준 후, 눈썹이 난 방향대로 족집게를 이용하여 뽑아 준다.
⑤ 눈썹 모양 이외의 잔여 눈썹은 눈썹 칼을 이용하여 제거한다.
⑥ 면봉을 이용하여 진정 겔(알로에 겔)을 도포한다.

3. 딥클렌징(Deep Cleansing)

(1) 딥클렌징의 효과

① 모공 속의 피지와 노폐물을 제거한다.
② 노화된 각질층이 정돈되어 피부 톤이 맑아진다.
③ 각질 정리 후 영양성분의 침투가 용이하다.
④ 혈액순환을 촉진시킨다.
⑤ 세포재생이 잘 되도록 도와준다.

(2) 딥클렌징의 종류

1) 물리적 방법

① 스크럽(Scrub)

스크럽이란 '문지르다, 비비다, 제거하다'의 의미로, 함유된 다양한 스크럽(아몬드, 살구씨, 밀기울, 조개껍질 등)의 성질을 이용하여 피부표면의 각질을 제거한다.

[사용방법]

- 제품 도포 후 손 끝에 물을 묻혀 수분을 유지하며 나선형으로 부드럽게 문질러 준다.

[주의사항]

- 예민하거나 혈관이 확장된 부위는 사용을 피한다.
- 스크럽이 눈, 코, 입에 들어가지 않도록 주의한다.
- 스크럽이 남지 않도록 깨끗이 제거한다.

② 고마지(Gommage)

[사용방법]

- 얼굴에 균일하게 도포한 후 완전히 마르지 않은 상태에서 근육결 방향으로 밀어서 제거한다.

[주의사항]

- 제거 시 제품이 코, 입, 눈 안에 들어가지 않도록 주의하고 예민한 부위는 문지르지 않도록 한다.

2) 화학적 방법

① 효소(Enzyme)

- 단백질 분해 효소가 함유되어 자극 없이 각질을 제거한다.
- 파파야 · 파인애플 · 쌀겨 등에서 추출해 낸 효소로, 크림 · 파우더 타입이 있다.
- 시간, 온도, 습도가 적절히 조절되어야 효과가 높아진다.

효소란 (Enzyme)란?

- 생물학적 반응을 촉매하는 생리활성을 나타내는 단백질이다.
- 활동조건 온도는 35℃, 습도는 70%, pH 5~7이 가장 활발하다.

[파우더 타입의 효소 사용방법]

- 베이퍼라이저(vaporizer)를 사전에 예열한 후, 엔자임 파우더를 폼 형태로 개어 눈과 입 주위를 제외한 안면 전체에 균일하게 도포하고 베퍼라이저를 약 10분 정도 분사한다(베이퍼라이저가 없을 시는 온습포 사용).

[주의사항]

- 엔자임 파우더 적용 시 피부상태에 맞도록 적절하게 조절하여 사용한다.

② 과일산(A.H.A)

- 수분공급효과가 있으며 박테리아 성장억제, 세포재생에 효과적이다.
- 농도에 따라 피부에 다양한 효능으로 적용 가능하다.

[사용방법]

- 젖은 아이패드를 이용해서 눈을 덮어준 후, 액체타입의 A.H.A를 T존과 U존 순서로 도포한다.

[주의사항]
- 예민부위는 피하고, 제품이 눈, 코, 입에 들어가지 않도록 주의한다.
- 사용 후 냉습포를 사용한다.
- 농도와 도포 후 유지 시간을 피부상태에 맞도록 적절하게 조절하여 사용한다.

A.H.A란?
- Alpha Hydroxy Acid의 약자로 과일 또는 채소에서 자연적으로 발생되는 천연산을 총칭한다.
- 주요산으로는 글리콜산(Glycolic Acid), 젖산(Lactic Acid)이 있고, 보조산은 사과산(Malic Acid), 주석산(Tartaric Acid), 구연산(Citric Acid) 등이 있다.

3) 기계를 이용한 방법

① 브러시 머신 (Brush Machine)
② 갈바닉 머신의 디스인크러스테이션 (Desincrustation)
③ 피부관리용 초음파 (Ultrasonic)

4. 매뉴얼테크닉

(1) 매뉴얼테크닉의 개요

① 매뉴얼테크닉의 정의

인체의 근육조직을 쓰다듬기, 문지르기, 진동하기, 반죽하기, 두드리기 등의 행위를 말한다. 혈액 순환과 신진대사를 증진시켜 체내 노폐물의 배설 작용을 돕고 피로회복을 통해 건강한 몸을 유지한다.

② 매뉴얼테크닉의 효과

- 피부의 흡수력을 확대시키며 화장의 흡수율을 높인다.
- 긴장된 근육의 이완 및 통증을 완화시킨다.
- 영양, 산소공급 등이 충분히 이루어진다.
- 피부조직의 긴장도를 상승시켜 탄력성을 증진시킨다.
- 혈액순환 및 림프순환을 촉진시킨다.
- 피부의 신진대사가 원활해지고, 림프의 순환이 촉진되면서 피부의 부종이 완화되고 세포재생에 도움이 된다.

- 심리적으로 안정감을 주고 신경을 진정시켜 긴장을 풀어 준다.
- 내분비기능이 조절되고, 결체조직에 긴장과 탄력성을 높혀준다.
- 모공을 열어주고 피지분비를 촉진시킨다.
- 피부결이 부드러워지고 피부상태가 개선된다.
- 모공의 노폐물과 노화된 각질을 제거하여 피부의 정화작용을 한다.

③ 매뉴얼테크닉의 방향

- 안에서 밖을 향해, 아래에서 위를 향해 근육의 결을 따라서 진행한다.
- 각 동작의 압력의 방향은 정맥의 방향(구심방향)으로 한다.

④ 매뉴얼테크닉의 리듬

- 규칙적인 리듬과 속도를 유지하면서 손바닥을 밀착시켜 관리하고 손목이나 손가락의 움직임은 유연하게 한다.

⑤ 매뉴얼테크닉의 압력

- 압력이 강하면 피부에 자극을 주어 모세혈관이나 림프관 조직이 손상될 수 있다.
- 압력이 약할 경우에는 효과가 없으므로 적절히 힘의 분배와 세기를 조절한다.

⑥ 매뉴얼테크닉의 속도

- 속도는 빠르지 않으면서 리듬감을 살려서 관리한다.
- 속도가 너무 빠르면 결체조직까지 깊은 효과를 주지 못하고 표면적인 효과만을 준다.

⑦ 매뉴얼테크닉의 적당한 시간(얼굴, 전신)

- 일반적으로 얼굴은 10~15분, 전신은 50~60분 정도 실시하는데 피부타입과 상태에 따라서 적절하게 조절한다.

(2) 매뉴얼테크닉의 기본동작

① 경찰법 (쓰다듬기, Effleurage)

[동작]

- 주로 매뉴얼테크닉의 시작과 끝에 많이 사용한다.
- 손가락을 포함한 손바닥 전체로 피부를 부드럽게 쓰다듬는다.

- 손바닥과 피부의 접촉을 최대한으로 하고 누르는 정도와 속도는 일정하게 한다.

[효과]

- 혈액순환을 돕는다.
- 신경을 안정시킨다.
- 피부진정작용이 있다.
- 모세혈관을 확장시킨다.
- 림프의 순환을 촉진시킨다.
- 피부의 긴장감을 완화시킨다.

② 강찰법(문지르기, Friction)

[동작]

- 주름이 생기는 부위인 이마, 입가, 눈가에 주로 실시한다.
- 손가락의 끝부분을 피부에 대고 조금씩 이동하며 원을 그리는 동작이다.

[효과]

- 혈액순환을 돕는다.
- 근육 긴장을 이완시킨다.
- 피부탄력을 증진시킨다.
- 피지선을 자극하여 노폐물 배출작용을 돕는다.
- 신진대사를 활성화하여 피부조직에 효과적이다.

③ 유연법 (반죽하기, Petrissage)

[동작]

- 손가락을 이용하여 피부를 쥐듯이 잡아 반죽하듯 주무르는 강한 동작으로 근육을 잡아 쥐었다가 놓는 방법이다.
- 손에 힘을 주어 누르는 동작도 있다.
- 피부조직을 약간 들었다 놓으며 짜면서 반죽하듯이 주무른다.

[효과]

- 근육의 탄력성을 높여 준다.
- 혈관확장, 신진대사를 활성화한다.
- 피하조직의 노폐물을 밖으로 내보낸다.
- 피하조직과 결체조직을 강화시키고 부기를 해소한다.
- 풀링, 롤링, 린징, 처킹, 니딩으로 분류한다.

- 풀링(Fulling) : 강한 유연법으로 피부에 주름을 잡듯이 짜는 동작
- 롤링(Rolling) : 나선형으로 움직이는 동작
- 린징(Wringing) : 양손을 이용하면서 가볍게 비트는 동작
- 처킹(Chucking) : 상하로 가볍게 움직이는 동작
- 니딩(Kneading) : 손끝으로 반죽하듯 가볍게 움직이는 동작

④ 고타법 (두드리기, Tapotement)

[동작]

- 양손을 동시에 사용하여 빠르게 두드리는 동작이다.
- 손가락 끝, 손바닥 전체, 손의 측면, 주먹 등 손의 모양에 따라 두드리는 강도가 달라진다.
- 얼굴의 경우 주로 손가락 끝을 사용한다.

[효과]

- 혈액순환을 촉진시킨다.
- 경직된 근육을 이완시킨다.
- 피부의 탄력성을 증진시킨다.
- 신경을 자극하여 피부조직에 원기를 회복시킨다.
- 태핑, 슬래핑, 커핑, 해킹, 비팅으로 분류한다.

- 태핑(Tapping) : 손가락을 이용하여 두드리는 동작
- 슬래핑(Slapping) : 손바닥을 이용하여 두드리는 동작
- 커핑(Cupping) : 손바닥을 오목하게 만들어 두드리는 동작
- 해킹(Hacking) : 손 측면을 이용하여 두드리는 동작
- 비팅(Beating) : 가볍게 주먹쥐고 두드리는 동작

⑤ 진동법(바이브레이션/떨기, Vibration)

- 피부를 흔들어서 진동을 일으키는 방법이다.
- 혈액순환과 림프순환, 근육 이완과 피부 탄력을 증진시킨다.

⑥ Dr. Jacquet (닥터 자켓법)

- 꼬집듯이 비틀거나 튕기는 방법
- 모공 내의 노폐물 배출시키는 작용을 하며 지성피부와 여드름피부에 적합한 동작이다.

(3) 매뉴얼테크닉 시 금기사항

① 심장질환이나 고혈압 증상이 심한 경우
② 일광욕 후 피부의 자극을 심하게 받은 경우
③ 임신 말기의 임산부, 수술 직후의 환자, 심각한 당뇨병 환자
④ 정맥류, 혈우병, 부종 등 혈액순환에 관련된 질병이 심각한 경우
⑤ 전염성이 있는 피부질환, 염증이나 알레르기 등 각종 피부 질환 환자
⑥ 생리 전 후 피부 트러블을 일으키기 쉬운 민감한 피부 상태인 경우

5. 전신 관리

(1) 팔 관리

① 손바닥은 인체에 상응하는 반사구가 존재하므로 마사지로 전신관리효과까지 볼 수 있다.
② 안면 관리와 전신 관리에 상승효과를 줄 수 있다.
③ 등 관리나 가슴 관리 시에 함께 연결하여 시행한다.
④ 액와 부위나 어깨 부위에서 손가락 끝까지 세심하게 관리한다.
⑤ 때에 따라서 석션이나 초음파 등의 기기류를 사용한다.

(2) 복부 관리

① 해부학상 오장육부의 장기가 존재하는 곳이다.
② 경락상 많은 경혈점이 분포되어 있고, 림프절이 모여 있는 곳이다.
③ 관리를 통하여 노폐물 배출 및 혈액순환을 촉진한다.
④ 장운동 효과가 있어 변비 해소에 도움이 되며 복부비만 관리에 효과적이다.
⑤ 만성 피로 회복과 내면 미용에 도움이 된다.
⑥ 생리 중이거나 임신 중에는 피하도록 한다.
⑦ 대장의 연동운동 방향으로 관리한다.
⑧ 심호흡과 함께 시행하면 림프 배농에 효과적이다.

(3) 등 관리

① 척추를 중심으로 중추신경계가 분포되어 있어서 신경안정의 효과가 있다.
② 피곤하거나 스트레스를 받으면 경추 부위와 어깨 부위가 경직되므로 유연하게 해 준다.
③ 경락상 인체 장부의 치료점인 경혈들이 척추 주위에 많이 분포되어 인체 건강에 관여한다.
④ 척추교정 시 근육이완 매뉴얼테크닉을 병행하면 교정효과를 상승시킨다.
⑤ 모든 관리의 기본이 되며 우선적으로 관리해 주는 부위로 다른 부위의 관리효과를 상승시키는 역할을 한다.

(4) 다리 관리

① 경락상 순환과 관련 깊은 방광경이 다리 뒷면에 분포되어 있다.
② 심장과 가장 멀리 있는 부분으로 순환이 안 되면 가장 차가워지기 쉬운 부위이다.
③ 각선미를 돋보이고 다리를 날씬하게 관리하는 효과가 있다.
④ 인체의 노폐물을 제거하고, 각 기관의 활동을 정상화하는 데 도움이 된다.
⑤ 발에는 인체에 상응하는 반사구가 존재하므로 전신 관리의 효과가 있다.

6. 제 모

(1) 면도기를 이용한 제모 (Shaving)

① 면도기를 이용해서 팔, 다리, 겨드랑이 등의 털을 모간만 제거하는 방법이다.
② 짧은 시간에 가장 손쉽게 할 수 있는 방법이다.
③ 모(毛)의 성장방향과 반대로 밀어 주어야 효과적으로 모(毛)를 제거할 수 있다.
④ 상처를 내거나 감염 등 피부염을 일으킬 수 있는 단점이 있으므로 이를 예방하기 위해 항염물질이 함유된 화장수와 크림 또는 연고를 바르도록 한다.

(2) 핀셋을 이용한 제모 (Tweezing)

① 눈썹 정리나 왁스 제모를 한 후에 덜 뽑힌 모(毛)를 제거할 때 핀셋을 이용하여 제거한다.
② 통증이 있고 모(毛)가 계속해서 성장하므로 반복해서 시행해야 한다.
③ 모(毛)가 자라나는 방향으로 제거한다.
④ 뽑기 전에 텐션(tension)을 주어 통증을 완화시키고, 뽑은 후에는 젖은 솜이나 알로에 겔 등으로 진정을 돕는다.

(3) 화학적 제모

① 털을 용해시키는 화학성분을 첨가한 크림, 액체 연고, 로션, 거품 형태의 제모제를 사용하여 피부 표면에 나와 있는 모(毛)를 제거하는 방법이다.
② 통증 없이 제거되는 것이 장점이다.
③ 제모제는 알칼리성이므로 얼굴 사용은 주의하고 피부 자극에 유의해야 한다.
④ 제모가 끝난 후 진정 로션이나 크림을 바른다.

(4) 왁스를 이용한 제모 (Wax)

면도나 화학적 제모가 피부 표면의 모(毛)만을 제거하는 것과는 달리 모근으로부터 모(毛)가 제거되는 방법이다.

[시술방법]

① 장갑을 낀 후, 알코올솜을 이용하여 제모 부위를 소독한다.
② 파우더를 이용하여 유분기를 제거한다.
③ 종이컵과 나무스틱을 이용하여 왁스를 적당량 덜어 온다.
④ 도포 전 손목안쪽에 온도를 체크하고, 제모를 실시할 부위를 보고 모(毛)가 난 방향으로 왁스를 도포한다.
⑤ 부직포로 밀착시킨 후, 모(毛)가 난 반대방향으로 재빠르게 떼어낸다.
⑥ 제모부위를 손바닥으로 눌러 1차 진정을 시켜 준 후, 족집게를 이용하여 남은 모(毛)를 뽑아 준다.
⑦ 진정젤을 도포하여 피부를 진정시켜준다.

7. 림프드레나지

(1) 림프계

1) 림프의 정의

① 림프액은 림프관을 순환하는 묽은 무색의 액체로 주로 침투에 의해 혈장에서 생겨난다.

② 림프는 모세혈관으로 흡수되지 못한 여분의 조직액이나 기타 중요한 물질들을 혈관으로 되돌려 보내고 독소들을 림프절로 운반하며, 소화된 지방을 소장에서 흡수하는 일을 한다.

③ 림프는 거의 온몸에 퍼져 있으며 모세혈관과 정맥계와 유사하여 우리 몸의 제 2의 순환계라고도 한다.

④ 림프는 군데군데 판이 있고 다음 림프선 방향으로 열려 있다. 림프는 밀려서 열린 방향으로 흐르고 역으로 흐르려고 하면 판이 닫혀서 역류를 막는다. 서 있어도 아래쪽으로 고이지 않는 것은 이 때문이다.

⑤ 운동 때문에 근육이 신축되면 림프관도 신축하기 때문에 판의 작용으로 림프는 림프선으로 흐르게 된다.

⑥ 목, 팔, 다리의 세 군데에 모인 림프선은 목을 움직이거나 팔을 움직이며 걸을 때마다 압박운동에 의해 주물러진다. 림프드레나지 근육에 진 응어리를 푸는 것 외에 림프선 마찰을 함께 하여 림프계를 따라서 만지고 문질러서 몸의 피로를 제거한다.

2) 림프의 구조

① 림프는 신체 구석구석에 혈액을 순환시키는 혈관계와 비슷한 장치로 마치 색이 없는 레이스로 짠 그물을 피부 밑이나 장기 조직 위에 씌운 것처럼 온몸 구석구석에 림프 관계(Lymphanic vessel system)가 둘러쳐져 있다.

② 인체의 저항력을 상승시키는 림프 조직은 림프 모세관 〉 림프관 〉 림프절 〉 림프구로 구성되어 있다.

③ 대부분의 림프관은 피부의 진피층에 많이 분포되어 있다. 림프관은 정맥과 같이 얇은 벽에 막을 지니고 있으며 림프의 흐름은 인접해 있는 동맥의 맥박이나 근육의 운동을 통하여 일정한 방향으로 진행된다.

④ 림프관을 흐르는 림프액은 백혈구와 림프구 및 과립구와 산소로 이루어져 있는데, 이것은 정맥의 기능을 보호하는 중요한 역할을 한다. 특히 백혈구와 림프구는 항체를 형성하여 바이러스와 세균을 방어함으로써 인체를 보호하는 역할을 담당하고 있다.

3) 림프구

① 림프구는 백혈구와 마찬가지로 골수 속에서 만들어지며, 림프 조직에서는 100~200일 가량 살지만 혈액 속에서는 203일 가량 살아 있다. 혈액 속의 림프구는 전체 백혈구의 30%를 차지한다.
② 피부의 어떤 부위에 염증이 생기면 림프선이 붓게 되는데 이것은 림프구가 세균에 저항하기 위해 염증이 생긴 곳으로 모여들어 활동하기 때문에 나타나는 현상이다.
③ 림프관이 모이면 림프절을 이루는데 림프절은 대개 2~3mm 정도의 길이를 지나 공 모양을 하고 있으며 림프구를 보호하여 세균이 혈액 속으로 들어가는 것을 막는다.

(2) 림프드레나지의 목적

① 바이러스, 박테리아로부터 몸을 보호하고 전염을 예방한다.
② 재생과 치유작용을 빠르게 하며 면역기능을 좋게 해준다.
③ 자율신경계에 영향을 주어 부교감신경을 강화 · 안정시켜 통증을 감소시키고 긴장완화효과가 있다.
④ 붓거나 홍반증상 및 피부염증이 진정된다.
⑤ 물리적인 펌프 작용으로 인해 림프 순환이 10~20배 가량 빨라짐으로써 신체의 신진대사가 더욱 활성화된다.

Chapter 2

피부분석 및 유형에 따른 관리계획표 작성

1. 피부 분석

1. 피부 분석의 종류 및 방법

(1) 문 진

고객에게 질의응답을 통해 정보를 얻는 방법으로 고객의 알레르기 유무, 병력, 연령, 직업, 가족력, 식생활 습관과 생활리듬, 사용 화장품 등에 관한 질문에 답변한 것을 상세하게 기록한다. 질문 시에는 고객의 입장에서 쉽게 대답할 수 있도록 체계적이고 구체적으로 질문한다.

(2) 견 진

육안으로 피부 상태를 판별하는 방법이다. 피부결, 모공의 크기, 여드름 종류, 피부투명도, 수분상태, 색소침착 그리고 모세혈관의 상태 등을 관찰한다. 확대경이나 우드램프를 사용하여 더욱 자세히 피부를 판별할 수 있다.

(3) 촉 진

손의 촉감을 이용하여 피부를 만져 보거나 눌러 봄으로써 피부를 판별하는 방법이다. 자극에 대한 민감도, 피부의 탄력도, 부드러움, 매끄러움이나 거침, 조직의 두께, 유분의 함량 등을 관찰한다.

(4) 기기를 이용한 피부진단법

1) 우드램프

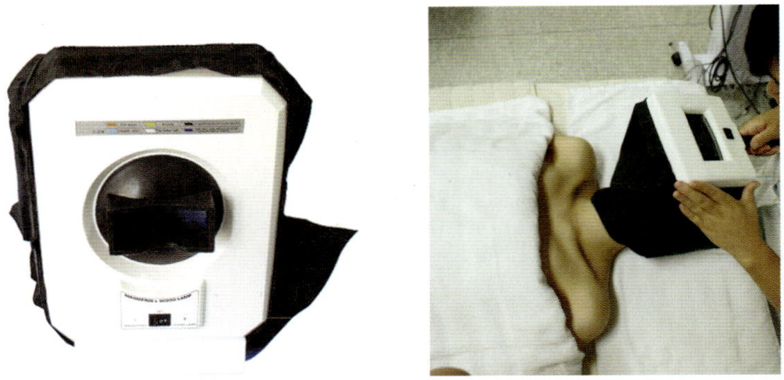

그림 2-1 우드램프(좌)와 사용 모습(우)

[우드램프의 효과]

인공자외선램프를 이용해서 피부상태를 보았을 때 육안으로 확인하기 힘든 표피의 객관적인 피부상태 및 피부의 심층 분석을 할 수 있다.

[우드램프의 사용방법]

- 피부를 청결히 클렌징한다.
- 고객의 눈에 아이패드를 올려준다.
- 외부 빛을 막아서 정확한 측정을 한다.
- 우드램프(Wood's lamp)의 전원을 켠다.
- 피부를 관찰하고 피부 분석에 들어간다.

[우드램프 사용 시 주의점]

- 정확한 피부상태 판별을 위해서 피부가 청결한 상태에서 측정한다.
- 어두운 실내환경에서 실시하게 되면 정확한 피부 분석을 할 수 있다.
- 고객의 눈에 화장솜을 올려놓은 상태에서 측정한다.
- 우드램프의 커버가 잘 덮여있는 상태에서 측정한다.
- 우드램프를 켜고 고객피부에서부터 5~6cm 정도 떨어진 상태에서 실시한다.

- 우드램프를 통해서 피부 분석을 하는 동안에는 고객과 관리사가 빛이 있는 곳을 보지 않도록 주의한다.
- 우드램프가 파열되지 않도록 주의하며 전구가 과열된 상태에서는 손에 직접 닿지 않도록 주의한다.
- 피부 분석이 끝난 뒤에는 off 상태를 반드시 확인한다.

[우드램프에 나타나는 피부색과 피부 상태]

피부 상태	우드램프에 나타나는 색상
정상피부	푸른빛의 흰색(청백색)
지성피부(면포, 피지, 여드름)	오렌지색 또는 핑크색
건성피부	밝은 보라색
민감, 모세혈관 확장피부, 염증피부	진한 보라색
색소침착, 점, 주근깨, 기미	갈색, 짙은 갈색
노화피부	자주색, 짙은 적색
두꺼운 각질	흰색
비립종	노란색
농포	연초록
산화된 피지	크림색

2) 확대경

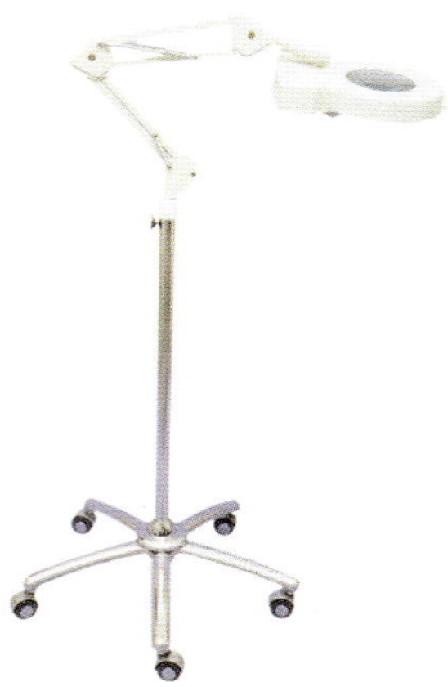
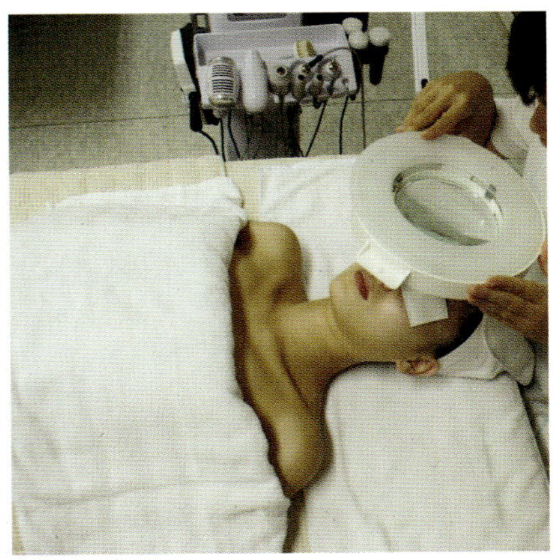

그림 2-2 확대경(좌)과 사용 모습(우)

[확대경의 효과]

- 육안의 3.5~5배 정도의 확대된 영상으로 피부상태를 판별할 수 있으므로 문제가 되는 피부의 상태를 정확히 체크할 수 있으며, 흰색면포 · 흑색면포 · 여드름 등을 제거하는 데 효과적이다.

[확대경의 사용방법]

- 피부를 청결하게 클렌징한다.
- 고객의 눈에 화장솜을 올려준다.
- 확대경의 거리를 맞춘다.
- 확대경의 전원을 켠다.
- 피부를 분석한다.

[확대경 사용 시 주의점]

- 확대경 사용 시 고객의 눈에 화장솜을 올린 상태에서 사용한다.
- 고객 얼굴 위에서 전원을 켜고 관찰하지 않고 옆쪽에서 전원을 켜고 얼굴로 이동시켜서 관찰한다.

3) pH측정기

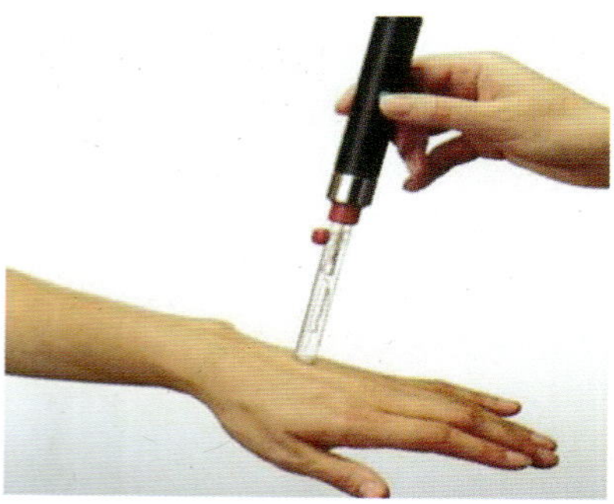

그림 2-3 pH 측정 probe

pH는 용액 안에서의 수소이온농도를 말하는데 피부에서의 pH측정값은 피부표면의 pH를 측정해서 피부의 알칼리도와 산성도를 정확히 체크하는 것을 의미한다. 건조한 피부상태에서의 pH는 존재하지 않지만 피부표면에 용액을 떨어뜨려서 그 용액 중에 용해된 물질의 수소이온 농도측정값을 피부표면의 pH로 본다. 건강한 정상피부의 pH는 약산성이며 이 상태를 유지하였을 때 세균번식을 막을 수 있는 정상피부라고 할 수 있다.

[사용방법]

- 피부를 청결히 클렌징한다.
- 정확한 측정을 위해 pH탐침을 증류수로 깨끗하게 세척한다.
- 측정 부위에 탐침을 부착시킨다.
- pH수치를 확인한다.
- 피부의 pH를 판독 체크한다.

표 2-1 피부의 pH 지수

pH 지수	3.5 3.8 4.0 4.3 4.5	5.0 5.3 5.5 5.7	5.9 6.0 6.5 6.5
여 성	산 성	정 상	알칼리성
남 성	산 성	정 상	알칼리성

[pH측정기 사용 시 주의점]

- 세안 후 2~3시간 이후에 측정하는 것이 정확하다.
- 피부가 건조한 상태에서는 pH수치를 구하기 어렵다.
- pH 측정기의 피부에 접촉되는 부위가 pH지수에 영향을 줄 수 있으므로 적당한 습도조절을 한 뒤에 사용한다.
- pH 7.0과 pH 4.0 완충 용액(Buffer solution)을 준비한다.
- pH Meter Probe를 잘 연결한 뒤 증류수에 잘 흔들어서 세척해 준다.
- pH Probe 표면은 문지르거나 닦지 않도록 하고 세척한 뒤 표면의 물을 가볍게 털어 준다.
- Probe를 청결하게 세척한 뒤 정상측정모드에서 pH 7.0과 pH 4.0 완충 용액을 사용하여 테스트하고, 정상적으로 측정이 될 경우 이전과 똑같이 사용한다.

2. 피부 분석 시 유의사항

① 피부 분석 전에는 반드시 피부관리사의 손을 소독한다.

② 클렌징이 끝난 후에 피부 분석을 실시한다.

③ 확대경이나 우드램프를 사용할 때는 세안한 후 아이패드로 눈을 덮어 보호한다.

④ 피부 분석 후에는 피부 분석 카드를 작성하며, 분석결과를 고객에게 자세히 설명하고 관리방법을 제시한다.

⑤ 피부 분석에 따른 가정에서의 피부손질방법 및 제품을 정확하게 추천해야 한다.

⑥ 피부상태는 내적, 외적, 정신적, 식생활, 습관 및 환경, 호르몬요법, 생활리듬, 다이어트, 화장품, 냉난방, 임신 등 요인에 따라 변화될 수 있다.

2. 피부 유형

1. 피부 유형 구분 방법

피부 유형은 피부조직, 피지 분비, 피부 보습, 혈액순환, 색소침착, 피부 안색, 모공 상태, 피부 탄력성 등에 따라 세분화 된다.

의약품, 신체 내 호르몬 변화, 자외선 등의 내 · 외적 요인들에 의하여 피부 상태는 변화한다.

(1) 피부조직

① 피부 두께와 피부결, 모공의 크기, 탄력도, 민감도에 따라 정상, 건성, 지성 피부 등으로 분류한다.

② 피부 안색, 혈액순환도, 색소 침착의 정도에 따라 민감성, 노화, 모세혈관 확장피부 등으로 세분화 된다.

(2) 피부 보습

① 표피와 진피의 수분 함유도에 따라 표피건성피부, 진피건성피부로 분류된다.

② **수분 함유도** : 수분 및 땀의 증발과 분비량에 의해 결정된다.

③ 피부 보습 상태에 따라 각질화 상태, 피부 유연성, 주름도, 피부의 이완도 등도 함께 측정된다.

(3) 피지 분비

① 피부의 피지 분비량에 따라 정상, 건성, 복합성, 지성 피부로 분류된다.
② 모공 속의 각질화 상태나 피지의 분비물의 상태에 따라 코메도(Comedo), 지루성, 여드름 피부 등으로 세분화 된다.

(4) 피부 유형의 변화 요인

① 연령, 식습관, 스트레스 정도, 월경주기, 의약품 복용 상태, 화장품 사용 등
② 자외선의 영향, 계절, 생활환경의 변화 등에도 영향을 받는다.

2. 피부 유형 특징 및 관리 방법

(1) 정상피부

유분과 수분의 균형이 맞고 잡티나 주름이 없는 이상적인 피부를 정상피부라 한다. 정상피부는 피지선과 한선의 기능이 원활해서 건강한 피부조직을 가지고 있다.

[특징]

① 피부결이 섬세하고 매끄럽고 피부가 촉촉하여 윤기가 난다.
② 모공이 고르고 매끈하다.
③ 피부의 탄력성과 혈색도 좋고 세균에 대한 저항력이 있다.
④ 잔주름이 없고 기미, 잡티 등의 색소침착이 없다.
⑤ 메이크업이 잘 되며 장시간 화장이 지속된다.
⑥ 각질층의 수분함량이 10% ~ 20%로 정상이고 표피의 세포 신진대사가 원활하다.
⑦ 피지선과 한선의 기능이 정상이며 유수분의 균형이 잡혀있다.
⑧ 외부자극 및 세균에 대한 저항력이 높다.
⑨ 얼굴 전체의 피부 톤이 고르다.
⑩ 여드름이 없다.
⑪ 피부 결이 매끄럽다.
⑫ 세안 후 당기지 않는다.
⑬ 번들거리거나 끈적이지 않는다.

[관리방법]

① **관리 포인트** : 현 상태를 그대로 유지할 수 있도록 세심한 클렌징과 보습관리를 한다.
② 유 · 수분의 균형을 유지하기 위해 꾸준한 피부관리를 한다.
③ 아이크림, 자외선 차단제 사용과 규칙적인 식사, 충분한 수면을 취한다.

(2) 건성피부

건성화 된 피부를 말하며 개인의 내 · 외적 요인에 따라서 건성피부에도 표피건성피부, 진피건성피부로 구분된다. 연령이 증가함에 따라 건성피부가 되기 쉽다.

[특징]

① 피부결은 비교적 곱고 얇으나 윤기가 없고 각질이 일어나서 거칠어 보인다.
② 모공은 매우 작아 눈에 잘 띄지 않는다.
③ 세안 후 피부가 심하게 당기고 피부의 탄력이 없다. 저항력이 약하여 알레르기 반응이 일어나기 쉽다.
④ 잔주름이 많고, 색소침착이 있다.
⑤ 메이크업이 장시간 지속되나 잘 들뜬다.
⑥ 각질층의 수분이 10% 이하로 부족하다.
⑦ 피지선의 기능이 원활하지 않다.
⑧ 각질이나 버짐이 있어서 피부결이 고르지 않다.
⑨ 피지분비가 원활하지 않다.
⑩ 색조화장의 발색이 제대로 되지 않는다.
⑪ 외부 자극에 예민해서 민감성피부의 특징을 가지고 있다.
⑫ 하얀 버짐이 있다.

[원인]

① 연령, 계절의 변화, 심한 다이어트, 사우나, 수분부족, 자외선 노출에 의해 건성피부가 될 수 있다.
② 한선, 피지선의 기능 부족, 냉, 난방풍, 부적절한 화장품 사용으로 건성피부가 될 수 있다.
③ 유전적으로 피부조직과 각질층이 얇아 수분 증발 방지 기능이 약하면 건성피부가 될 수 있다.

[분류]

① 표피 수분 부족형 건성피부

- 주로 젊은층에서 나타나며, 한선의 기능이 약화되거나 표피의 수분량이 부족하여 건조해진 상태이다.
- T-zone 부위의 모공이 크고 각질과 소양감이 심하지만 피부조직 얇고 가성주름이 형성되기 쉽다.

② 진피 수분 부족형 건성피부

- 노화피부에 많이 나타나며 성호르몬의 부족, 피부 자체의 수분 공급 기능의 이상으로 피부의 겉과 속이 모두 건조해진 상태이다.
- 엘라스틴(Elastin)이 탄력을 잃고 눈꺼풀이 처지거나 진성주름이 형성되며, 각질층이 두꺼워진다.

[관리방법]

① 알칼리성 비누를 이용한 과도한 세안을 자제하고, 더운물보다는 미지근한 물로 세안하며 세안 후 즉시 기초제품을 바른다.

② 스킨은 알코올 함량이 적고 보습기능이 강화된 제품을 바르며 수분섭취를 많이 한다.

③ 비타민 A가 함유된 식품류(녹황색 채소, 간, 달걀 노른자, 치즈 등)를 충분히 섭취한다.

④ 클렌저는 부드러운 밀크타입이나 부드러운 크림류를 사용한다. 외출 시에도 자외선 차단제를 꼭 바른다.

⑤ 냉난방은 피부건조를 유발하므로 실내습도를 적절히 유지하여 피부의 수분 증발을 억제한다.

⑥ 지나치게 유분이 많은 화장품 사용은 여드름의 원인이 되고 건성화를 가속화 하므로 주의한다.

(3) 지성피부

피지선의 기능이 왕성해 정상보다 과다한 피지가 분비되는 피부이다.

피부 표면이 번들거리며 모공은 열려진 상태로 넓어지고 각질층은 두꺼워져 피부두께가 두꺼워지며 피지 분비량의 정도에 따라, 지성피부에서 발전된 피부 병변에 따라 피부 유형을 세분할 수 있다.

[특징]

① 피부결이 거칠고 각질층의 두께가 두꺼워 피부가 투명감이 없고 칙칙하다.
② 모공이 넓고 외부 자극에 대한 저항력이 비교적 강하다. 더우면 더 번들거리고 햇빛에 의한 색소침착이 빨라진다.
③ T-zone 부위는 모공에 피지가 많이 쌓여 블랙헤드가 있고 여드름 등이 쉽게 보인다.
④ 윤기와 탄력이 있어 잔주름도 없는 편이고, 저항력이 강하고 노화도 느리게 진행된다.
⑤ **유성지루성 피부** : 각질층이 두껍고 모공이 확장되어 세균 등에 대한 방어력이 약하며, 매우 번들거린다.
⑥ **건성지루성 피부** : 피부는 번들거리나 수분이 부족해 당기고 각질이 잘 일어나고 예민하여 유성지루성피부보다 여드름이 잘 발생한다.
⑦ 피지가 과도하게 분비된다.
⑧ 심하게 번들거린다.
⑨ 모공이 넓고 피부결이 고르지 않다.
⑩ 과도한 피지분비로 메이크업이 잘 지워진다.
⑪ 미세먼지가 많이 묻는다.
⑫ 여드름 및 면포가 생기기 쉽다.
⑬ 굵은 주름이 생기기 쉽다.

[원인]

① 유전적인 영향이 가장 크고 호르몬제의 오용이나 사춘기 호르몬 불균형 등의 원인으로 피지량이 증가할 수 있다.
② 영양소(지방, 탄수화물 등)의 과다 섭취나 비 · 위장 또는 대장 등의 내과적 요인으로 피지선을 자극함으로써 피지량이 증가할 수 있다.

[관리방법]

① 피지제거, 피지분비조절, 확장된 모공수축, 수분공급으로 지성피부를 관리한다.

② 유 · 수분의 균형을 맞춰지도록 수분관리를 한다.

③ 정기적으로 필링과 재생관리를 통해 모공 확장 피부를 관리하고, 딥클렌징으로 모공 속의 과다 각질 및 피지를 제거한다. 비타민 B군을 충분히 섭취한다.

(4) 복합성 피부

피지 분비량이 일정치 않아 두 가지 이상의 피부 유형이 나타나는 피부 상태. 중년 이후에 주로 나타나는데 T-zone, U-Zone, 목이 지성, 건성, 정상으로 부위별로 다른 피부 타입을 하고 있는 피부를 말한다.

[특징]

① 피부결이 전체적으로 균일하지 않다.

② T-zone 주위에는 유분기가 많은 반면 건성화된 눈가나 뺨 등의 다른 부위는 당긴다.

③ 눈가에 잔주름이 보이고 색소침착도 생기기 쉽다.

④ 메이크업이 고르게 잘 되지 않는다.

[복합성 피부의 예시]

① T-Zone 지성

- 피지가 과도하게 분비된다.
- 심하게 번들거린다.
- 모공이 넓어서 피부결이 고르지 않다.
- 과도한 피지분비로 화장이 잘 지워진다.
- 피부명도가 떨어진다.
- 미세먼지가 많이 묻는다.
- 여드름 및 면포가 생기기 쉽다.
- 각질층이 두껍다.
- 굵은 주름이 생기기 쉽다.

② U-Zone 건성

- 피지선의 기능이 활발하지 않다.
- 피부가 심하게 당긴다.
- 각질이나 버짐이 있어서 피부결이 고르지 않다.
- 색조화장의 발색이 제대로 되지 않는다.
- 외부자극에 민감해서 예민이나 민감성 피부가 되기 쉽다.
- 하얀 각질과 버짐이 눈에 띈다.
- 잔주름이 생기기 쉽다.
- 각질층의 수분도가 10% 이하이다.

③ 목 정상

- 피지선과 한선의 기능이 정상이며 유수분의 밸런스가 적당하다.
- 각질층의 수분도가 10~20%이다.
- 메이크업의 지속력이 좋다.
- 외부자극 및 세균에 대한 저항력이 높다.
- 주름이 없다.
- 색소침착이 없다.
- 모공이 작다.
- 피부가 탄력이 있다.
- 얼굴 전체의 피부톤이 고르다.
- 피부혈색이 좋아서 전체적으로 건강해 보인다.
- 여드름이 없다.
- 피부결이 매끄럽다.
- 세안 후 당기지 않는다.
- 번들거리거나 끈적이지 않는다.

[원인]

① 환절기, 피부에 맞지 않는 화장품을 장시간 사용 시 복합성 피부가 될 수 있다.

② 음식섭취 · 과로 · 신경과민 · 수면부족 등 불규칙한 생활과 연령, 기온변화에 의해서도 복합성 피부가 될 수 있다.

[관리방법]

① **관리 포인트** : T-zone과 U-zone의 상태에 따라 보습과 피지관리를 적절하게 한다.

② T-zone 부위는 각질 제거 및 피지조절을 위한 팩을, U-zone 부위는 보습이나 영양 팩으로 관리한다.

③ 기초 화장품은 복합성으로 세분화하여 사용하고, 색소침착의 방지를 위해 자외선 차단제도 바른다.

(5) 민감성 피부

외부 자극에 대한 저항력이 약하고 피부가 외부 환경에 대한 반응에 예민한 피부 유형이다.

소양증이 잘 발생하며 연령이나 피부 타입에 관계없이 성격이 예민한 경우, 호르몬이 불균형한 산전, 산후, 생리 전후, 갱년기인 경우, 대수술을 한 경우, 스트레스, 수면 부족의 경우 등 일시적으로 민감해질 수 있는 요인은 매우 다양하다.

심리적 · 정신적 요인과 매우 큰 연관성을 갖고 있고 원인에 따라 어떤 반응에 민감한지 판단하기 힘들다.

[특징]

① 피부결은 외관상 섬세하나 건조하기 쉽고 외부 환경 등 자극에 민감하다.

② 모공이 거의 보이지 않고 피부색도 투명하나 당기고 각질도 잘 일어난다.

③ 모세혈관이 피부 표면에 잘 드러나 보이며 복합성 피부 상태일 경우가 많다.

④ 잔주름이 쉽게 형성되며 피부질환에 감염될 위험이 있고 색소침착의 위험도 크다.

[원인]

① 선천적인 요인이나 과다한 필링 등 잘못된 관리에 의해 발생할 수 있다.

② 위장, 간 등의 내장 기능의 이상이나 내분비 이상, 자율신경계의 불안정 등 내적 요인에도 기인한다.

③ 정신적 인자 및 칼슘, 비타민, 마그네슘 부족 등 영양 결핍으로 민감성 피부가 되기도 한다.

[관리방법]

① 관리 포인트는 보습과 피부 진정, 자극을 최소화 하여 관리한다.
② 미지근한 물로 세안, 부드러운 타입의 모이스처라이저(Moisturizer)를 사용하되 지나친 유분 공급은 피한다.
③ 심리적으로 안정을 취하고 자극적인 음식이나 온도 변화가 심한 곳에 노출되는 것을 피하며 물을 많이 마신다.

(6) 여드름피부

지성피부에서 파생된 염증성 질환 피부이다.

주로 호르몬 불균형으로 인한 사춘기 이후에, 여러 가지 요인으로 인한 피지 과잉 분비의 경우 중년층에서도 발생한다.

여드름은 비염증성인 면포, 염증의 심화 정도에 따라 구진, 농포, 결절, 낭종 등으로 구분된다.

[특징]

① 피부결이 거칠고 피부 표면이 울퉁불퉁하다.
② 피지 분비가 많아서 피부는 이물질로 인해 지저분하고 건조하여 각질이 잘 일어나거나 여드름 반흔이 많다.
③ 잘못된 관리는 피부를 민감하게 하고 홍반, 염증을 동반하기도 한다.

[원인]

① 유전이 가장 큰 이유이다.
② 피지의 과다 분비로 모공을 막아 염증을 일으킨다.
③ 남성호르몬인 안드로겐, 여성호르몬인 프로게스테론의 영향이다.
④ 피부에 맞지 않은 화장품 사용, 변비, 스트레스 등에서도 기인한다.

[관리방법]

① 관리 포인트는 항균 · 소염 · 진정에 주목적을 두고 보습, 피지 조절 등 유 · 수분 밸런스를 유지하는 것이다.
② 관리 후 후유증(반흔, 색소침착 등)이 남지 않도록 관리하는 것이 중요하므로 함부로 짜거나 만져서는 안 된다.
③ 주기적인 관리로 악화되지 않도록 한다.

(7) 색소침착피부

[특징]

① 연한 갈색 또는 암갈색이나 흑갈색의 다양한 크기와 불규칙적인 형태로 나타나는 과색소 질환이다.

② 주로 얼굴의 뺨, 이마, 턱 부위, 일광 노출 부위에 경계가 불규칙하게 또는 좌우 대칭적으로 발생한다.

③ 여성의 경우 임신을 전후하여 호르몬의 영향으로 발생하기도 한다.

[원인]

① 자외선에 장기 노출 시에 색소침착이 생길 수 있다.

② 유전적인 요인은 약 30% 이상이 가족력에 의해 생길 수 있다.

③ 임신기간 중 황체호르몬의 영향으로 임신성 기미가 생길 수 있다.

④ 호르몬은 에스트로겐과 프로게스테론의 과다와 갑상선 기능의 저하가 원인이 될 수 있다.

⑤ 여성 질환은 생리불순, 난소질환, 자궁질환 등이 원인이 될 수 있다.

⑥ 수은 및 납 성분이 함유된 화장품과 영양실조, 간질환 등이 원인이 될 수 있다.

[관리방법]

① 건조, 노화, 예민한 피부가 색소침착이 되기 쉬우므로 진정, 보습 관리를 한다.

② 자외선, 열, 강한 자극에 주의하며 부드러운 피부관리를 한다.

③ 항상 자외선 차단제를 충분히 발라서 열, 자외선으로부터 피부를 보호한다.

④ 비타민 C, 알부틴, 감초, 토코페롤 등이 함유된 전문제품을 사용하도록 한다.

(8) 모세혈관 확장피부

피부의 혈관이 확장되어 붉은 실핏줄이 피부 표면 가까이에서 보이는 상태이다.

각질 탈락 주기가 빨라 각질층이 얇아진다.

건성피부와 같이 나타나는 경우가 많고 주로 피부가 흰 경우는 노화피부에 더 많이 보인다.

[특징]

① 피부결은 섬세하며, 표피가 매우 얇고 얼굴 중 온도가 가장 낮은 볼 부위에 잘 생긴다.

② 급격한 온도의 차이 등의 외부 환경에 민감한 반응을 보이므로 주의해야 한다.

③ 피부의 탄력이 떨어지고, 근육이 처진다.

④ 증상에 따라 모세혈관 확장증, 모세혈관 피부, 주사로 나뉜다.

[원인]

① 과다한 필링이나 너무 자극이 강한 피부관리 후 나타날 수 있다.

② 유전적으로 모세혈관이 약하거나 기온의 변화가 많은 곳, 호르몬의 불균형이 있는 사람에게 나타날 수 있다.

③ 지성피부이며 여드름이 잘 나거나 비 · 위장장애 · 만성변비 · 갱년기장애에도 기인한다.

[관리방법]

① 보습과 진정관리를 한다.

② 자극을 최소화해서 관리하며 모세혈관확장 피부용 기초 화장품 사용, 자외선 차단제를 필수적으로 사용한다.

③ 혈관 강화를 위해 비타민 C, P가 함유된 음식을 섭취한다.

3. 피부유형별 화장품 적용

1. 클렌징 화장품의 종류

① 포인트 메이크업 리무버

독립피지선으로 되어 있고, 다른 부위의 피부에 비해서 예민한 입술과 눈의 포인트 메이크업(립스틱, 아이섀도, 아이라인, 마스카라 등)을 지우는 데 사용하는 클렌징이다.

② 클렌징 오일

주로 식물성 오일을 이용한 클렌징류이며 미세먼지와 두꺼운 화장을 지우는 데 효과적이다. 손바닥에 적당량 덜어서 베이스 메이크업을 지워 준다. 클렌징 오일은 블랙헤드 개선에도 도움을 줄 수 있는 장점이 있고, 오일만을 사용하게 되면 오일 잔여물이 남아서 여드름이 생길 수 있으므로 이중세안을 하여 오일기가 남지 않도록 청결하게 클렌징하도록 한다.

③ 클렌징 워터

가벼운 화장을 지우는 데 사용되는 클렌징 화장수이며 에탄올과 3~5% 정도의 계면활성제 배합으로 만든 것이 특징이다. 화장솜에 적당량 묻혀서 클렌징한다. 메이크업 잔여물이 남을 수 있으므로 이중세안을 하도록 한다.

④ 클렌징 겔

유성과 수성의 두 가지 타입이 있는데 유성타입은 메이크업을 두껍게 했을 때 사용하면 효과적이며 피지흡착력이 우수하여 지성피부나 여드름피부 및 남성피부에 사용하기 적합하다. 수성타입의 세정력은 유성타입에 비해 떨어진다. 손바닥에 적당량을 덜어서 충분한 거품을 낸 후 사용하는데 이때 거품의 양이 적을수록 계면활성제가 적게 들어간 것이다.

⑤ 클렌징 크림

유성메이크업을 두껍게 화장했을 때 사용하면 효과적이며 W/O(Water in oil) 유중수화(친유성)의 제형이다. 광물성 오일이 40% 정도 함유되어 있어서 피지제거 및 유성의 노폐물을 제거하는 데 효과적이다. 적당량을 손바닥에 덜어서 근육결에 따라 베이스 메이크업을 지워준 뒤에 이중세안한다.

⑥ 클렌징 로션

광물성 오일인 유동 파라핀이 클렌징 크림의 함유량보다는 낮은 30% 정도 함유되어 있다. 세정력은 클렌징 크림에 비해서 떨어지나 부드럽게 베이스 메이크업을 지울 수 있어 보편적으로 많이 사용되고 있는 클렌징 제품이다. 적당량을 손바닥에 덜어서 근육결에 따라 베이스 메이크업을 지워준 뒤에 이중세안한다.

⑦ 클렌징 폼

세정력이 우수한 비누와 보습성분이 함유된 클렌징 크림의 보습력을 겸비한 클렌징 제품이다. 중성계면활성제와 비누가 주성분이며 적당량을 손에 덜어 놓은 후에 미세한 거품을 충분히 내서 클렌징을 해준다.

(1) 딥클렌징

표피층에 존재하는 노화각질을 연화시키고, 모공 속 노폐물을 제거하여 화장품의 유효성분의 흡수를 촉진시키며 노화지연 및 세포활성화에 도움을 주는 심층 클렌징이라고 할 수 있다.

1) 화학적 딥클렌징

① 효소

파파야 나무에서 추출한 파파인이 주성분이며 자극없이 각질을 제거해 주는 장점이 있다. 고객의 얼굴 크기에 맞게 적당한 양의 효소 파우더를 유리 볼에 덜어서 정제수를 넣은 뒤에 브러시를 이용해서 고르게 펴발라 준다.

이때 바르는 효소는 화학적 딥클렌징이므로 반드시 젖은 화장솜을 눈에 올려 준 뒤에 발라 준다. 그리고 효소는 온도와 습도를 맞춰 주는 것이 중요하므로 스티머를 쐬어 주거나 얼굴에 젖은 거즈를 올린 뒤에 온습포를 올려 준다.

② AHA

AHA(pH 3.5 이상)는 주로 과일에서 추출한 산성분으로 노화각질을 제거하는데 탁월한 효과가 있다. 고객의 얼굴 크기에 맞게 적당한 양의 AHA를 유리볼에 덜어서 브러시나 면봉으로 바르는데 반드시 눈에는 젖은 화장솜을 올려놓고 T존부터 발라준다.

그리고 AHA는 10% 이하의 과일산을 사용하더라도 피부가 예민해질 수 있으므로 반드시 냉습포를 이용하여 닦아준다.

- 글리콜산 (Glycolic acid, 분자량 76.03) : 사탕수수에서 얻게 되며 분자량이 작아서 가장 보편적으로 많이 사용한다.
- 젖산 (Lactic acid, 분자량 90.06) : 오래되어 상한 우유에서 얻는다.
- 구연산 (Citric acid, 분자량 192) : 오렌지, 레몬, 자몽 등에서 얻는다.

- 사과산, 능금산 (Malic acid, 분자량 134) : 사과에서 얻는다.
- 주석산 (Tartaric acid, 분자량 150) : 포도에서 얻는다.

2) 물리적 딥클렌징

① 고마지

각종 동 · 식물성 각질분해효소로 만들어진 고마지는 근육결에 따라 브러시를 이용해서 얇게 바른 뒤에 건조되면 근육이 밀리지 않도록 다른 한 손으로 고정시키고 피부를 지우개처럼 밀어서 각질을 탈락시킨다.

이때 노화각질은 크산탄 검(xanthan gum) 혹은 셀룰로오스(Cellurose)와 콜로이드를 형성하여 탈락된다.

- 딥클렌징 방법상으로는 물리적인 딥클렌징이나 성분 자체로 보았을 때에는 화학적 딥클렌징이라고도 할 수 있다.

② 스크럽

살구씨, 아몬드, 조개껍질, 밀겨 등의 미세한 천연 알갱이 또는 인공적으로 만들어진 알갱이가 함유되어 있는 것을 말한다. 스크럽은 원형모양의 구형 혹은 끝이 뾰족하게 각이 져 있는 판상형 등 다양한 모양을 하고 있으며 크기도 0.1~10mm까지 다양하다. 스크럽을 바를 때에는 브러시를 이용해서 고르게 바른뒤 근육결에 따라서 가볍고 부드럽게 손으로 러빙하며 각질을 제거한다.

손을 이용한 물리적인 힘의 세기나 시간은 피부상태에 따라서 달리할 수 있으며 과각질피부의 좋은 효과를 보기 위해서 스팀을 사용하여 각질연화작용의 효과를 보도록 한다면 더욱 자극없이 딥클렌징의 효과를 볼 수 있다. 단 건성피부나 민감 · 예민한 피부는 피하는 것이 좋다.

2. 스 킨

① 유연화장수

보습제가 함유되어 있는 화장수이며 클렌징 이후에 남은 잔여물이나 피부의 결을 부드럽게 정리해 주는 화장수이다. 건성피부에 효과적이다.

② 수렴화장수

아스트린젠트(astringent)라고 부르기도 한다. 유연화장수에 비해서 알코올의 함유량이 많아서 pH는 약산성이며, 피부소독에 효과적인 화장수이다. 피부결을 정리하고 피지분비조절 기능 및 이완된 모공을 수축시키는 효과가 있는 화장수이다. 주로 여름철이나 피지분비가 많은 지성피부에 효과적이다.

3. 보습화장품

① 에센스

세럼(Serum)이라고도 부르며 유효성분의 고농축된 고보습의 영양 화장품이다.

② 아이크림

아이크림(Eye Cream)은 눈 주위 주름 예방 및 개선에 효과적인 전용 화장품이다.

③ 로션

로션은 피부에 따라 유수분의 균형을 맞춰 줄 수 있는 유액화장품이다. 유분량이 20~30% 함유된 건성전용 로션, 10~20% 함유된 밀크로션, 3~8% 정도의 지성용 로션 등이 있다.

④ 크림

피부의 균형잡힌 유수분의 균형을 맞추기 위한 천연보호막을 형성시켜 주는 보습의 화장품이다. 피부타입에 맞는 크림을 선택하여 노화를 지연시킬 수 있다. 일반적으로 지성피부는 수분 크림을 사용하고 건성피부는 유분 크림을 사용한다. 크림(Cream)은 외부환경으로부터 피부를 보호하고 유효성분의 증발을 막아주는 보호막 역할을 한다.

크림에는 데이크림, 나이트 크림, 영양크림이 있는데 데이크림에는 자외선 차단기능이 있는 경우도 있고, 외부의 미세먼지나 건조한 공기, 자외선 등으로부터 피부를 보호해준다. 나이트크림은 데이크림에 비해서 유분이 많으며 수면시간동안 피부기능활성화에 도움을 주는 화장품이다.

4. 자외선 차단제

자외선으로부터 피부를 보호하기 위한 화장품이다. 자외선 B는 피부의 구조 표피, 진피, 피하지방 중에서 가장 겉에 존재하는 표피까지 영향을 미친다. 자외선 A는 진피까지 영향을 미친다.

(1) SPF(Sun Protection Factor)

SPF30 PA+ → SPF30 : 자외선 B 차단지수, 숫자 1당 동양인의 경우 10분 정도 자외선 B를 차단하는 표시

→ PA+ : + 1개당 3시간 정도 자외선 A 차단이 된다는 표시이다.

PA + : 자외선 차단 효과가 있음

PA ++ : 자외선 차단 효과가 상당히 있음

PA+++: 자외선 차단 효과가 매우 있음

PA++++ : 자외선 차단 효과가 매우 높음

자외선 A와 B의 차단지수를 계산해 보자.

SPF 50+ PA+++

50*10=500/ 60(한 시간이 60분이므로) 8시간 33분 정도 자외선 B 차단이 된다. 자외선 A 차단은 3*3 = 자외선 B 차단지수처럼 시간적 수치로 정확히 나오지는 않지만 9시간 정도 차단이 된다 ='자외선 A 차단기능이 매우많다'라고 보면 된다.

(2) 자외선의 파장별 특징

- UVA – 320~420nm : 진피까지 영향, 색소침착, 주름, 노화에 관여
- UVB – 290~320nm : 표피까지 영향, 일반피부화상, 피부암, 백내장, 수포, 홍반에 관여
- 반사율 – 잔디밭 : 1~2%, 테니스코트 : 4~5%, 콘크리트 : 5~10%, 모래 : 15~20%, 스키장 : 80~95%, 수면 : 10~100%

1. 흑인에 비해서 백인이 멜라닌의 활성도가 떨어지므로 자외선의 영향을 더 많이 받게 된다. 또한 자외선차단제를 바를 때 대개 $1cm^2$ 당 0.5~1mg 정도밖에 바르지 않는데 SPF 지수는 $1cm^2$ 당 2mg 정도 바르는 것을 가정해서 정해진 것이므로 양이 많다 싶을 정도로 충분히 바르는 것을 권한다. 또한 외출 30분 전에 바르는 것이 효과적이다.
2. 유분이 함유되어 있지 않은 미스트는 피부를 더욱 건조하게 만들 수 있으며, 물을 마시는 것도 좋겠지만 충분한 보습제를 발라서 피부장벽을 튼튼하게 하는 것이 좋으며 하루 비타민 C를 200~1000mg 정도까지 섭취하는 것이 좋다.
3. 목욕탕에서 때를 미는 것은 피부를 보호해 주는 기능을 하는 각질층을 강제로 탈락시키는 행위이며 각질층이 얇아지게 되면 피부장벽이 깨져서 유수분의 밸런스가 깨지고 유해물질의 침입 방어기능이 떨어지게 되므로 과도한 각질 탈락은 피하는 것이 좋다.

5. 피부기능활성화 화장품

① 매뉴얼테크닉 크림

노화각질 탈락을 촉진시키고, 원활한 신진대사를 도와서 피지분비기능의 정상화가 되도록 하는데 사용되는 크림이다. 피부결 개선 및 피지분비정상화를 돕는 매뉴얼테크닉용 크림이다.

② 팩, 마스크

피부의 노폐물배출 및 유용한 성분의 흡수를 촉진시키는 기능의 제품이다.

팩은 발랐을 때 얇은 피막을 형성시켜서 공기는 통하면서 팩의 기능을 하는 팩이 있고, 마스크와 같이 팩을 도포한 뒤에 일정시간이 지나면 굳어지면서 외부 공기와의 접촉이 되지 않으면서 유효성분의 흡수를 돕고 피부를 부드럽게 하는 마스크가 있다.

팩은 제거방법에 따라서 물로 씻어내는 워시오프 타입 팩(Wash off Type Pack), 필름막이 형성이 돼서 뜯어내도록 만들어진 필 오프 타입 팩(Peel off Type Pack), 티슈로 살짝 닦아내는 티슈 오프 타입 팩(Tissue off Type Pack) 등이 있다.

4. 관리계획표 작성

① 딥클렌징 : 스크럽 / 마스크 : 고무모델링

지성피부

관리계획 차트(Care Plan Chart)				
관리 목적	T : 각질제거, 피지흡착, 피지분비조절, 모공수축, 수분공급 관리를 통해 정상피부로 개선 U : 각질제거, 피지흡착, 피지분비조절, 모공수축, 수분공급 관리를 통해 정상피부로 개선 목 : 각질제거, 피지흡착, 피지분비조절, 모공수축, 수분공급 관리를 통해 정상피부로 개선			
기대 효과	T : 과도한 유분감의 지성피부를 꾸준한 수분관리를 통해 정상피부로 개선 U : 과도한 유분감의 지성피부를 꾸준한 수분관리를 통해 정상피부로 개선 목 : 과도한 유분감의 지성피부를 꾸준한 수분관리를 통해 정상피부로 개선			
클렌징	□ 오일 □ 크림 ■ 밀크/로션 □ 겔			
딥클렌징	□ 고마지(gommage) □ 효소(enzyme) □ AHA ■ 스크럽			
메뉴얼테크닉 제품 타입	□ 오일 ■ 크림 □ 앰플			
손을 이용한 관리 형태	■ 일반 □ 아로마 □ 림프			
팩	T존	□ 건성 타입 팩	□ 정상 타입 팩	■ 지성 타입 팩
	U존	□ 건성 타입 팩	□ 정상 타입 팩	■ 지성 타입 팩
	목부위	□ 건성 타입 팩	□ 정상 타입 팩	■ 지성 타입 팩
마스크	□ 석고 마스크 ■ 고무모델링마스크			
고객 관리 계획	1주 : 클렌징 – 딥클렌징(AHA) – 매뉴얼테크닉 – 황토팩 – 화장수 – 에센스 – 아이크림 – 수분크림 – 자외선 차단제 2주 : 클렌징 – 딥클렌징(AHA) – 매뉴얼테크닉 – 황토팩 – 화장수 – 에센스 – 아이크림 – 수분크림 – 자외선 차단제			
가정 관리 조언(홈케어)	아침 : 폼클렌징 – 화장수 – 에센스 – 아이크림 – 수분크림 – 자외선차단제 저녁 : 클렌징로션 – 폼클렌징 – 화장수 – 에센스 – 아이크림 – 수분크림			
기타	손 · 목 전용 크림 및 자외선 차단제, 썬글라스, 모자, 건강한 피부를 위한 운동 및 채소 위주의 고른 식사			

② 딥클렌징 : AHA / 마스크 : 석고 마스크

건성피부

관리계획 차트(Care Plan Chart)		
관리 목적	T : 수분공급 및 피지선의 기능활성화를 통한 정상피부로 개선 목적 U : 수분공급 및 피지선의 기능활성화를 통한 정상피부로 개선 목적 목 : 수분공급 및 피지선의 기능활성화를 통한 정상피부로 개선 목적	
기대 효과	T : 건성피부에 유 · 수분 공급의 피부관리를 통한 정상피부로 개선 기대 U : 건성피부에 유 · 수분 공급의 피부관리를 통한 정상피부로 개선 기대 목 : 건성피부에 유 · 수분 공급의 피부관리를 통한 정상피부로 개선 기대	
클렌징	□ 오일 □ 크림 ■ 밀크/로션 □ 겔	
딥클렌징	□ 고마지(gommage) □ 효소(enzyme) ■ AHA □ 스크럽	
메뉴얼테크닉 제품 타입	□ 오일 ■ 크림 □ 앰플	
손을 이용한 관리 형태	■ 일반 □ 아로마 □ 림프	
팩	T존	■ 건성 타입 팩 □ 정상 타입 팩 □ 지성 타입 팩
	U존	■ 건성 타입 팩 □ 정상 타입 팩 □ 지성 타입 팩
	목부위	■ 건성 타입 팩 □ 정상 타입 팩 □ 지성 타입 팩
마스크	■ 석고 마스크 □ 고무모델링마스크	
고객 관리 계획	1주 : 클렌징 – 딥클렌징(효소) – 매뉴얼테크닉 – 알로에팩 – 화장수 – 에센스 – 아이크림 – 크림 – 자외선차단제 2주 : 클렌징 – 딥클렌징(AHA) – 매뉴얼테크닉 – 알로에팩 – 화장수 – 에센스 – 아이크림 – 크림 – 자외선차단제	
가정 관리 조언(홈케어)	아침 : 폼클렌징 – 화장수 – 에센스 – 아이크림 – 크림 – 자외선차단제 저녁 : 클렌징로션 – 폼클렌징 – 화장수 – 에센스 – 아이크림 – 크림	
기타	손, 목 전용크림 및 자외선 차단제, 썬글라스, 모자, 건강한 피부를 위한 운동 및 채소 위주의 고른 식사 건성피부이므로 충분한 물 섭취	

③ 딥클렌징 : 효소 / 마스크 : 석고 마스크

정상피부

관리계획 차트(Care Plan Chart)				
관리 목적	T : 꾸준한 각질관리 및 보습피부관리로 정상피부 유지 목적 U : 꾸준한 각질관리 및 보습피부관리로 정상피부 유지 목적 목 : 꾸준한 각질관리 및 보습피부관리로 정상피부 유지 목적			
기대 효과	T : 꾸준한 피부관리를 통해 유수분의 균형이 잡힌 정상피부 유지 기대 U : 꾸준한 피부관리를 통해 유수분의 균형이 잡힌 정상피부 유지 기대 목 : 꾸준한 피부관리를 통해 유수분의 균형이 잡힌 정상피부 유지 기대			
클렌징	□ 오일	□ 크림	■ 밀크/로션	□ 겔
딥클렌징	□ 고마지(gommage)	■ 효소(enzyme)	□ AHA	□ 스크럽
메뉴얼테크닉 제품 타입	□ 오일	■ 크림	□ 앰플	
손을 이용한 관리 형태	■ 일반	□ 아로마	□ 림프	
팩	T존	□ 건성 타입 팩	■ 정상 타입 팩	□ 지성 타입 팩
	U존	□ 건성 타입 팩	■ 정상 타입 팩	□ 지성 타입 팩
	목부위	□ 건성 타입 팩	■ 정상 타입 팩	□ 지성 타입 팩
마스크	■ 석고 마스크		□ 고무모델링마스크	
고객 관리 계획	1주 : 클렌징 – 딥클렌징(고마쥐) – 매뉴얼테크닉 – 알로에팩 – 화장수 – 에센스 – 아이크림 – 크림 – 자외선차단제 2주 : 클렌징 – 딥클렌징(고마쥐) – 매뉴얼테크닉 – 알로에팩 – 화장수 – 에센스 – 아이크림 – 크림 – 자외선차단제			
가정 관리 조언(홈케어)	아침 : 폼클렌징 – 화장수 – 에센스 – 아이크림 – 크림 – 자외선차단제 저녁 : 클렌징로션 – 폼클렌징 – 화장수 – 에센스 – 아이크림 – 크림			
기타	손 · 목 전용크림 및 자외선 차단제, 썬글라스, 모자, 건강한 피부를 위한 운동 및 채소 위주의 고른 식사			

④ 딥클렌징 : 고마지 / 마스크 : 고무모델링마스크

복합성 피부

관리계획 차트 (Care Plan Chart)				
관리 목적	T : 지성피부의 각질제거, 피지흡착, 피지분비조절, 모공수축, 피부관리를 통한 정상피부로 개선 목적 U : 피지선의 기능활성화를 위한 피부관리를 통한 정상피부 개선 목적 목 : 꾸준한 각질관리 및 보습관리로 정상피부의 유지 목적			
기대 효과	T : 과도한 유분감의 지성피부를 정상피부로 개선 기대 U : 유수분이 부족한 건성피부를 정상피부로 개선 기대 목 : 현재보다 더 건강하고 탄력있는 정상피부로 개선 기대			
클렌징	□ 오일 □ 크림 ■ 밀크/로션 □ 겔			
딥클렌징	■ 고마지(gommage) □ 효소(enzyme) □ AHA □ 스크럽			
메뉴얼테크닉 제품 타입	□ 오일 ■ 크림 □ 앰플			
손을 이용한 관리 형태	■ 일반 □ 아로마 □ 림프			
팩	T존	□ 건성 타입 팩	□ 정상 타입 팩	■ 지성 타입 팩
	U존	■ 건성 타입 팩	□ 정상 타입 팩	□ 지성 타입 팩
	목부위	□ 건성 타입 팩	■ 정상 타입 팩	□ 지성 타입 팩
마스크	□ 석고 마스크 ■ 고무모델링마스크			
고객 관리 계획	1주 : 클렌징 – 딥클렌징(효소) – 매뉴얼테크닉 – 팩(T: 황토팩, U: 알로에, 목: 알로에) – 화장수 – 에센스 – 크림 – 자외선차단제 2주 : 클렌징 – 딥클렌징(AHA) – 매뉴얼테크닉 – 팩(T: 황토팩, U: 알로에, 목: 알로에) – 화장수 – 에센스 – 크림 – 자외선차단제			
가정 관리 조언(홈케어)	아침 : 폼클렌징 – 화장수 – 에센스 – 아이크림 – 크림 – 자외선 차단제 저녁 : 클렌징로션 – 폼클렌징 – 화장수 – 에센스 – 아이크림 – 크림			
기타	손, 목 전용크림 및 자외선 차단제, 썬글라스, 모자, 건강한 피부를 위한 운동 및 채소 위주의 고른 식사 T, U, 목 각각의 피부타입별 화장품 사용 및 가정에서의 피부관리 병행			

[실습용]

( ) 피부

관리계획 차트(Care Plan Chart)				
관리 목적				
기대 효과				
클렌징	□ 오일	□ 크림	□ 밀크/로션	□ 겔
딥클렌징	□ 고마지(gommage)	□ 효소(enzyme)	□ AHA	□ 스크럽
메뉴얼테크닉 제품 타입	□ 오일	□ 크림	□ 앰플	
손을 이용한 관리 형태	□ 일반	□ 아로마	□ 림프	
팩	T존	□ 건성 타입 팩	□ 정상 타입 팩	□ 지성 타입 팩
	U존	□ 건성 타입 팩	□ 정상 타입 팩	□ 지성 타입 팩
	목부위	□ 건성 타입 팩	□ 정상 타입 팩	□ 지성 타입 팩
마스크	□ 석고 마스크	□ 고무모델링마스크		
고객 관리 계획				
가정 관리 조언(홈케어)				
기타				

<table>
<tr><th colspan="4">관리계획 차트(Care Plan Chart)</th></tr>
<tr><td>관리 목적</td><td colspan="3"></td></tr>
<tr><td>기대 효과</td><td colspan="3"></td></tr>
<tr><td>클렌징</td><td colspan="3">□ 오일 □ 크림 □ 밀크/로션 □ 겔</td></tr>
<tr><td>딥클렌징</td><td colspan="3">□ 고마지(gommage) □ 효소(enzyme) □ AHA □ 스크럽</td></tr>
<tr><td>메뉴얼테크닉 제품 타입</td><td colspan="3">□ 오일 □ 크림 □ 앰플</td></tr>
<tr><td>손을 이용한 관리 형태</td><td colspan="3">□ 일반 □ 아로마 □ 림프</td></tr>
<tr><td rowspan="3">팩</td><td>T존</td><td colspan="2">□ 건성 타입 팩 □ 정상 타입 팩 □ 지성 타입 팩</td></tr>
<tr><td>U존</td><td colspan="2">□ 건성 타입 팩 □ 정상 타입 팩 □ 지성 타입 팩</td></tr>
<tr><td>목부위</td><td colspan="2">□ 건성 타입 팩 □ 정상 타입 팩 □ 지성 타입 팩</td></tr>
<tr><td>마스크</td><td colspan="3">□ 석고 마스크 □ 고무모델링마스크</td></tr>
<tr><td>고객 관리 계획</td><td colspan="3"></td></tr>
<tr><td>가정 관리 조언(홈케어)</td><td colspan="3"></td></tr>
<tr><td>기타</td><td colspan="3"></td></tr>
</table>

Chapter 3 준비사항

1. 피부관리실의 환경

1. 상담실 환경

① 위생적인 느낌, 건강한 느낌, 아름다운 공간이라는 느낌을 주도록 한다.
② 고객이 잘 볼 수 있는 곳에 면허증, 자격증, 허가증 등을 게시해 둔다.
③ 관련 서적 및 각종 자료와 도표 등을 눈에 띄는 곳에 정리해 둔다.
④ 바닥재, 벽지, 천장, 실내 소품들의 색상은 2~3가지 정도로 안정감과 통일감을 유지한다.
⑤ 상담실의 소품은 상담과 관리 내용에 관련된 것을 배치하고 정보 자료나 판넬을 활용하여 전문적인 느낌을 준다.
⑥ 은은한 아로마 향을 통한 심리적 안정감을 준다.
⑦ 전통차나 허브차 등 고객의 취향에 따라 선택할 수 있도록 다양한 차를 준비해 둔다.
⑧ 청결한 실내는 물론, 전체적으로 소독이 잘 되어 있어서 위생상태가 좋아야 한다.
⑨ 피부관리실 내에 필요한 재료들이 빠짐없이 구비되어 있어야 한다.
⑩ 실내의 천장 높이가 3m 정도로 답답한 느낌이 들지 않도록 한다.
⑪ 환기시설이 잘 되어 있어야 한다.
⑫ 내부 조명이 75LUX 이상으로 적절한 밝기여야 하며, 간접조명으로 눈의 피로도를 줄일 수 있어야 한다.
⑬ 고객의 심신이 안정될 수 있도록 방음처리가 잘 되어 있어야 한다.
⑭ 내부 인테리어가 아늑하고 편하게 되어 있어야 한다.
⑮ 바닥이 미끄럽지 않아야 한다.

2. 피부관리실 내부 환경

① 피부관리실은 인체를 다루는 위생업소에 해당되므로 실내공간과 사용기구 등은 위생적이고 청결해야 한다.
② 실내는 부드럽게 안정된 분위기를 주는 색조를 선택하여 심신의 안정을 취할 수 있도록 한다.
③ 냉 · 온수 사용이 편리하고, 냉 · 난방 시설이 갖추어져 있어야 한다.
④ 바닥과 벽면자재는 소음을 흡수할 수 있는 자재를 선택하여 사용하고, 각 방마다 방음처리가 되어 있어야 한다.
⑤ 실내조명은 피부진단과 관리를 할 수 있을 정도의 직접조명과 안정과 휴식을 취할 수 있는 간접조명을 갖추어 놓아야 한다.
⑥ 실내디자인과 구성도 각 실무 특성에 맞추어 방을 구분하여 전문성과 효율성을 살리도록 한다.
⑦ 화장실은 항상 청결하게 유지한다.

3. 위생관리

① 적절한 환기시설을 갖춘다.
② 바닥은 내수재로 설치하며, 골이 패인 재질과 카펫은 청결 및 먼지 발생으로 인한 문제가 있으므로 삼간다.
③ 고객용 가운 및 시트는 면 재질을 사용하며, 자주 세탁해서 위생적으로 관리한다.
④ 자외선 살균소독기를 반드시 설치하고, 소독된 것과 소독되지 아니한 것을 분리 보관해야 한다.
⑤ 모든 도구나 기자재들은 매번 사용 후 소독되어야 하며, 일회용 소품은 철저히 폐기하여 재사용하지 않도록 한다.
⑥ 응급처치를 위한 상비구급용품을 준비해 놓아야 한다.
⑦ **각종 볼(bowl), 붓, 스파출라 종류** : 세척 후 자외선 소독기에 소독한다.

2. 피부관리사의 자세

1. 외 형

① 관리사 가운은 단정하고 청결하며 심플한 디자인을 선택한다.
② 활동하고, 일을 하는 데 불편함이 없도록 실용적이어야 한다.
③ 세탁이 용이한 재질로 세탁 후 옷의 변형이 없어야 한다.
④ 화장기 없는 맨 얼굴은 피하며 가벼운 메이크업으로 맑고 투명한 피부를 강조할 수 있도록 한다.
⑤ 모발은 늘 청결하고, 단정하게 정리한다.
⑥ 실내화는 소리가 나지 않는 편안한 형태를 선택한다.

2. 태 도

(1) 동 작

① 손님을 접대할 때는 공손한 태도를 유지하고, 안내 시에는 정확한 손동작으로 고객을 응대한다.
② 소리가 나지 않도록 걸음걸이를 가볍게 하며, 경쾌하게 걷는다.

(2) 자 세

① 앉은 자세의 경우, 의자 깊숙이 당겨 앉고, 허리가 굽지 않도록 하며, 베드에 팔꿈치를 기대지 않는다.
② 관리 시 팔은 겨드랑이에 주먹이 들어갈 정도로 팔을 벌려 베드와 삼각형 구도를 이루도록 한다.
③ 서 있는 자세에서 관리를 할 경우에는 한쪽으로 삐딱한 자세가 되지 않도록 하며, 주머니에 손을 집어넣거나 하는 불량해 보이는 자세가 되지 않도록 주의한다.
④ 바디 관리 시에는 다리의 보폭을 적당히 벌려서, 허리가 굽어지지 않도록 하고, 베드를 지지하고, 대퇴부에 힘을 주어 마사지 압력을 조절한다.

(3) 말 씨

① 고객에게는 반드시 경어를 사용하며, 친분이 있는 고객의 경우에도 반말을 하지 않도록 한다.

② 이름 뒤에는"씨"자보다는"님"자를 붙여 경어를 사용하도록 한다.

③ 주의사항 및 피부에 관한 조언 시에도 명령어 및 강한 어구는 사용하지 않도록 한다.

④ 고객이 하는 말을 주의 깊게 들어주고, 사적인 대화 내용은 주의하며, 주변 동료들과의 대화에서 실수하지 않도록 한다.

3. 위생상태

① 복장은 늘 단정하고, 청결해야 한다.

② 매일 목욕 또는 샤워를 함으로써 체취를 제거한다.

③ 구취제거를 위해 마스크를 착용한다.

④ 늘 손을 청결하게 하고, 관리 중간 알코올을 이용하여 소독한다.

⑤ 손톱을 짧게 하고, 손톱 끝은 매끄럽게 정돈하며 항상 따뜻한 손을 유지한다.

4. 전문가로서의 능력

① 따뜻한 미소, 자신감 있는 표정관리가 중요하다. 상담 시에는 예의 바르고 신뢰감을 주는 표정으로 인사하며 상담을 시작한다.

② 고객과 상담한 부분을 확인하고 내용을 정확히 기록하는 모습을 보여주며 차트를 작성한다.

③ 대화 유도는 상담자가 하되 고객이 전적으로 말할 수 있는 분위기를 조성한다. 상담자는 고개를 끄덕이는 긍정적인 표정과 따뜻한 미소를 띠면서 이해하고 경청하는 모습을 보이도록 한다.

④ 시진, 촉진, 문진을 통한 분석을 통해 문제를 파악하고 개인 기록을 해 나간다.

⑤ 임상자료, 패널 등을 최대한 활용하여 설명하고 고객의 입장을 고려하며, 건강한 희망을 주면서 관리의 필요성을 제시한다.

⑥ 프로그램화된 관리 과정과 관련된 자료를 제시하고, 고객의 능력에 맞는 가격대를 권하도록 하며 관리 기간이나 관리 내용 등을 설명해 주어 고객의 이해를 돕는다.
⑦ 피부미용 상의 문제점들에 대해서는 해결방안을 상세히 설명하고 제시하는 등 신뢰감을 주고 설득력 있는 상담을 한다.
⑧ 관리 후 상담을 통해 관리 중의 불편한 점을 물어 체크하고 홈 케어의 중요성 및 방법에 대한 지도와 처방을 메모해 둔다.
⑨ 관리 1~2일 후 전화 상담을 통해 상태 등을 재점검해 주는 세심한 배려는 고객의 신뢰감을 형성하는 데 큰 도움이 된다. 차기 예약일을 재 체크하여 알려준다.

3. 피부관리사의 손 운동

피부관리를 수행함에 있어서 고객 만족도가 높은 관리를 하기 위해서는 손에 힘이 있어야 하며 유연하고 섬세하게 단련시켜야 한다. 매뉴얼테크닉을 수행할 때에는 가능하면 손과 손목이 유연하게 이용되어야 손가락이나 손목의 관절염을 예방할 수 있다.

손의 힘을 단련시키고 피부관리사의 건강을 유지하는 데 도움을 주는 몇 가지 손 운동 방법을 알아보기로 한다.

1. 손과 손목을 위한 운동 방법

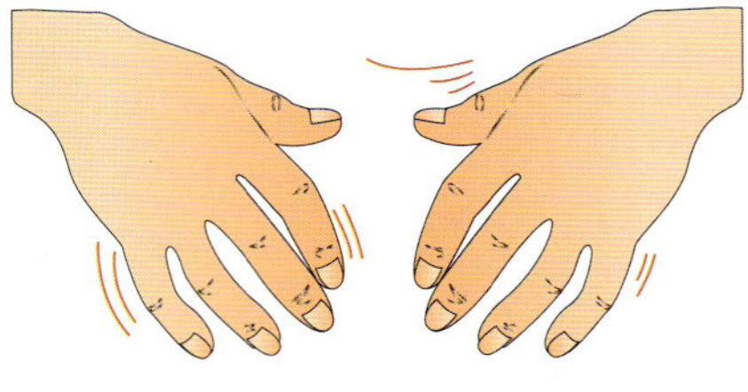

1. 손에 힘을 빼고 10초 동안 흔들기

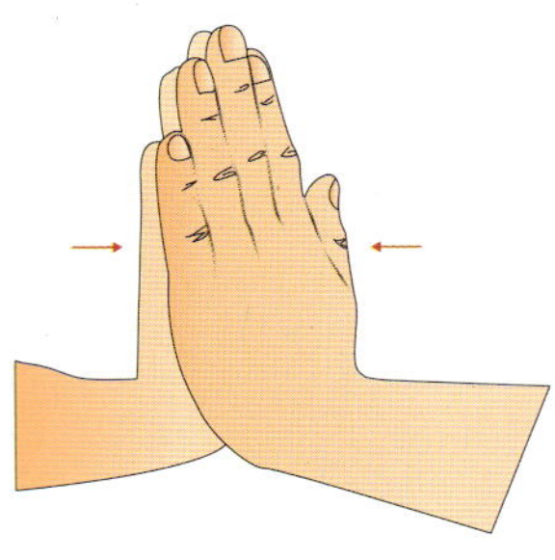

2. 합장하며 안쪽으로 10초 동안 힘을 가하기

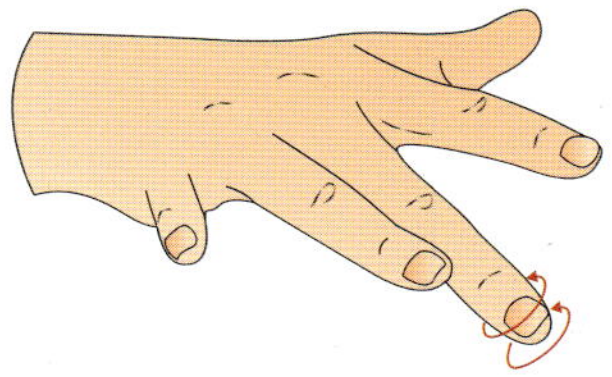

3. 손가락을 하나씩 번갈아가며 30초 동안 돌리기

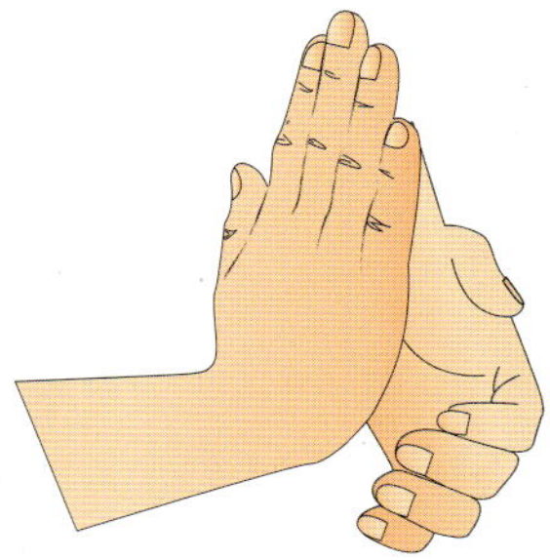

4. 손가락과 손목의 힘을 빼고 손의 측면을 이용하여 두드리기

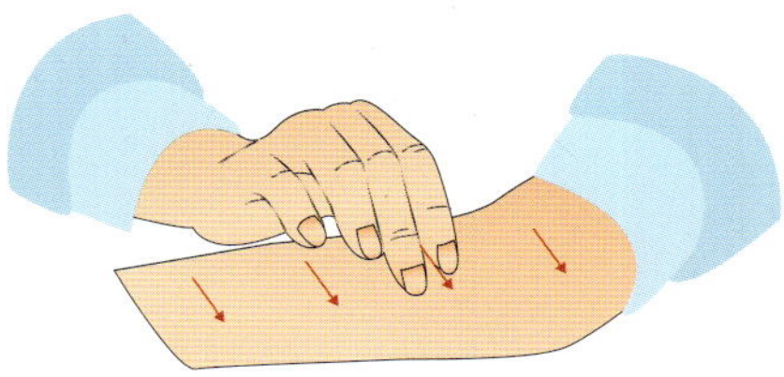

5. 손가락의 힘을 빼고 팔의 전완을 따라 30초 동안 올라갔다 내려오기

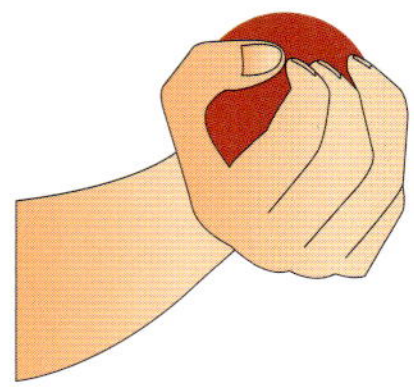

6. 고무공을 한 손에 쥐고, 쥐었다 펴기를 한 손마다 30초 동안 반복하기

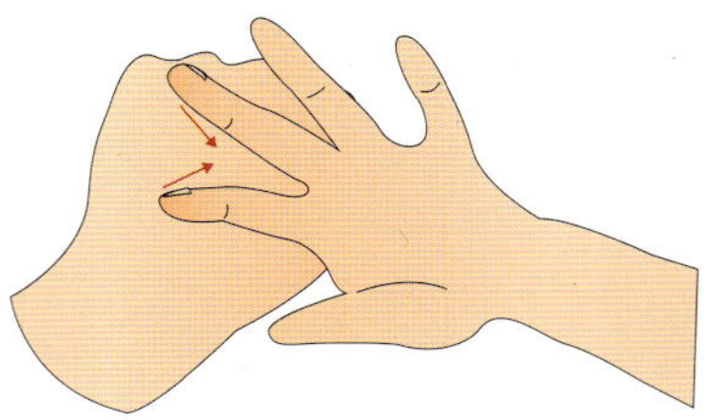

7. 양 손등을 맞대고 손가락을 편 후 10초 동안 둥글려주기

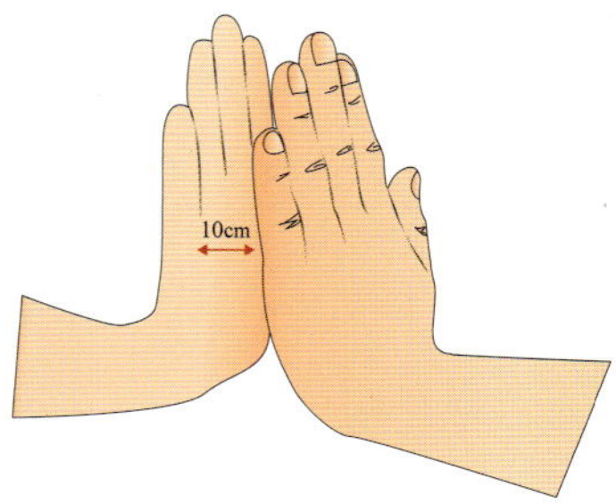

8. 양 손바닥을 닿지 않을 정도로 하여 10초 동안 최대한 가까이 하기

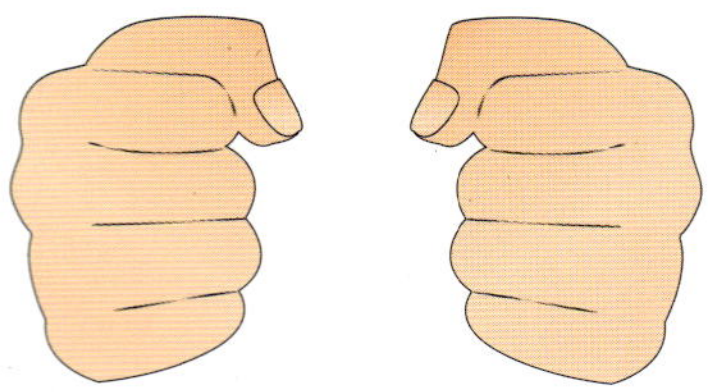

9. 양 손 주먹을 쥐고 2~3초 동안 힘을 줬다 빼기를 10회 반복

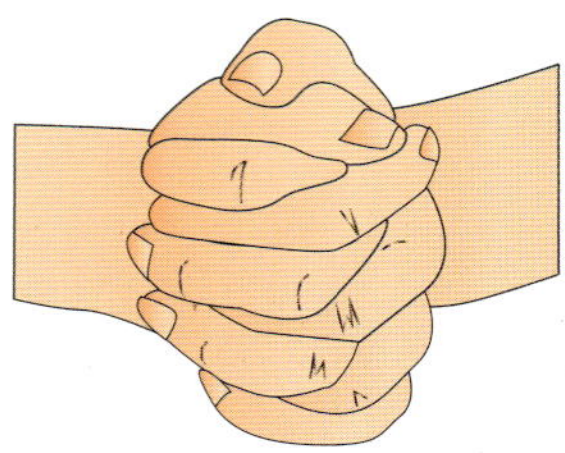

10. 양 손가락을 서로 깍지 끼고 힘을 줬다 빼기를 10회 반복

2. 손가락을 위한 운동 방법

손가락 연습 후에는 마무리 운동으로 10초 동안 손을 쫙 펴고, 그 뒤 다시 10초간 힘 있게 손을 꽉 쥔다. 그 후 다시 손가락 마디를 구부린 채 10초 동안 있는다. 이러한 과정을 적절히 반복한다.

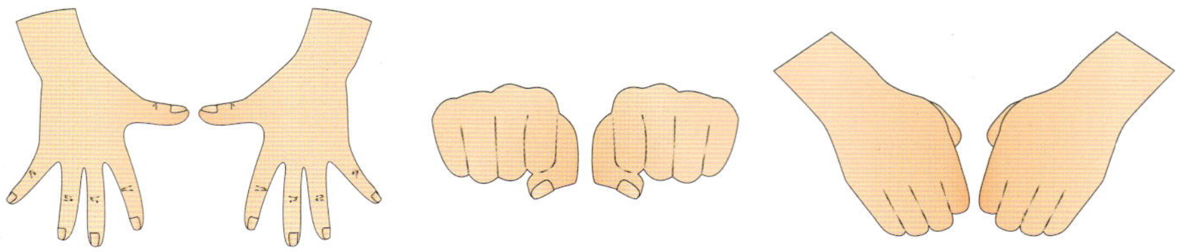

1. 손가락 펴기　　2. 주먹 쥐기　　3. 손가락 구부리기

3. 손바닥 스트레칭

(1) 손바닥 스트레칭 I

① 팔을 쭉 뻗어 손바닥을 바깥쪽으로 한 뒤에 편다.
② 반대쪽 손을 이용하여 몸쪽으로 당겨 준다.
③ 10초 유지하고, 2회 반복한다.
④ 반대쪽 손도 동일한 방법으로 반복한다.

(2) 손바닥 스트레칭 II

① 팔꿈치를 고정한 후에 한쪽 손바닥을 편다.
② 반대편 손을 이용하여 손바닥 전체를 10초 동안 유지하며 밀어 준다.
③ 손가락을 힘을 주어 쫙 벌린 후에 새끼손가락부터 힘을 주어 말아 쥔다.
④ 손목을 안쪽으로 구부리며 손가락 전체를 말아서 주먹을 쥔다.
⑤ 양 손가락을 쫙 편 후 수평으로 마주 밀어서 손가락이 최대한 벌어지도록 한다.
⑥ 손을 양옆으로 늘어뜨리고, 힘을 뺀 후에 흔들며 털어 준다.
⑦ 반대쪽 손도 동일한 방법으로 반복한다.

4. 손등 스트레칭

(1) 손등 스트레칭 I

① 팔을 쭉 뻗어 손등을 바깥쪽으로 한 뒤에 편다.
② 반대편 손을 이용하여 몸쪽으로 당겨 준다.
③ 10초 유지하고, 2회 반복한다.
④ 반대편 손도 동일한 방법으로 반복한다.

(2) 손등 스트레칭 II

① 손을 둥글게 말아쥔다.
② 반대편 손을 이용하여 손가락 전체를 감싸쥔다.
③ 감싸쥔 손을 안쪽으로 꺾어 손등을 늘려 준다.

피부관리사를 위한 손 건강유지방법

① **손이 피곤하고 통증이 올 경우** : 10분 정도 냉찜질을 해준다.
② **온열 요법** : 따뜻한 물에 손을 담가주거나, 15분 정도 파라핀 팩을 해준다.
③ **손목과 손가락 관절염 예방** : 마사지 시 체중의 힘을 부드럽게 손에 실으면 관절과 근육에 무리를 덜 주게 된다.
④ **손과 손가락의 혈액순환을 돕는 방법** : 지압 쿠션이 있는 브러시를 이용하여 손과 손가락을 마찰해 준다.

Part II

기초 에스테틱 실무

Chapter 4

실무(실기)1 : 얼굴

1. 준비하기

1. 베드 세팅

• 베드 준비

1. 큰 타월 1장을 베드에 깔아 준다.
2. 베드 끝에 맞추어 터번을 놓고, 접착면의 부드러운 부분이 보이도록 한다.
3. 큰 타월 1장을 덮고 터번 너비만큼 윗부분을 접어 준다.
4. 작은 타월 1장을 이용하여 큰 타월 위를 감싸 준다.

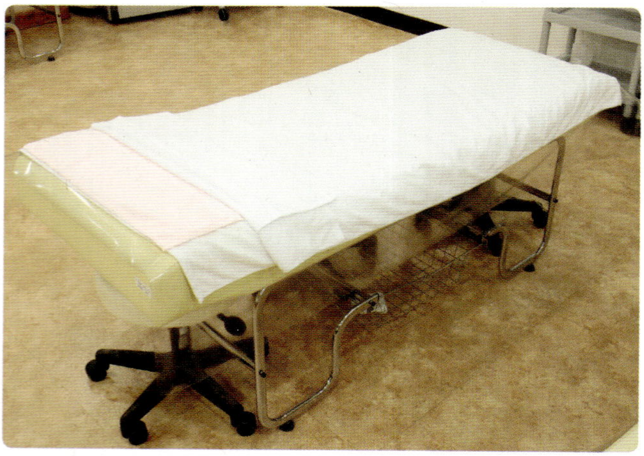

• 준비재료 : 큰 타월, 중간 타월, 작은 타월, 헤어터번

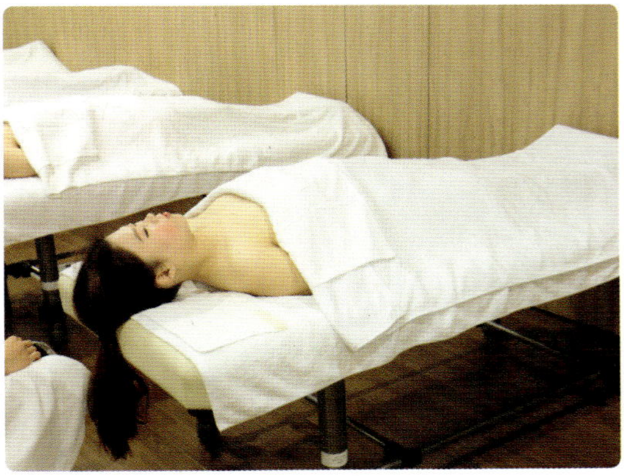

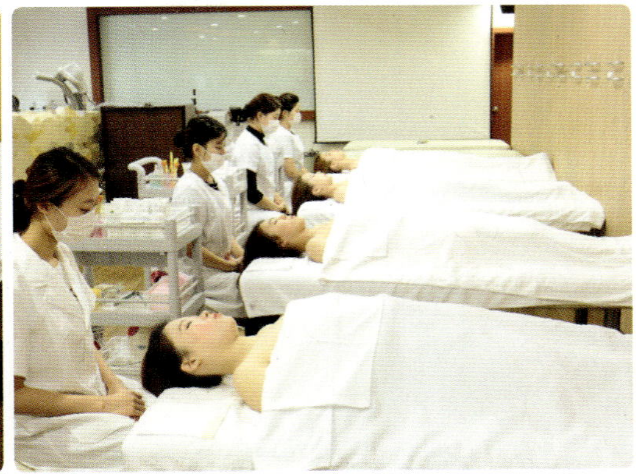

• 큰 타월이 베드의 중앙에 올 수 있도록 준비한다.
• 헤어터번을 준비한다.

2. 웨건 세팅 및 온습포 준비

• 1단 : 메이크업 리무버, 클렌징 로션, 토너, 효소, 스크럽, 고마지, A.H.A, 페이셜 오일 또는 마사지 크림, 팩 3종(정상 · 지성 · 건성), 아이크림, 영양 크림, 눈썹 도구(눈썹 브러시, 눈썹 가위, 족집게, 눈썹 칼), 진정 겔, 보관통 1개(사용 전 · 후), 스테인리스통, 알코올 스프레이, 알코올 솜, 젖은 화장솜, 마른 화장솜, 거즈, 티슈, 시계, 면봉, 검정색 볼펜, 스파출러, 팩 브러시, 유리볼, 고무 마스크, 석고 마스크, 증류수
• 2단 : 해면 바구니 1개, 습포 바구니 2개, 고무볼, 해면, 냉습포 2장, 미니 쟁반
• 3단 : 해면 바구니 1개, 습포 바구니 1개, 고무볼, 휴지통, 보관통 1개

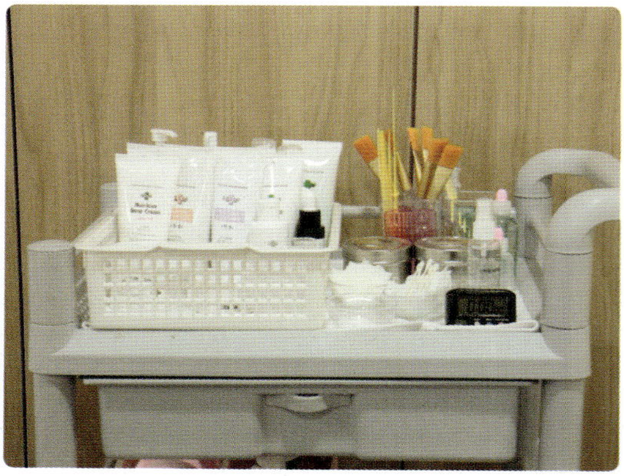

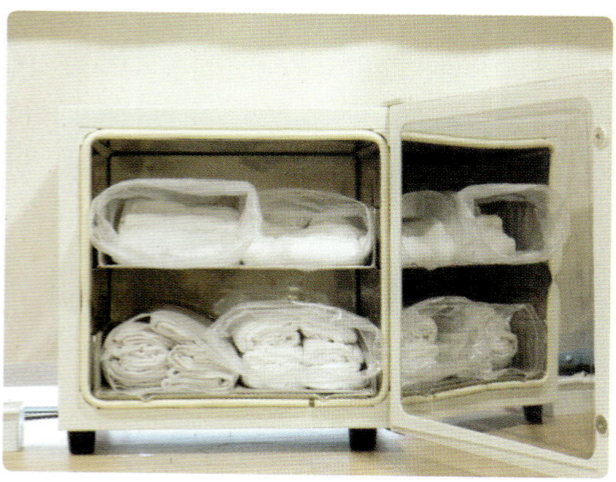

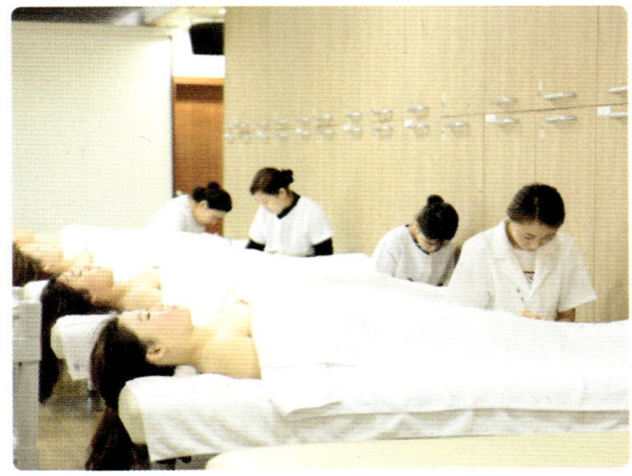

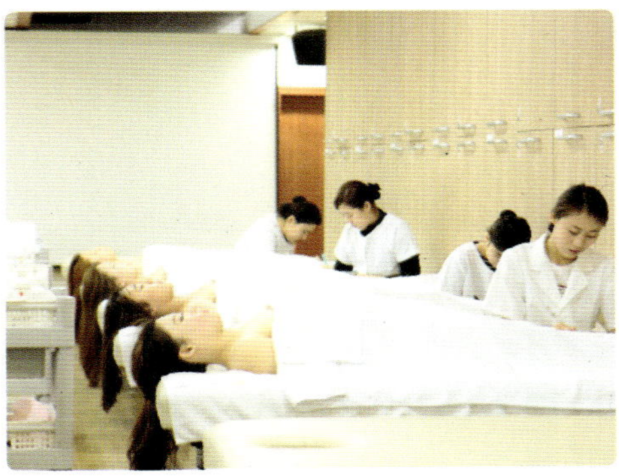

2. 클렌징 (Cleansing)

1. 클렌징 준비하기

• 헤어밴드

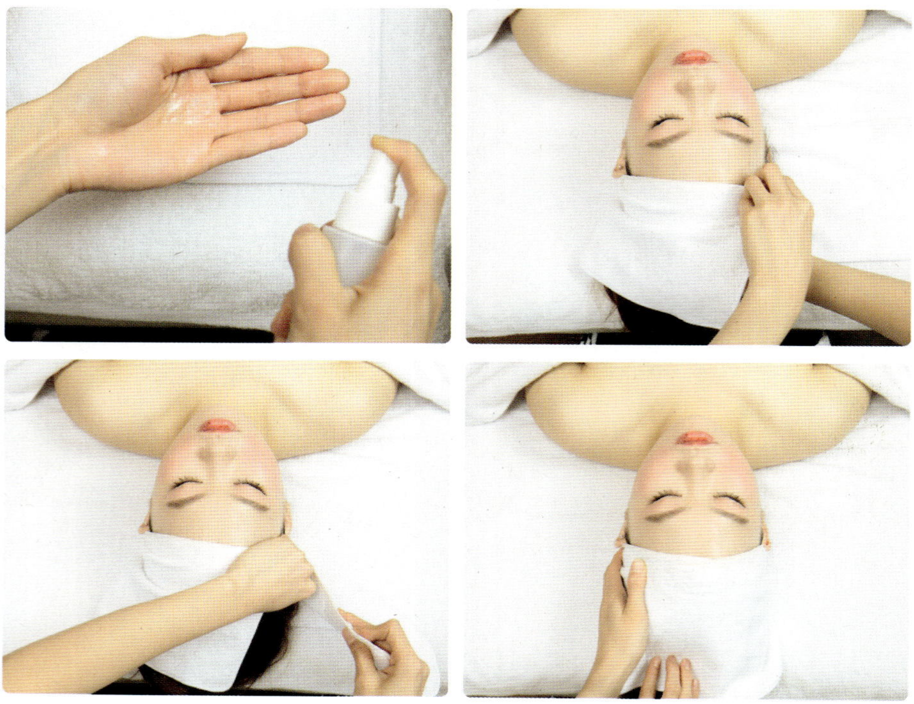

고객이 불편함을 느끼지 않도록 헤어밴드를 착용시킨다.

• 손 소독

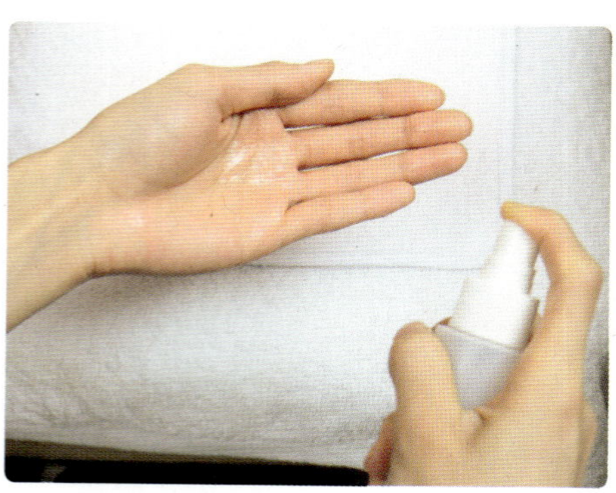

2. 포인트 메이크업 클렌징

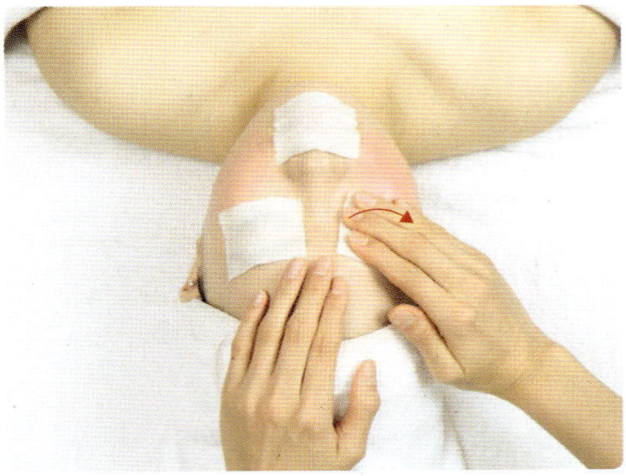
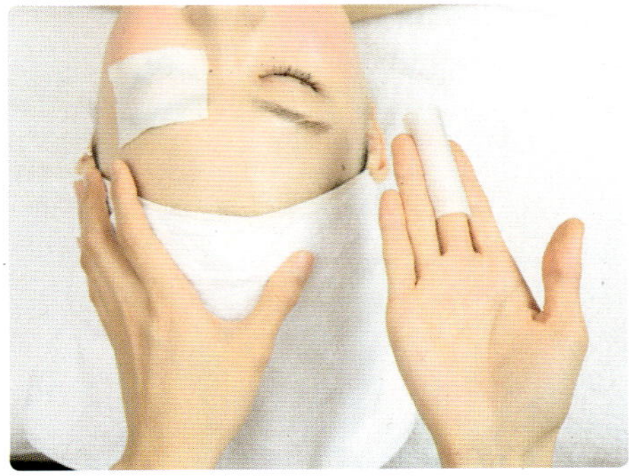

1. 화장솜을 이용하여 눈두덩이 전체를 가로로 클렌징한다.

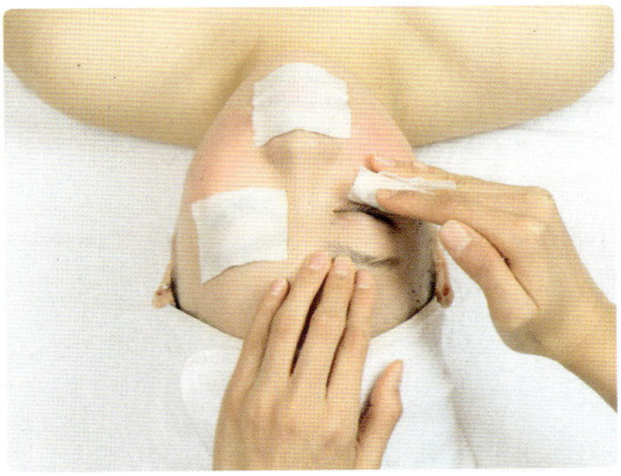

2. 화장솜을 중지에 끼워서 눈밑을 클렌징한다.

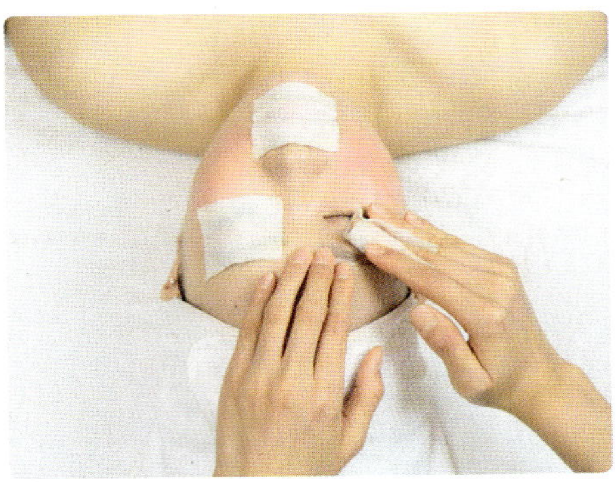
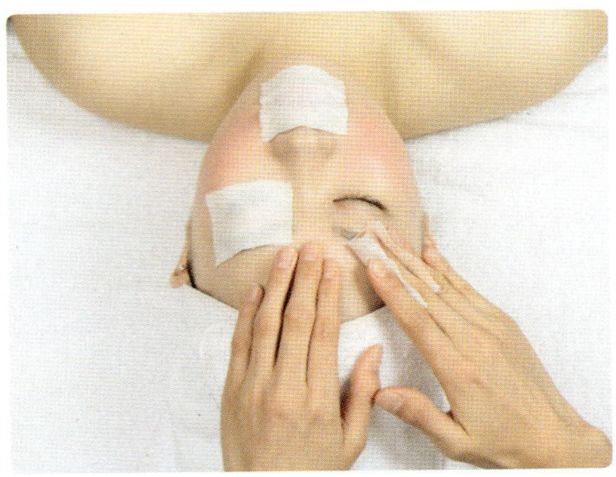

3. 화장솜을 중지에 끼워서 눈두덩이와 눈썹을 클렌징한다.

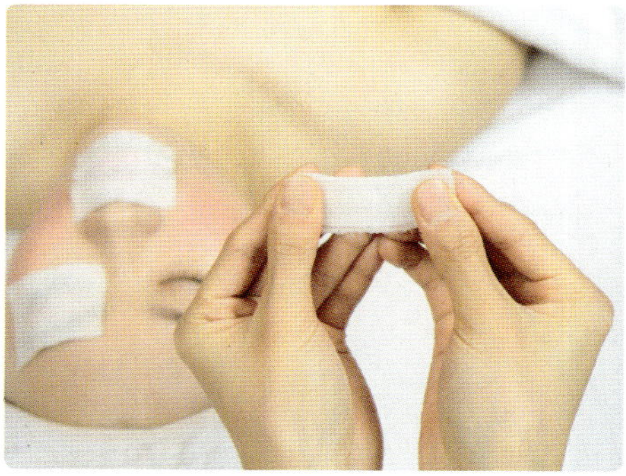
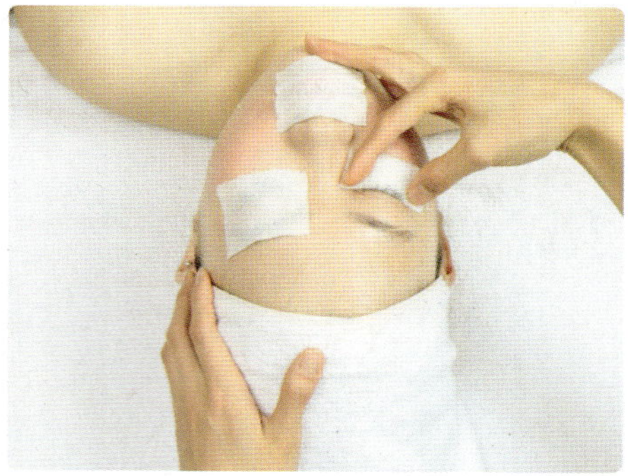
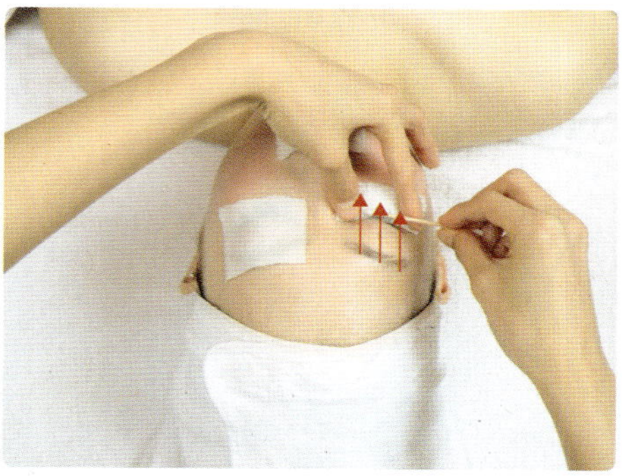
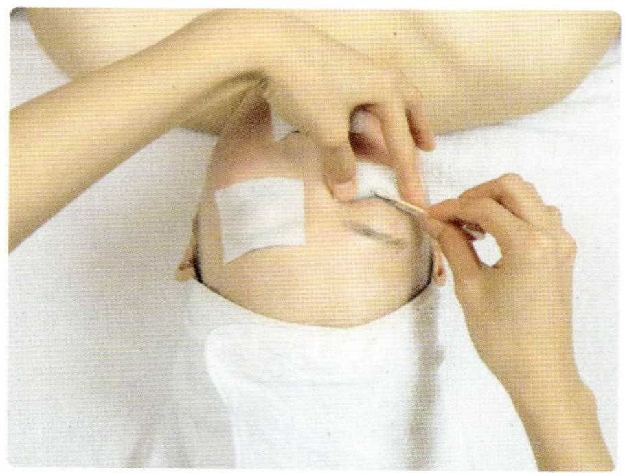
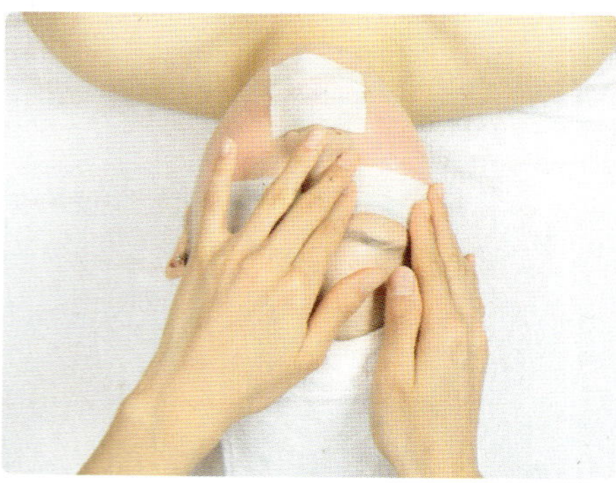
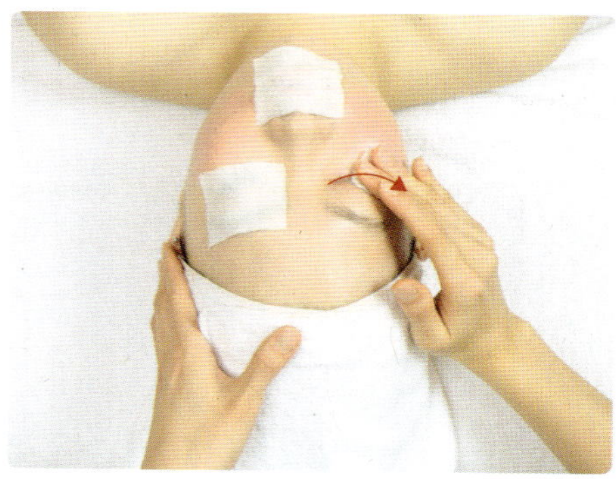
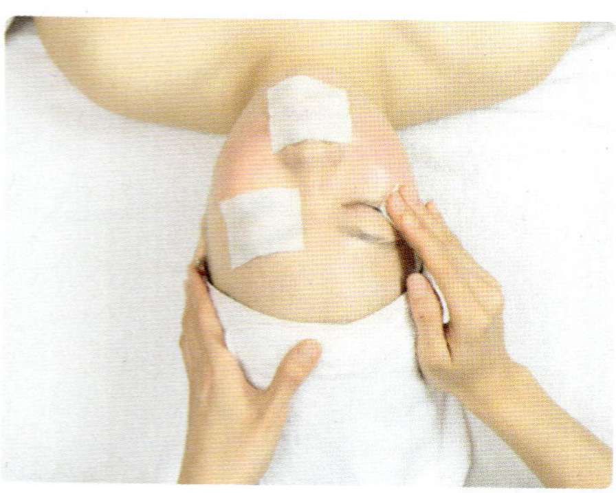

4. 화장솜을 반으로 접어서 눈썹밑에 끼우고 리무버를 묻힌 면봉을 이용해서 눈썹을 클렌징한 뒤 눈썹길이만큼 화장솜을 접어올려 가로로 클렌징한다.

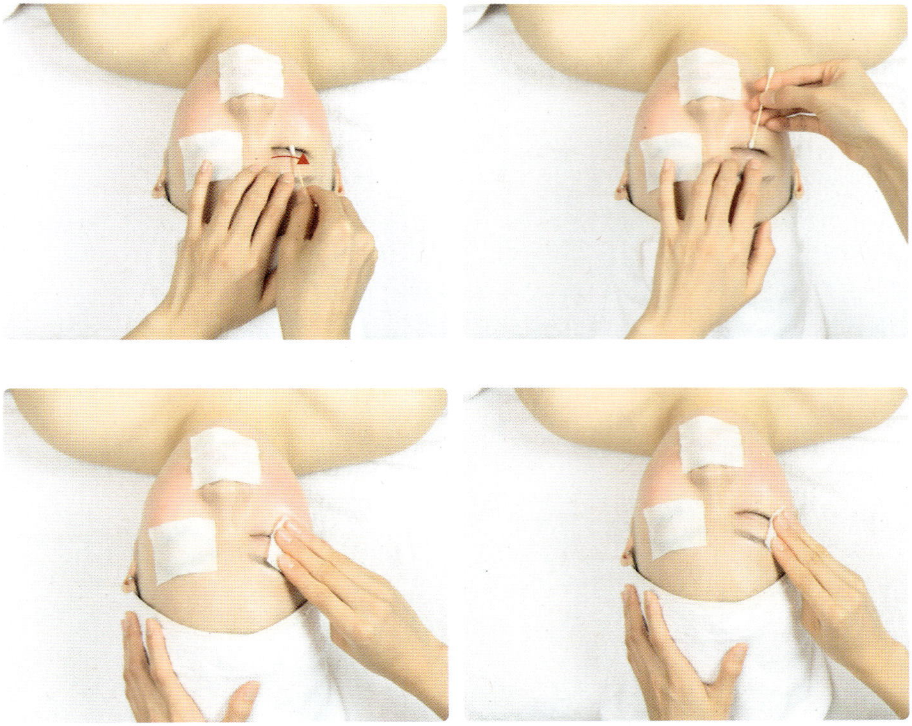

5. 리무버를 묻힌 면봉을 이용해서 아이라이너를 지워준 뒤 잔여물을 깨끗한 화장솜으로 지워 준다.

* 반대편 왼쪽 눈의 클렌징도 동일

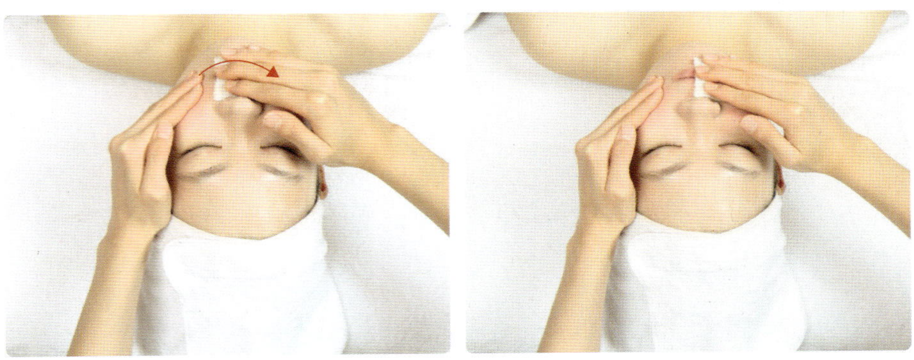

6. 화장솜을 이용하여 입술을 가로로 클렌징한다.

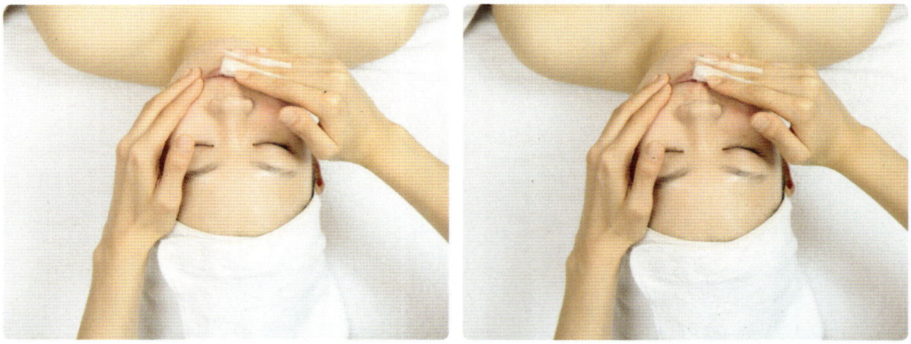

7. 화장솜을 중지에 끼워서 아랫입술과 윗입술을 가로로 클렌징한다.

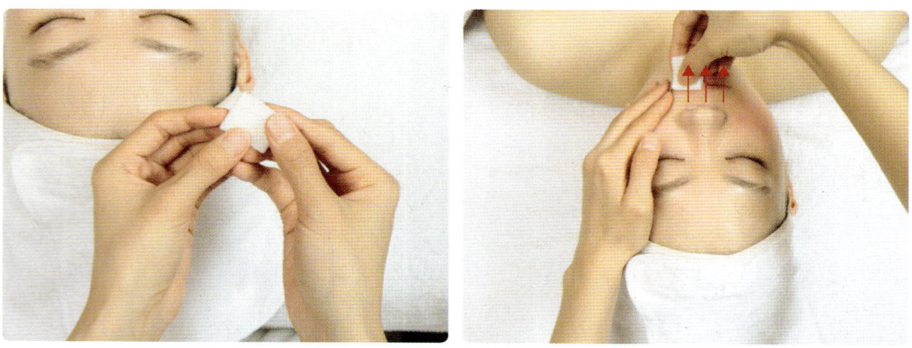

8. 화장솜을 반으로 접어서 윗입술은 밑으로 아랫입술은 윗부분으로 닦아 안쪽으로 모아서 클렌징한 뒤 면봉으로 다시 한 번 클렌징한다.

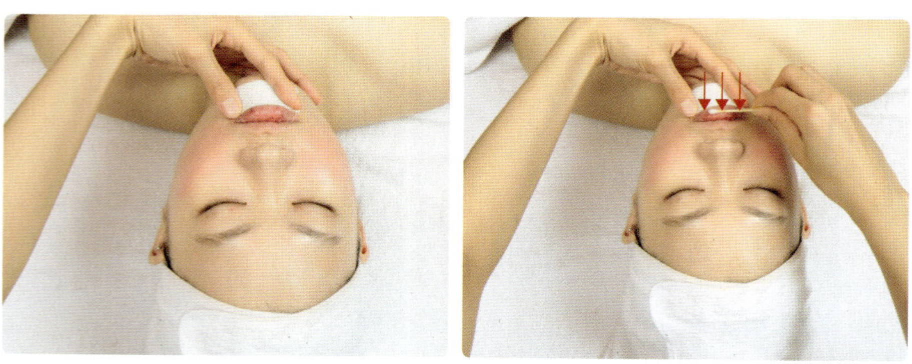

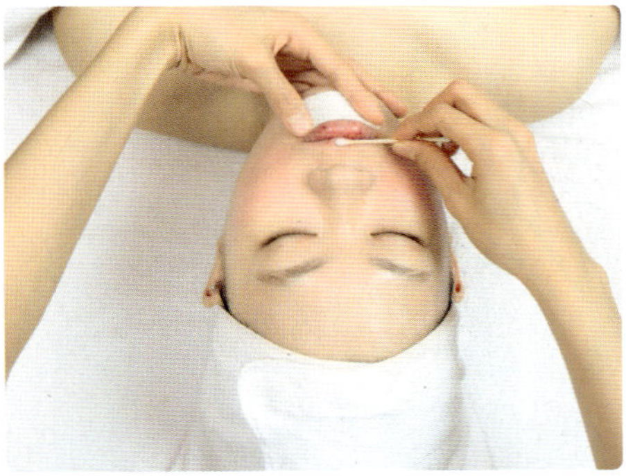

9. 면봉을 이용하여 세로방향으로 클렌징한다.

3. 클렌징 로션 준비하기

피부타입에 맞는 로션을 유리볼에 준비한다.

4. 클렌징 로션 도포하기

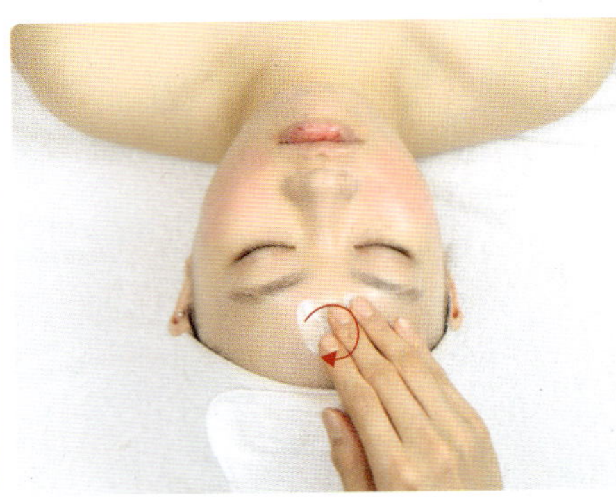

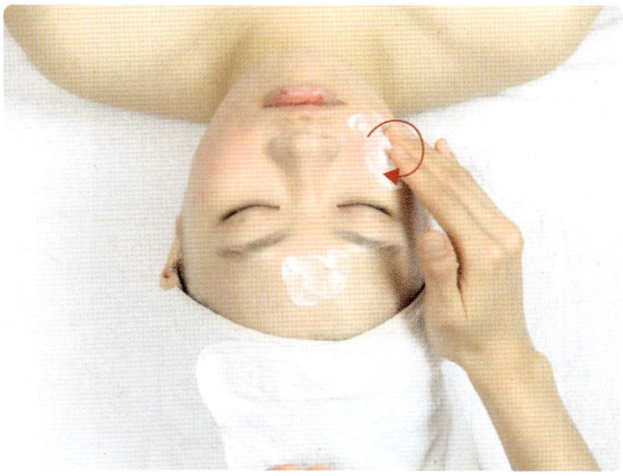
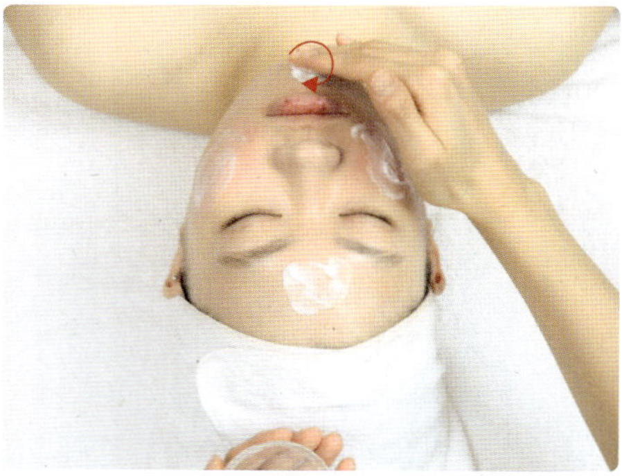
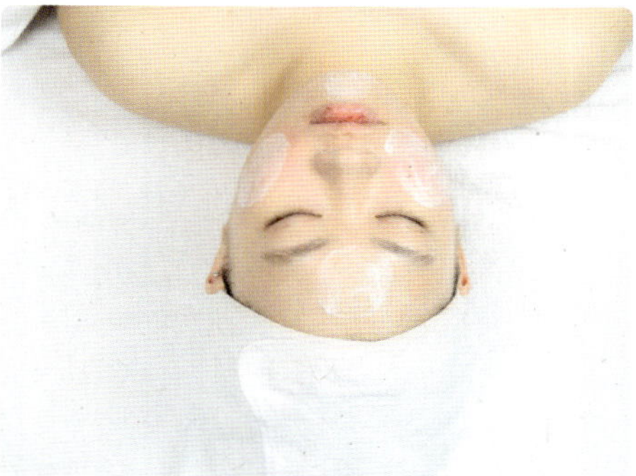

1. 클렌징 로션을 이마, 볼, 턱에 도포한다.

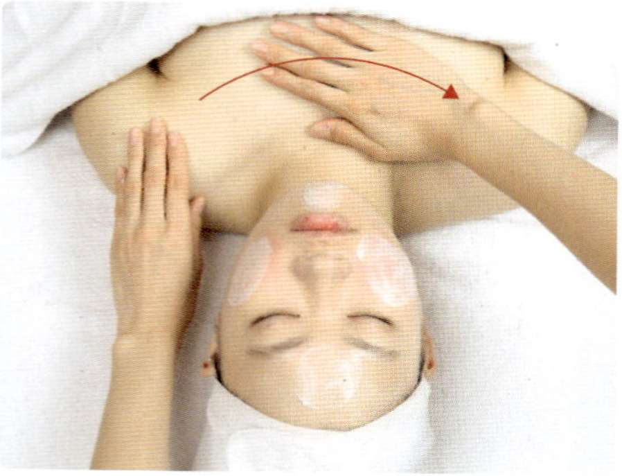
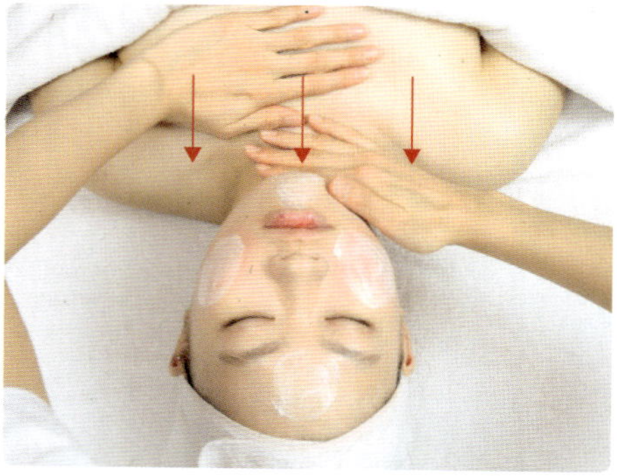

2. 데콜테 마사지 크림을 가로와 세로로 도포한다.

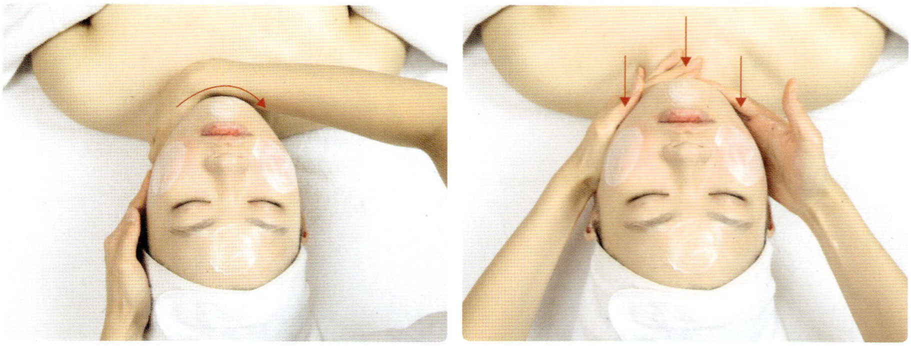

3. 목을 가로와 세로로 도포한다.

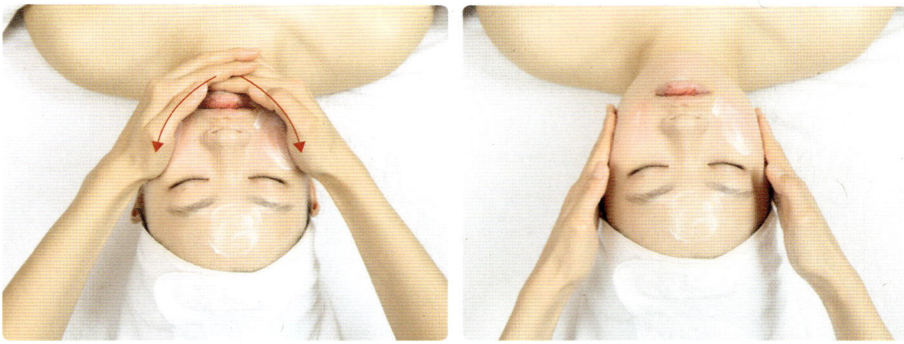

4. 턱을 고르게 도포한다.

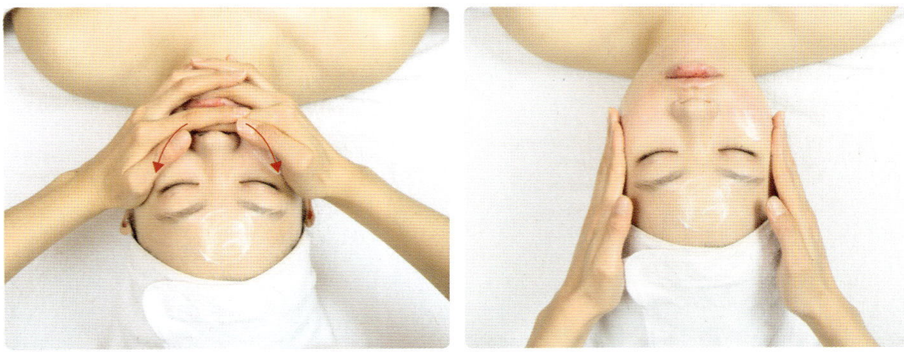

5. 입 주위를 도포한다.

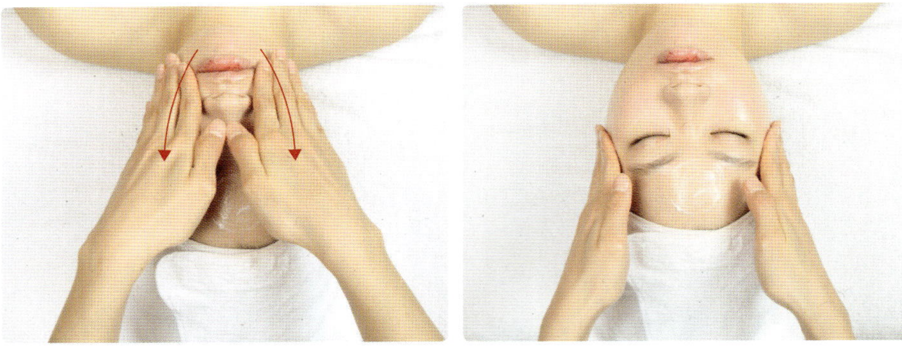

6. 손바닥을 이용하여 입가부터 귀 중앙 부위까지 도포한다.

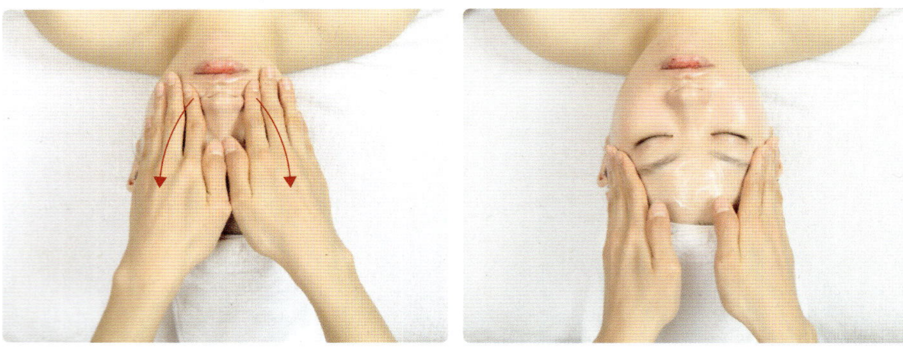

7. 손바닥을 이용하여 코 옆 부위부터 눈썹끝 부위까지 도포한다.

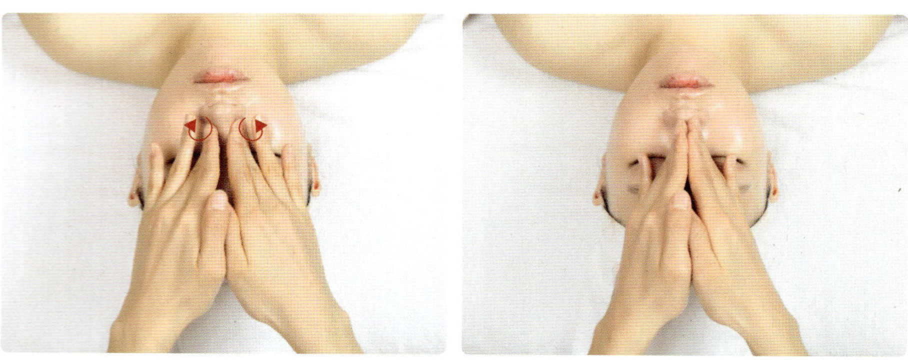

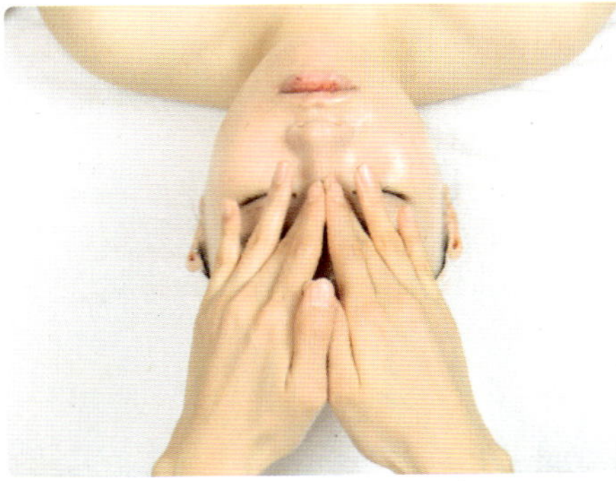

8. 중지를 이용하여 콧망울과 코 전체를 도포한다.

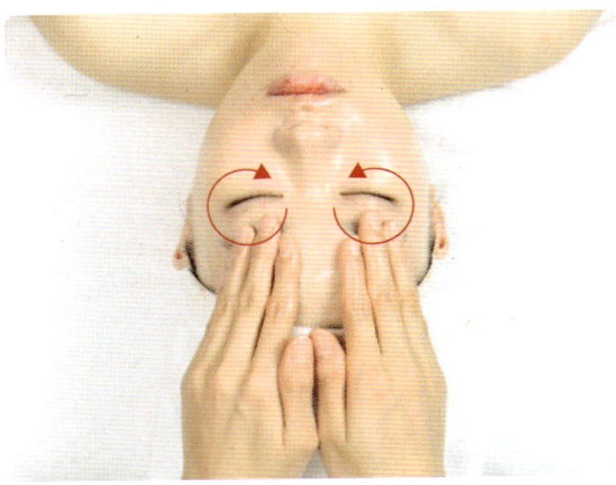

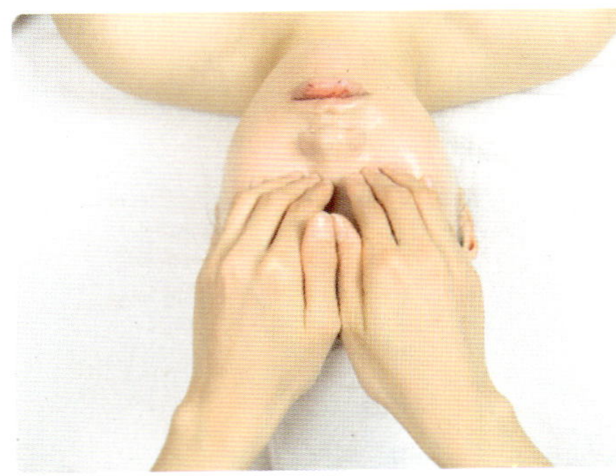

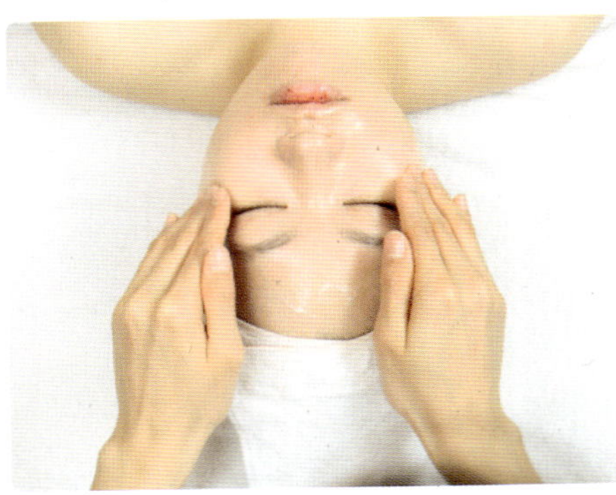

9. 눈 주위를 크게 원을 그리며 도포한다.

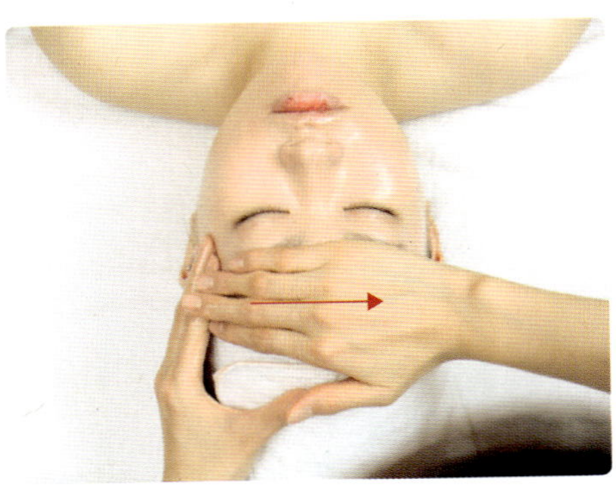

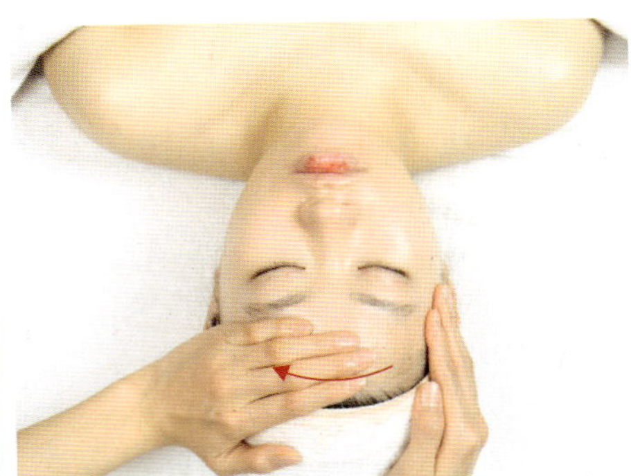

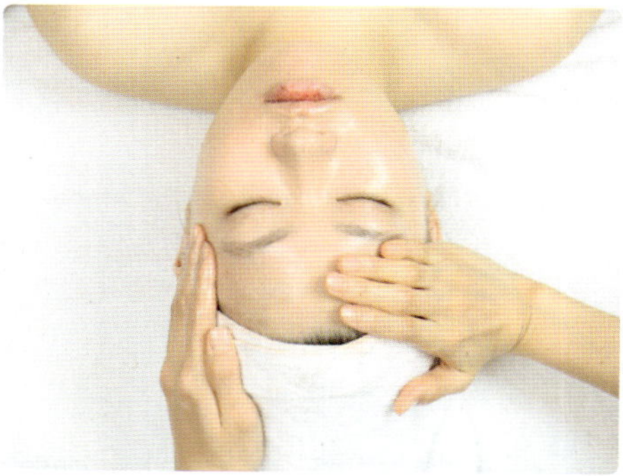

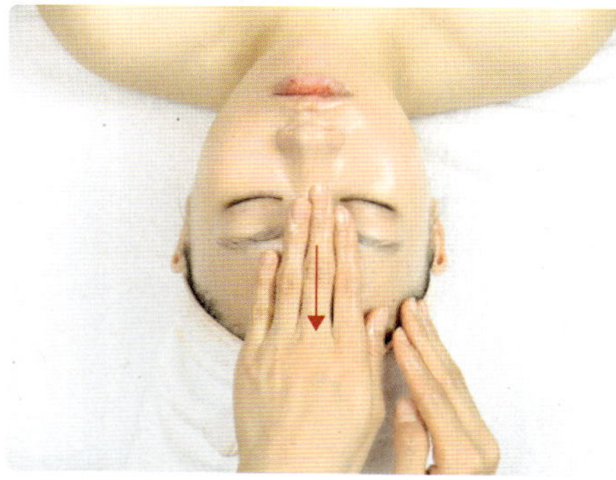

10. 양 손바닥을 번갈아가면서 이마를 가로, 세로로 도포한다.

5. 클렌징 동작

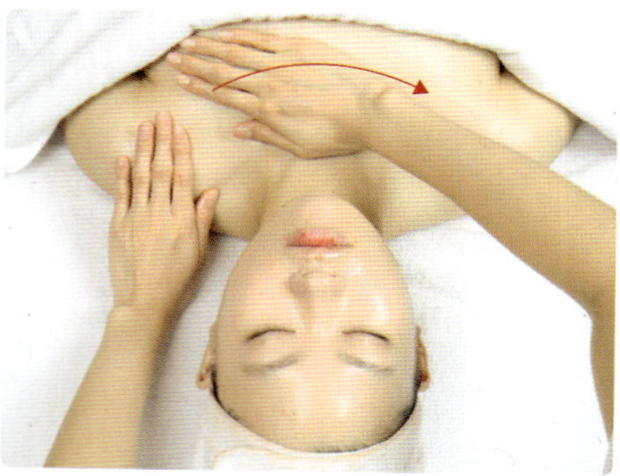

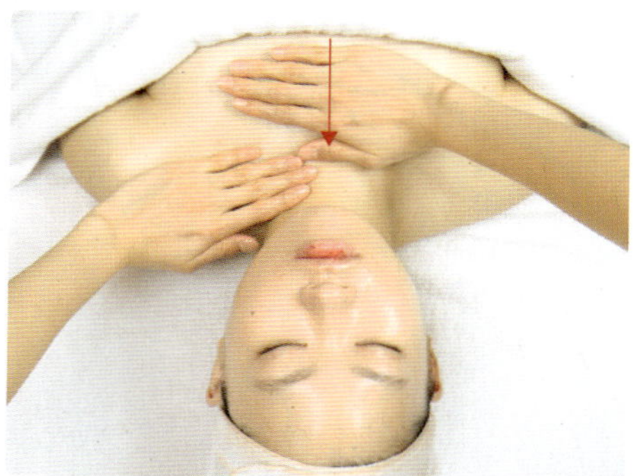

1. 데콜테를 가로와 세로로 클렌징한다.

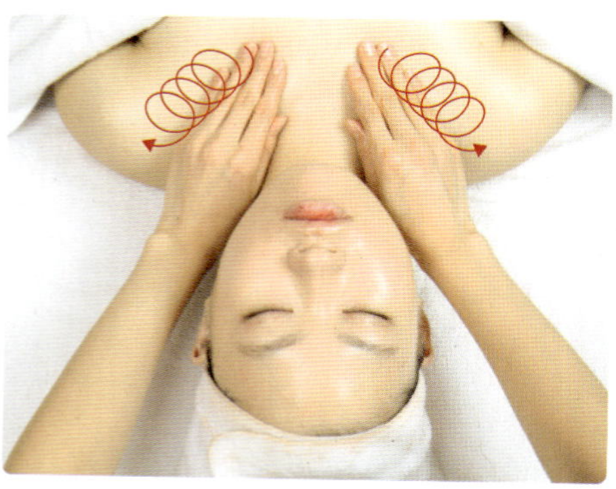

2. 데콜테를 나선형으로 문지르며 클렌징한다.

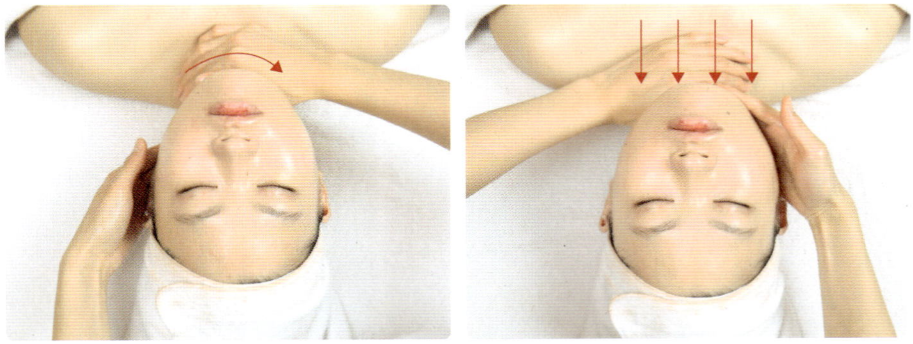

3. 목을 가로, 세로로 클렌징한다.

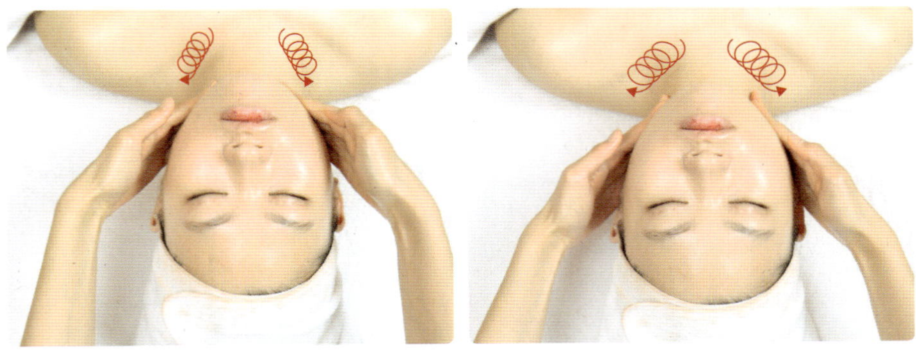

4. 손가락을 이용해서 목을 나선형으로 클렌징한다.

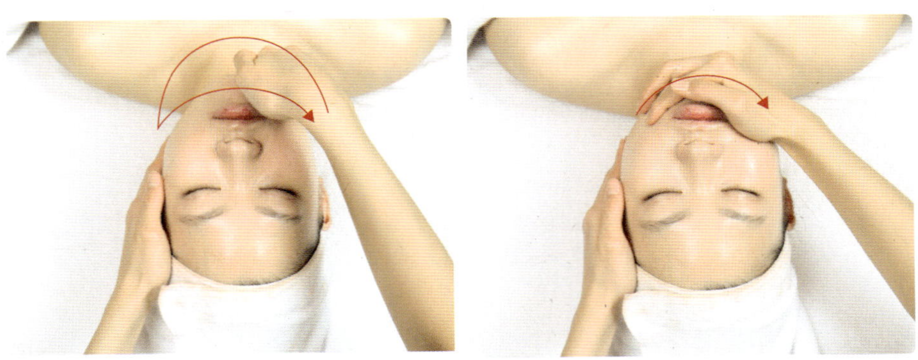

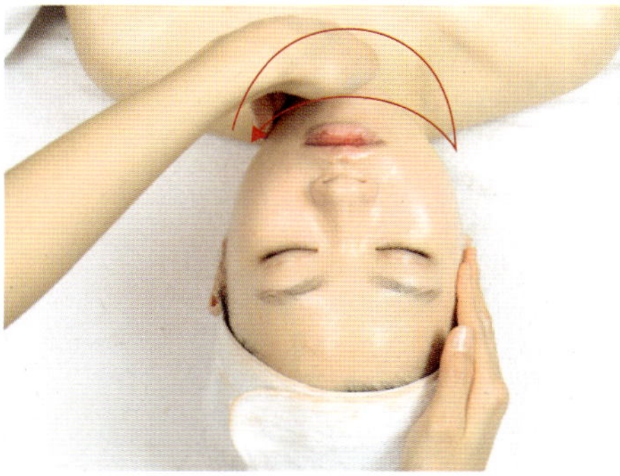

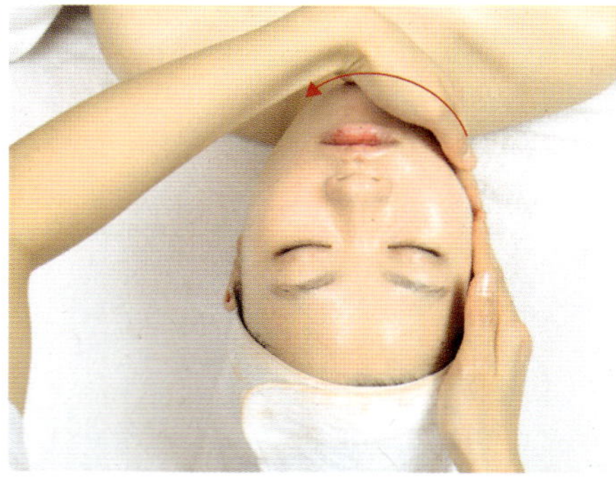

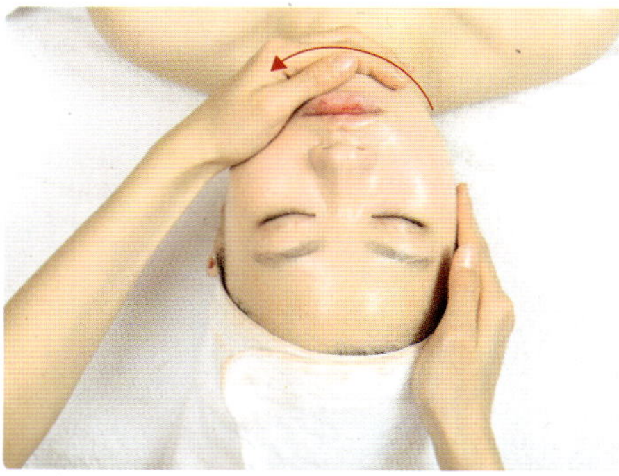

5. 왼손을 귀끝 부분에 고정하고 오른손을 이용하여 오른쪽 턱끝에서 왼쪽 턱끝까지 클렌징한다.
(반대편 동일하게 실시)

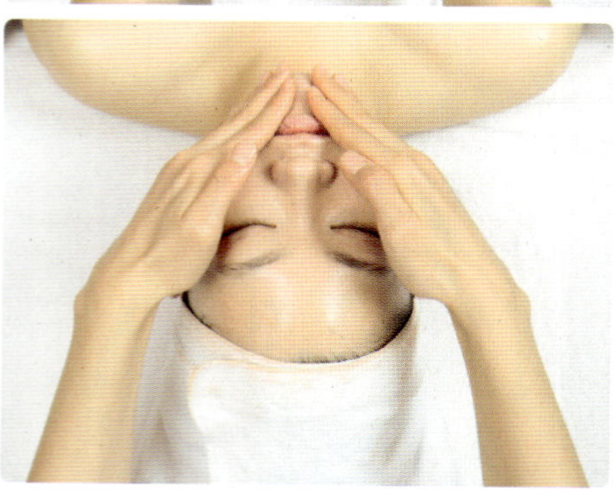

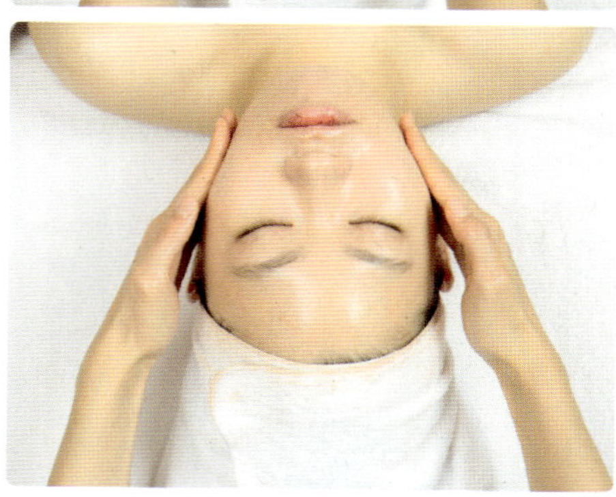

6. 손가락을 이용하여 턱을 나선형으로 클렌징한다.

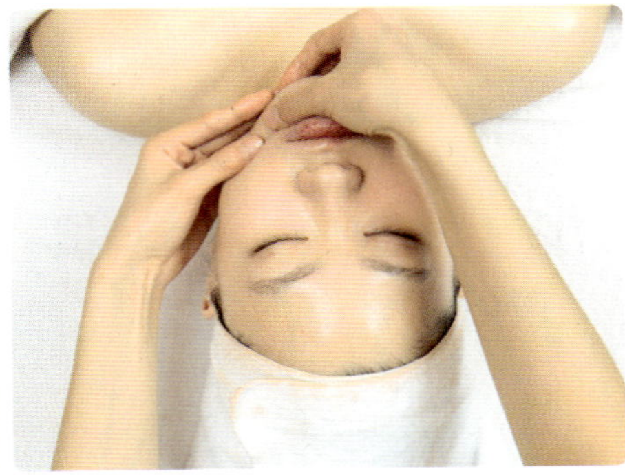

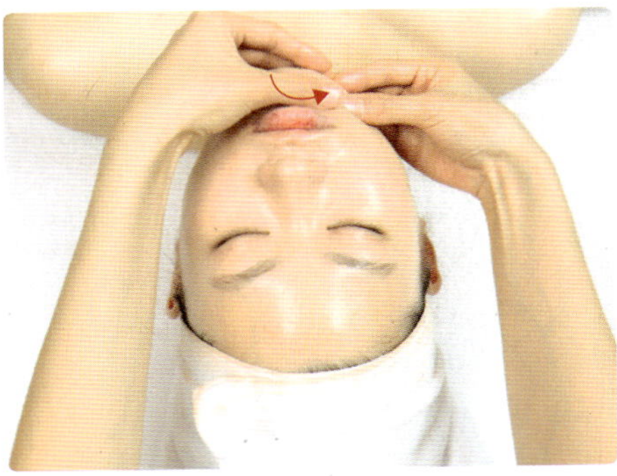

7. 엄지를 번갈아가면서 입밑 중앙부분을 원을 그리듯 클렌징한다.

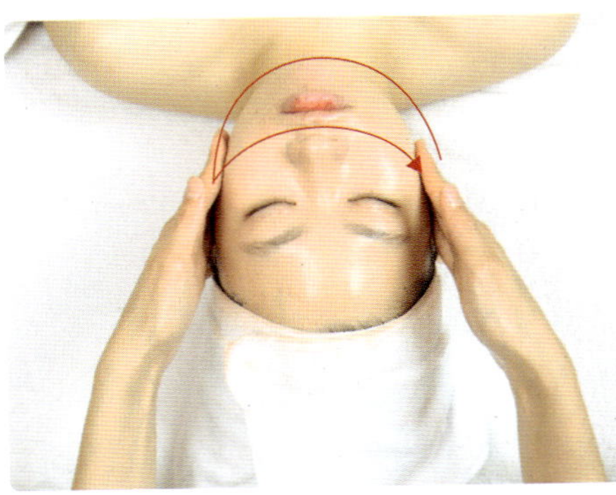

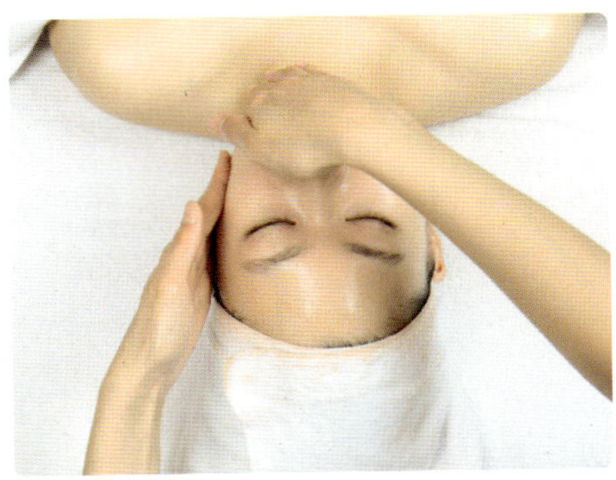

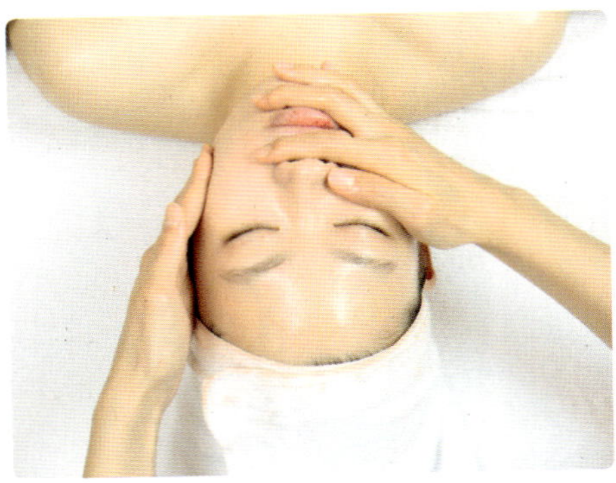

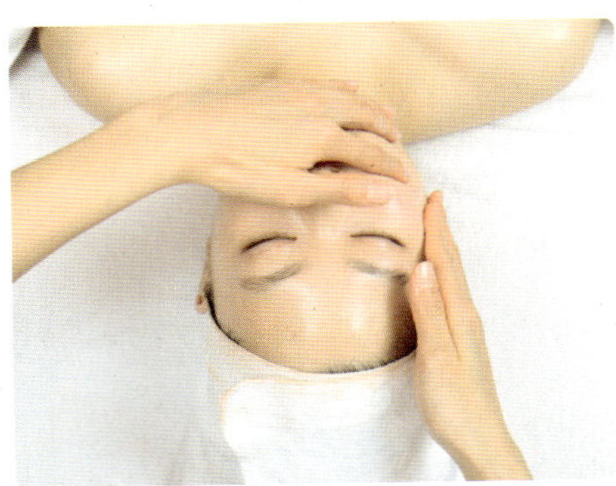

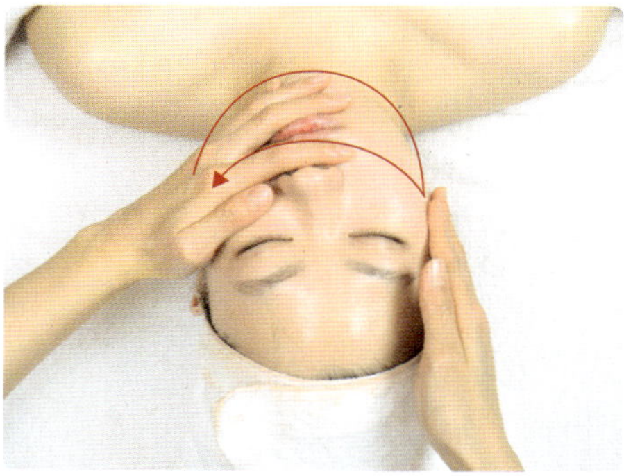
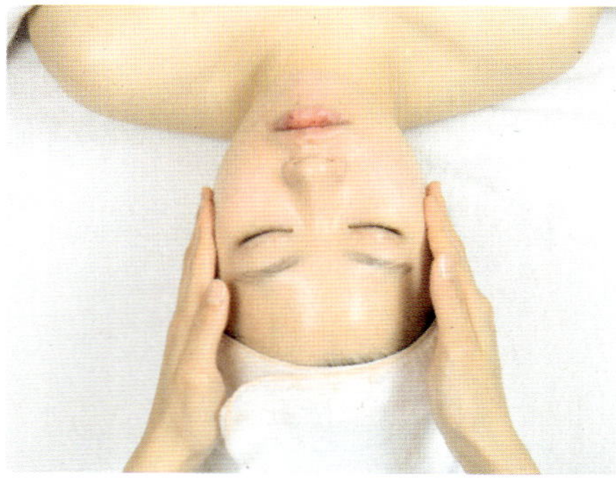

8. 손바닥을 이용하여 입 주변을 클렌징한다.

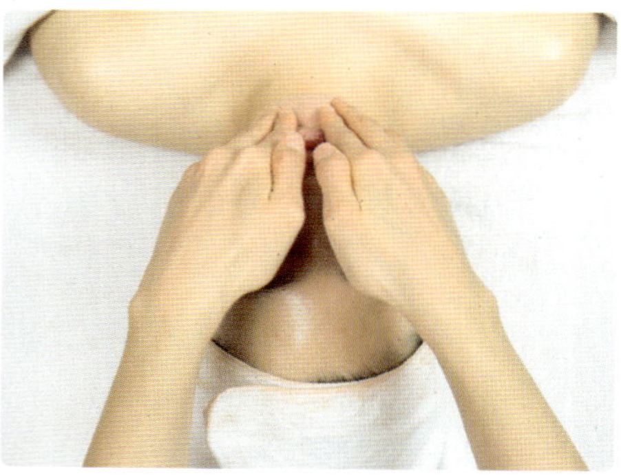
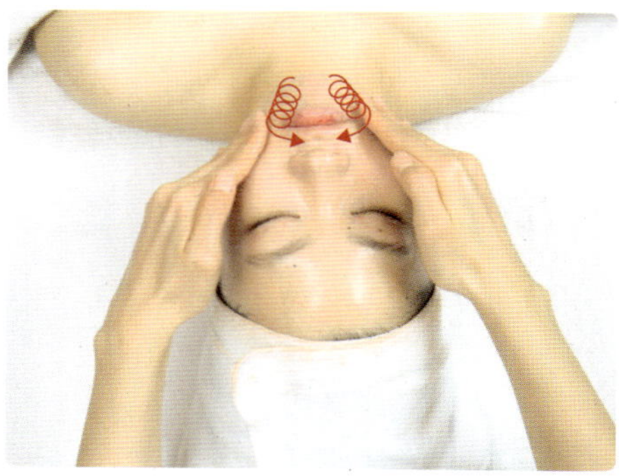
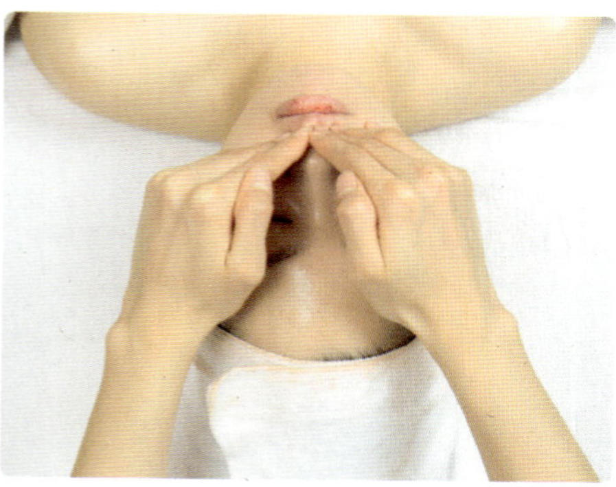

9. 손가락 3, 4지를 이용하여 입 주변을 나선형을 그리며 클렌징한다.

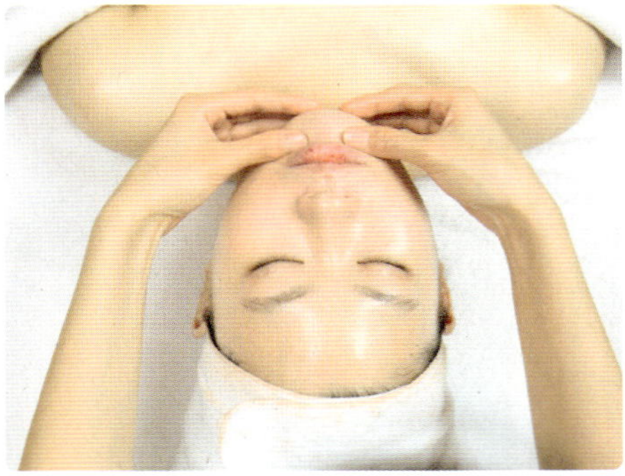

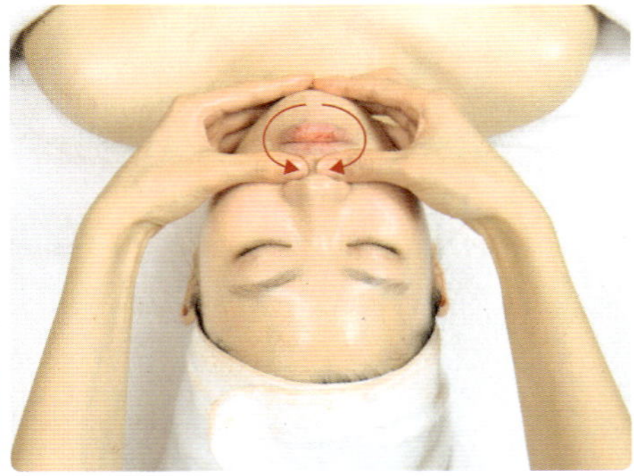

10. 엄지를 이용하여 입밑 중앙 부위부터 가볍게 끌어올리며 클렌징한다.

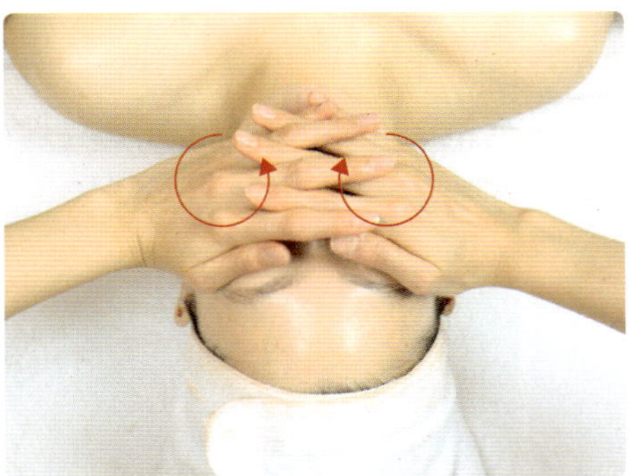

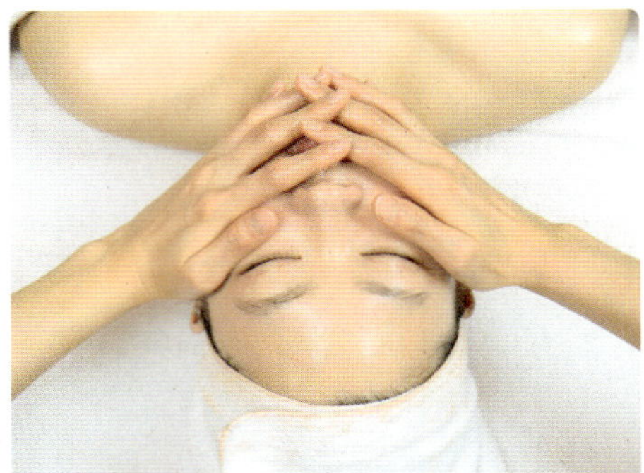

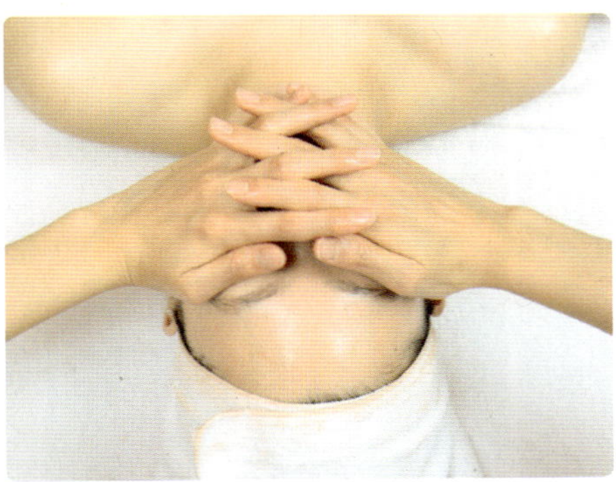

11. 손바닥을 이용하여 볼 전체를 클렌징한다.

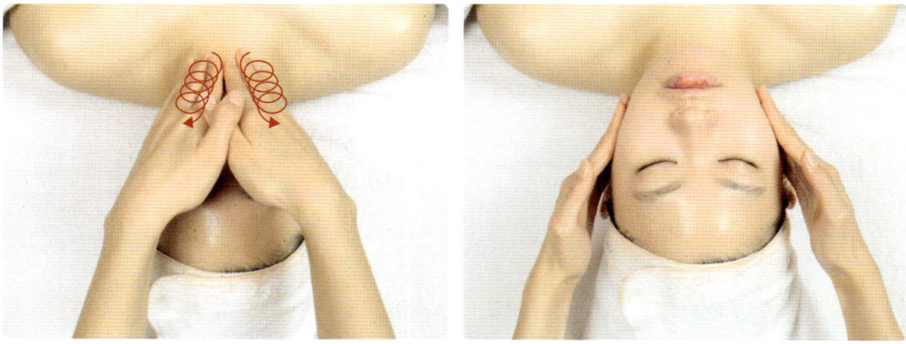

12. 손가락을 이용하여 턱 중앙 부위부터 턱끝 부위까지 나선형을 그리며 클렌징 한다.

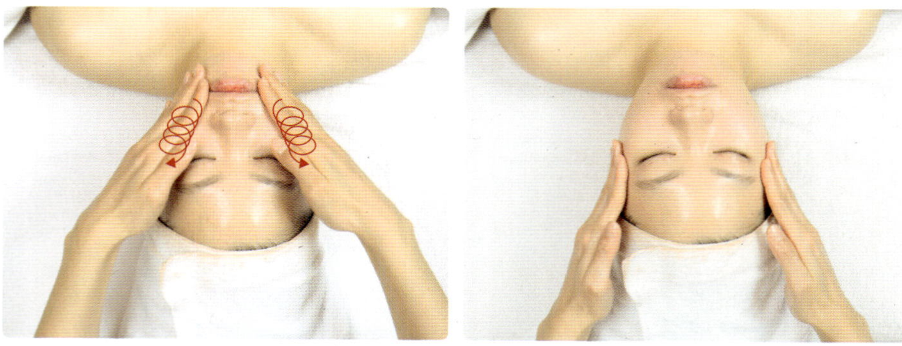

13. 손가락을 이용하여 입가 부위부터 귀 중앙 부위까지 나선형을 그리며 클렌징 한다.

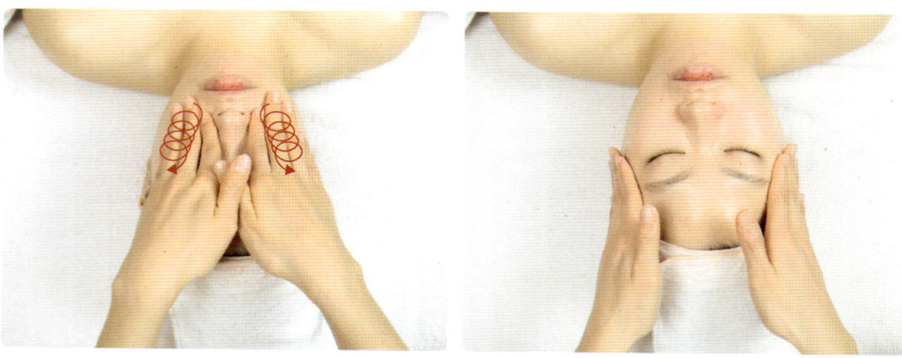

14. 손가락을 이용하여 콧망울 옆 부위부터 눈썹끝 부위까지 나선형을 그리며 클렌징한다.

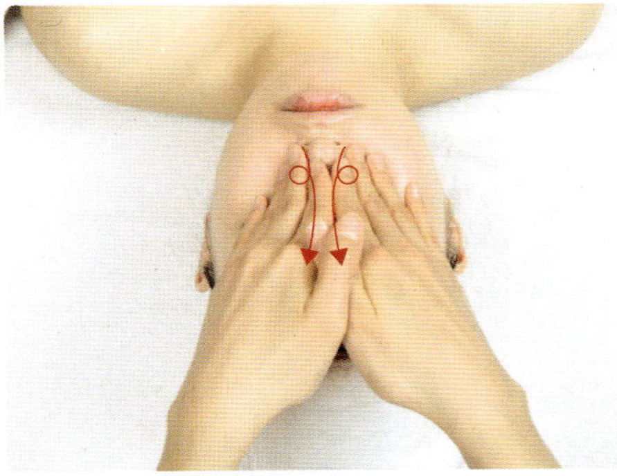

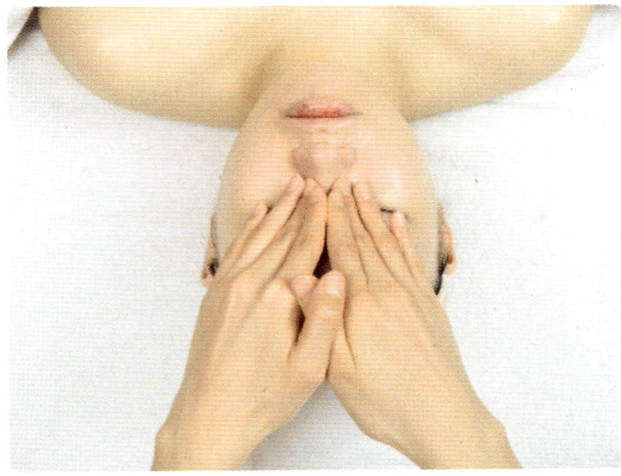

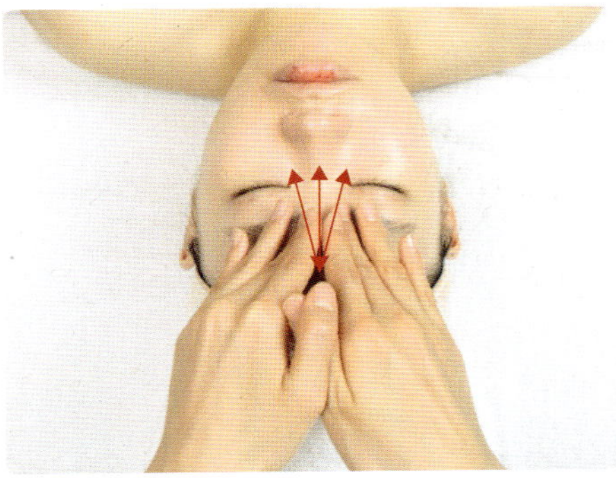

15. 중지를 이용하여 콧망울부터 콧날과 좌우측면을 클렌징한다.

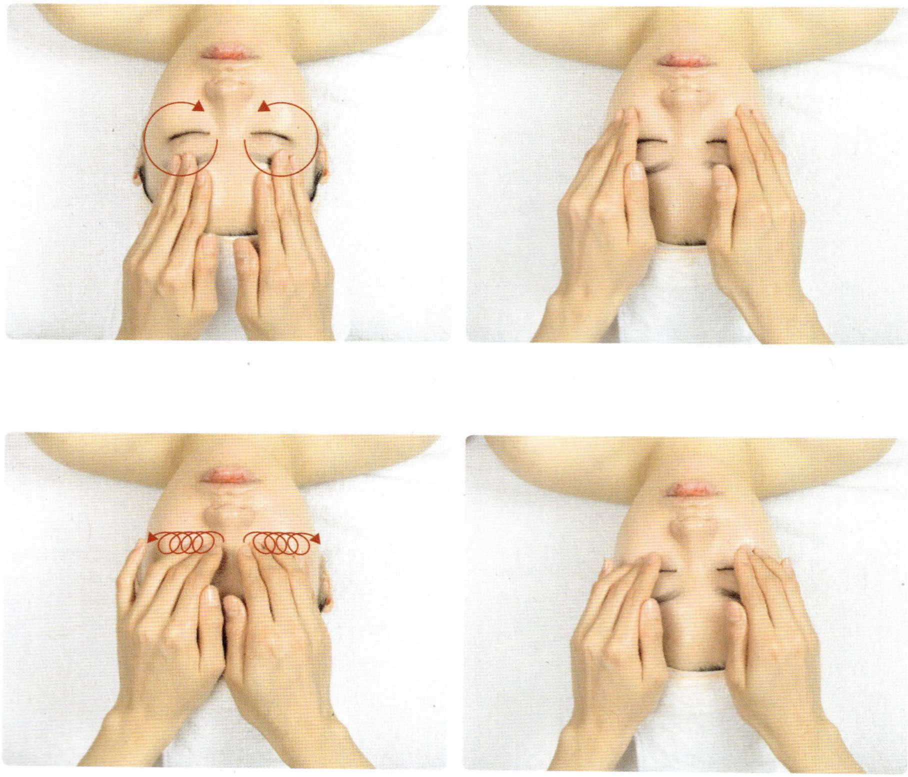

16. 중지를 이용하여 눈 주변을 동시에 원을 그리며 클렌징하고, 눈밑을 작은 원을 그리며 안쪽부터 클렌징한다.

17. 이마를 가로, 세로로 클렌징한다.

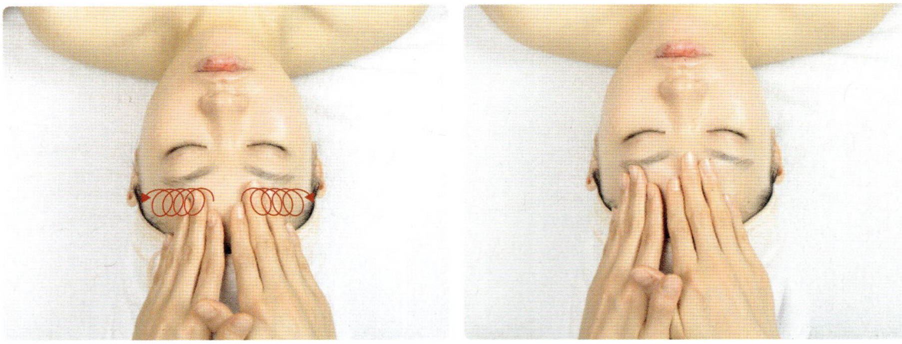

18. 손가락을 이용하여 이마를 나선형을 그리며 클렌징한다.

• 물티슈로 손 닦기

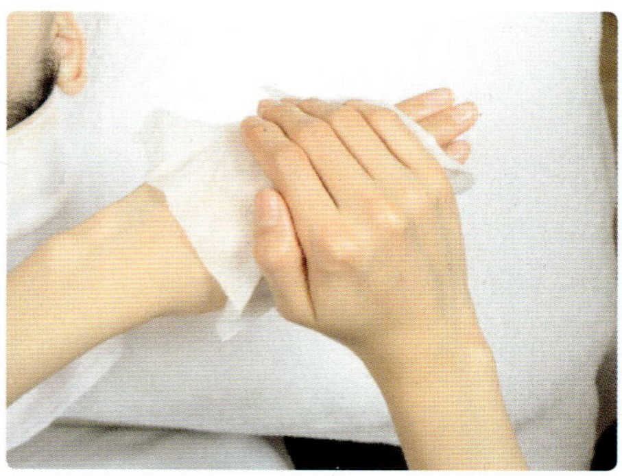

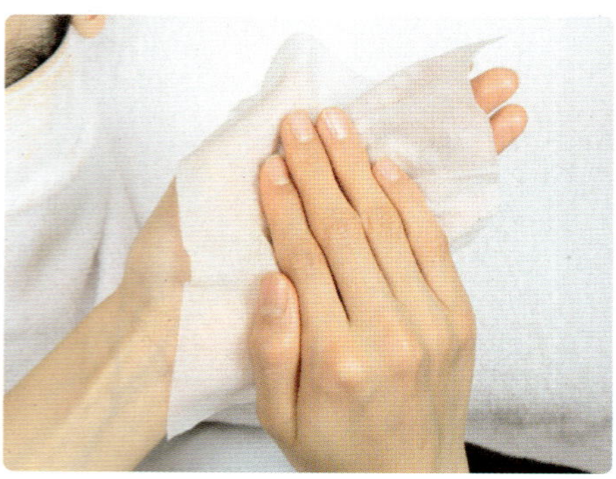

물티슈로 손을 청결히 닦는다.

6. 티슈 사용

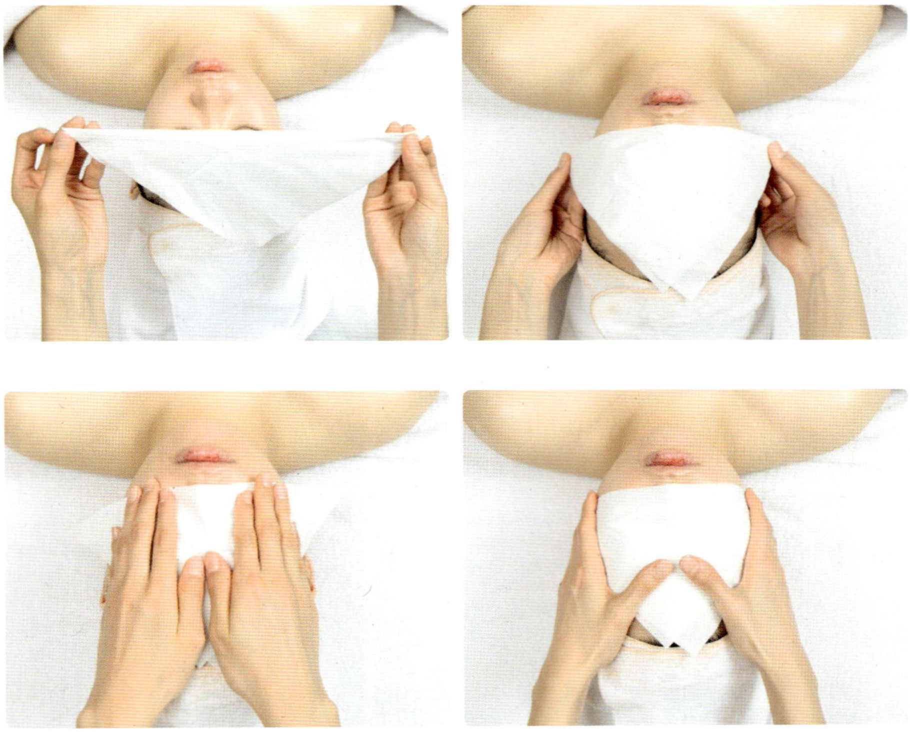

1. 티슈를 삼각으로 접어서 코 윗부분을 지그시 눌러 유분기를 제거한다.

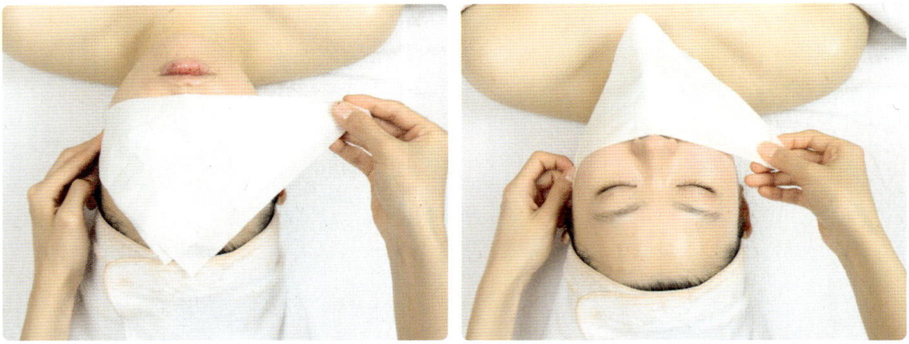

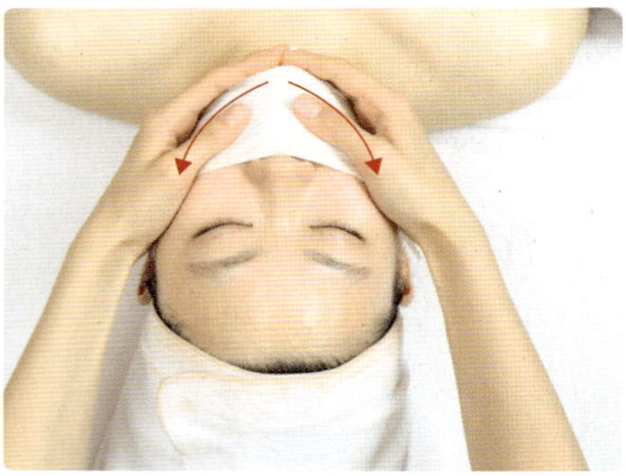

2. 1번의 티슈를 뒤집어 코 아랫부분을 지그시 눌러서 유분기를 제거한다.

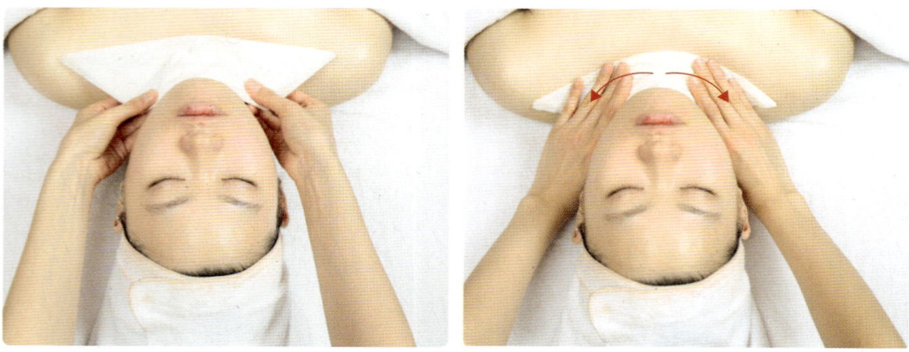

3. 2번의 티슈를 반으로 접어서 목의 유분기를 제거한다.

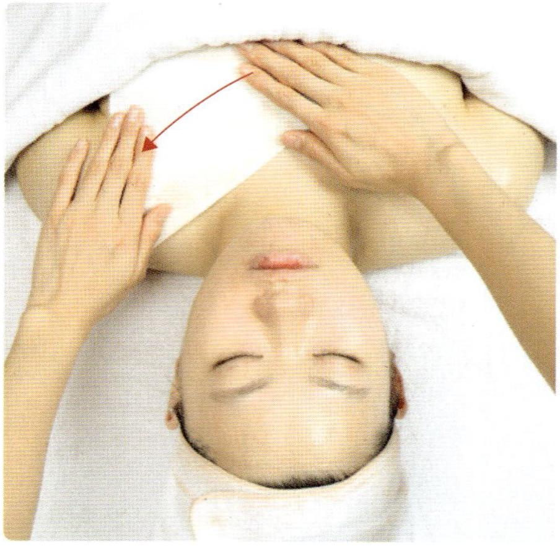

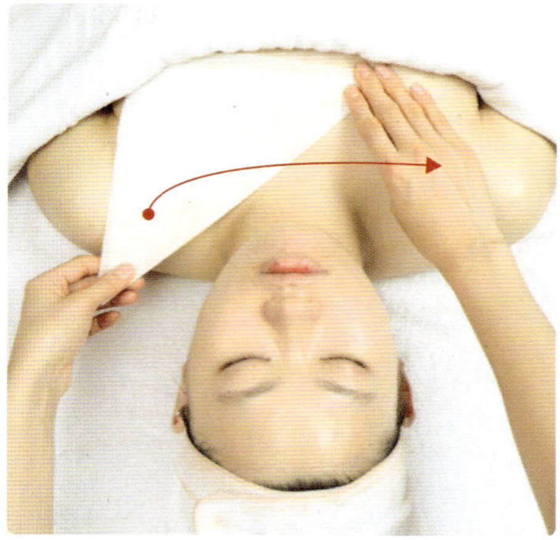

4. 3번의 티슈를 다시 펴서 데콜테를 삼각으로 오른쪽과 왼쪽을 나눠서 유분기를 제거한다.

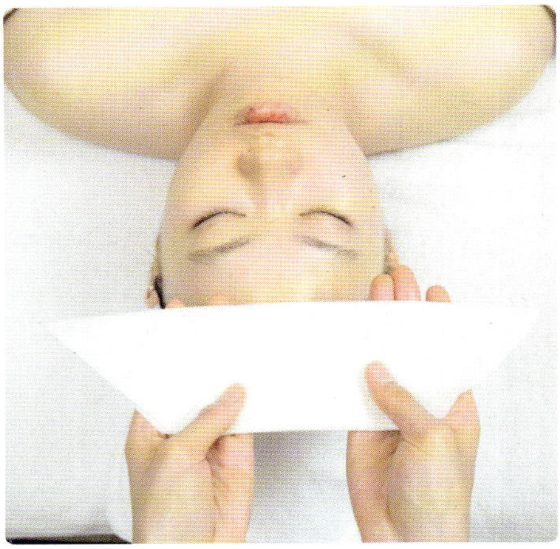
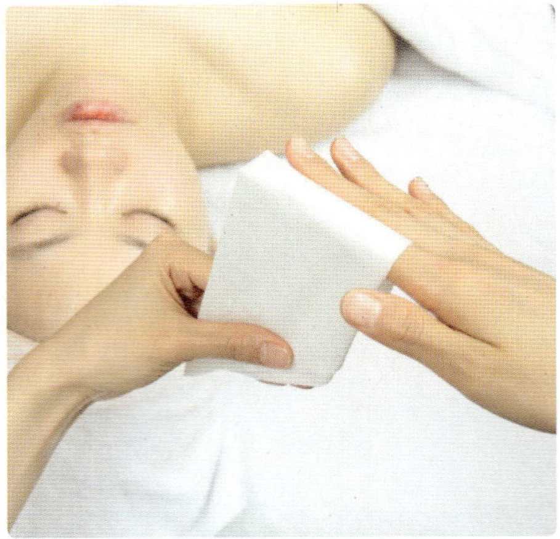
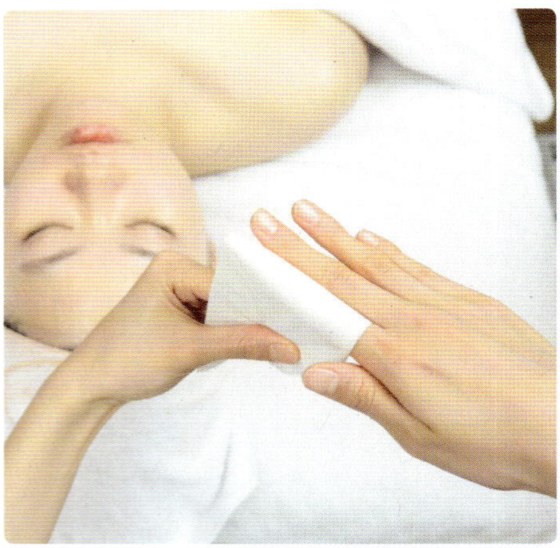
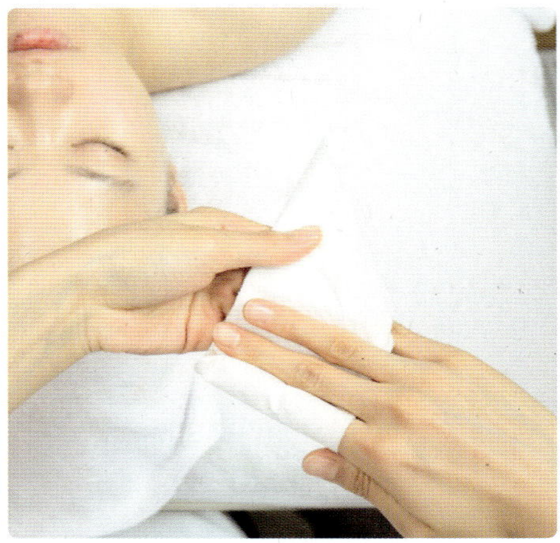
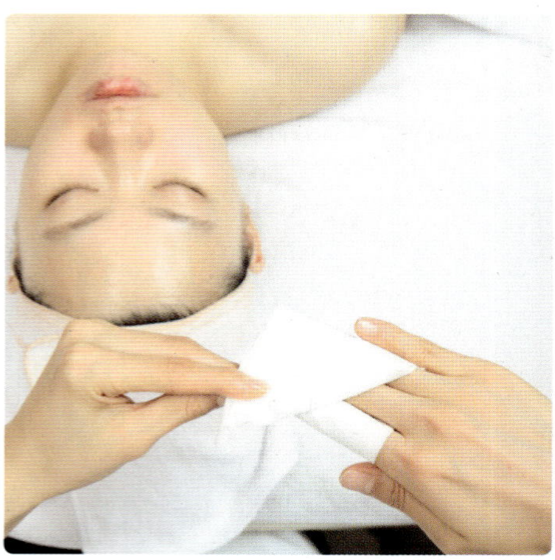
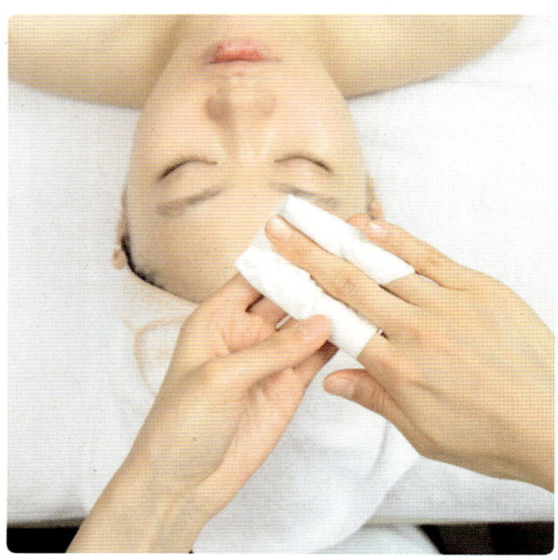

5. 티슈를 오른손가락에 감싸서 유분기를 제거한다.

7. 해면 사용

1. 눈밑을 닦아준다.

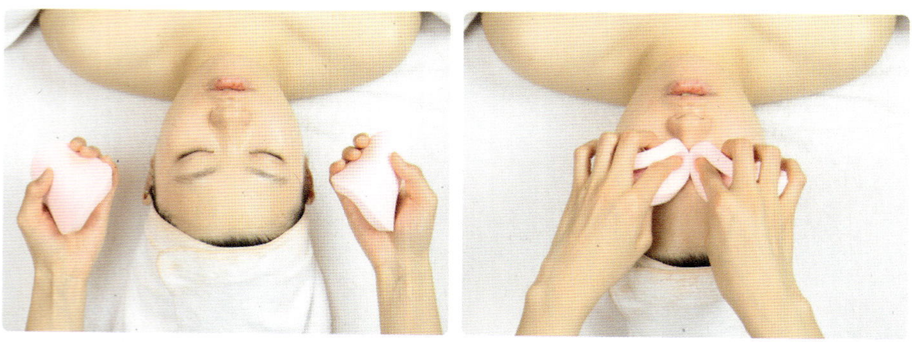

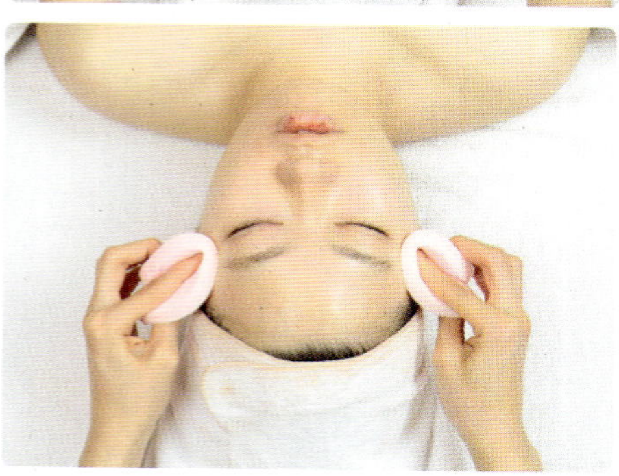

2. 눈두덩이를 닦아준다.

3. 눈썹 부위를 닦아준다.

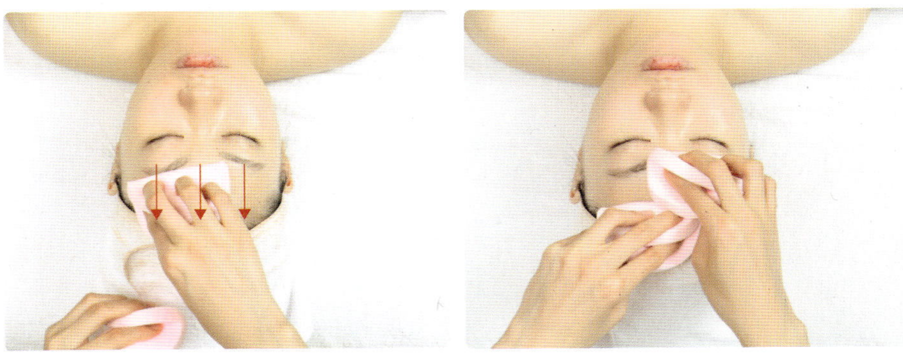

4. 이마를 세로방향으로 번갈아가면서 닦아준다.

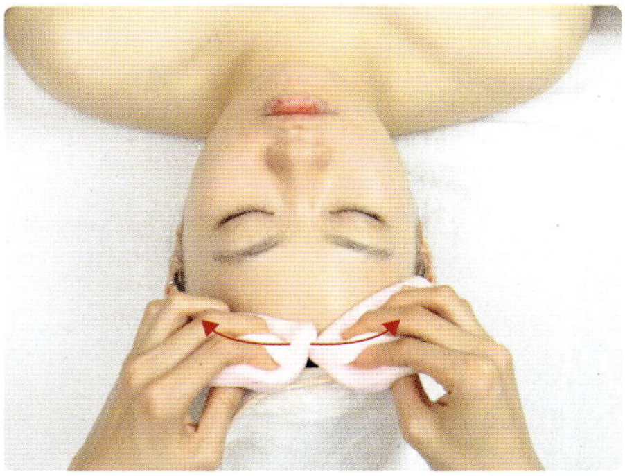

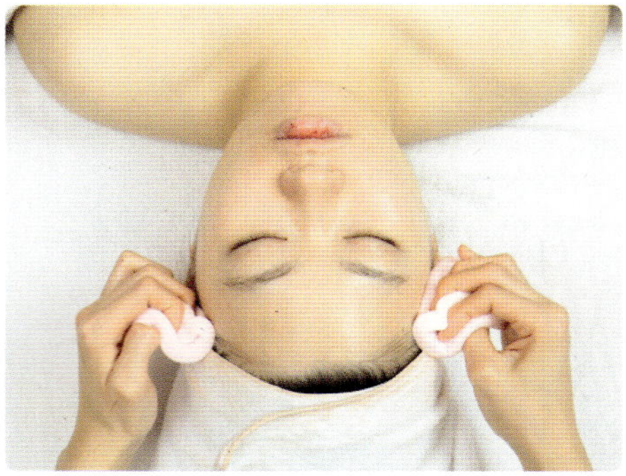

5. 이마의 윗부분을 가로로 세심하게 닦아준다.

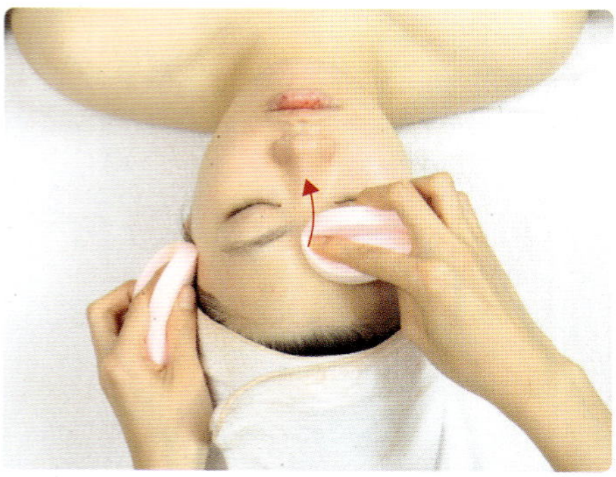

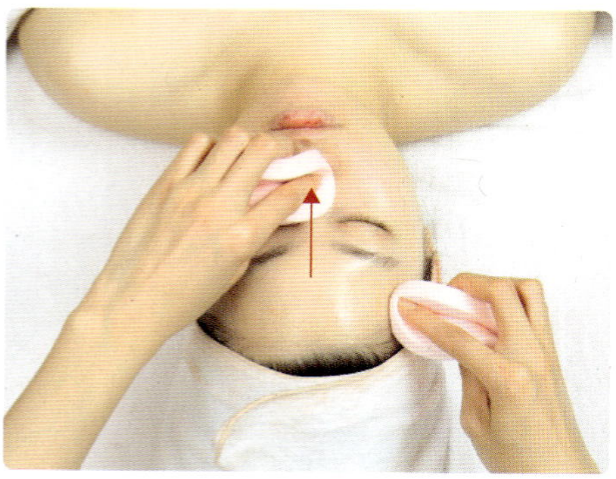

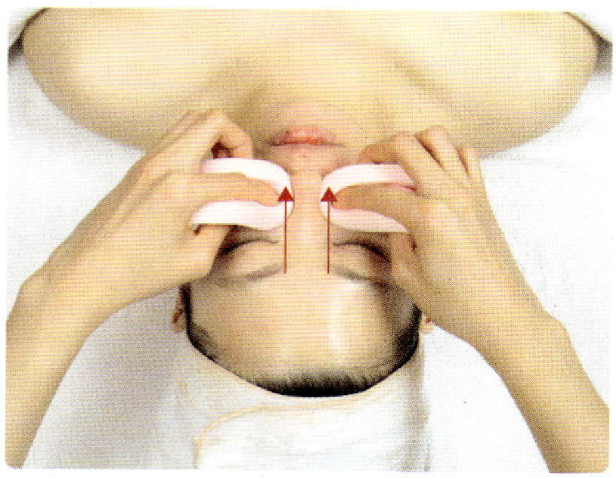

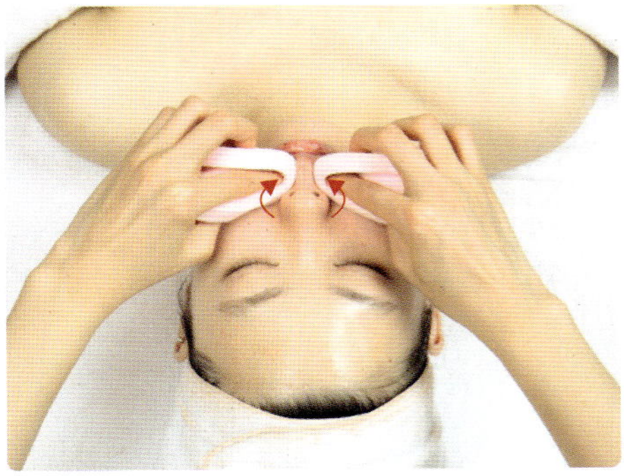

6. 콧날과 좌우측면 콧망울 부위를 가볍게 닦아준다.

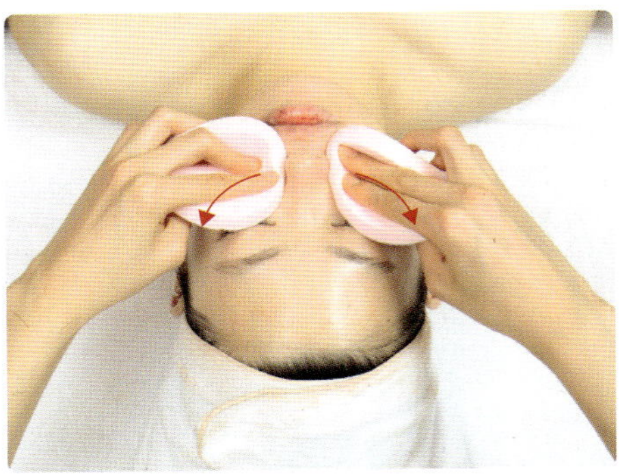

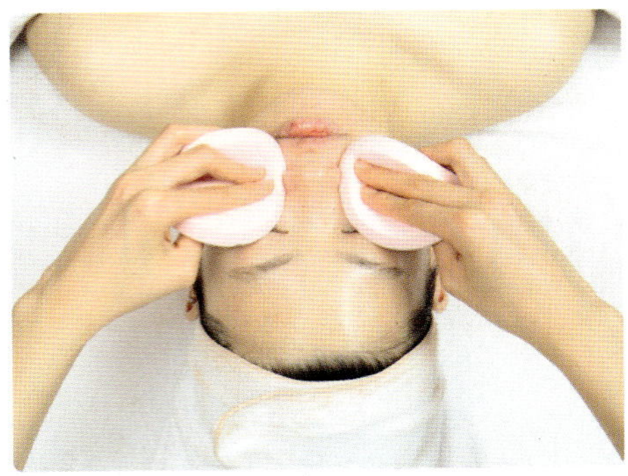

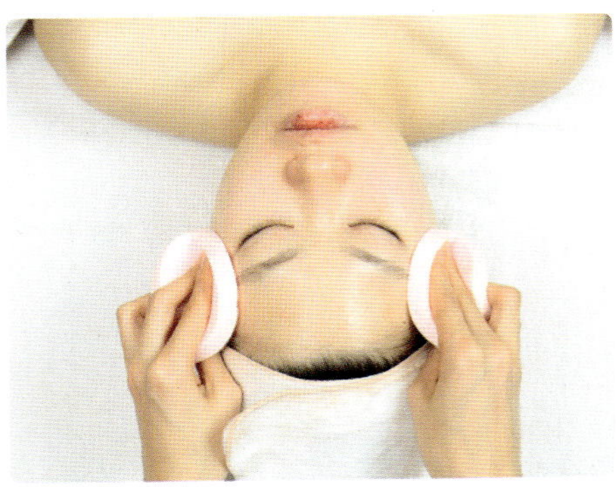

7. 콧망울 옆 부위부터 눈썹끝 부위까지 닦아준다.

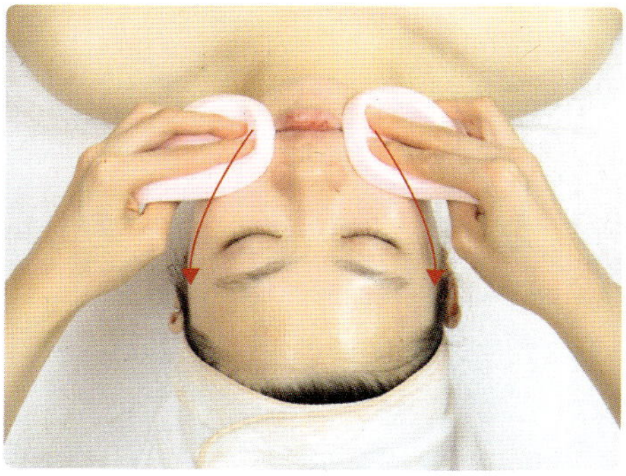
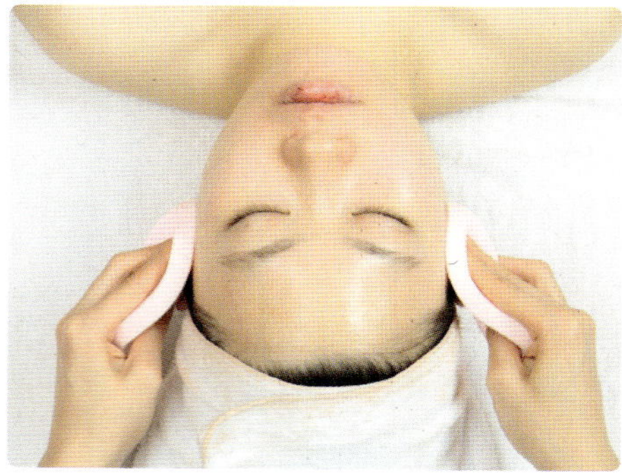

8. 입가 부위부터 귀 중앙 부위까지 닦아준다.

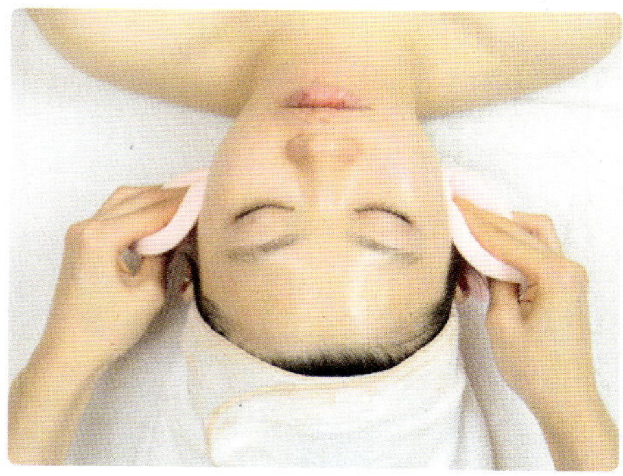

9. 입밑 중앙 부위부터 턱끝 부위까지 닦아준다.

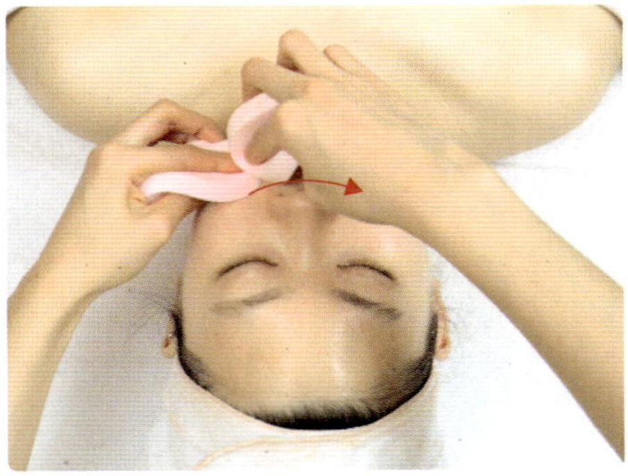

10. 입술 윗 부위를 닦아준다.

11. 입술 아래 부위를 닦아준다.

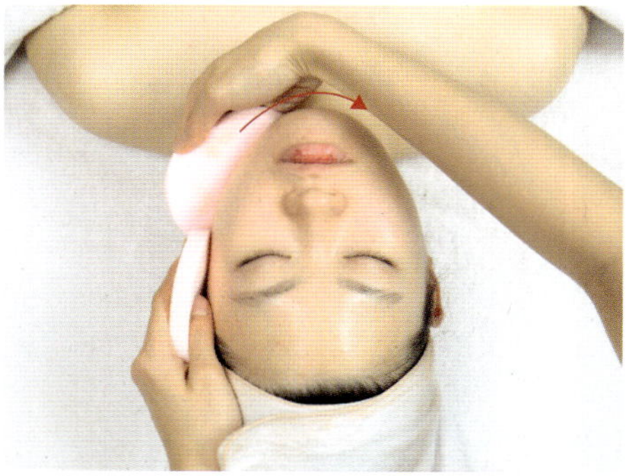

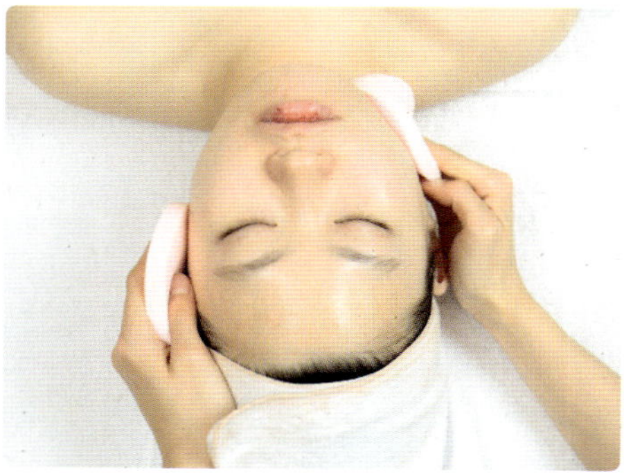

12. 턱 전체를 닦아준다.

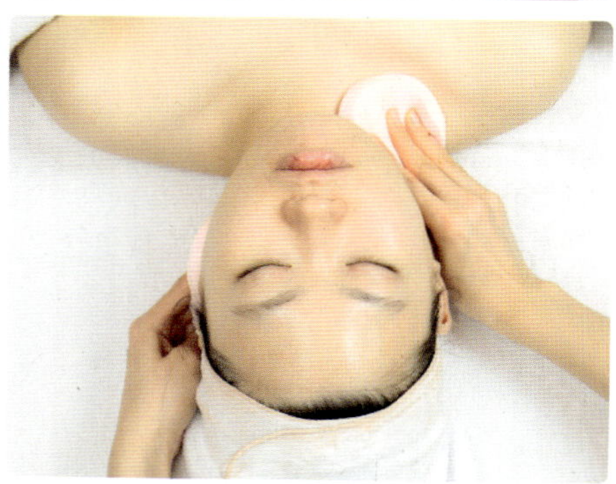

13. 목을 가로로 닦아준다.

14. 데콜테를 가로로 닦아준다.

• 해면 정리

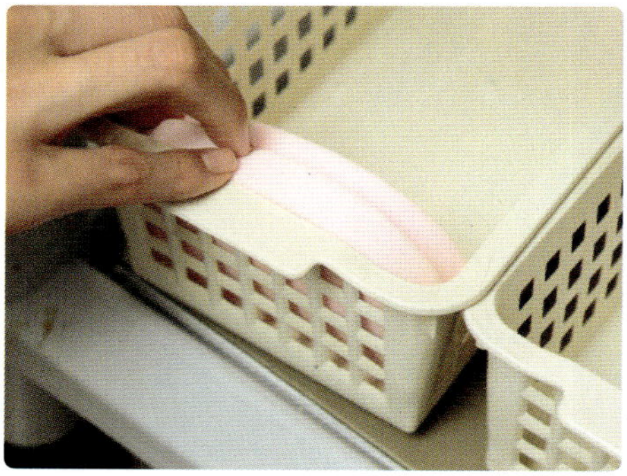

사용한 해면 정리상태

8. 온습포 동작

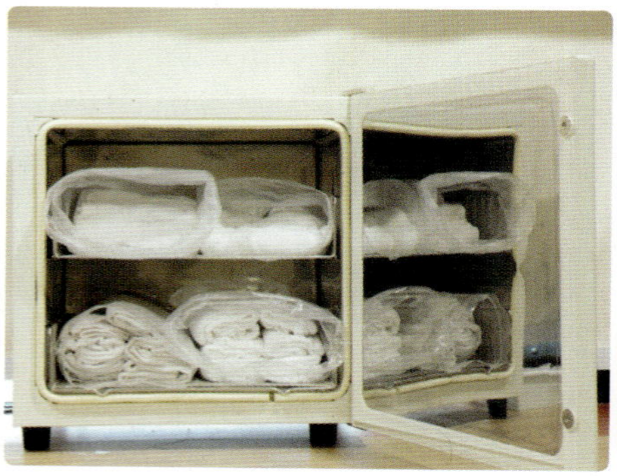

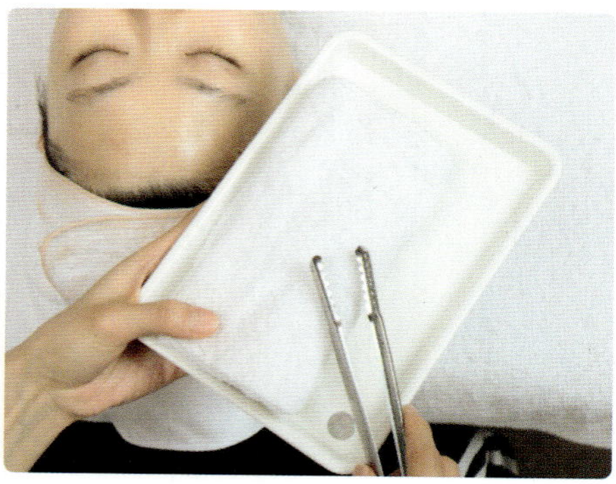

1. 온장고에 온습포를 준비한다.

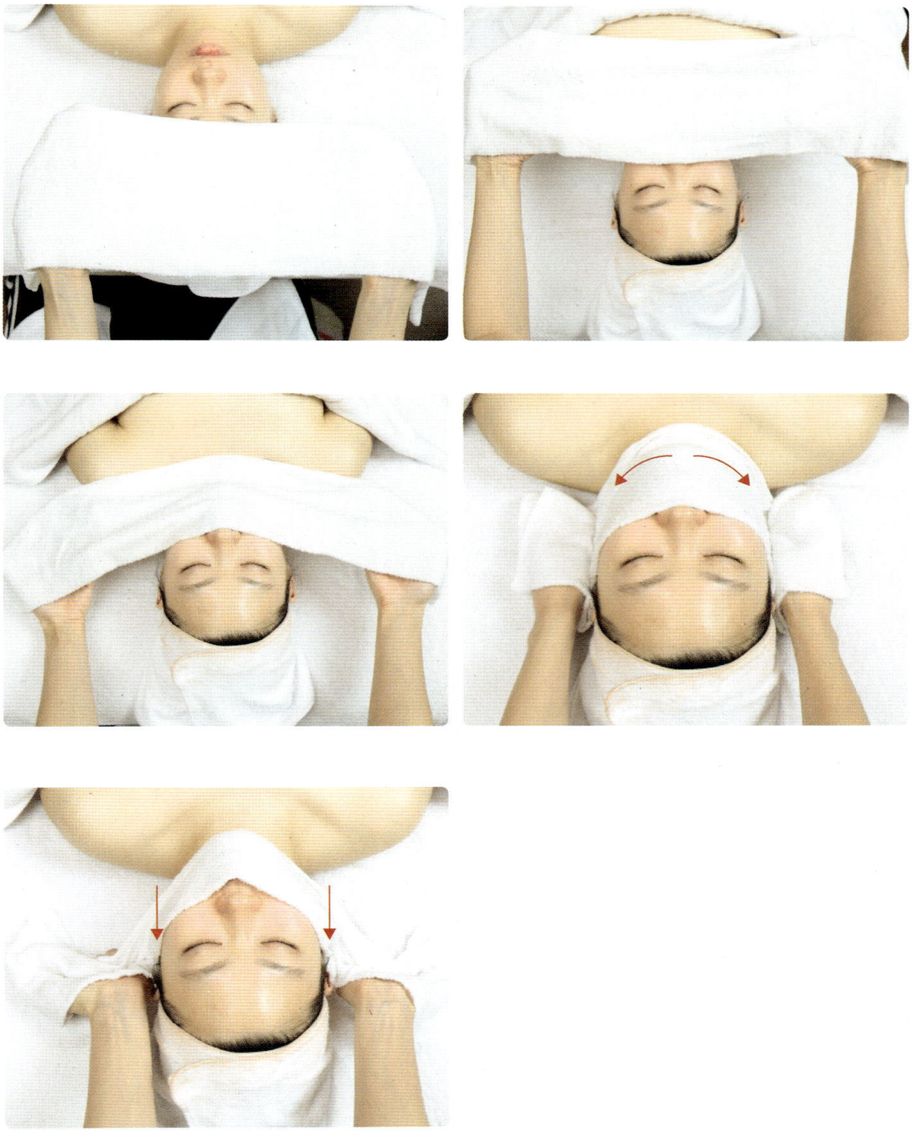

2. 손목 안쪽에 온도를 체크하고 수건을 코밑 부분에 올려놓은 뒤에 살짝 당겨 준다.

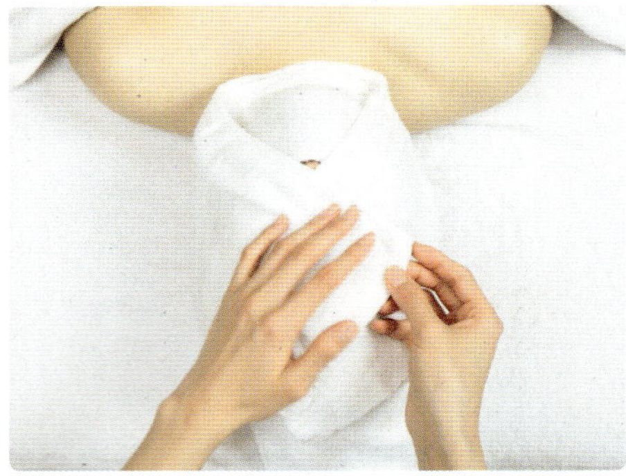
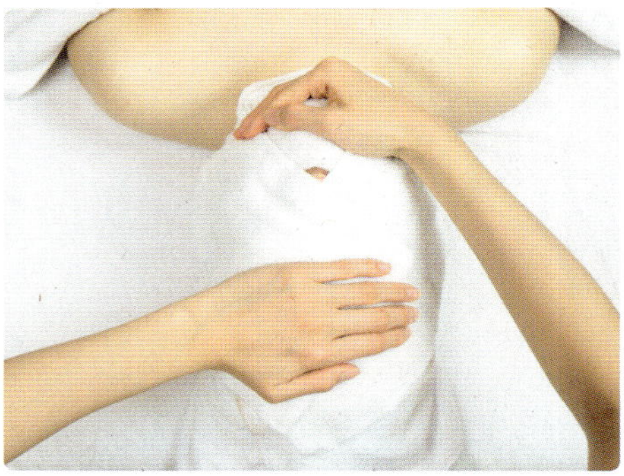
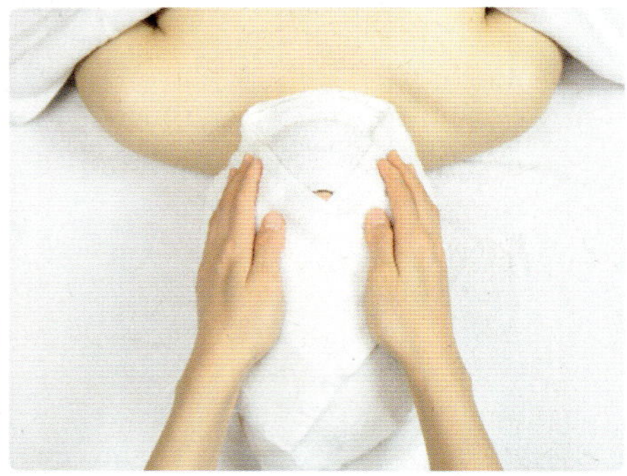
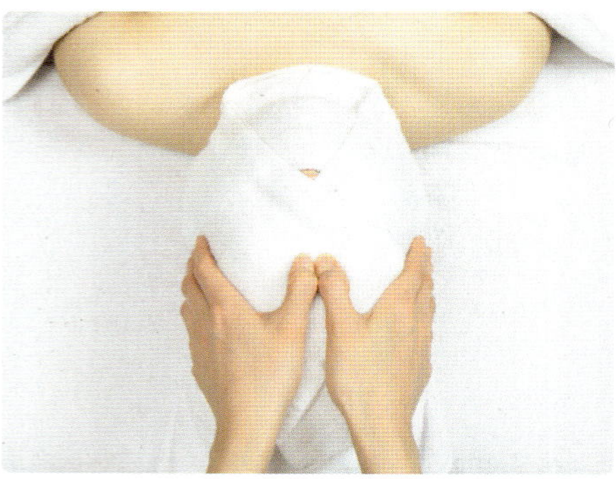
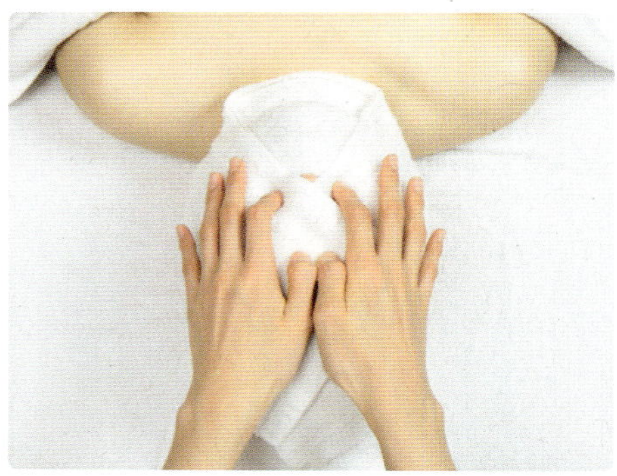

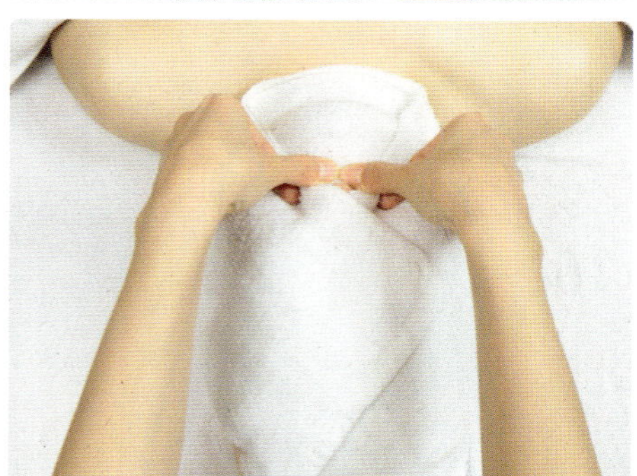

3. 온습포를 삼각형 모양으로 올려놓은 뒤에 지그시 눌러 준다.

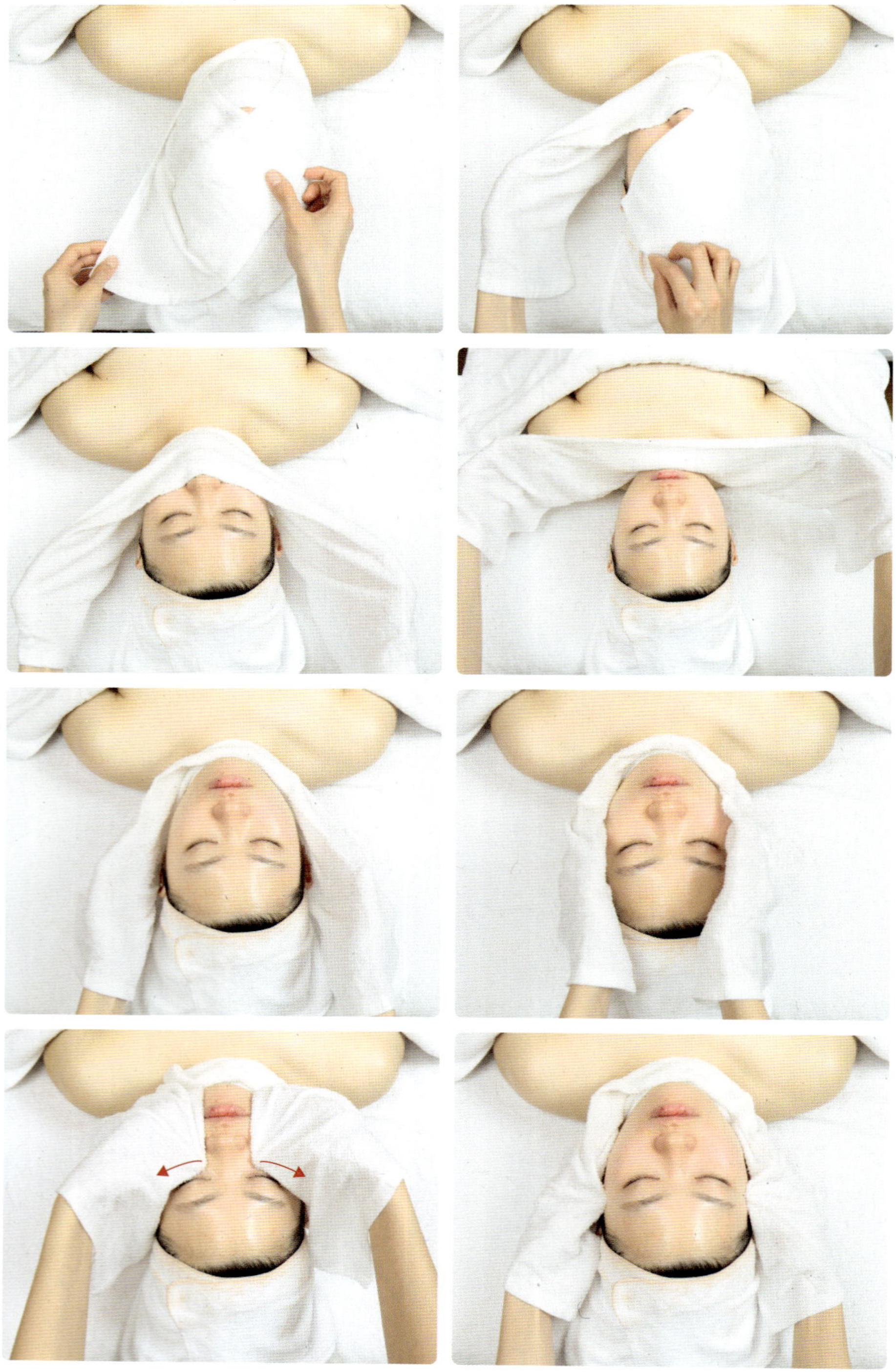

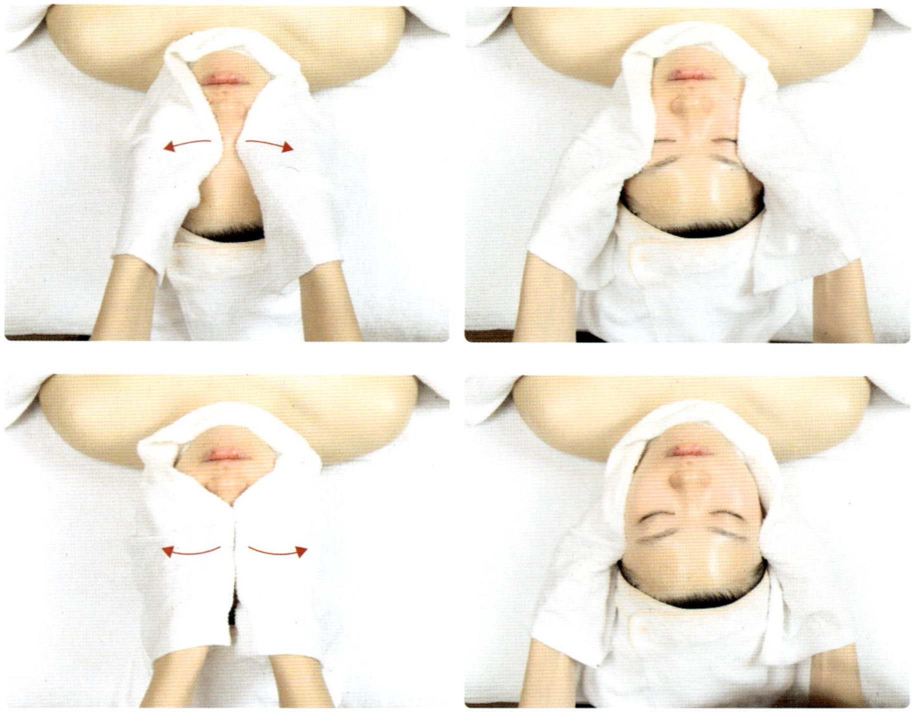

4. 엄지손가락을 이용하여 눈밑, 눈두덩이, 눈썹을 닦아준다.

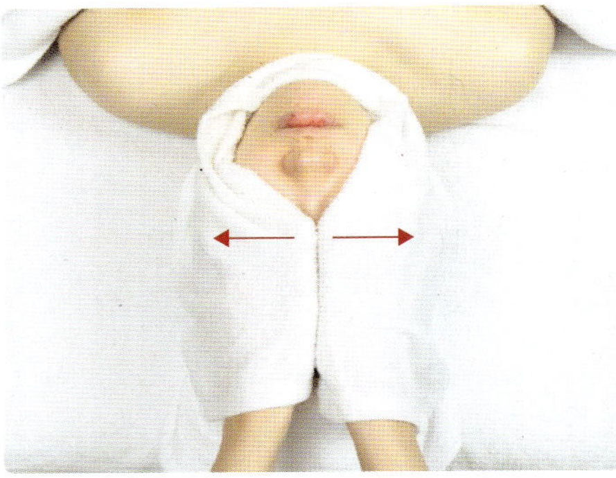

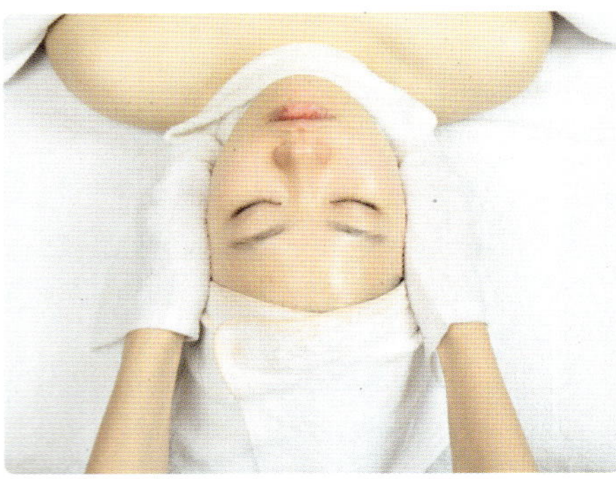

5. 이마를 닦아준다.

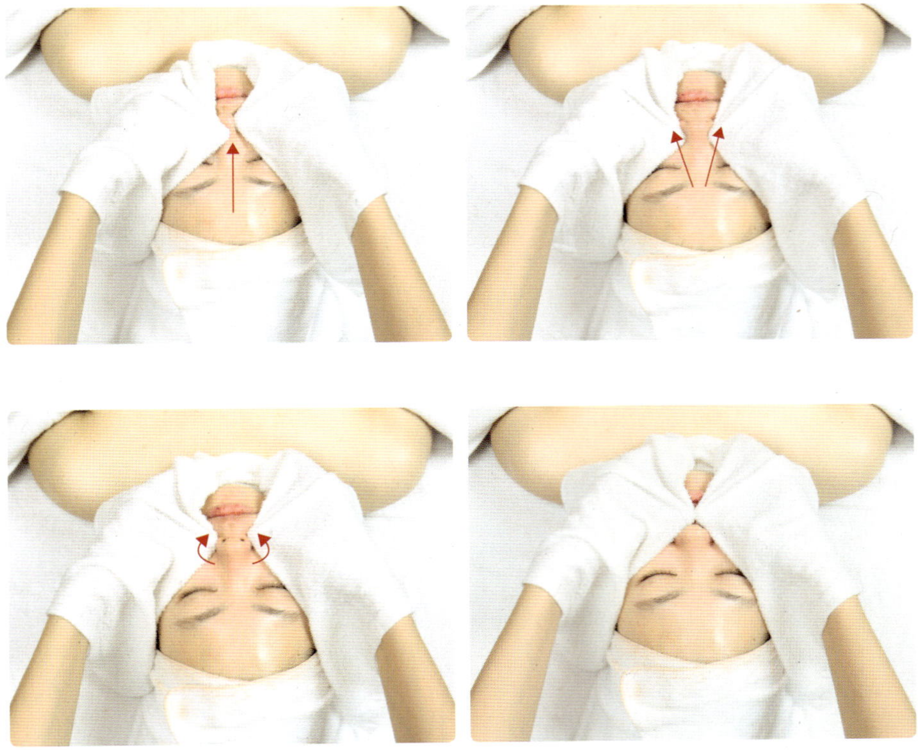

6. 엄지를 번갈아가면서 코 전체를 닦아준다.

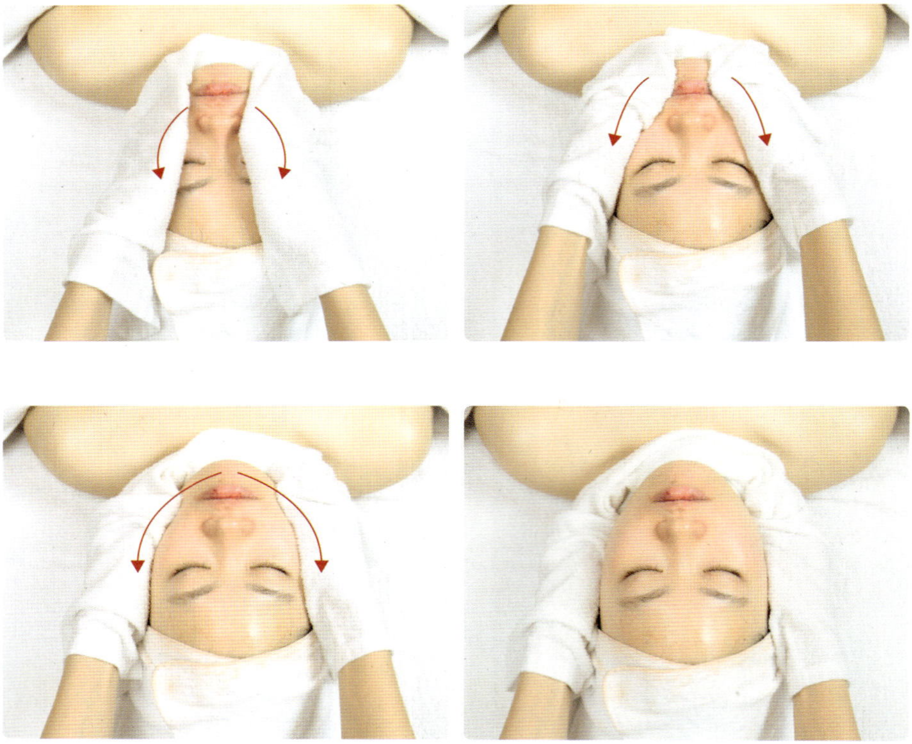

7. 콧망울 옆 부위부터 눈썹끝 부위까지, 입가 부위에서 귀 중앙 부위까지, 입 아래 중앙 부위부터 턱끝 부위까지 닦아준다.

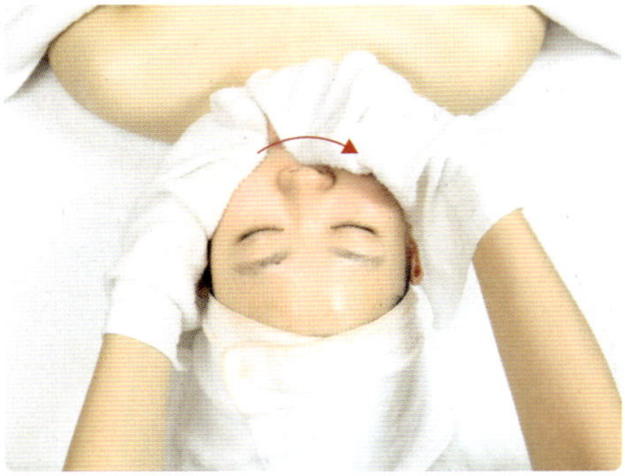
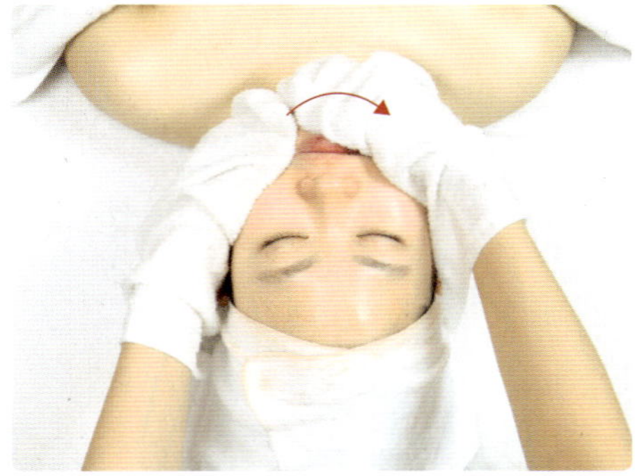
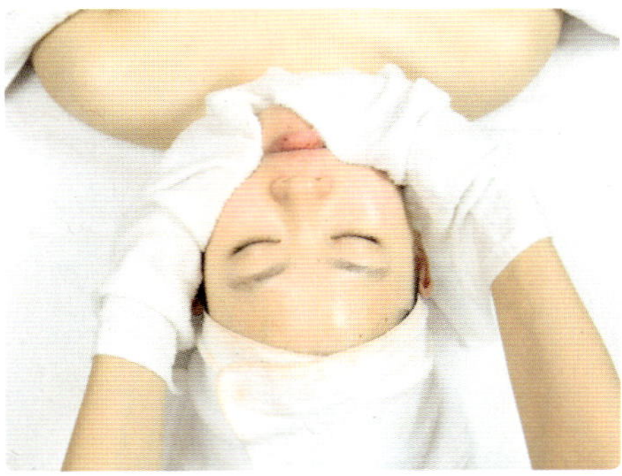

8. 엄지손가락을 이용하여 입술 윗 부위와 입술 아래 부위를 닦아준다.

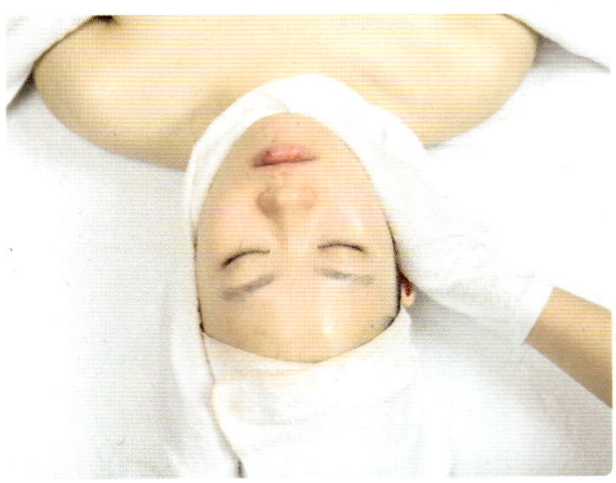
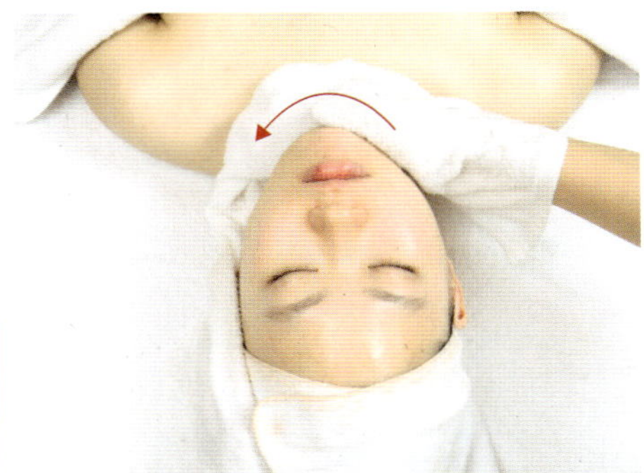
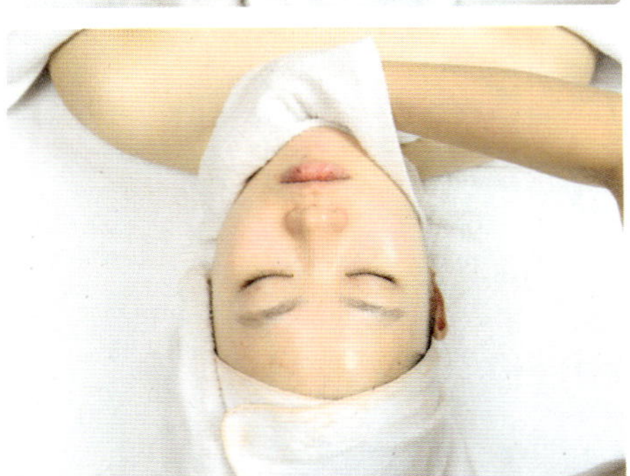

9. 온습포를 손바닥을 밀착시켜 왼쪽으로 빼주면서 목을 닦아준다.

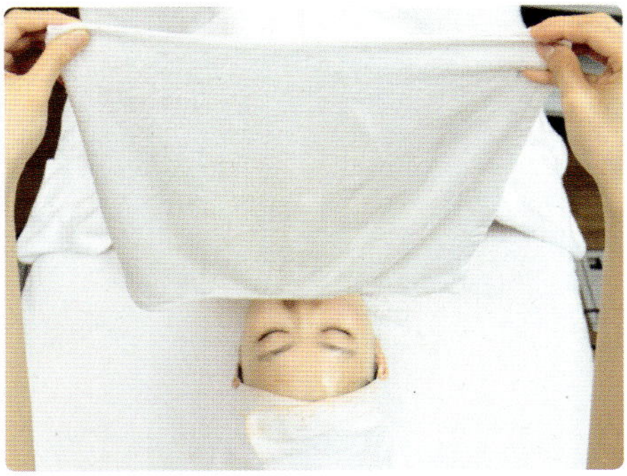
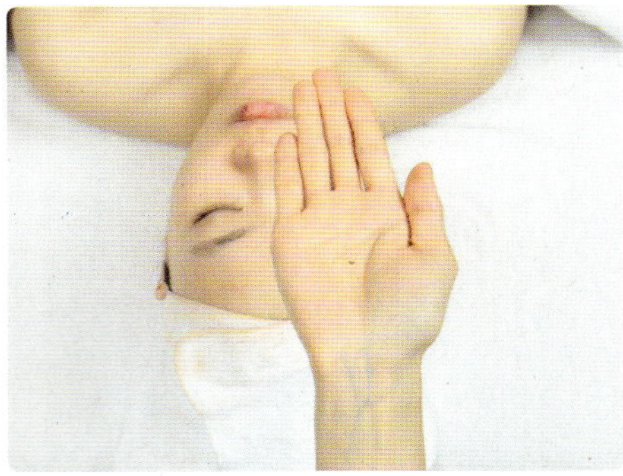
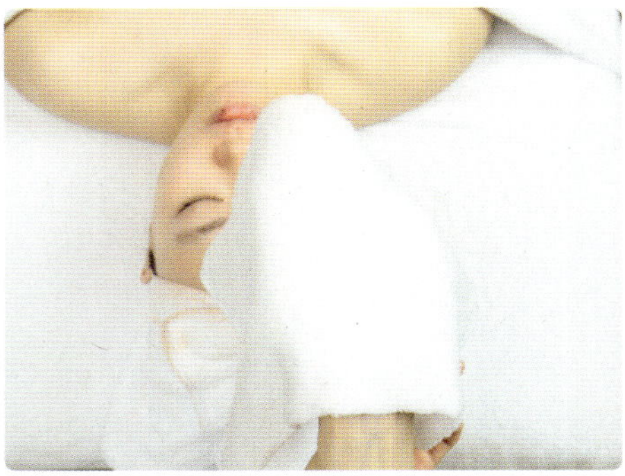
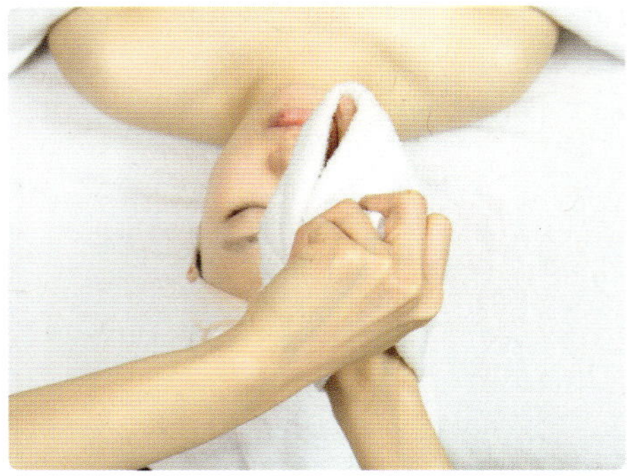
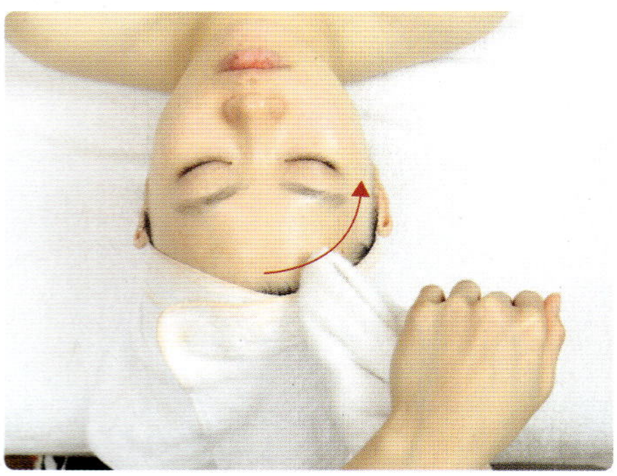
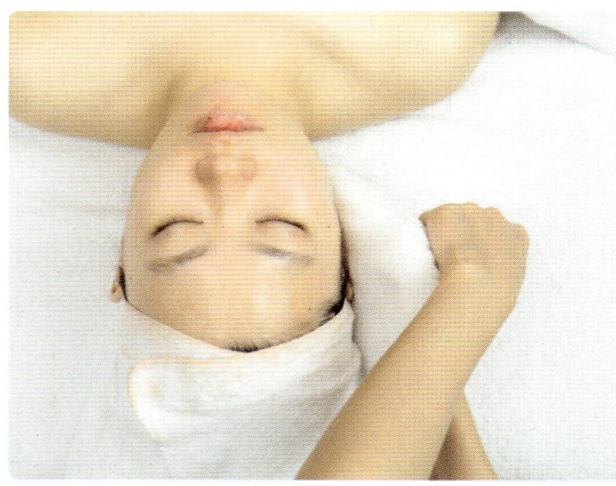
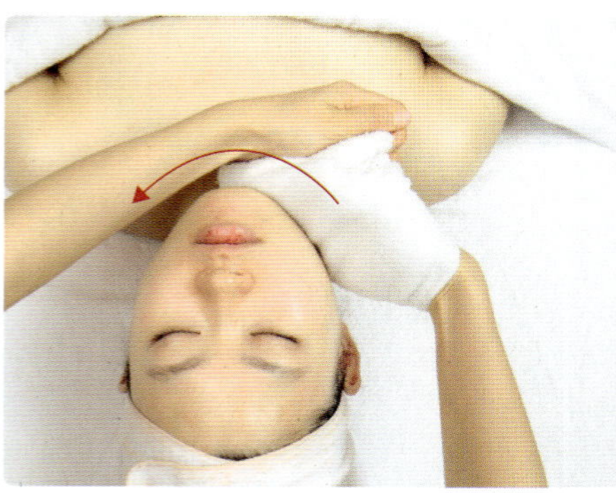

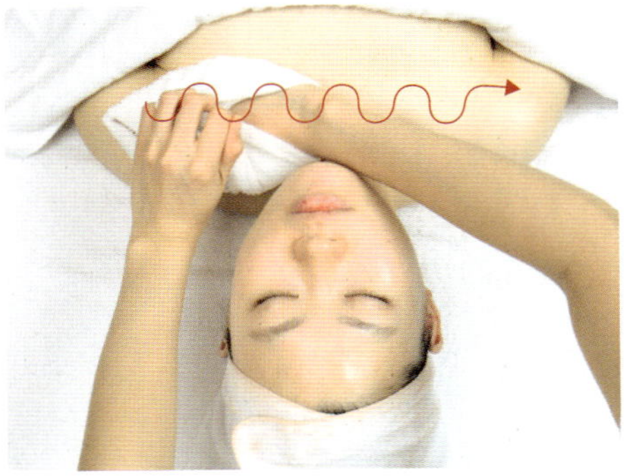

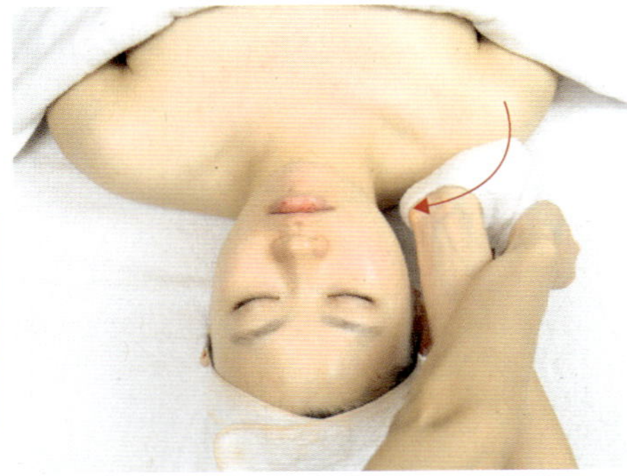

10. 온습포를 반으로 접어서 덜 닦아진 부분과 데콜테 부분을 닦아준다.

• 온습포 정리

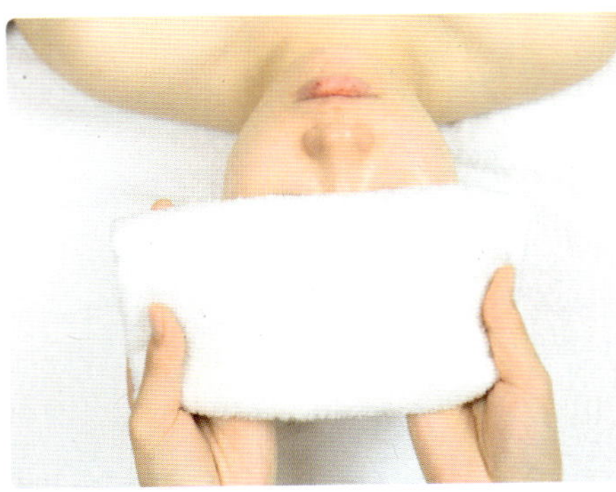

사용한 온습포 정리상태

9. 토너 정리 (기존정리)

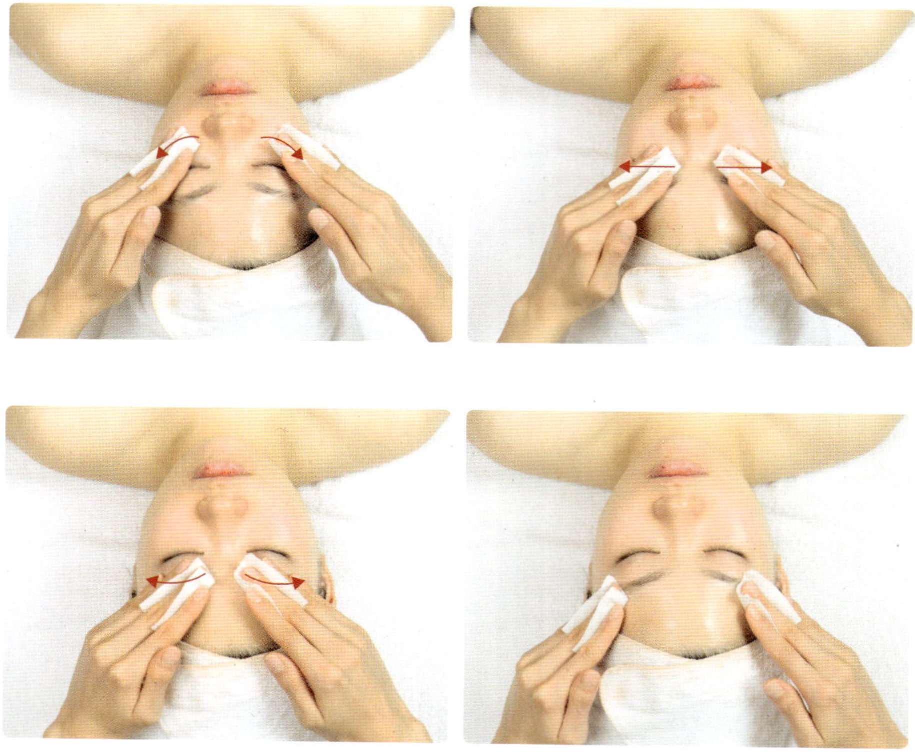

1. 화장솜 2개에 토너를 적당량 묻혀서 화장솜을 양손 중지에 끼운 후에 눈밑, 눈두덩이, 눈썹의 결을 정리한다.

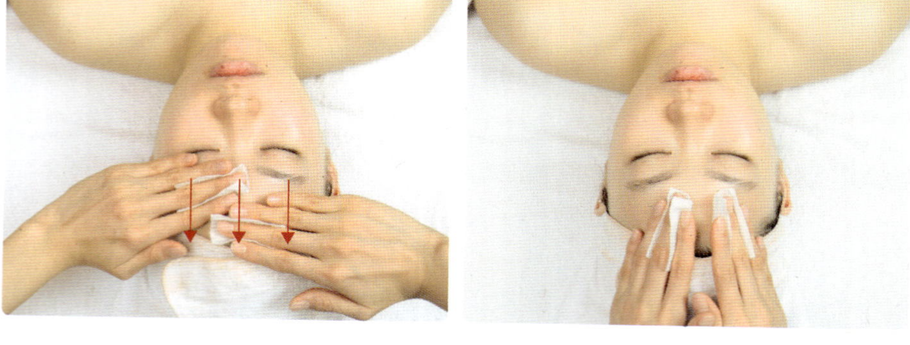

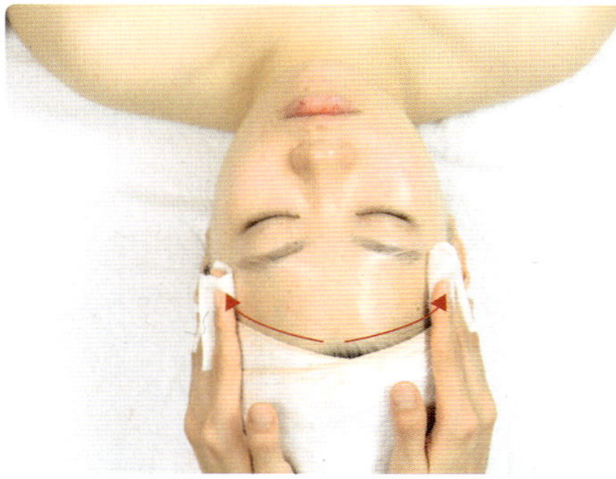
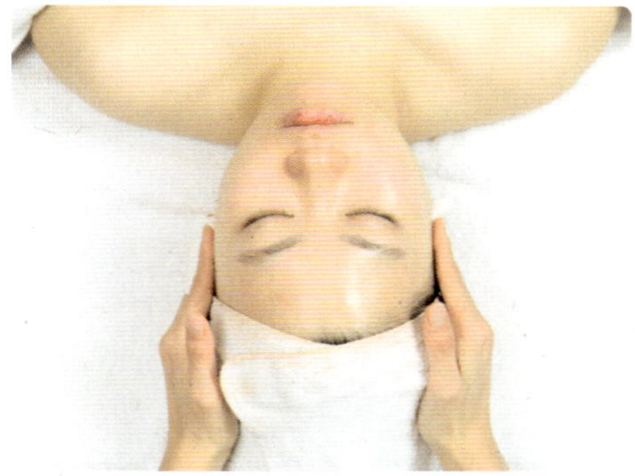

2. 화장솜을 양손 중지에 끼운 후 이마를 세로로 양손 번갈아가면서 피부결을 정리한 뒤에 헤어라인을 가로로 정리한다.

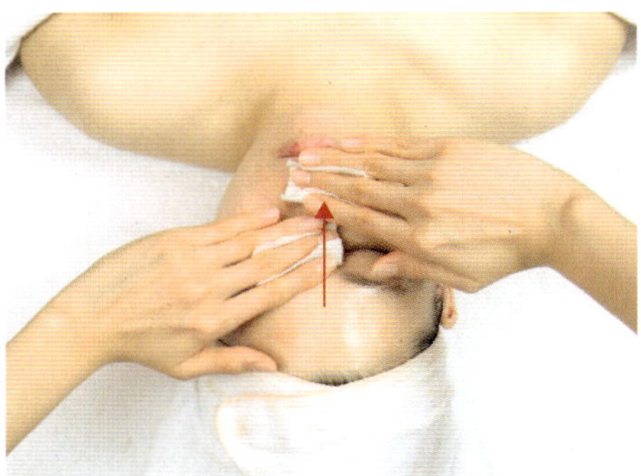
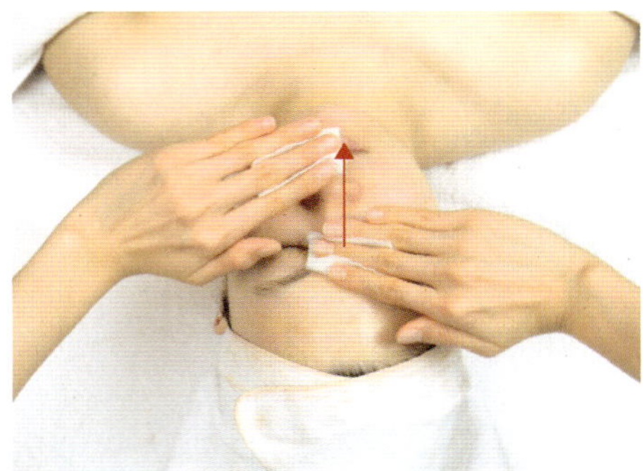
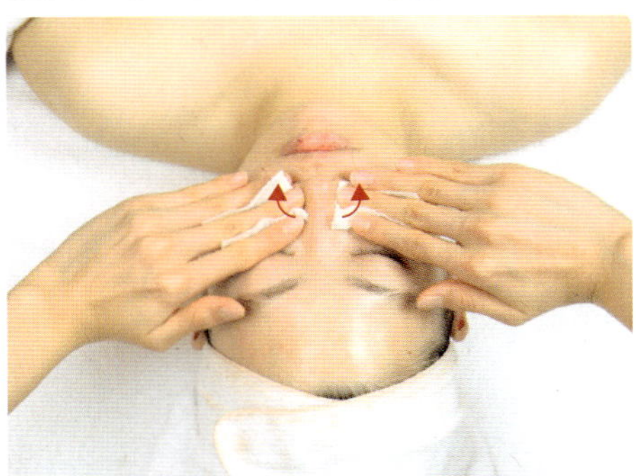

3. 화장솜을 이용해서 콧등과 코벽, 콧망울을 양손 번갈아가면서 피부결을 정리한다.

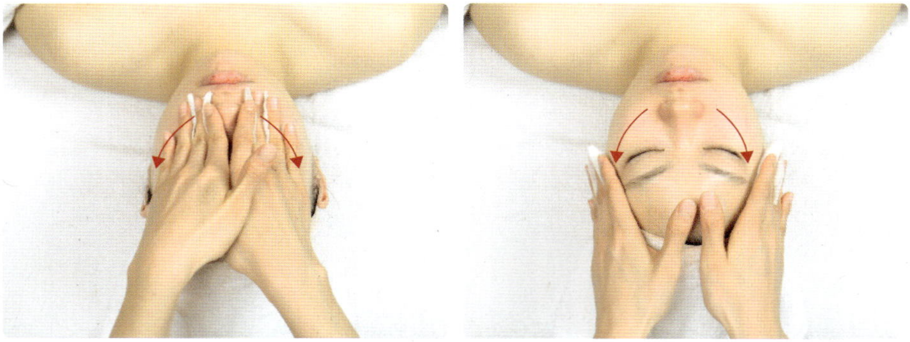

4. 화장솜을 이용해서 콧망울 옆 부분부터 눈썹 아랫부분까지 부드럽게 피부결을 정리한다.

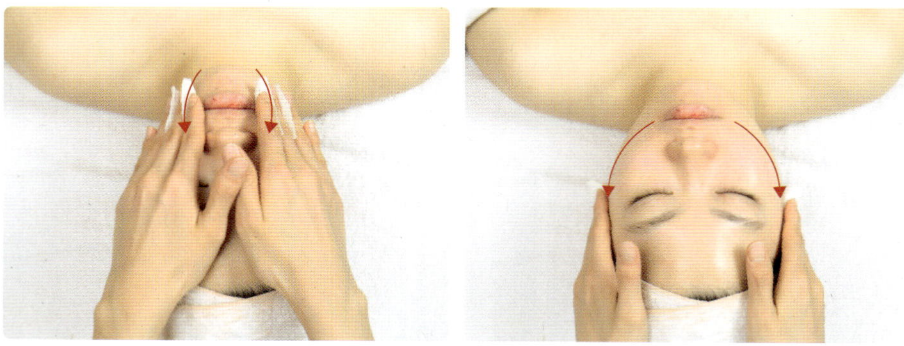

5. 화장솜을 이용해서 입가부터 귀 중앙 부분까지 부드럽게 피부결을 정리한다.

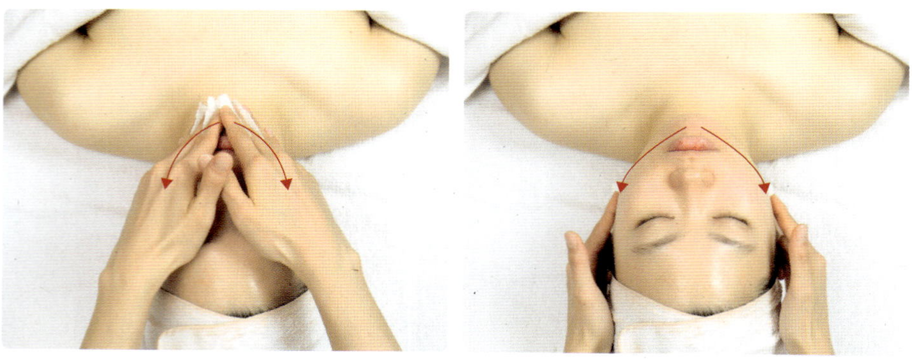

6. 화장솜을 이용해서 입밑 중앙부터 귀밑 부분까지 부드럽게 피부결을 정리한다.

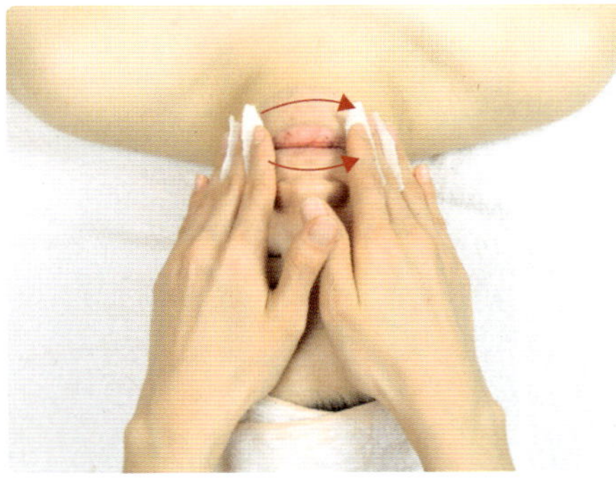

7. 한쪽 화장솜으로 왼쪽 입가를 고정한 뒤에 오른손의 화장솜을 이용해서 입 윗부분과 아랫부분의 피부결을 가로로 정리한다.

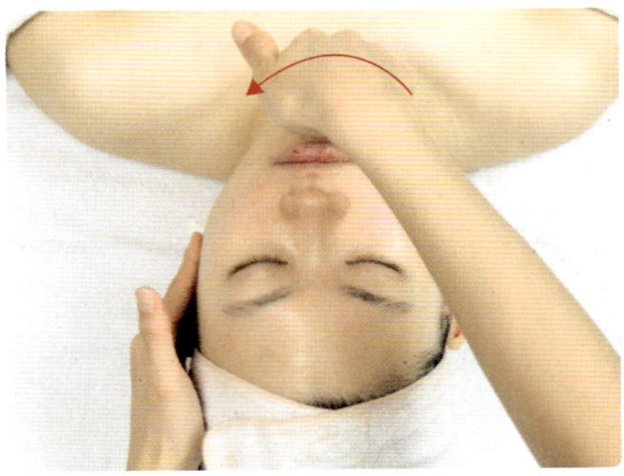

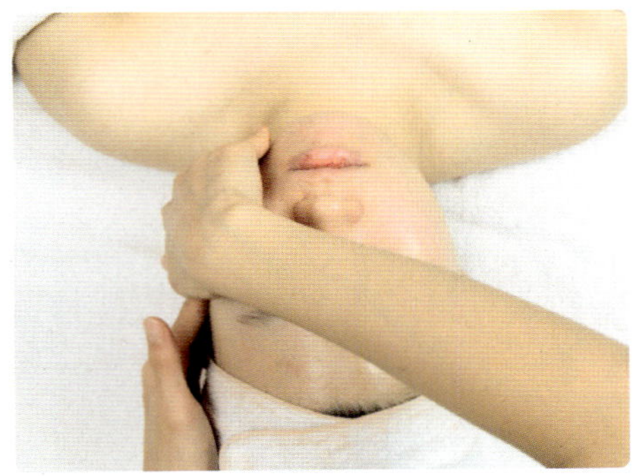

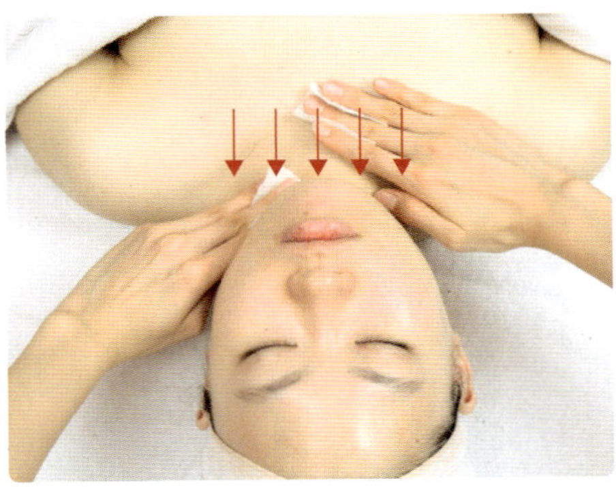

8. 화장솜을 이용해서 턱밑의 피부결을 정리하며 목의 피부결을 함께 정리한다.

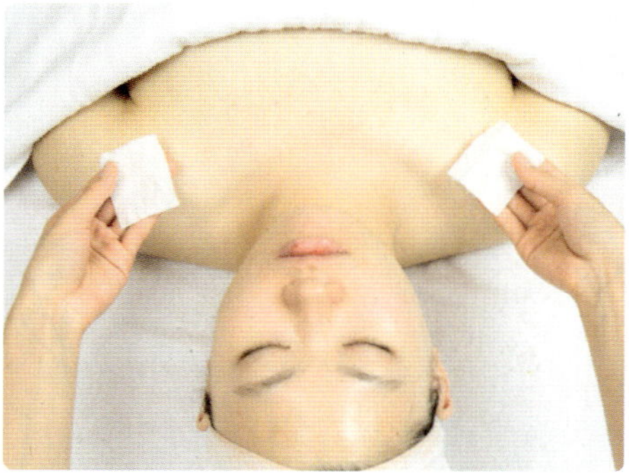
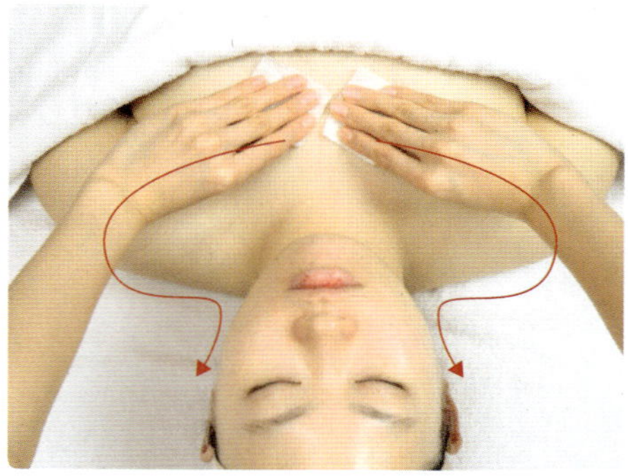
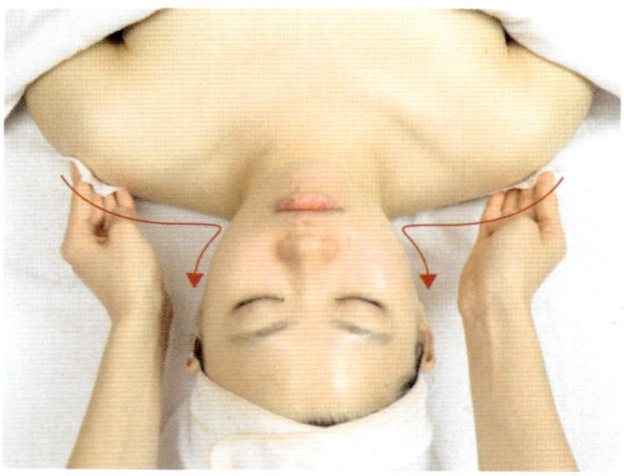
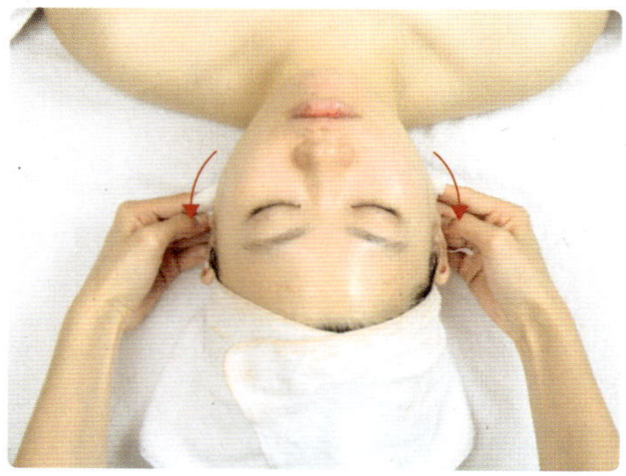
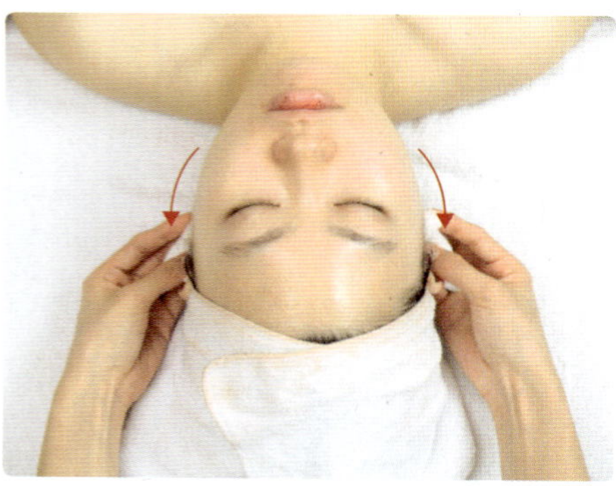

9. 화장솜을 이용해서 데콜테를 가로 세로방향으로 피부결을 정리한다.

3. 눈썹 정리

1. 눈썹 정리 시 필요한 도구

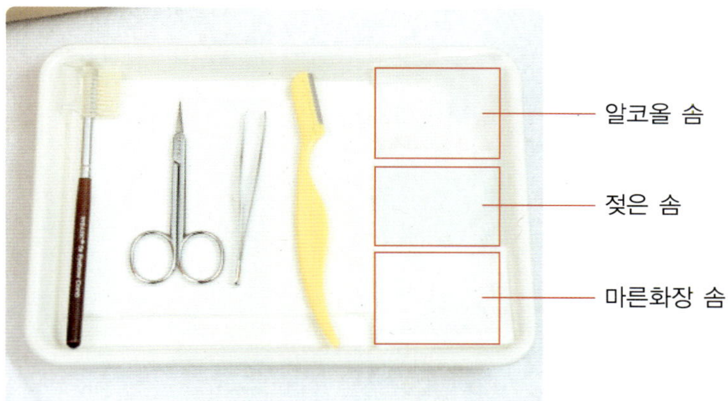

2. 얼굴형에 맞는 눈썹 정리

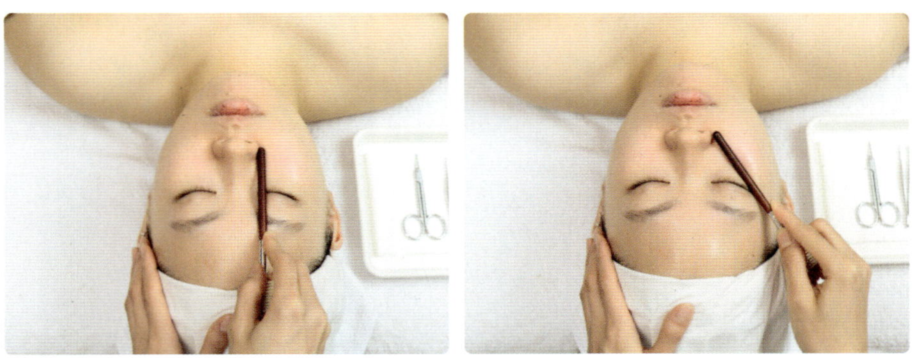

1. 눈썹 정리용 콤브러시를 이용하여 각도를 잰다.

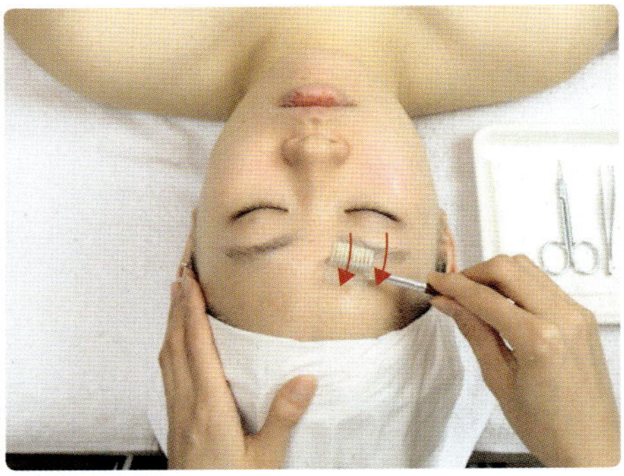

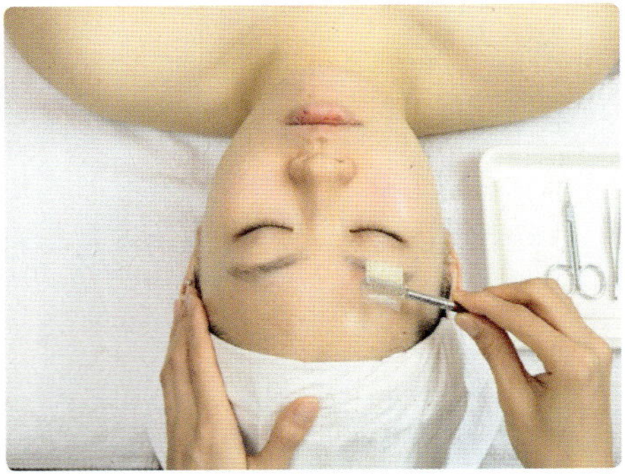

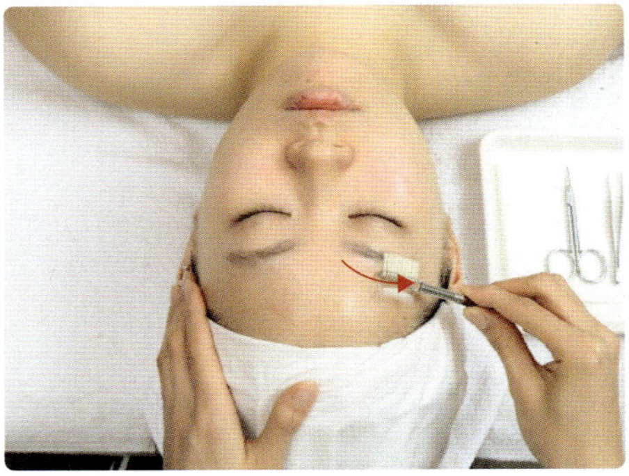

2. 눈썹이 난 방향대로 빗어 준다.

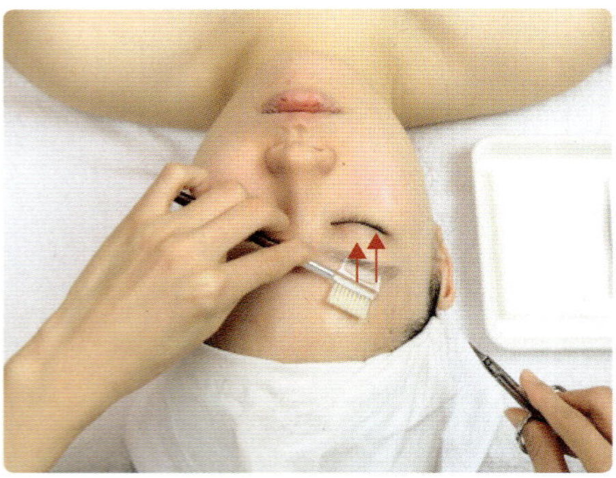

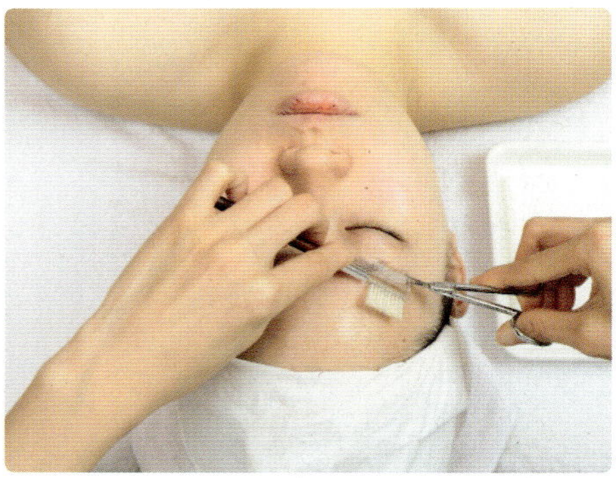

3. 브러시의 빗 부분을 이용하여 긴 눈썹을 가위로 잘라 준다.

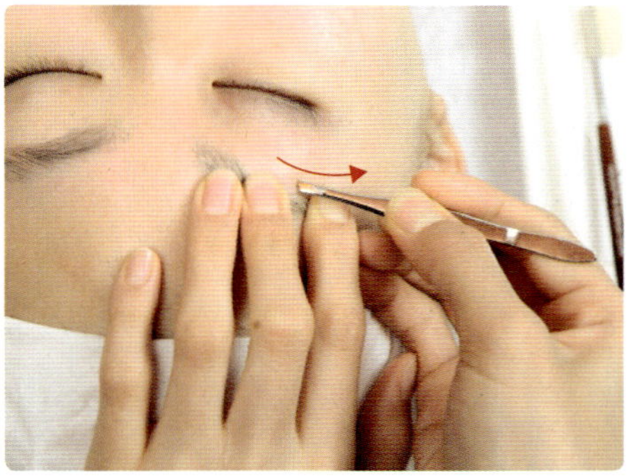 

4. 족집게를 이용하여 따갑지 않게 텐션을 준 뒤에 한 올씩 뽑아 준다.

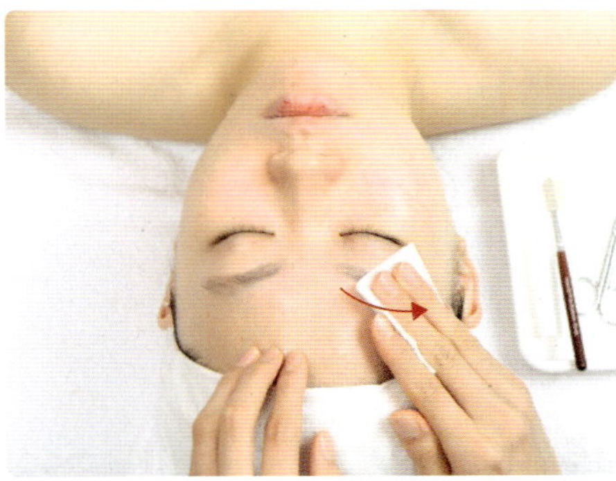

5. 정리할 눈썹을 모두 뽑은 뒤에 소독한다.

6. 눈썹을 뽑은 부위에 면봉을 이용해서 진정용 겔을 발라 준다.

7. 뽑은 눈썹을 젖은 화장솜에 잘 올려 놓는다.

4. 딥클렌징

1. AHA

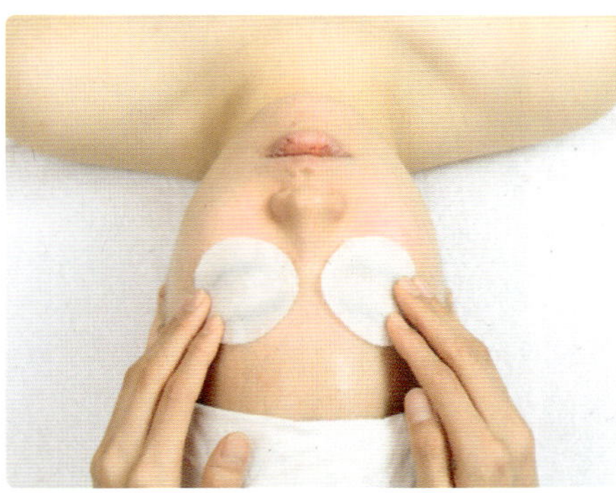

1. 준비하기

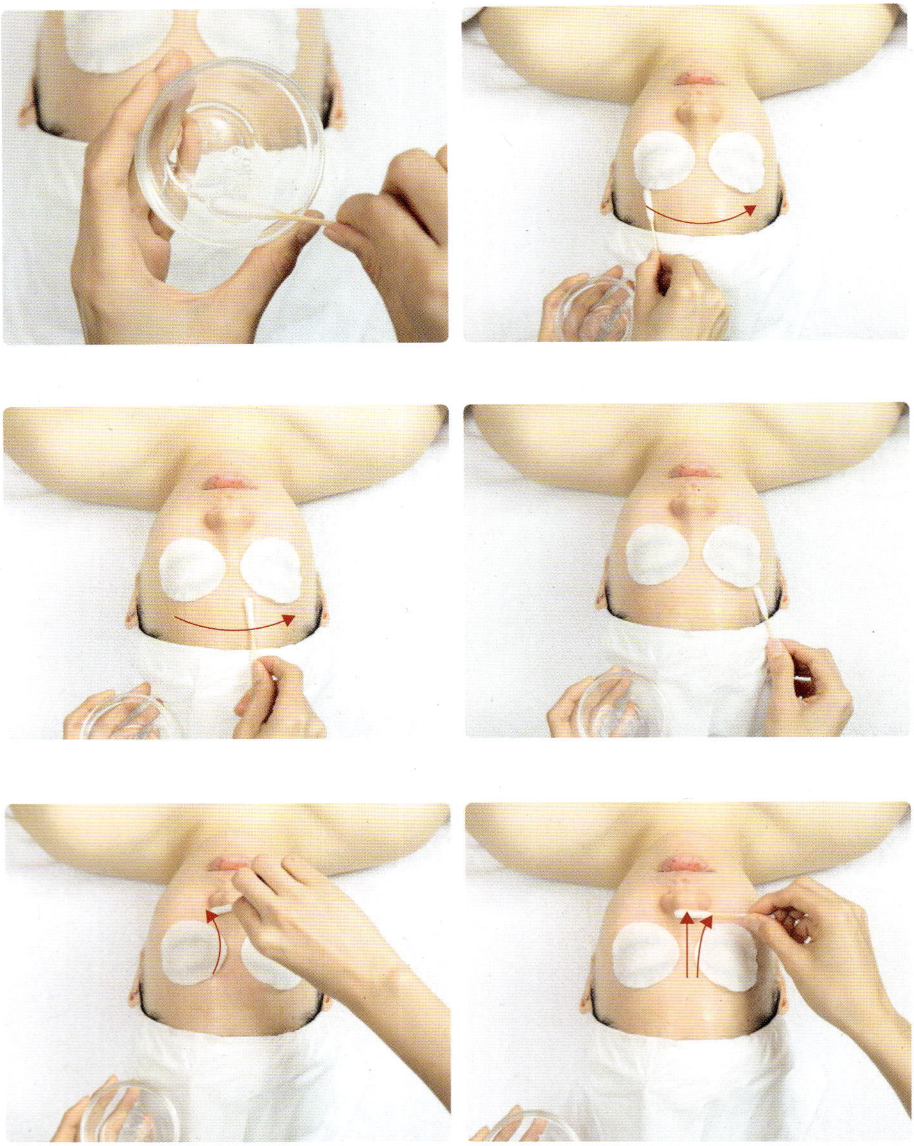

2. 화장솜을 눈 위에 올린 뒤에 면봉으로 AHA를 T-존 부위부터 도포한다.

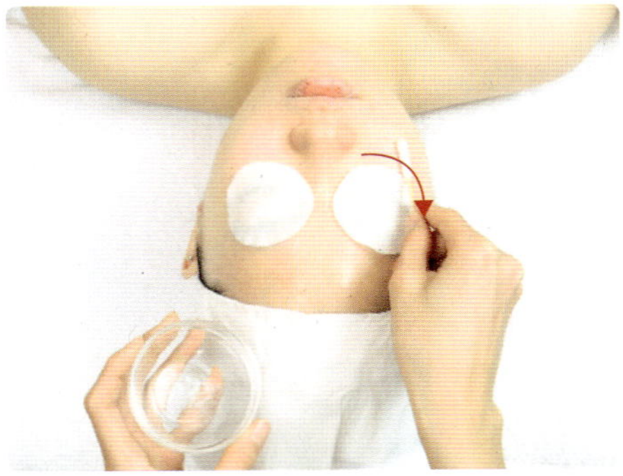

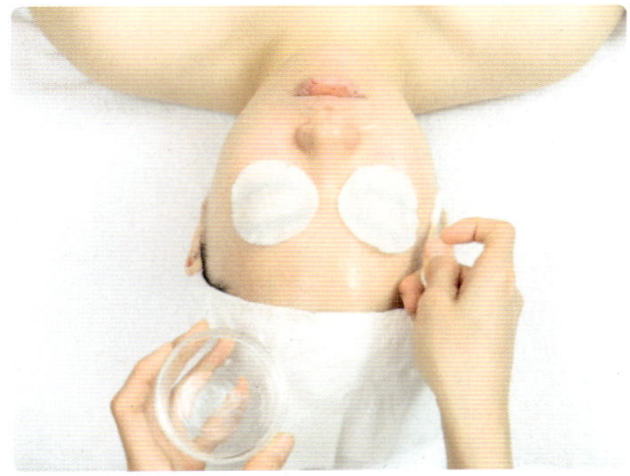

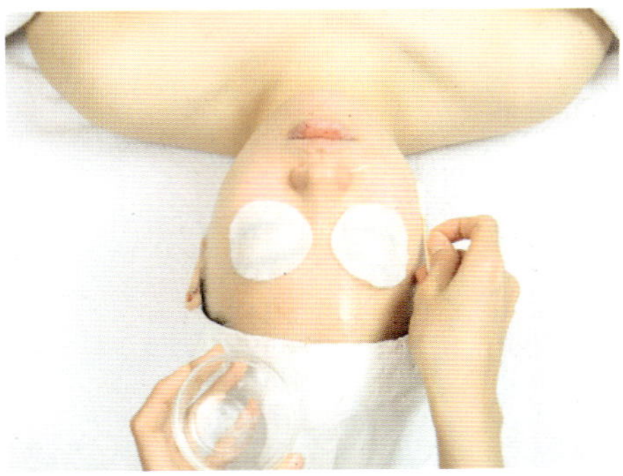

3. 콧망울 옆 부위부터 눈썹끝 부위까지 도포한다.

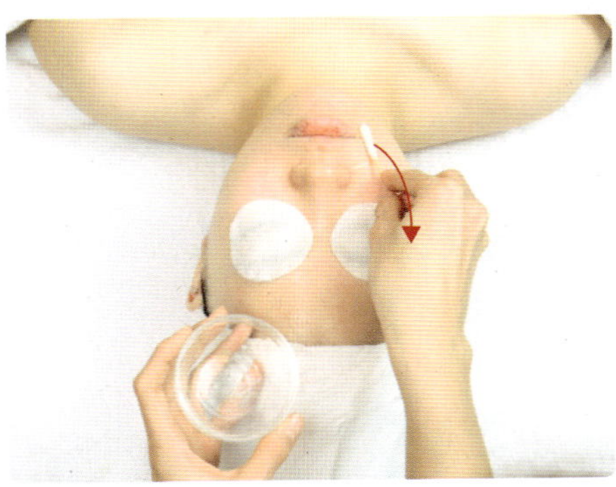

4. 입가 부위부터 귀 중간 부위까지 도포한다.

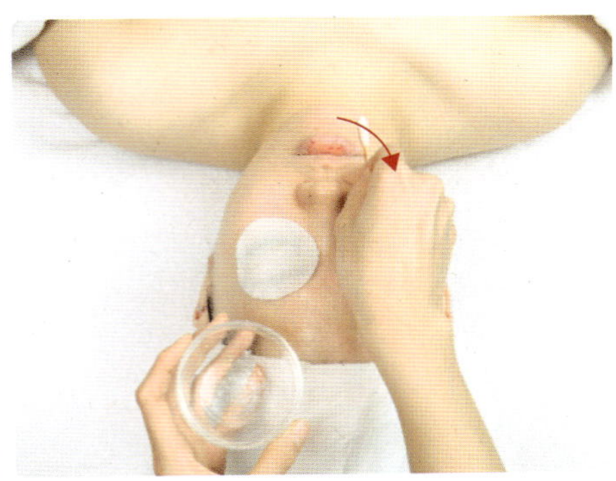

5. 턱 중앙 부위부터 귀끝 부위까지 도포한다.

- 해면 – 앞의 해면 동작과 동일
- 냉습포 – 앞의 냉습포 동작과 동일(* AHA는 반드시 냉습포를 사용한다)
- 토너 정리 – 앞의 동작과 동일

2. 효 소

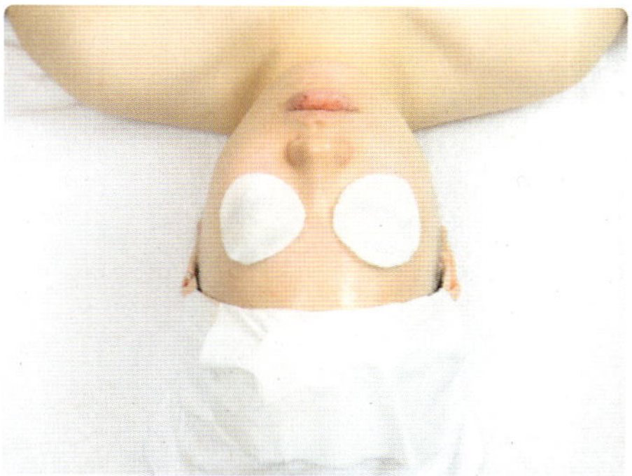

1. 준비하기

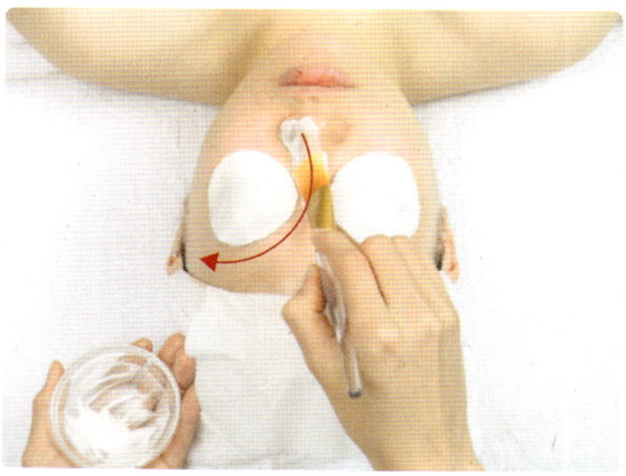
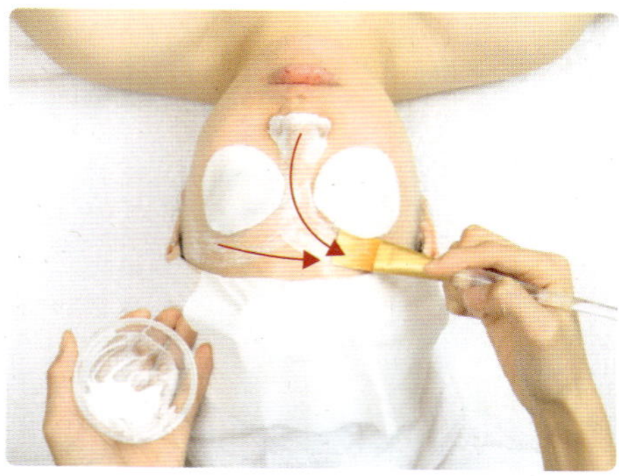

2. 브러시를 이용하여 T-존 부위를 발라 준다.

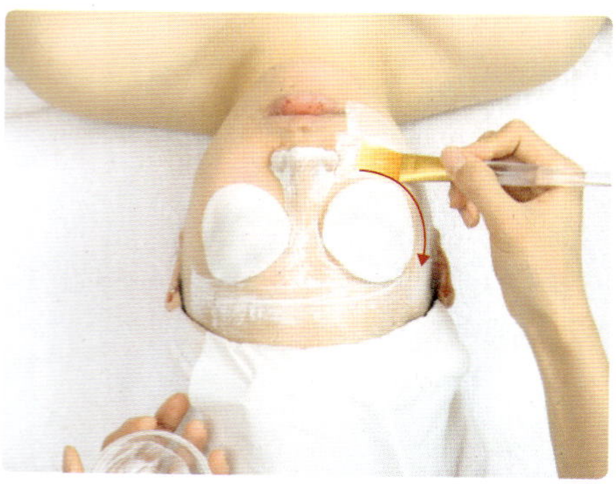

3. 오른쪽 콧망울 옆 부분부터 눈썹 아랫부분까지 발라 준다.

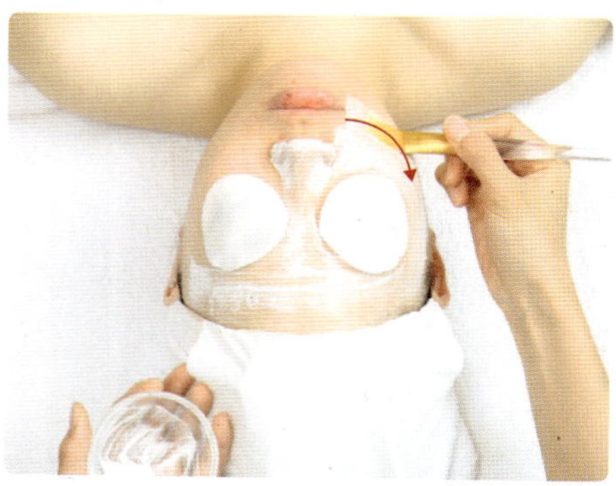

4. 오른쪽 입가 부위부터 귀 중앙 부위까지 발라 준다.

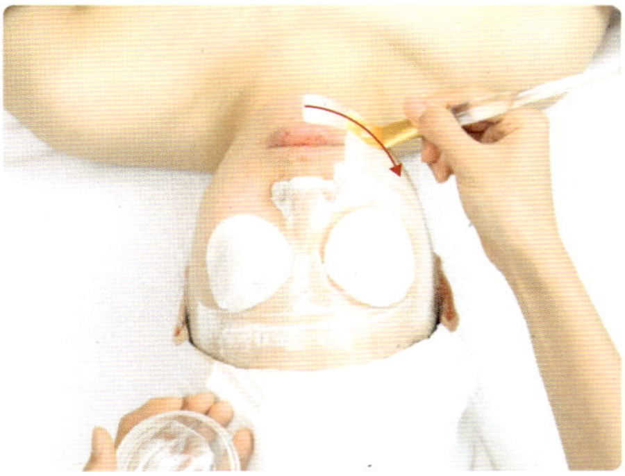

5. 턱 중앙 부위부터 오른쪽 턱끝 부위까지 발라 준다.

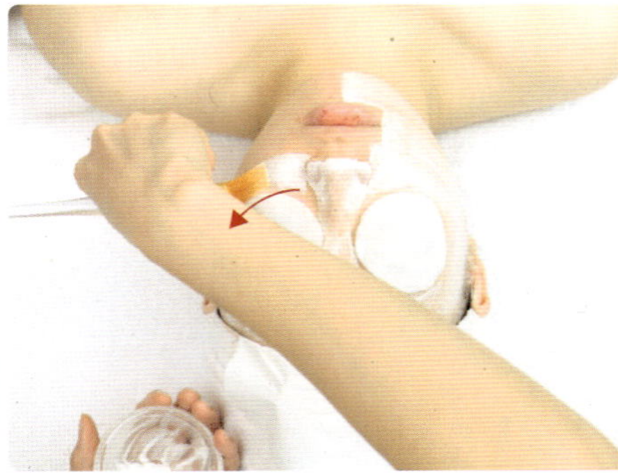

6. 반대편 콧망울 옆 부분부터 눈썹 아랫부분까지 발라 준다.

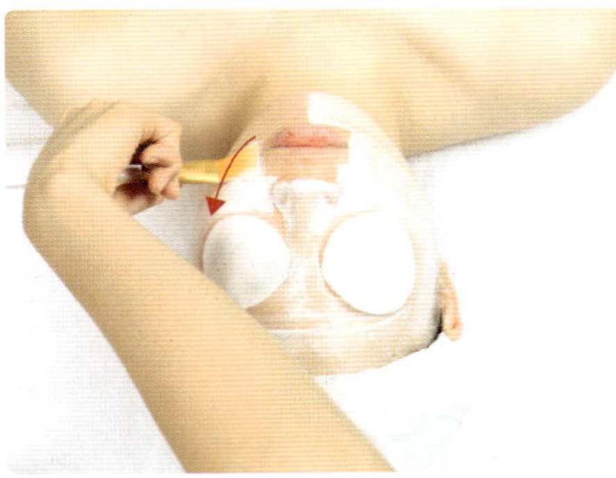

7. 왼쪽 입가 부위부터 귀 중앙 부위까지 발라 준다.

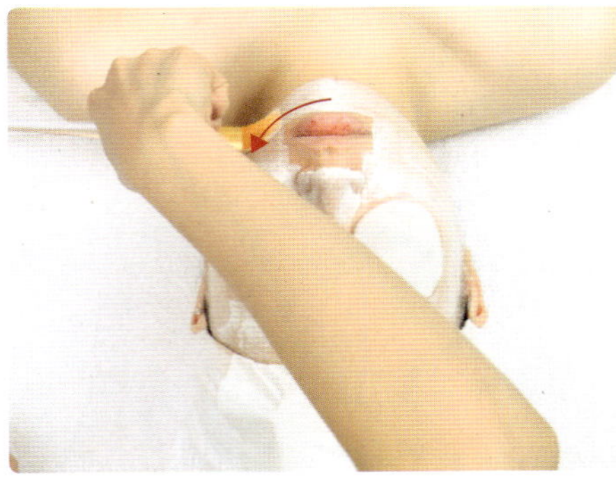

8. 턱 중앙 부위부터 왼쪽 턱끝 부위까지 발라 준다.

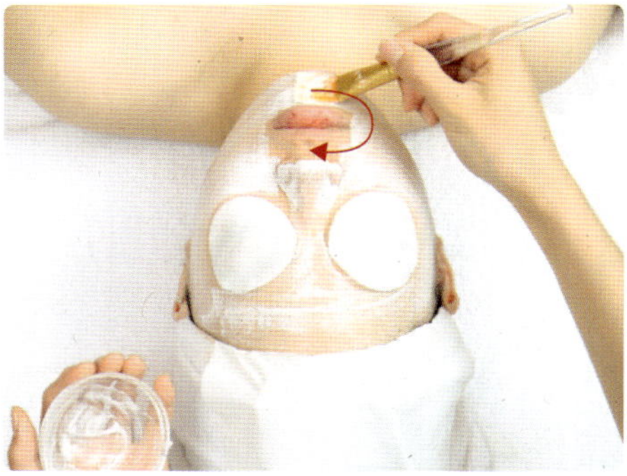
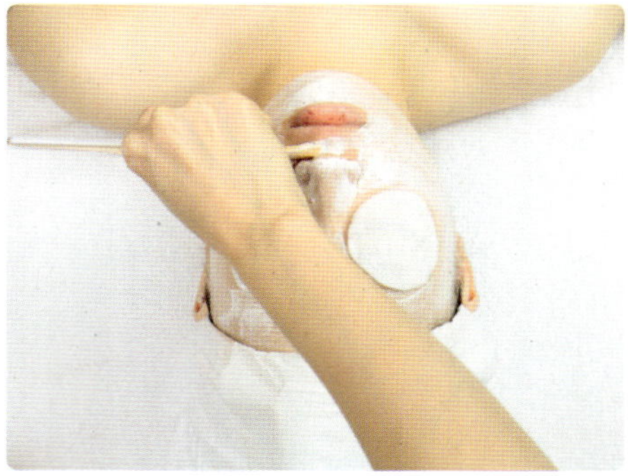
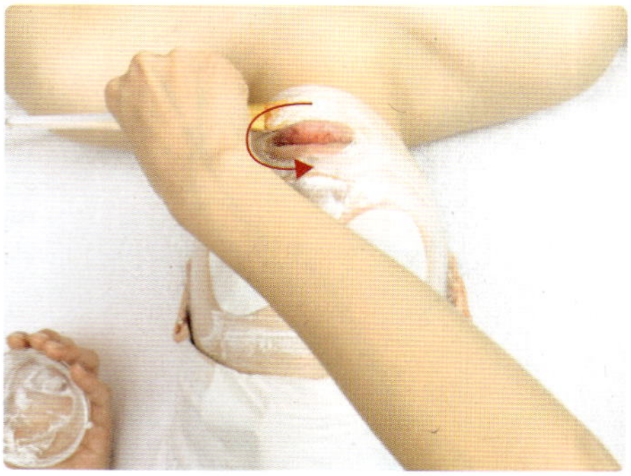
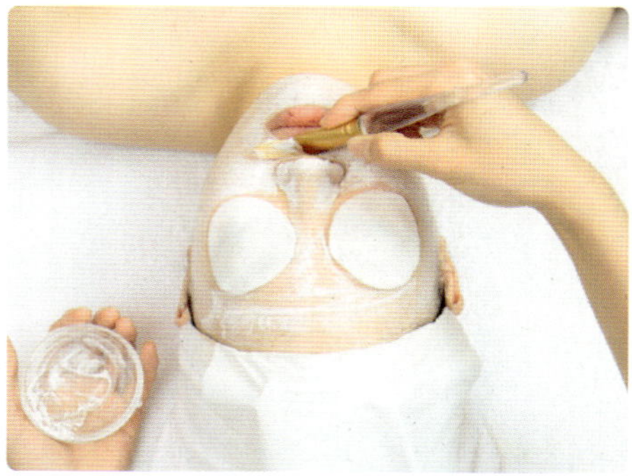

9. 입 주위를 둥글리며 발라 준다.

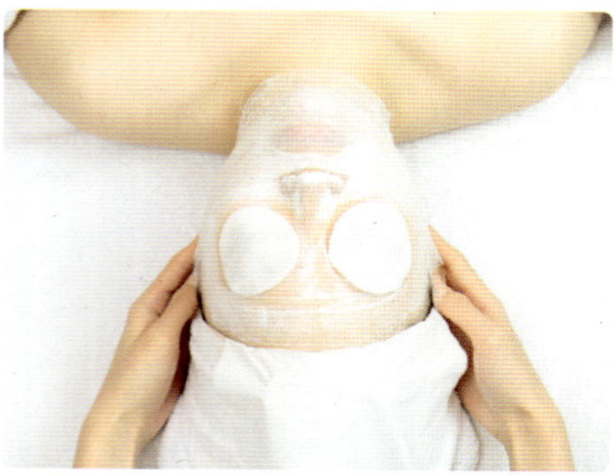
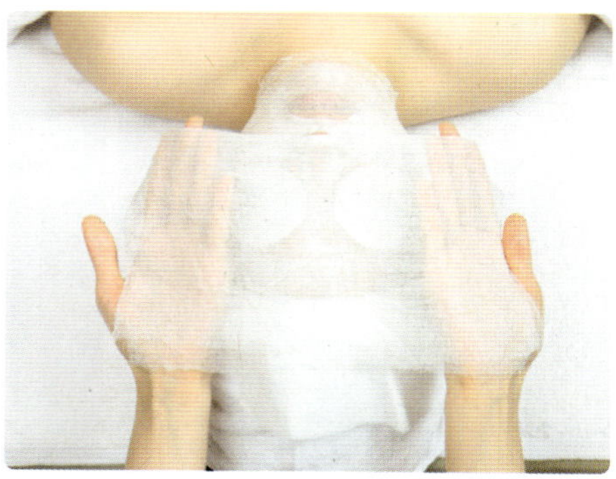

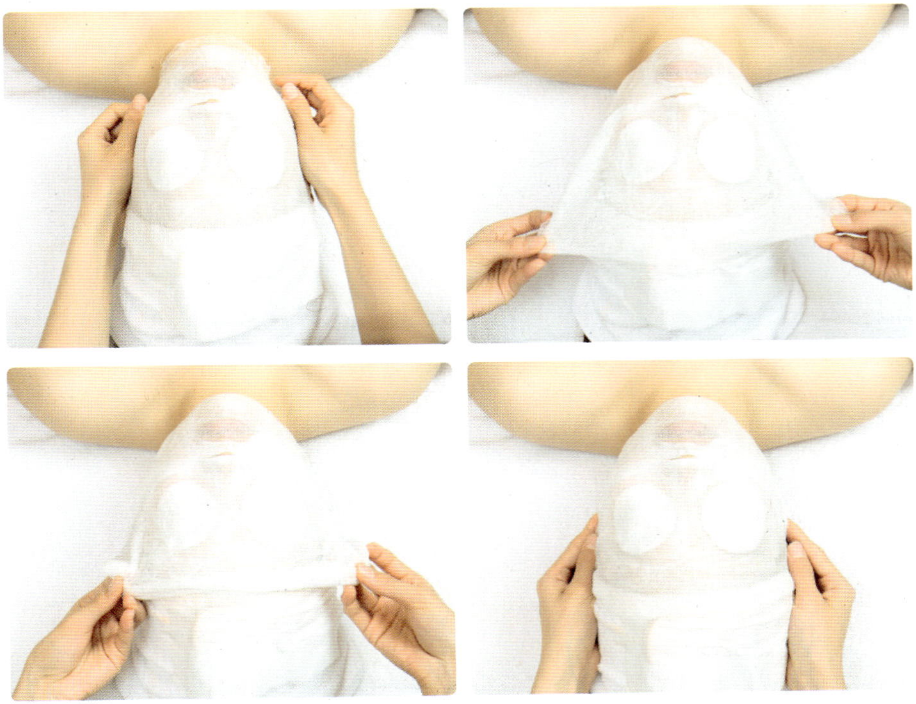

10. 얼굴 전체에 효소를 바른 후 그 위에 젖은 거즈를 올려 준다.

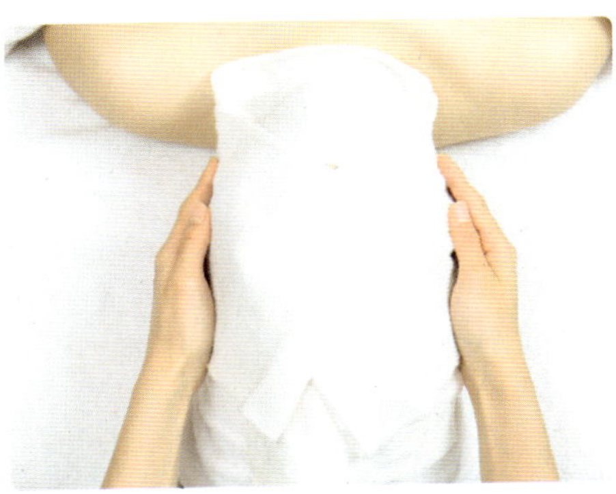

11. 거즈 위에 온습포를 삼각형으로 올려 준다.

- 해면 – 앞의 해면 동작과 동일
- 냉습포 – 앞의 냉습포 동작과 동일
- 토너 정리 – 앞의 동작과 동일

3. 스크럽

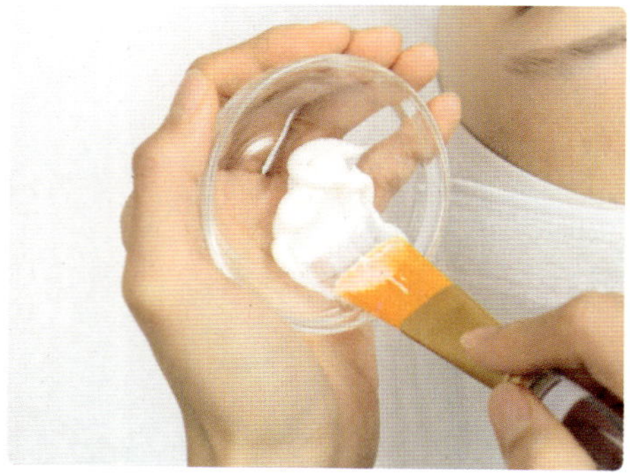

1. 준비하기

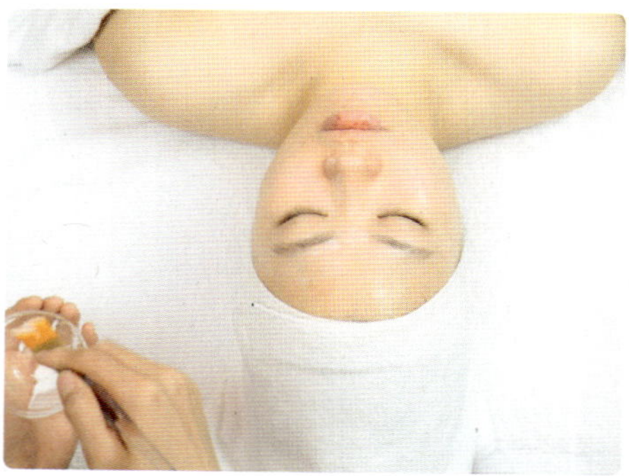

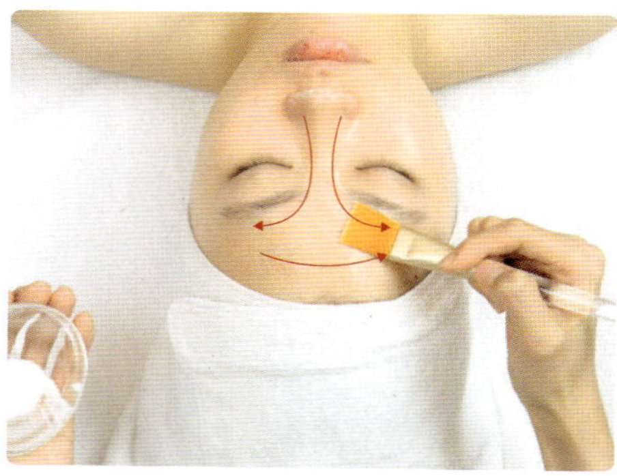

2. 브러시를 이용하여 T-존 부위를 발라 준다.

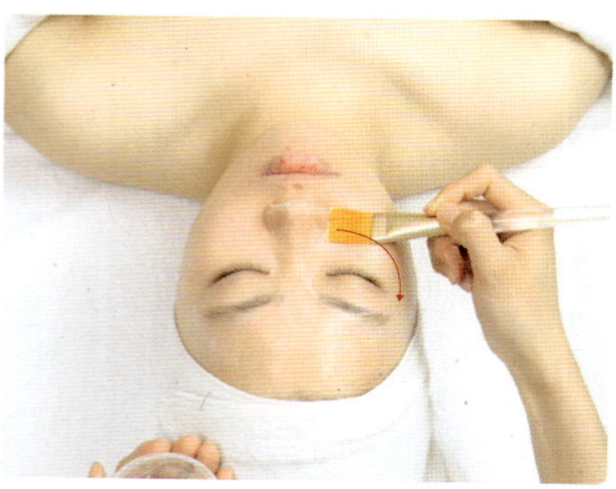

3. 오른쪽 콧망울 옆 부분부터 눈썹 끝 부분까지 발라 준다.

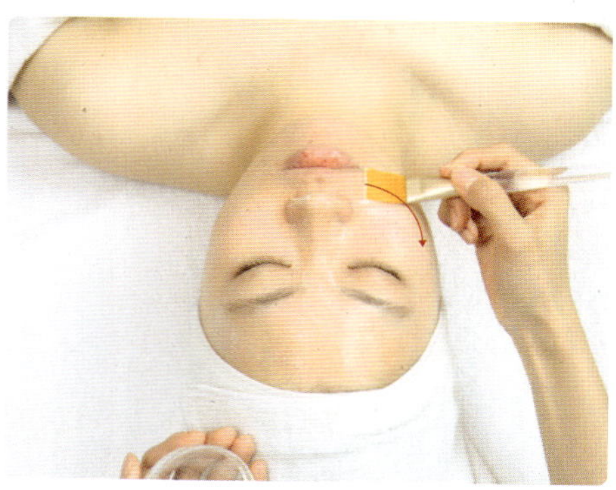

4. 오른쪽 입가 부위부터 귀 중앙 부위까지 발라 준다.

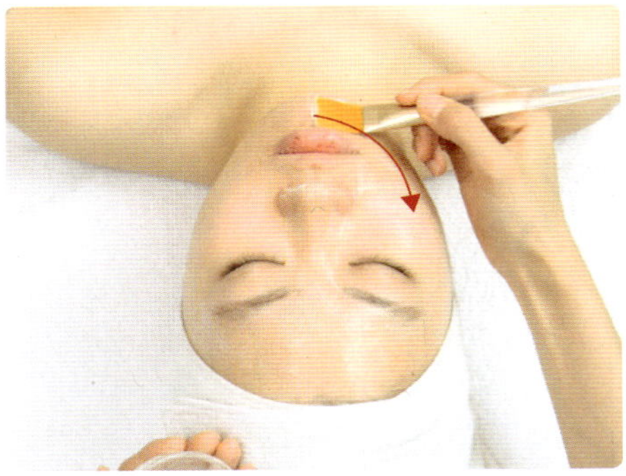

5. 턱 중앙 부위부터 오른쪽 턱끝 부위까지 발라 준다.

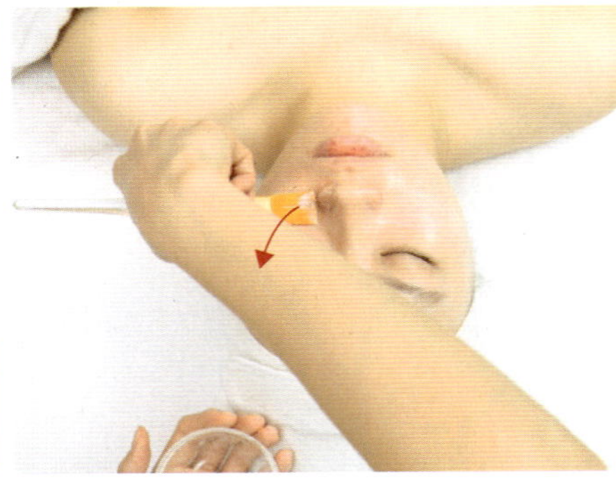

6. 반대편 콧망울 옆 부분부터 눈썹 끝부분까지 발라 준다.

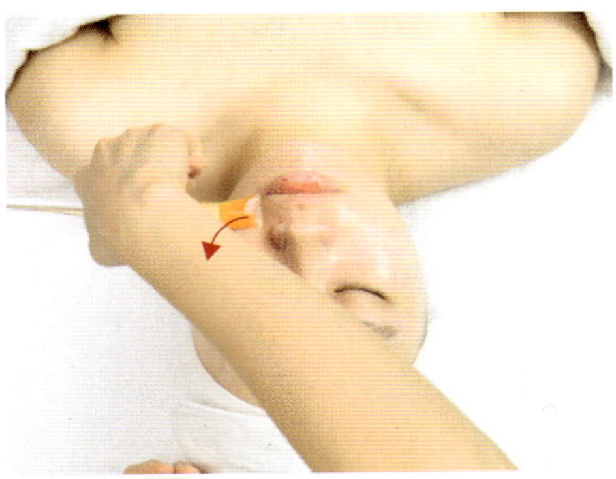

7. 왼쪽 입가 부위부터 귀 중앙 부위까지 발라 준다.

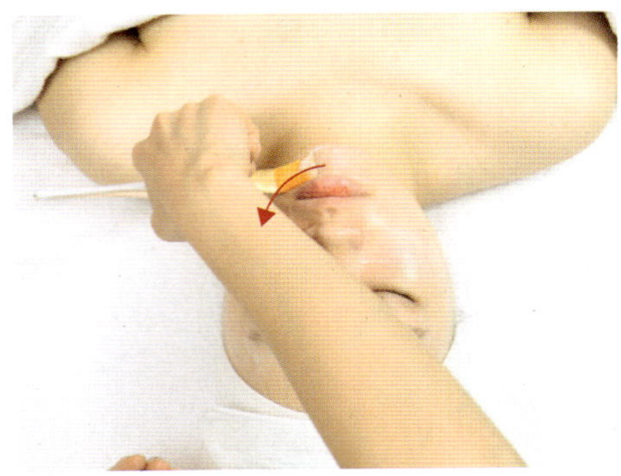

8. 턱 중앙 부위부터 왼쪽 턱끝 부위까지 발라 준다.

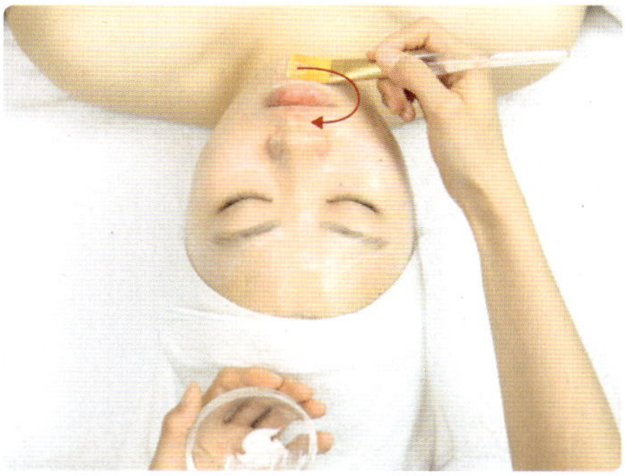

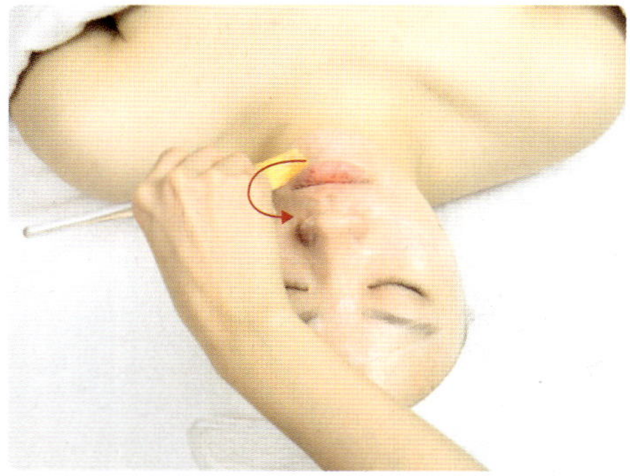

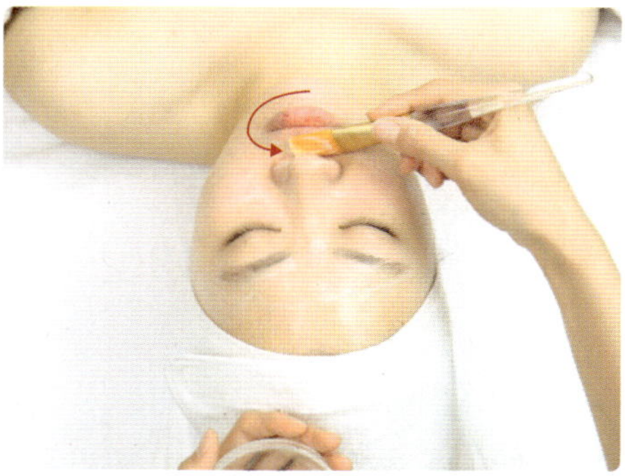

9. 입 주위를 둥글리며 발라 준다.

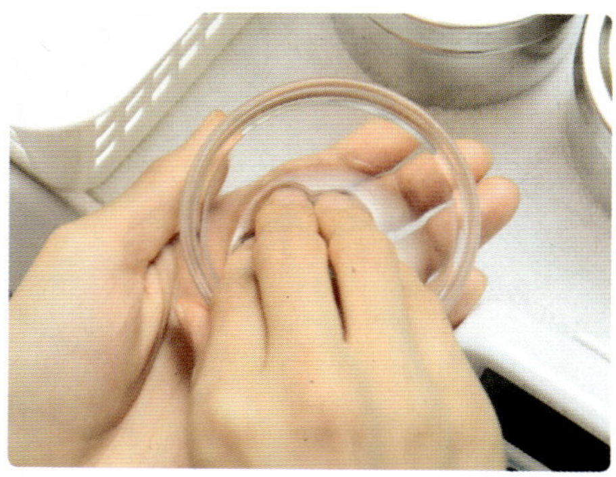

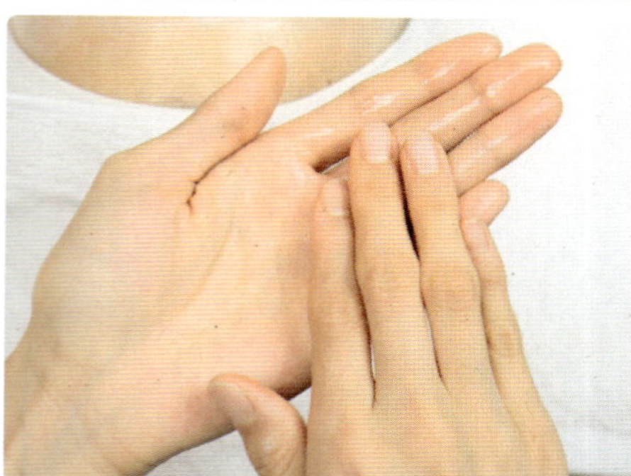

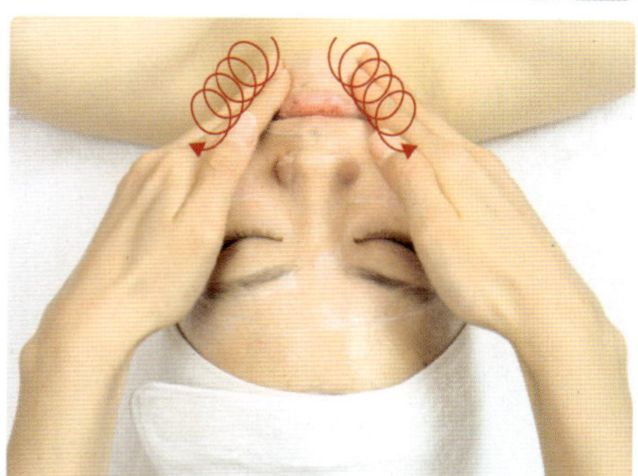

10. 손가락을 이용하여 부드럽게 턱 부위를 문질러 준다.

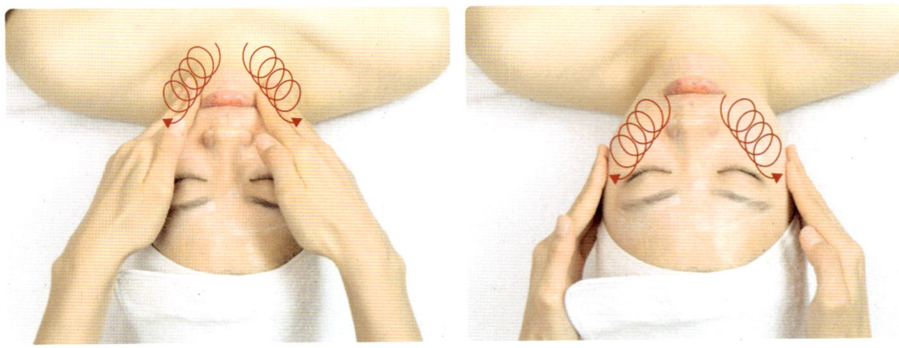

11. 손가락을 이용하여 입가에서 귀 중간, 콧망울 옆 부분부터 눈썹끝 부분까지 부드럽게 볼 부위를 문질러 준다.

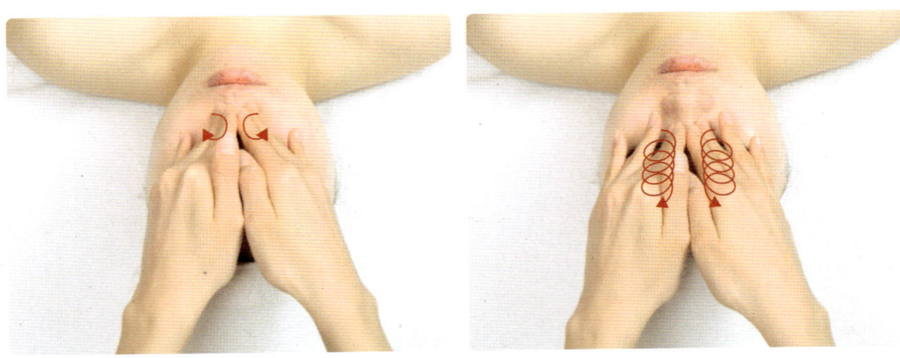

12. 중지를 이용하여 부드럽게 코 부위를 문질러 준다.

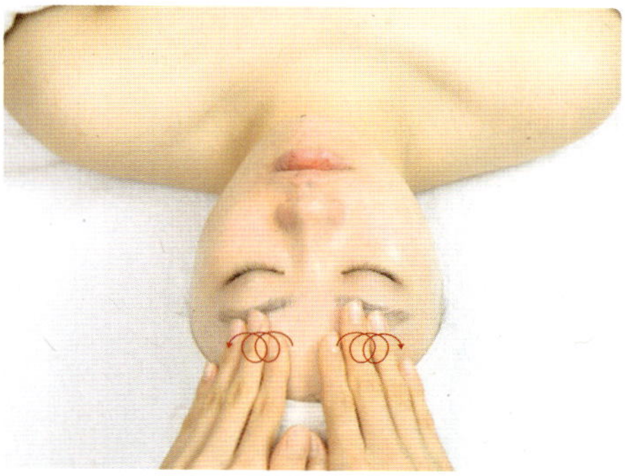

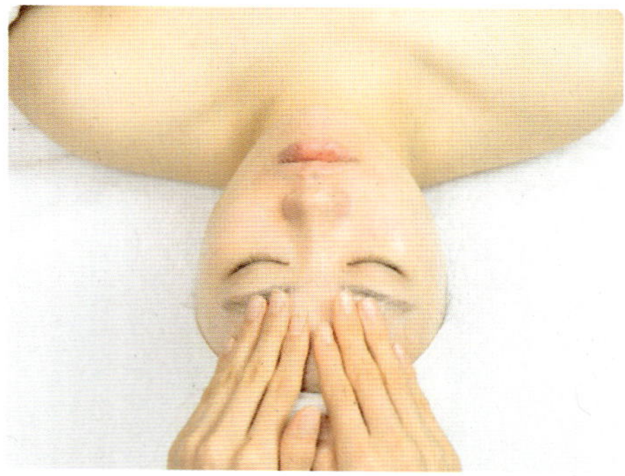

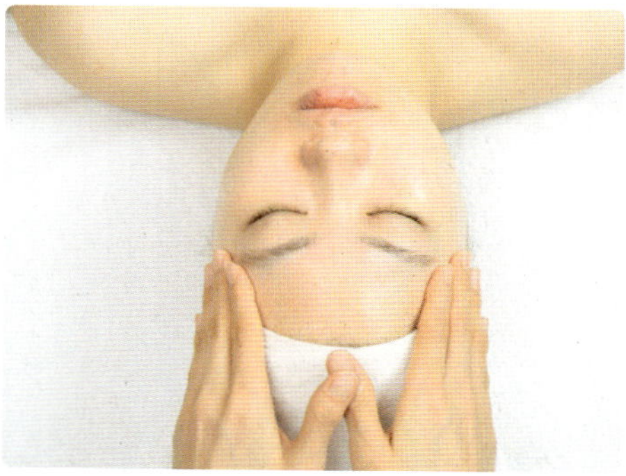

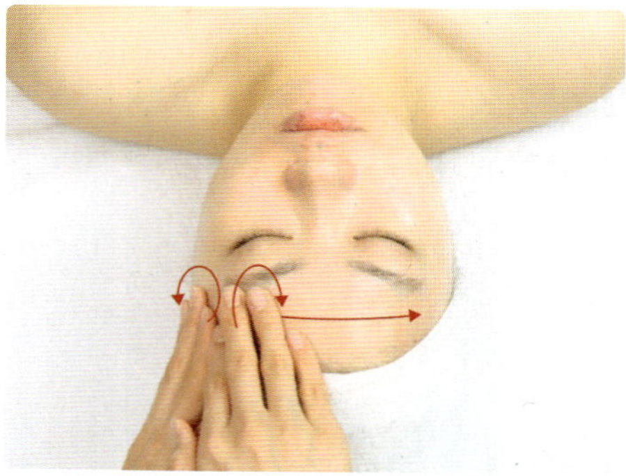

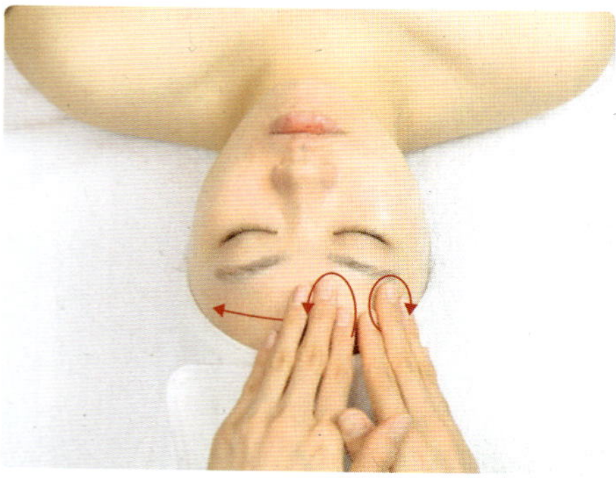

13. 손가락을 이용하여 부드럽게 원을 그리며 이마 부위 전체를 부드럽게 문질러 준다.

Tip : 스크럽을 문지르기 전에 티슈를 얼굴 양쪽 가에 깔아 주고, 문지른 다음에 해면 시행 이후 휴지를 잘 싸서 버린다.

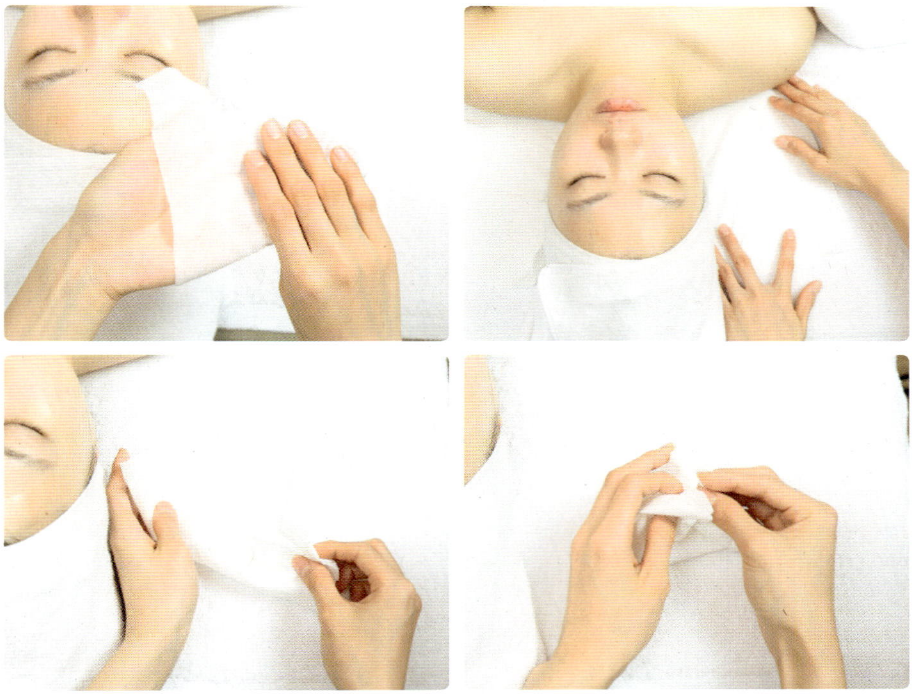

- 해면 – 앞의 해면 동작과 동일
- 온습포 – 앞의 습포 동작과 동일
- 토너 정리 – 앞의 동작과 동일

4. 고마지

1. 준비하기

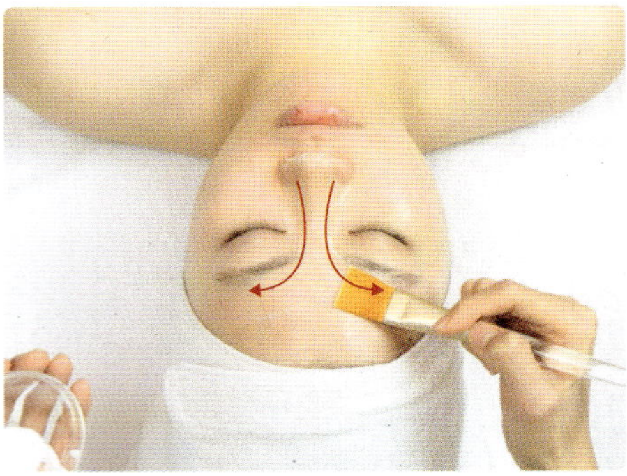

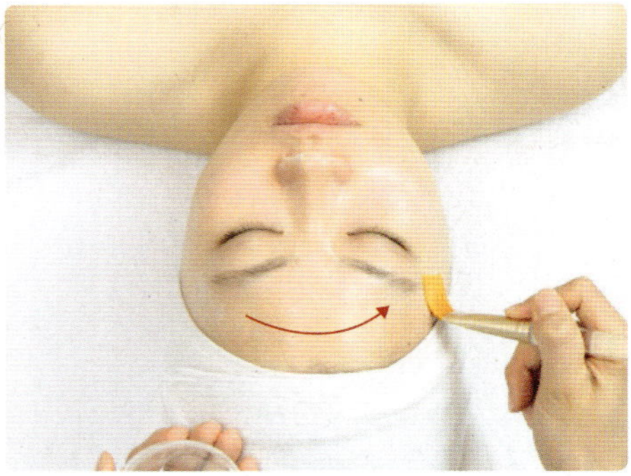

2. 브러시를 이용하여 T-존 부위를 발라 준다.

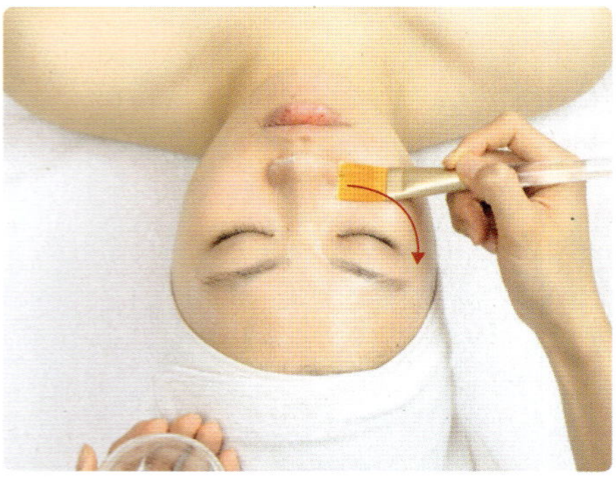

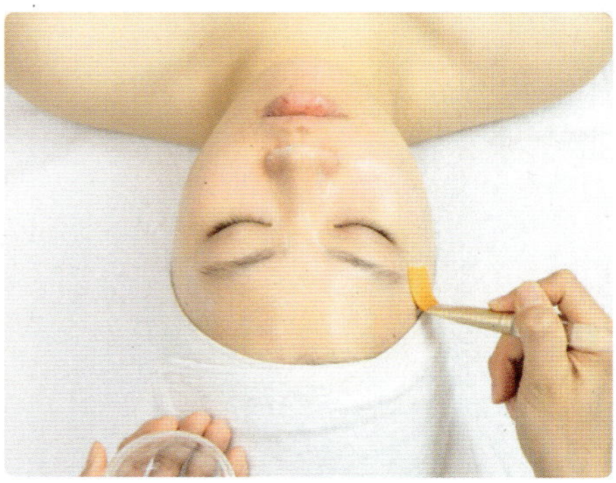

3. 오른쪽 콧망울 옆 부분부터 눈썹 끝부분까지 발라 준다.

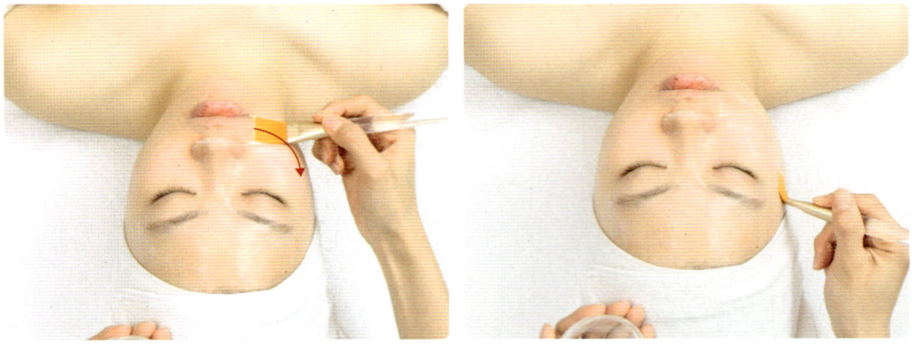

4. 오른쪽 입가 부위부터 귀 중앙 부위까지 발라 준다.

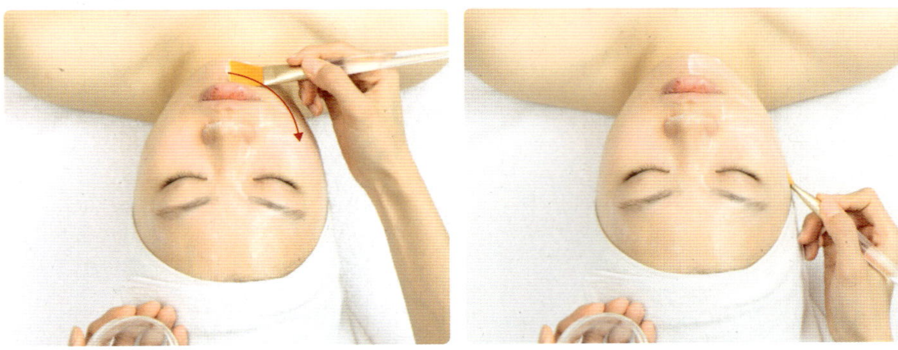

5. 턱 중앙 부위부터 오른쪽 턱끝 부위까지 발라 준다.

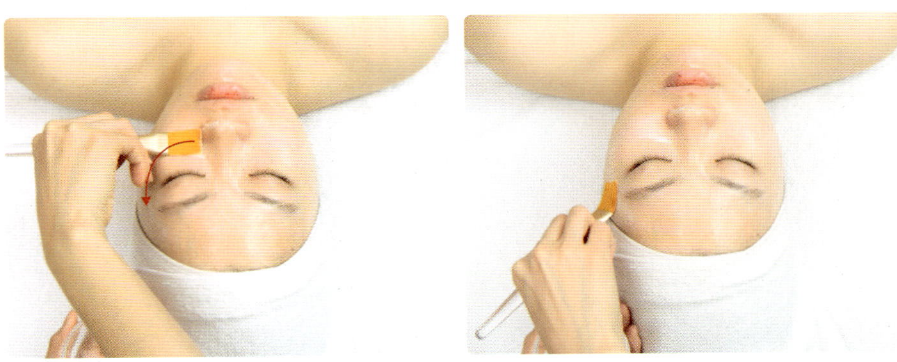

6. 왼쪽 콧망울 옆 부분부터 눈썹 끝부분까지 발라 준다.

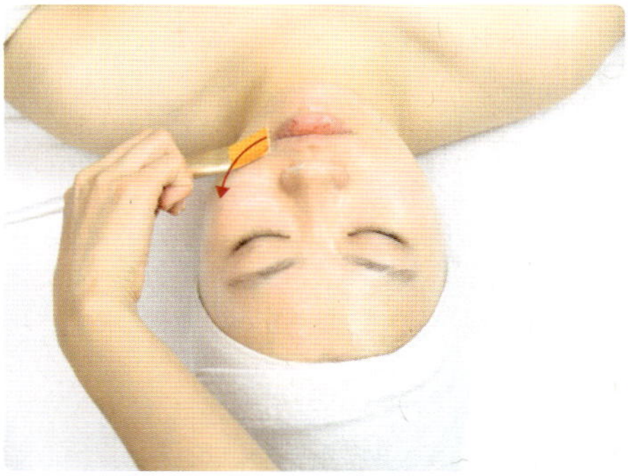

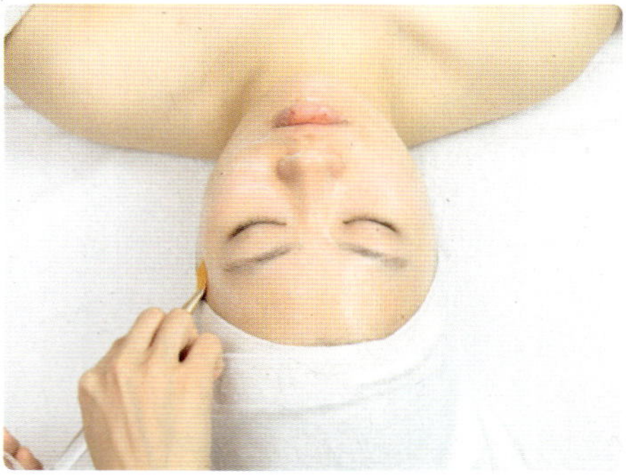

7. 왼쪽 입가 부위부터 귀 중앙 부위까지 발라 준다.

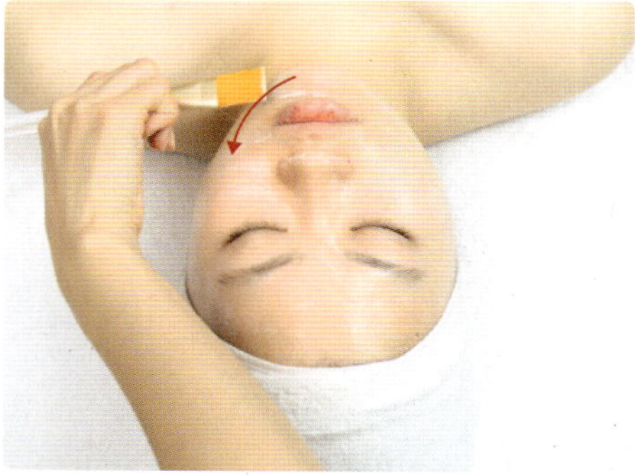

8. 턱 중앙 부위부터 왼쪽 턱끝 부위까지 발라 준다.

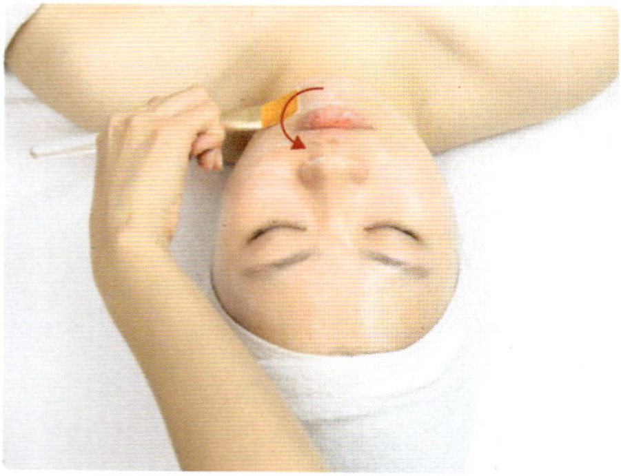

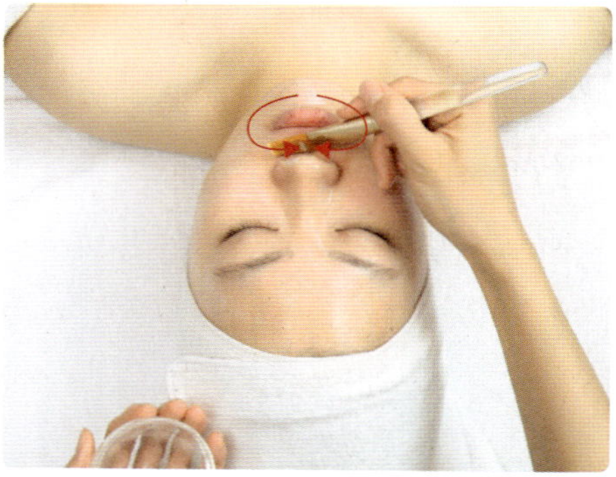

9. 입 주위를 둥글리며 발라 준다.

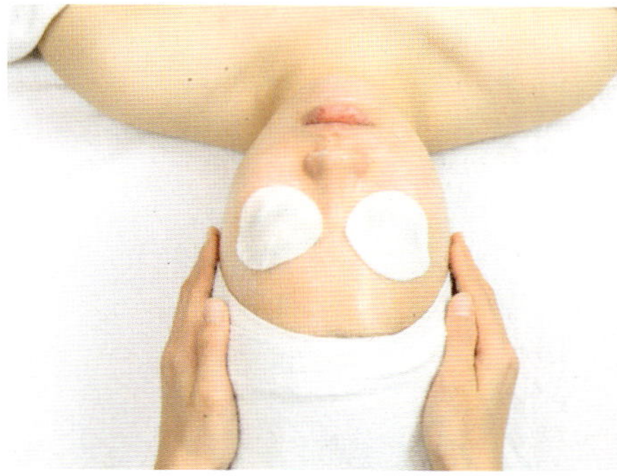
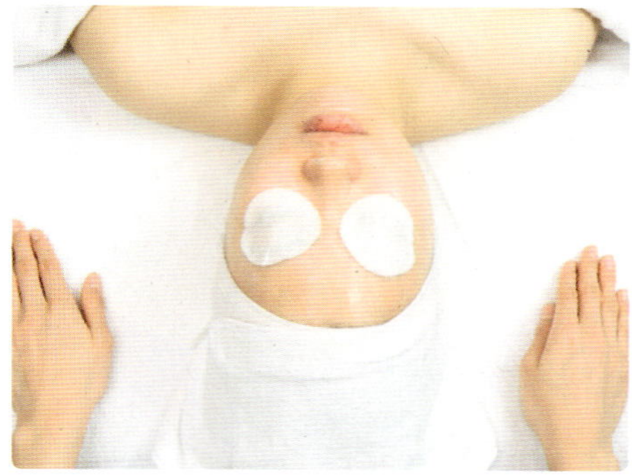
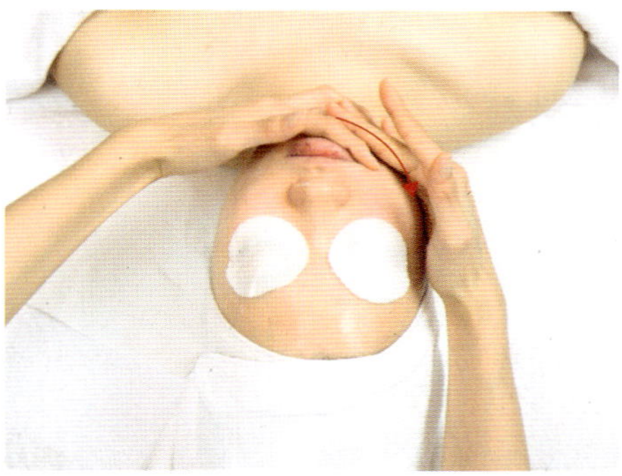
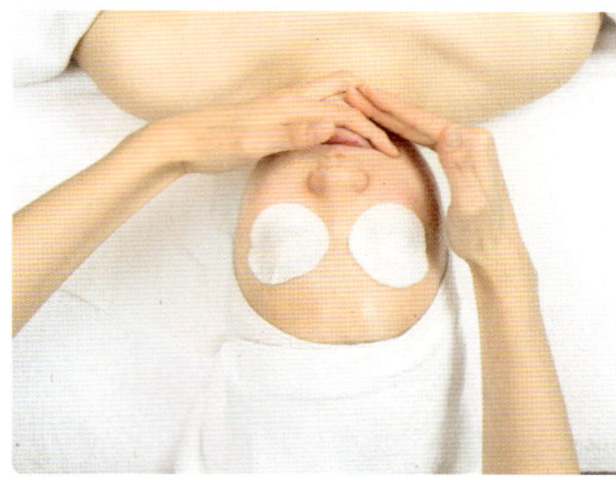
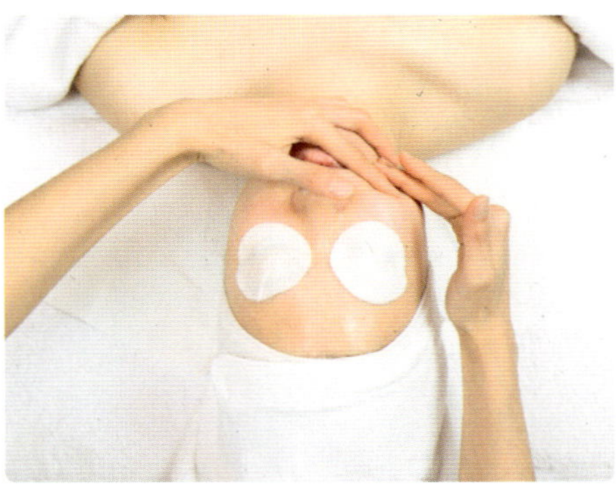

10. 턱 중앙 부위부터 오른쪽 턱끝 부위까지 주름이 생기지 않도록 근육결에 따라 고마지를 제거한다.

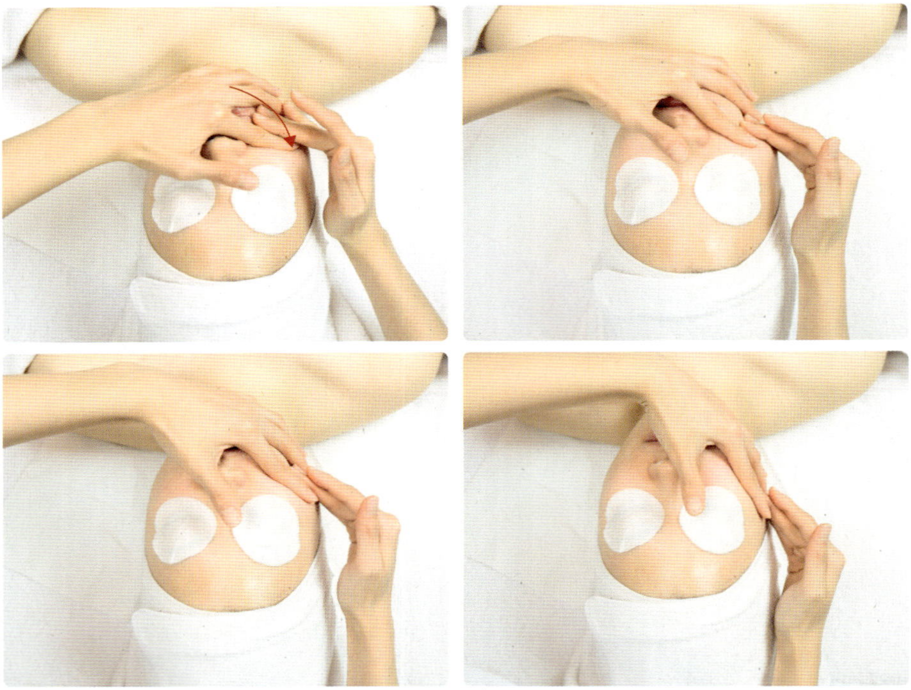

11. 오른쪽 입가 부위부터 귀 중앙 부위까지 고마지를 제거한다.

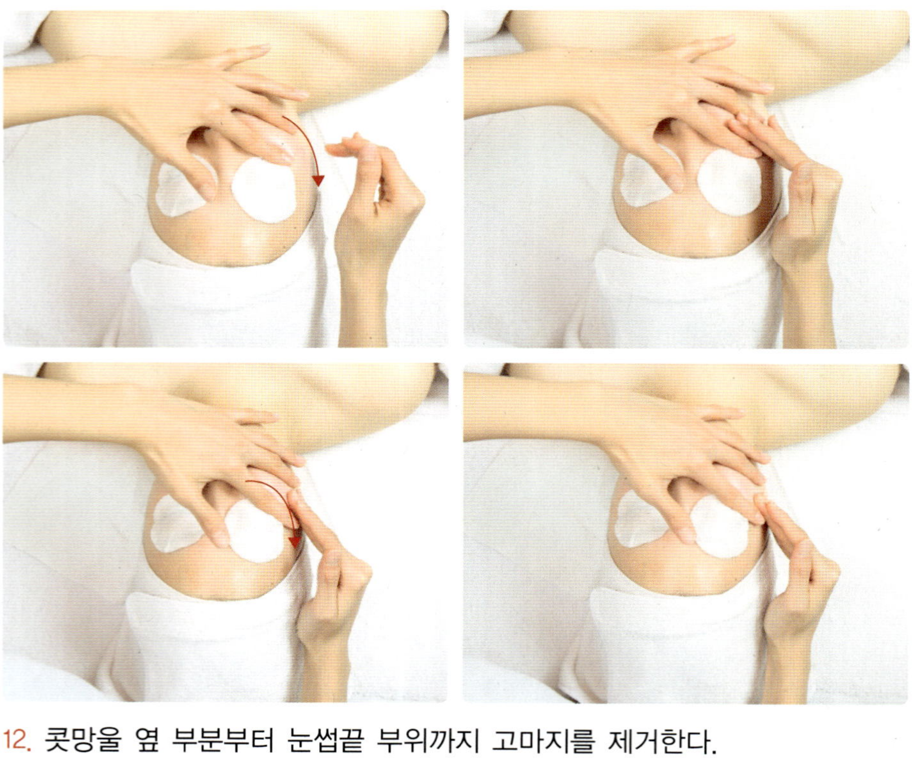

12. 콧망울 옆 부분부터 눈썹끝 부위까지 고마지를 제거한다.

13. 반대편 동일

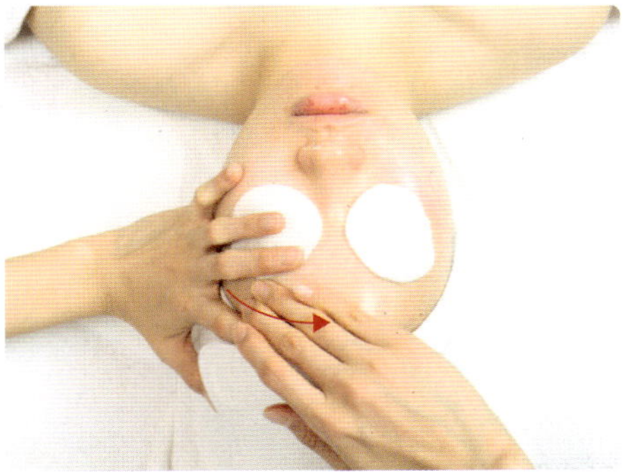

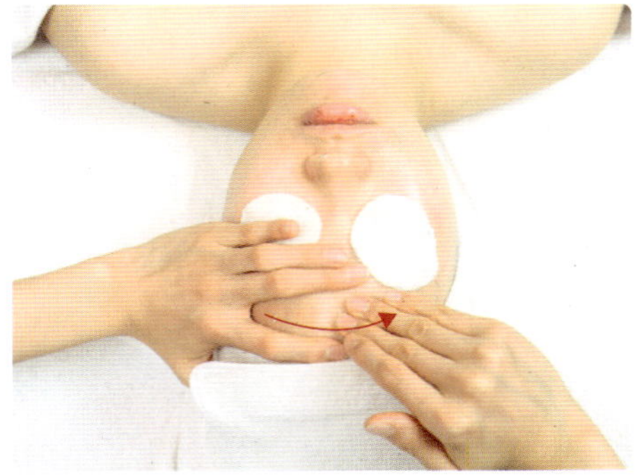

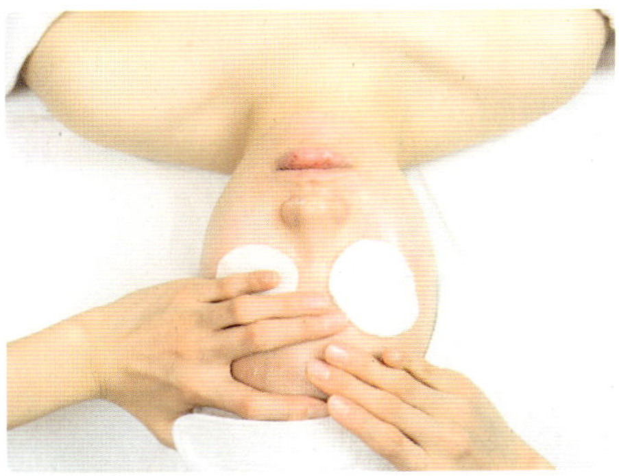

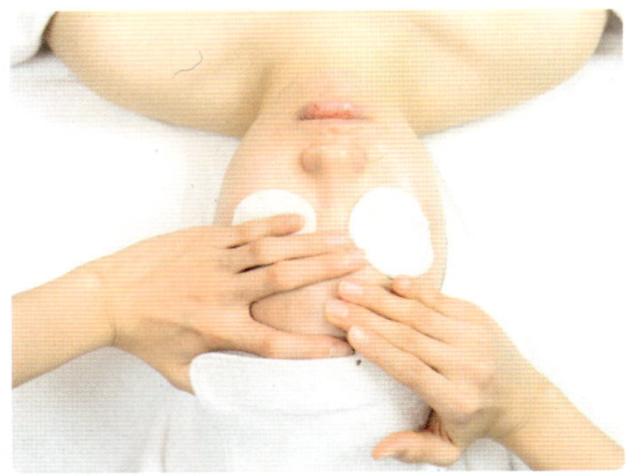

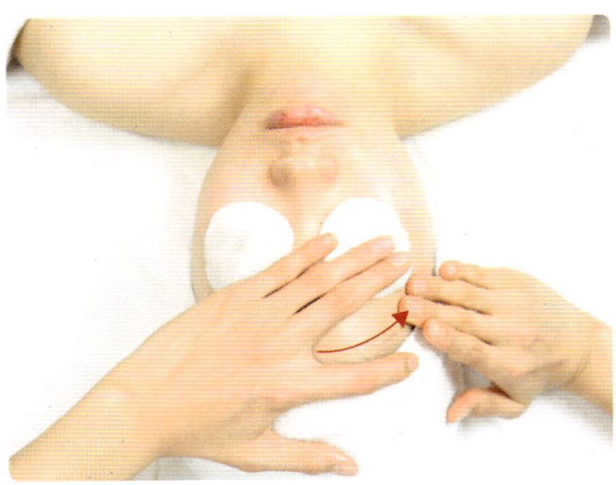

14. 이마 부위의 고마지를 제거한다.

15. 반대편 동일

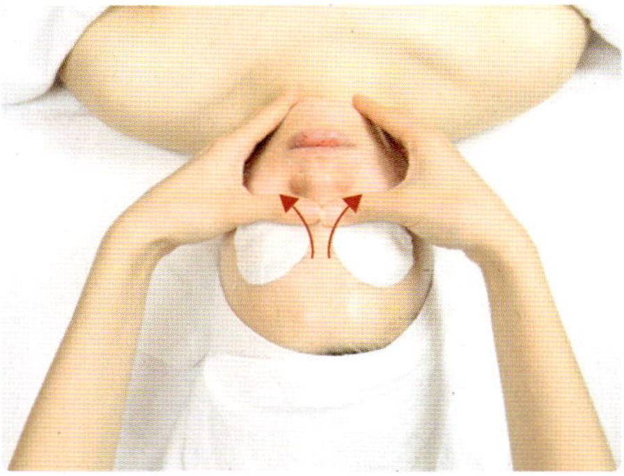

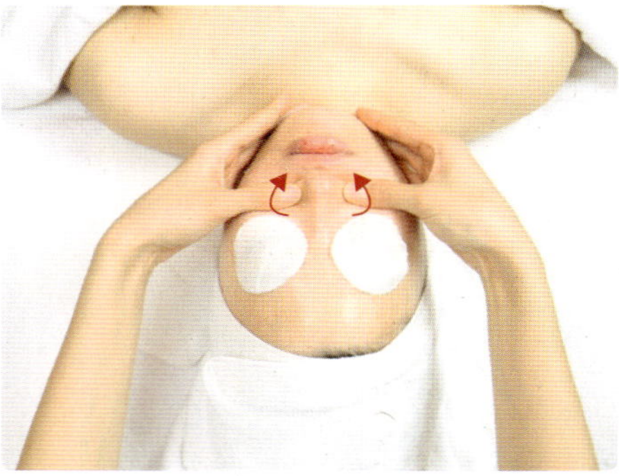

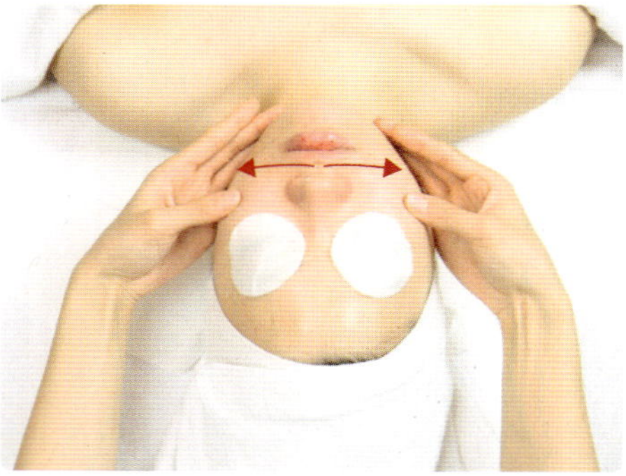

16. 엄지손가락을 이용해서 코 부위와 인중 부위의 고마지를 제거한다.

- 문지르기 – 스크럽 10번~스크럽 13번까지 동작과 동일
- 해면 – 앞의 해면 동작과 동일
- 온습포 – 앞의 온습포 동작과 동일
- 토너 정리 – 앞의 동작과 동일

5. 매뉴얼테크닉

1. 크림 도포

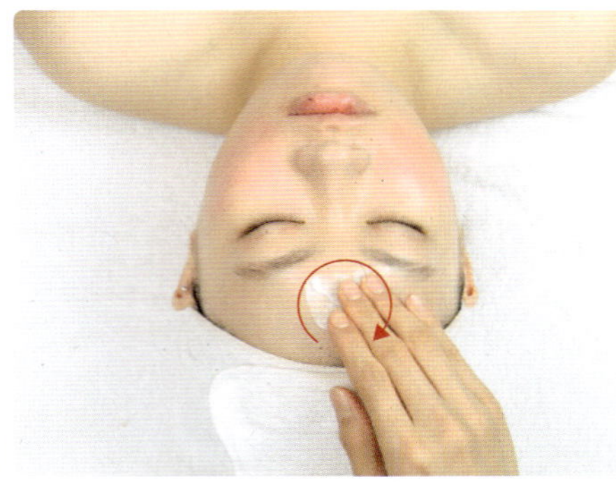

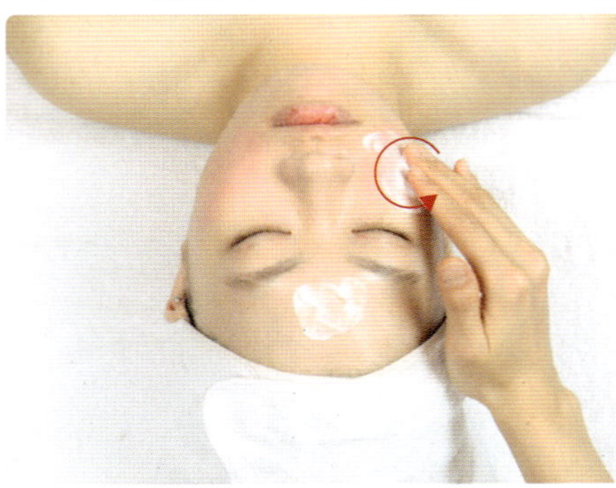

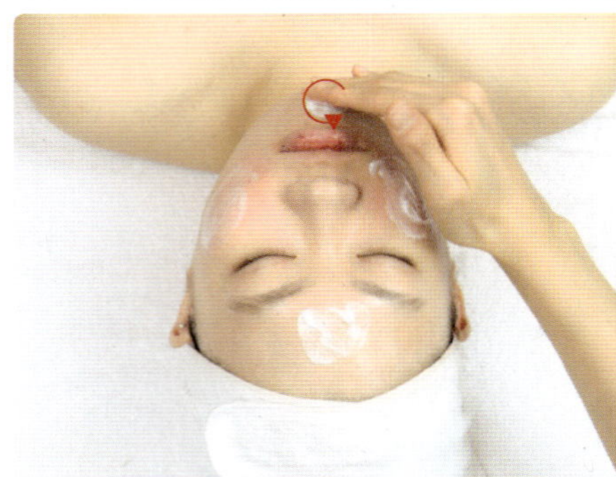

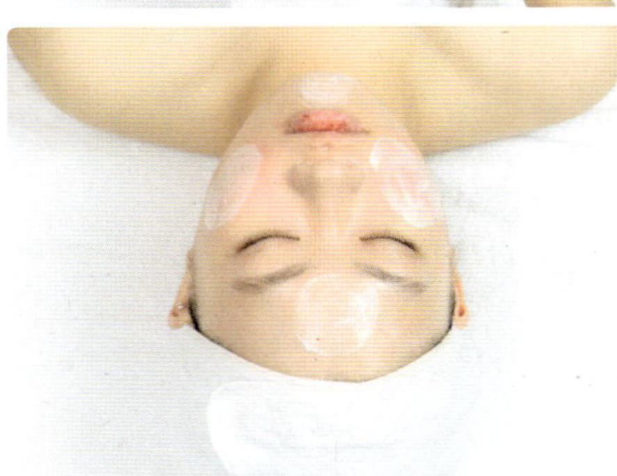

1. 매뉴얼테크닉 크림을 이마, 볼, 턱에 도포한다.

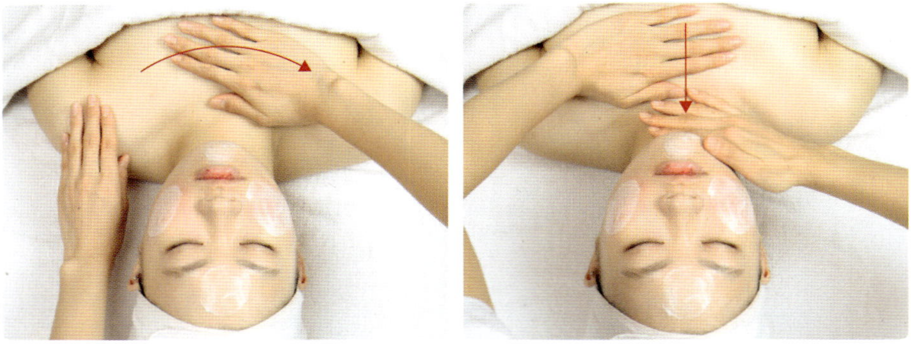

2. 데콜테를 가로와 세로로 도포한다.

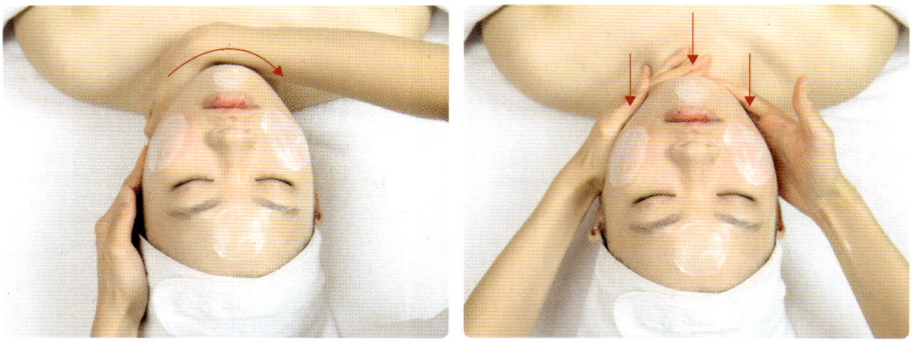

3. 목을 가로와 세로로 도포한다.

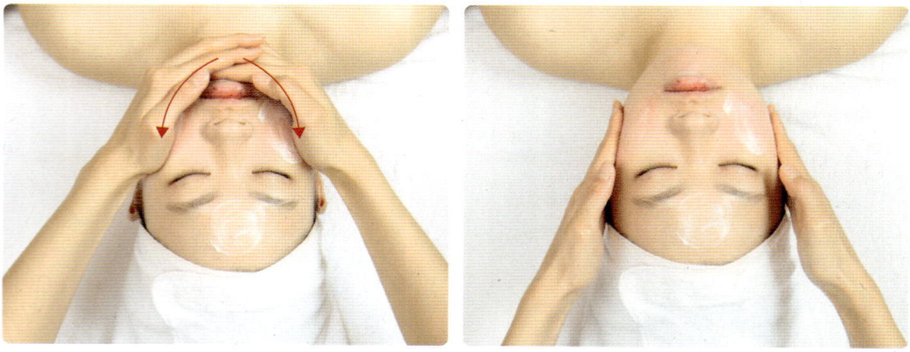

4. 턱을 고르게 도포한다.

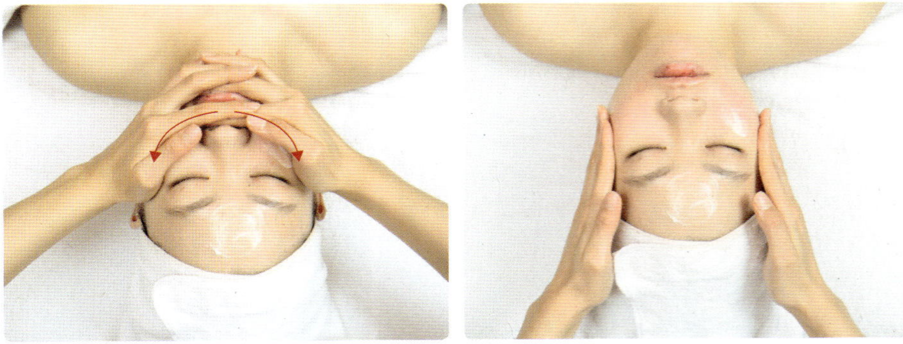

5. 입 주위를 도포한다.

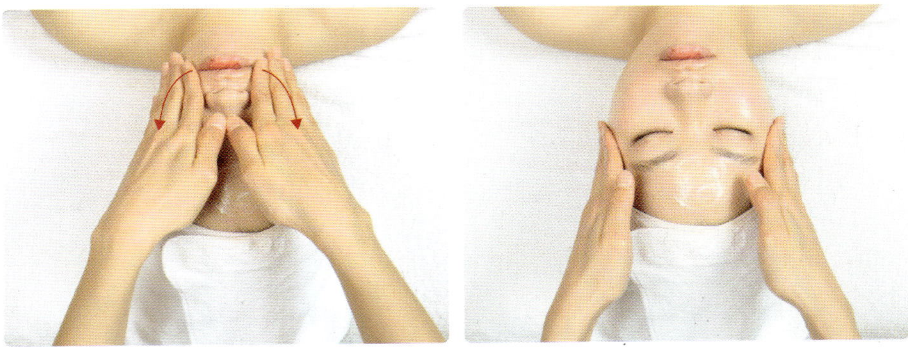

6. 손바닥을 이용하여 입가부터 귀 중앙 부위까지 도포한다.

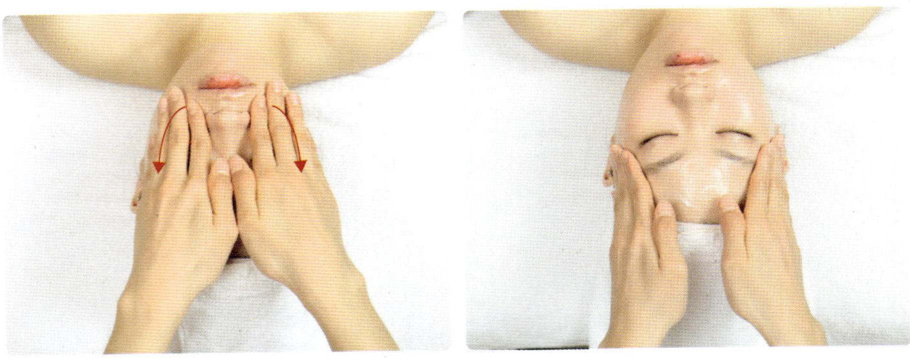

7. 손바닥을 이용하여 코 옆 부위부터 눈썹끝 부위까지 도포한다.

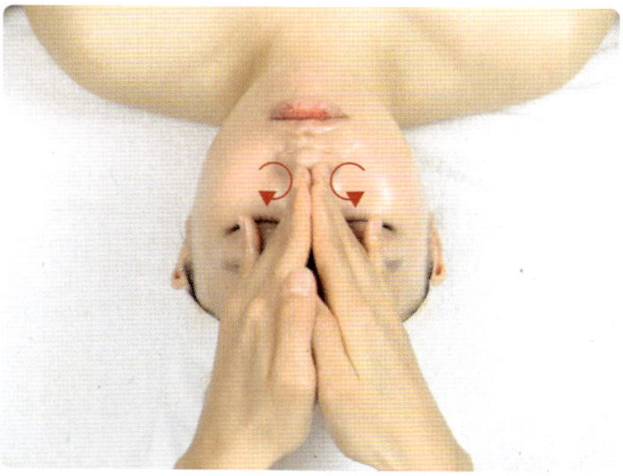
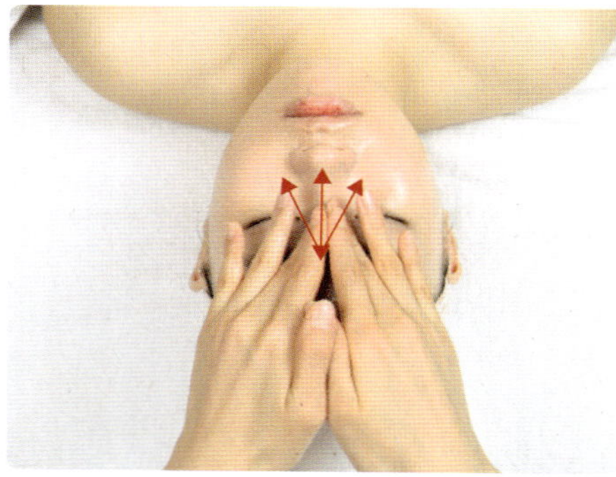
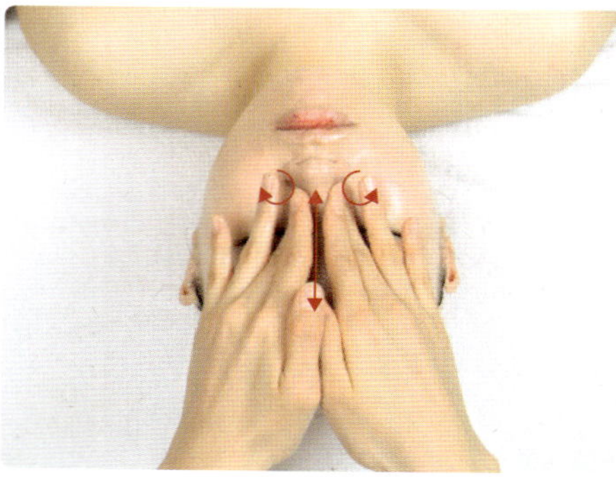

8. 중지를 이용하여 콧망울과 코 전체를 도포한다.

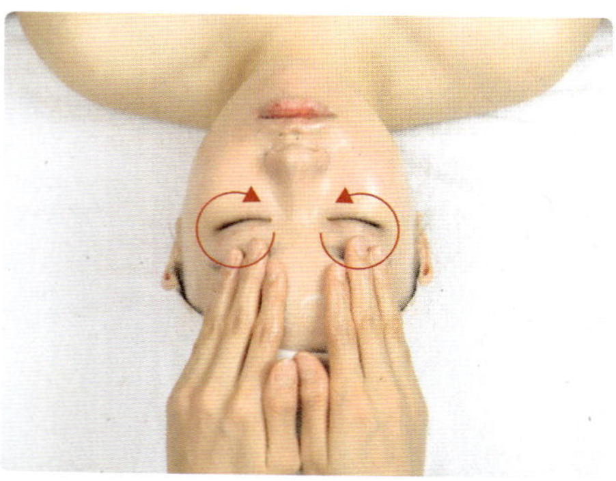
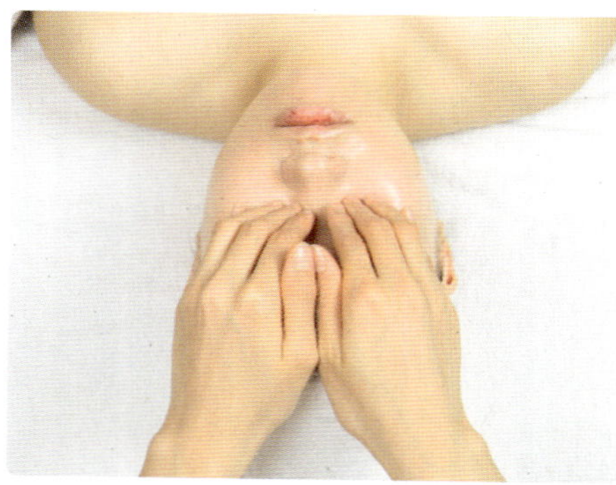
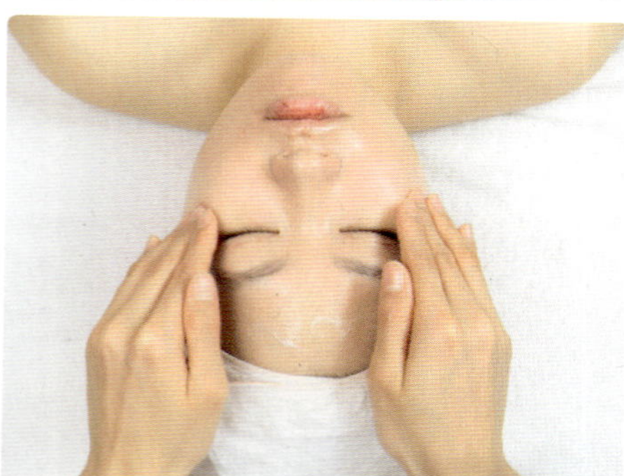

9. 눈 주위를 도포한다.

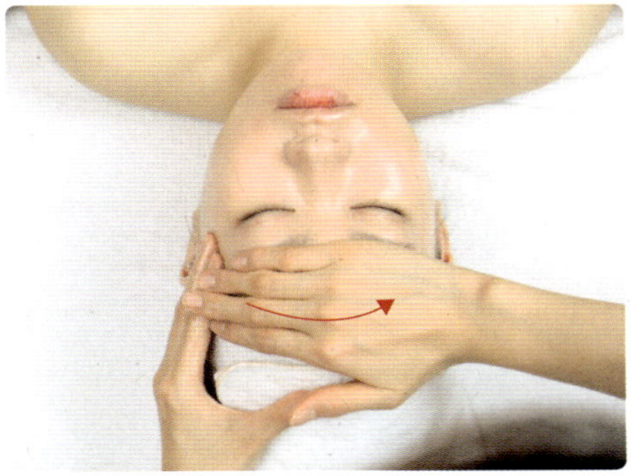
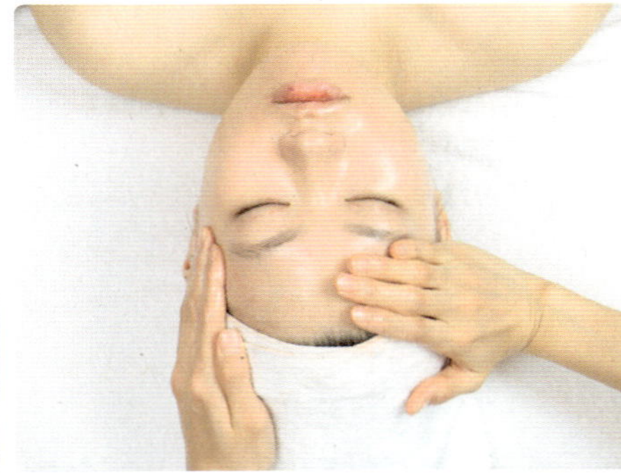
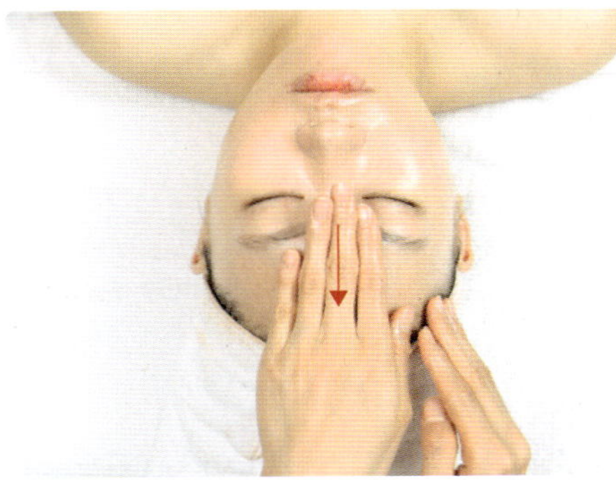

10. 양 손바닥을 번갈아가면서 이마를 가로와 세로로 도포한다.

2. 데콜테

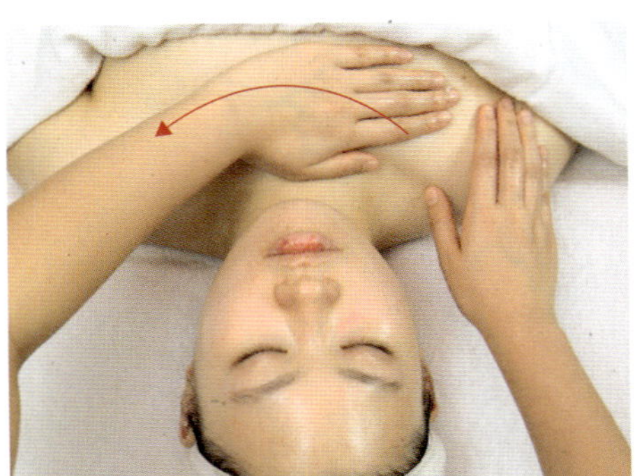
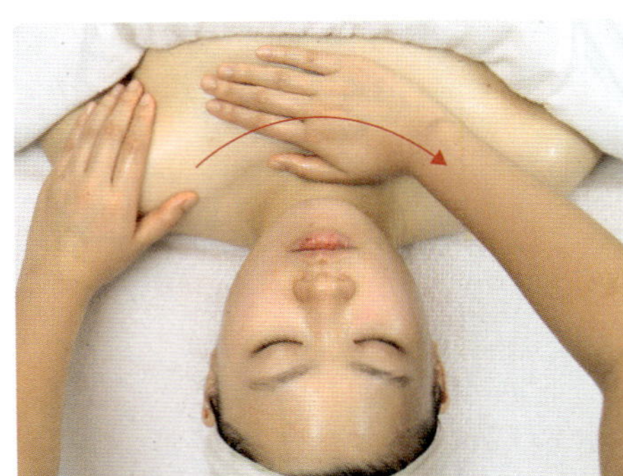

1. 양 손바닥을 이용해서 데콜테를 가로로 쓰다듬어 준다.

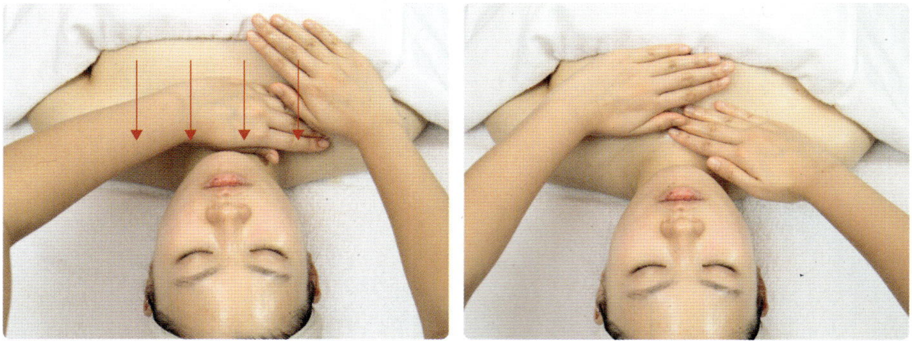

2. 양 손바닥을 이용해서 데콜테를 세로로 쓰다듬어 준다.

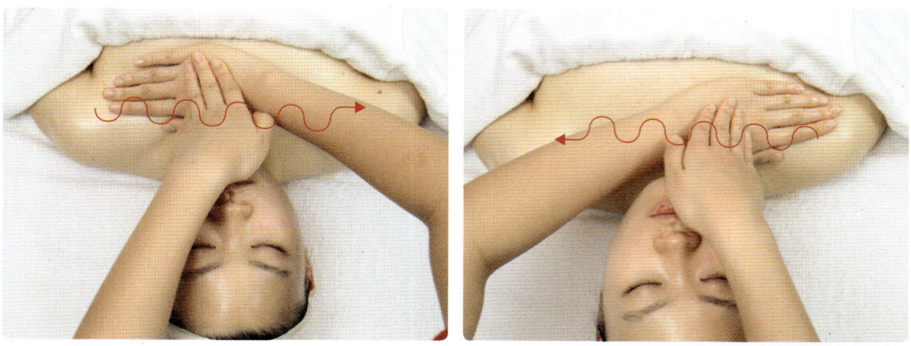

3. 양 손바닥을 포개서 데콜테를 오른쪽, 왼쪽 방향으로 물결모양으로 왕복하여 문질러 준다.

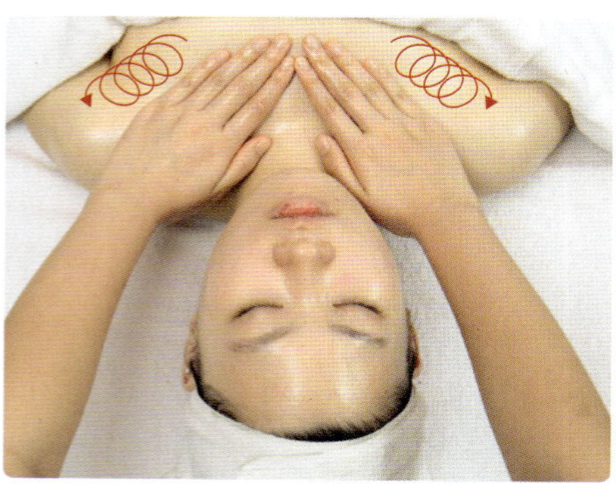

4. 양 손가락을 이용해서 데콜테 중앙 부분부터 바깥 방향으로 양손 동시에 나선형으로 문질러 준다.

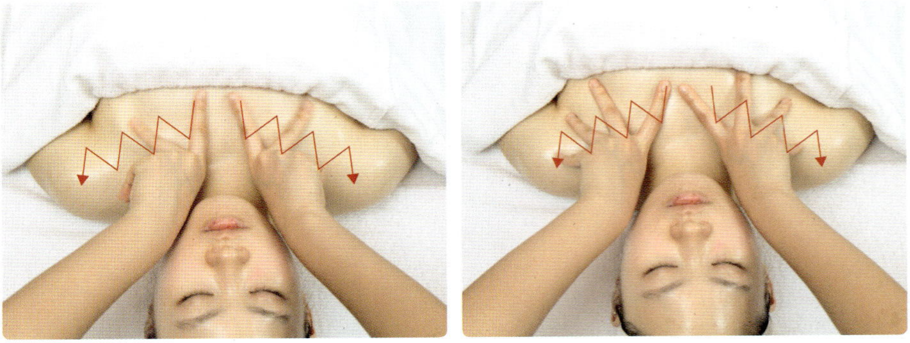

5. 양 손가락을 이용해서 새끼손가락부터 데콜테를 진동해 준다.

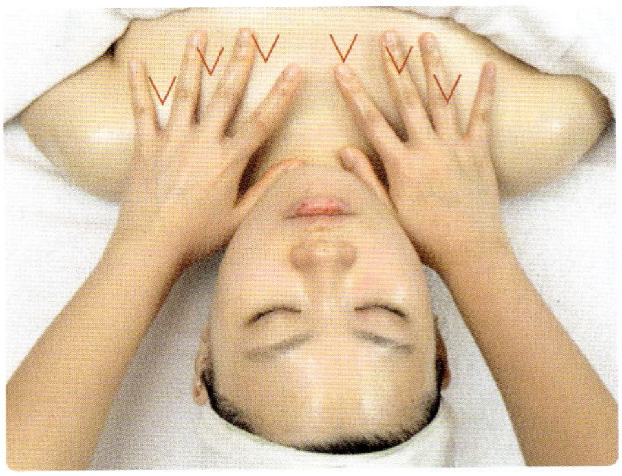

6. 양 손가락을 이용해서 데콜테를 두드려 준다.

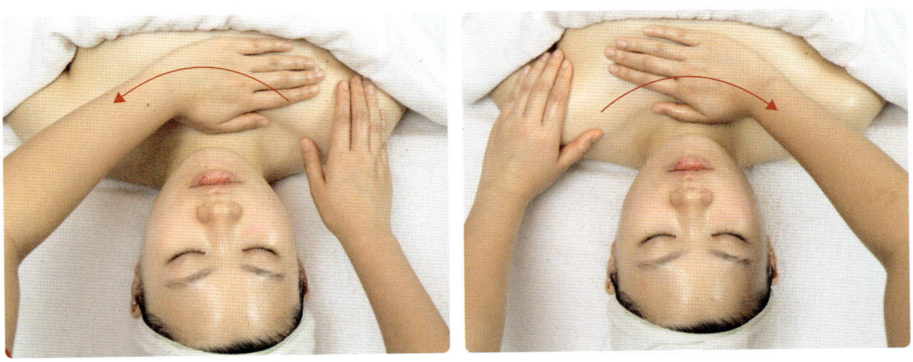

7. 양 손바닥을 이용해서 데콜테를 가로로 쓰다듬어 준다.

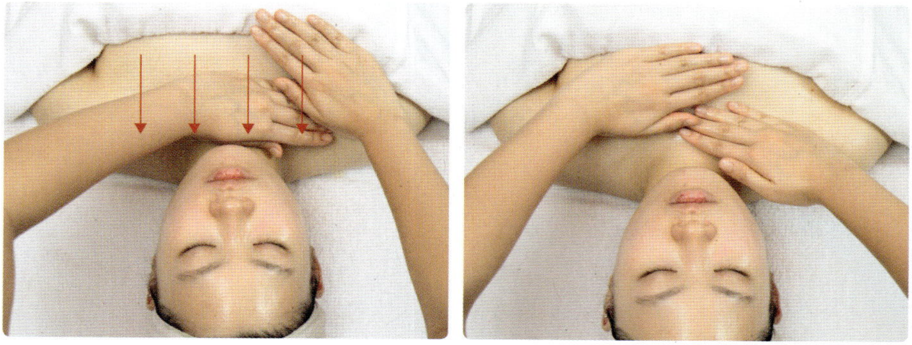

8. 양 손바닥을 이용해서 데콜테를 세로로 쓰다듬어 준다.

3. 목

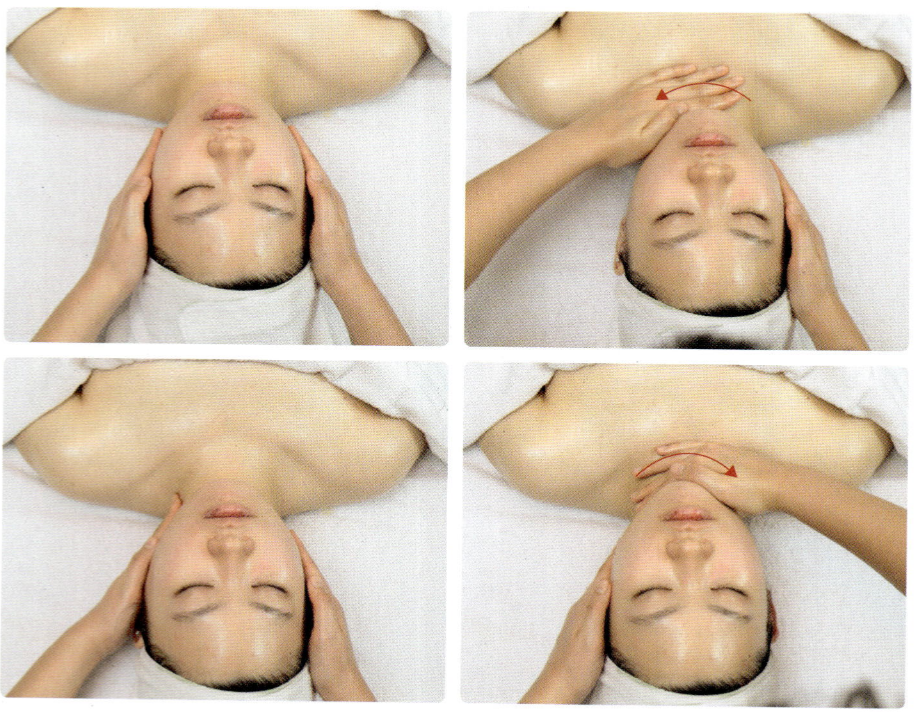

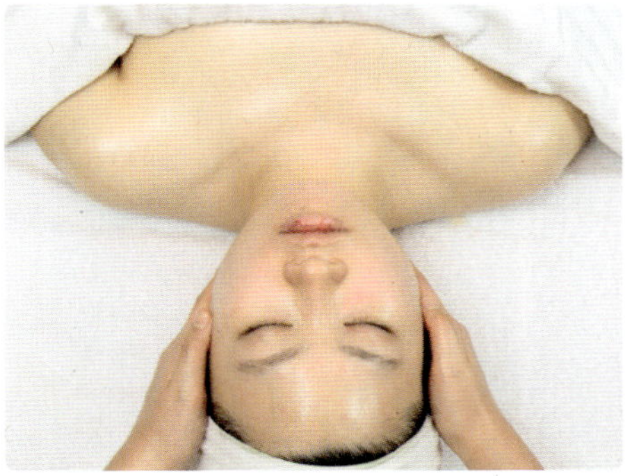

1. 양 손바닥을 이용해서 목을 가로로 쓰다듬어 준다.

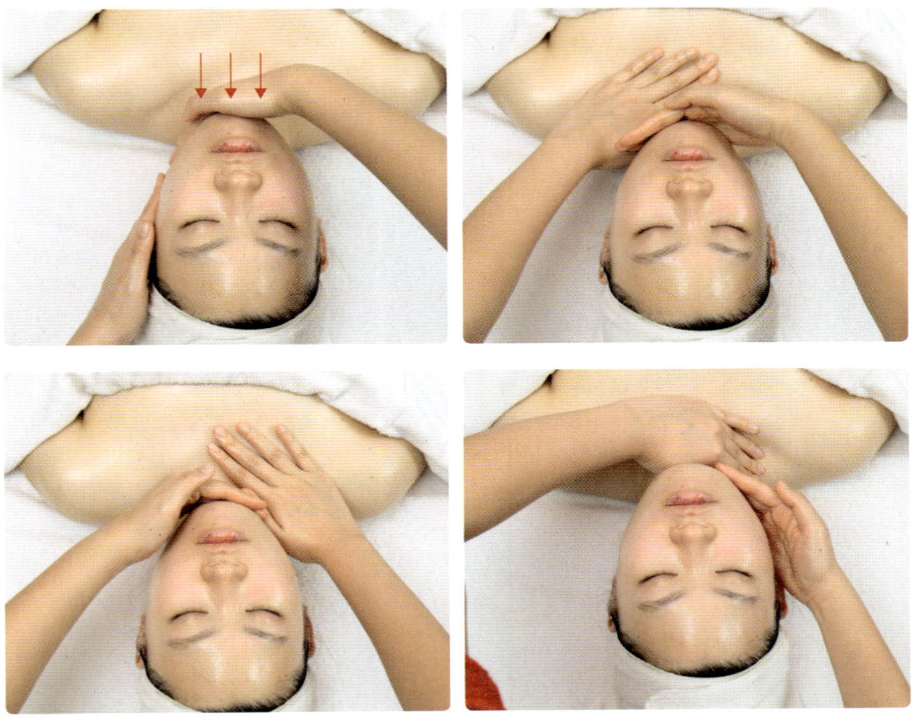

2. 양 손바닥을 이용해서 목을 세로로 쓰다듬어 준다.

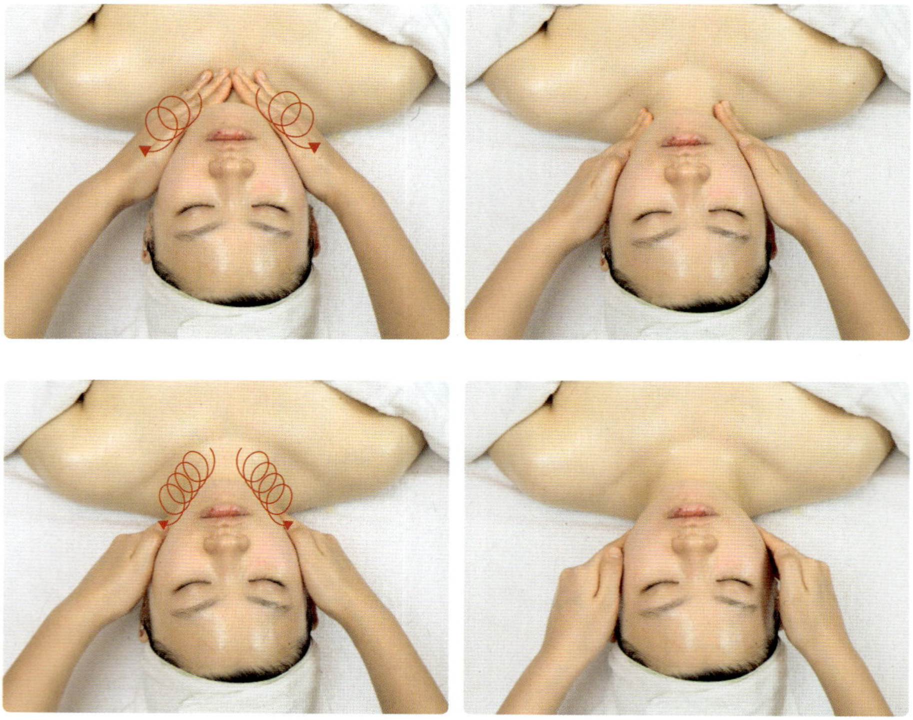

3. 양 손바닥을 이용해서 부드럽게 목을 나선형으로 3회 정도 부위별로 나눠서 문질러 준다.

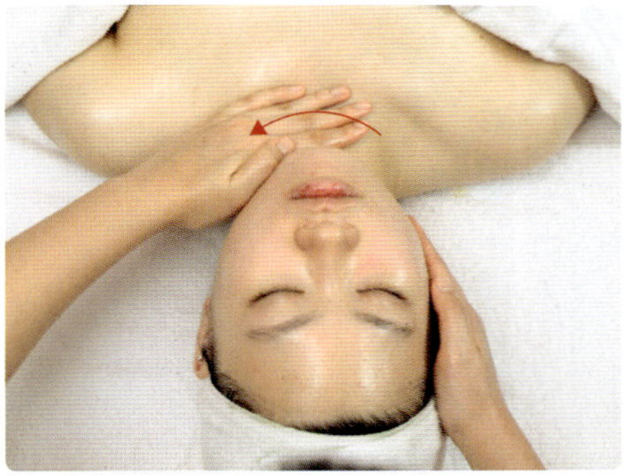
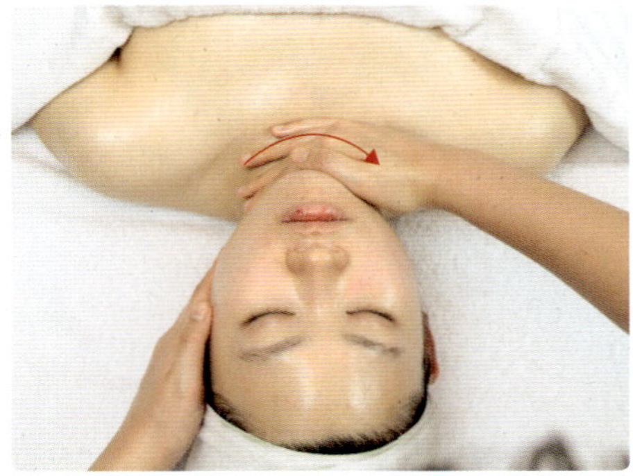

4. 양 손바닥을 이용해서 목을 가로로 쓰다듬어 준다.

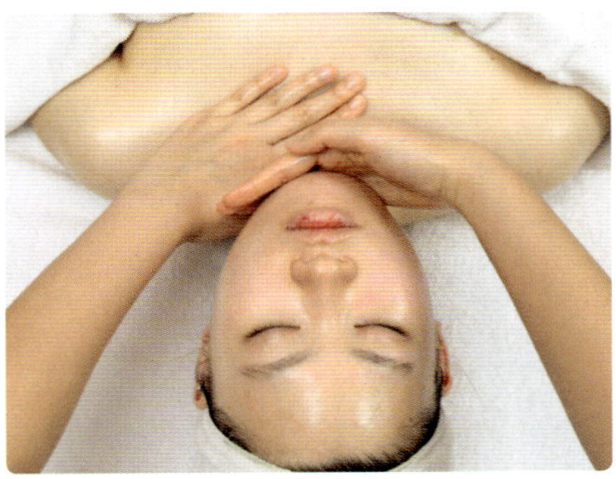

5. 양 손바닥을 이용해서 목을 세로로 쓰다듬어 준다.

4. 턱

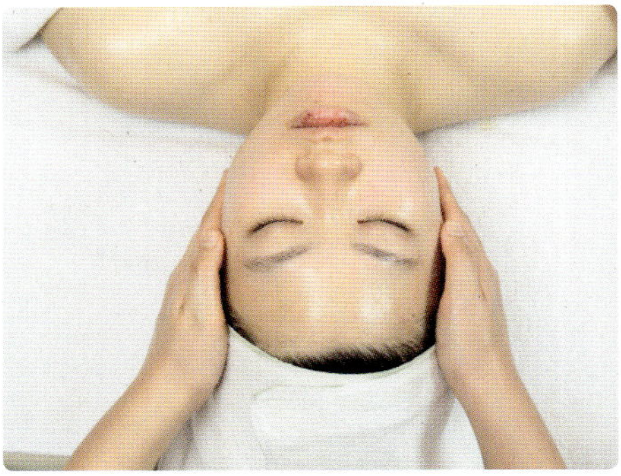

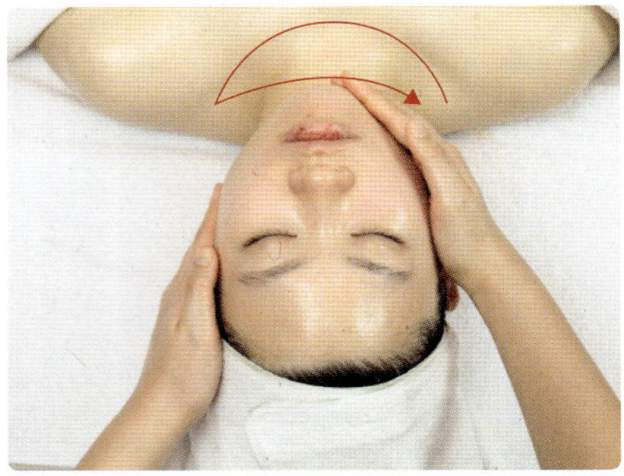

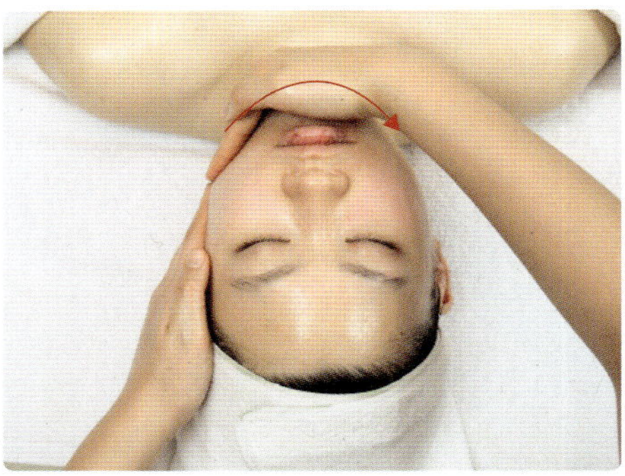

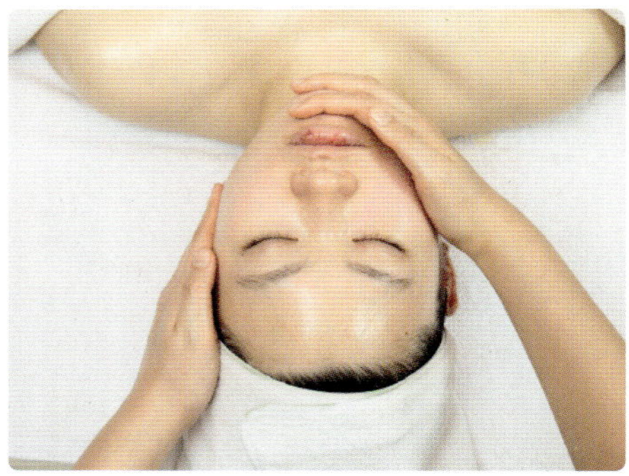

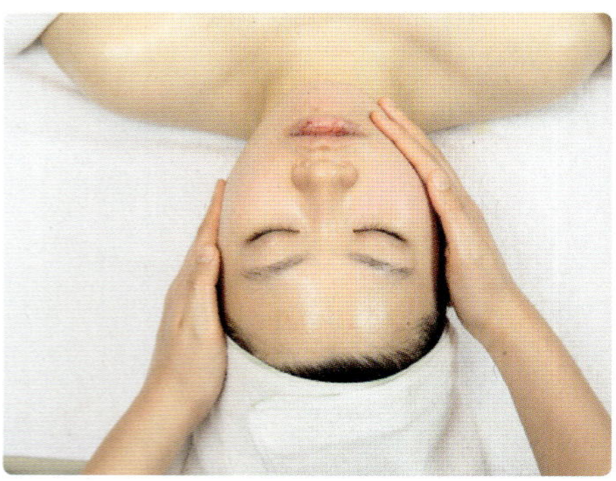

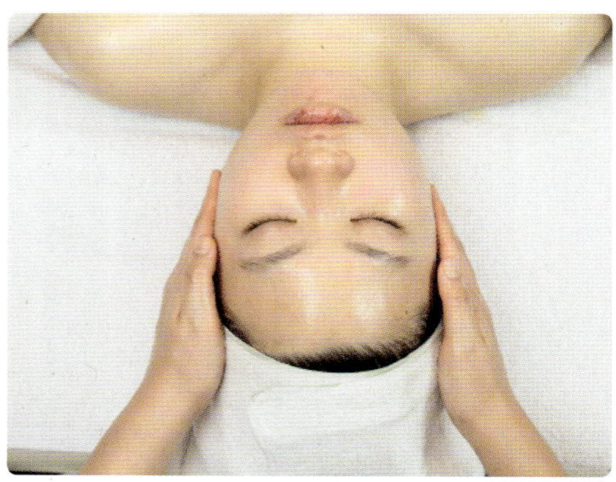

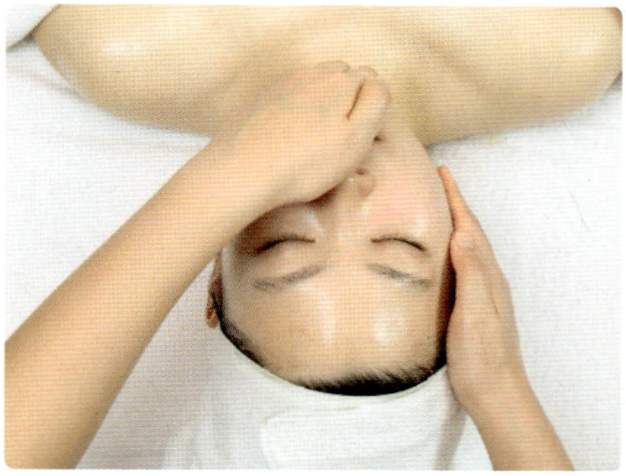

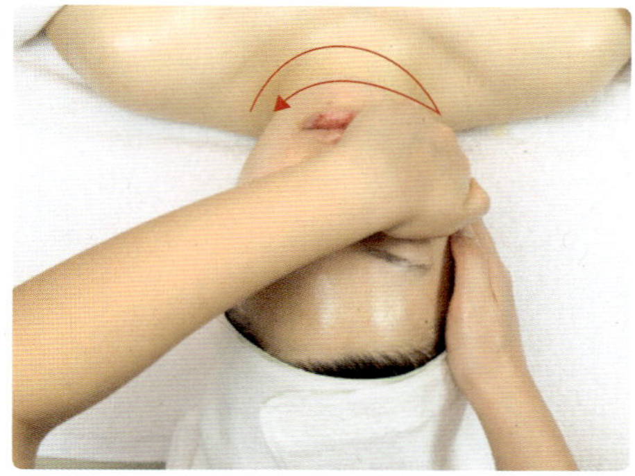

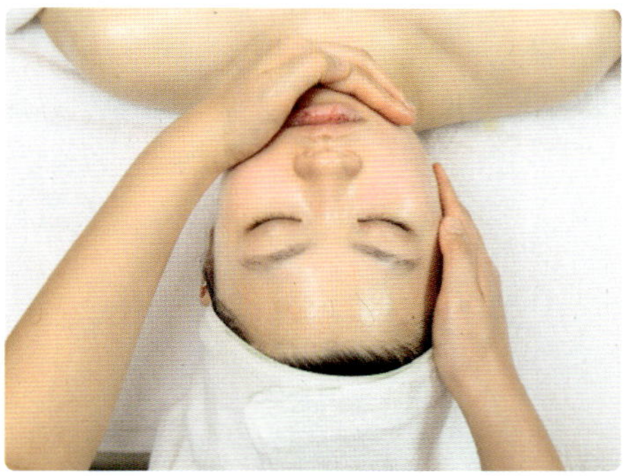

1. 양 손바닥을 이용해서 턱을 가로로 쓰다듬어 준다.

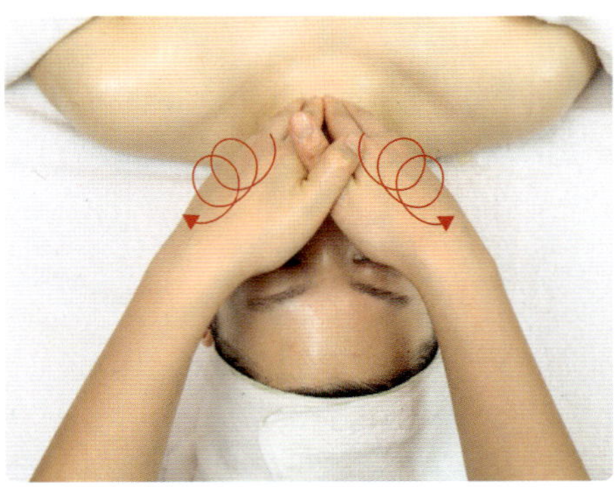

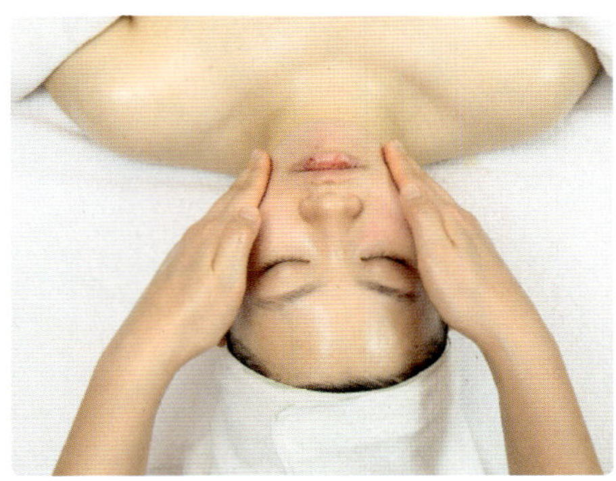

2. 양손의 손가락을 이용해서 턱을 가볍게 문질러 준다.

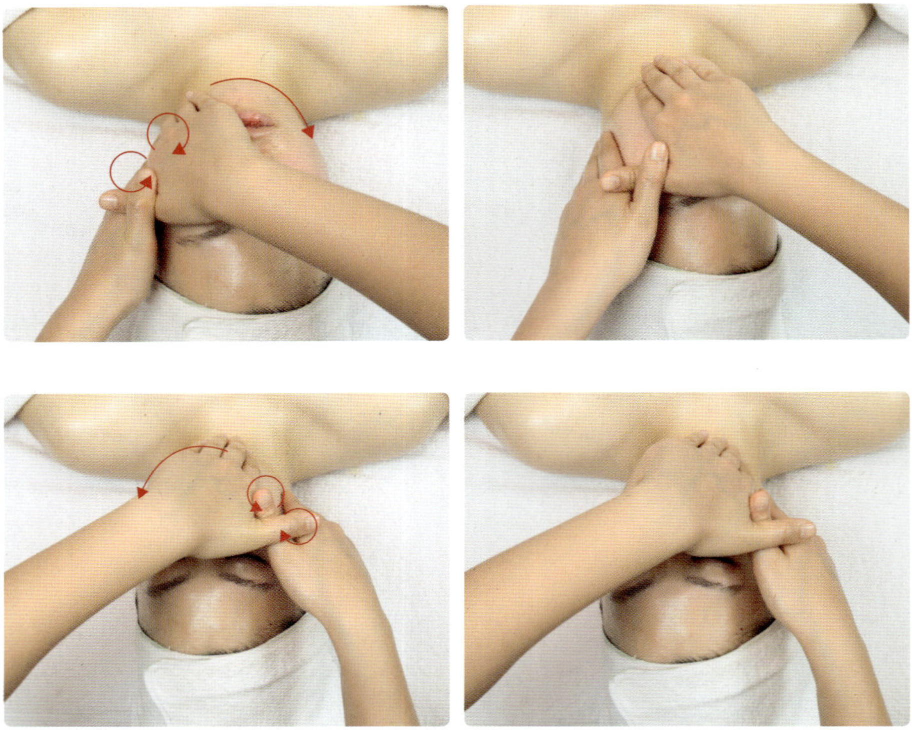

3. 양손의 손가락을 이용해서 엄지를 X자 모양으로 겹친 상태에서 왼쪽부터 오른쪽으로 문질러 주며 이동한다.

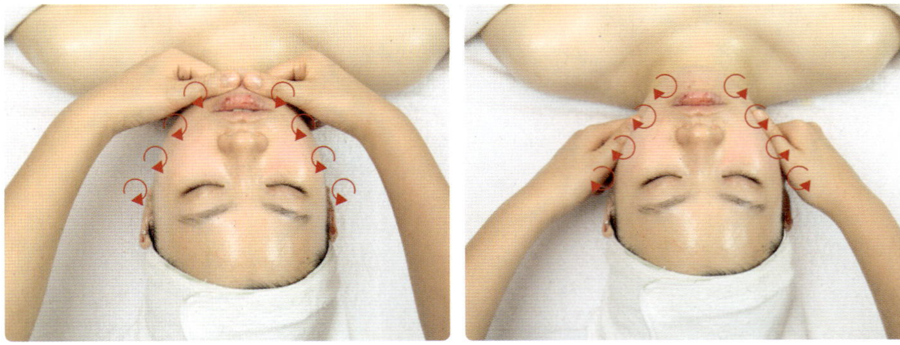

4. 양손의 엄지를 이용하여 턱 중앙 부분부터 턱끝 부위까지 반원을 그리며 문질러 준다.

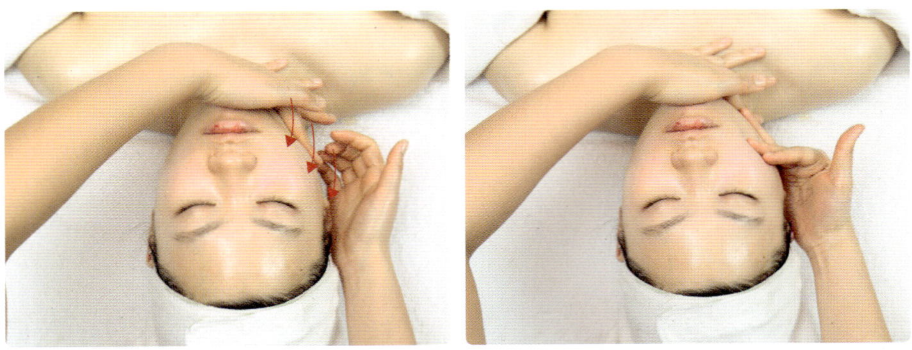

5. 양손의 손가락을 번갈아 가면서 턱의 오른쪽을 진동해 주고 엄지를 X자 모양으로 겹친 상태에서 연결성 좋게 왼쪽으로 이동한 뒤에 양손을 번갈아가면서 진동해 준다.

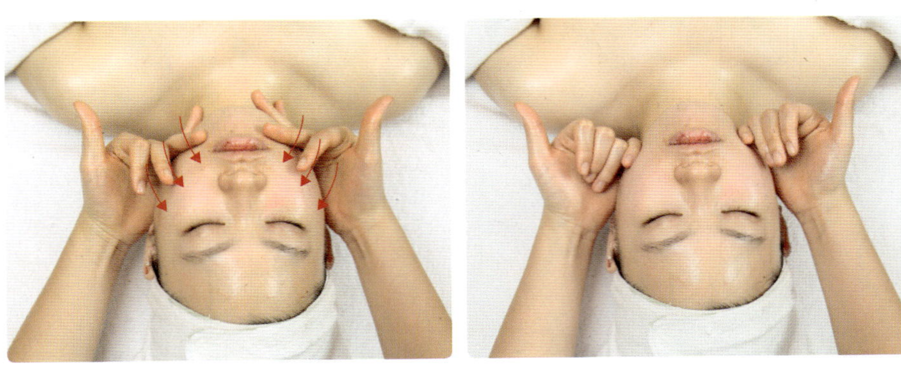

6. 양손의 손가락을 동시에 진동해 준다.

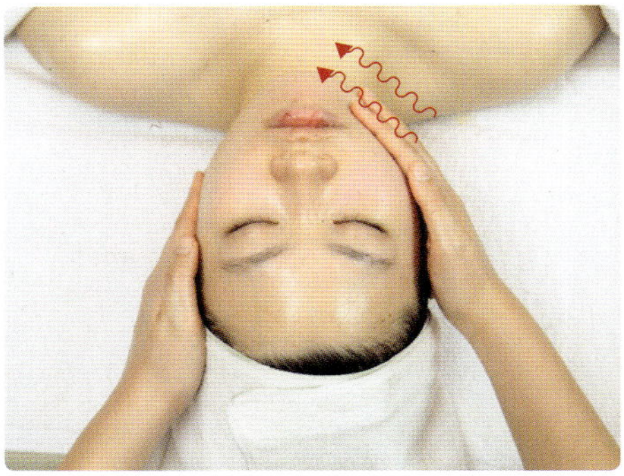 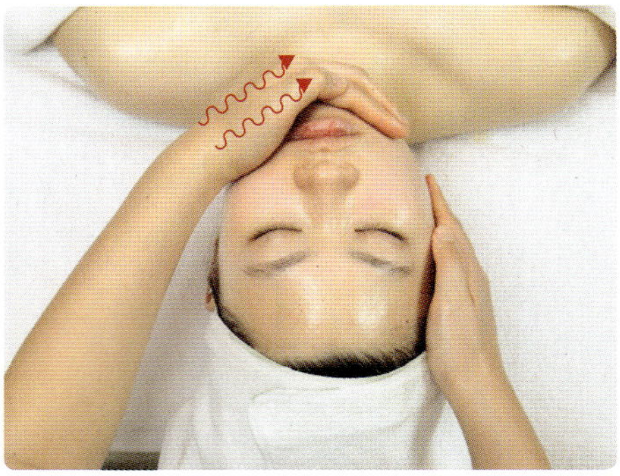

7. 왼손은 귀밑에 고정하고 오른손으로 오른쪽 턱끝부터 진동해서 왼쪽으로 이동한 뒤에 반대편도 똑같이 진동해 준다.

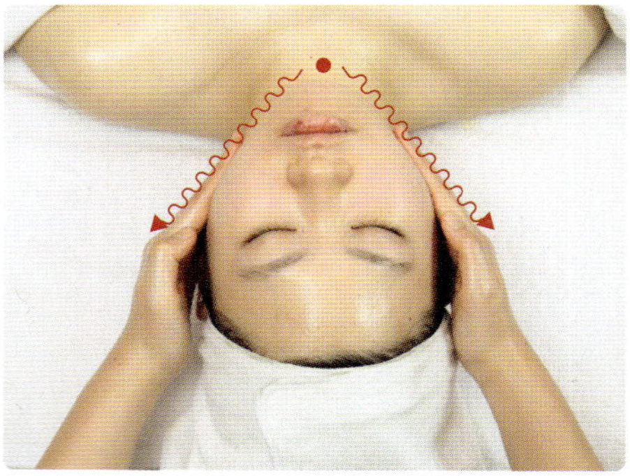

8. 양손을 동시에 턱 중앙부터 귀밑 부분까지 진동해 준다.

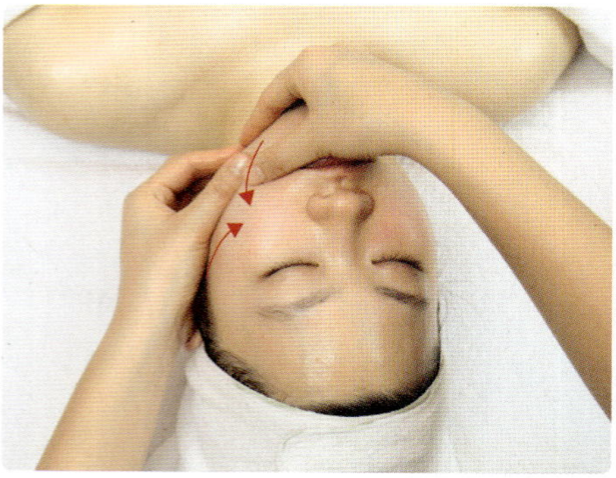 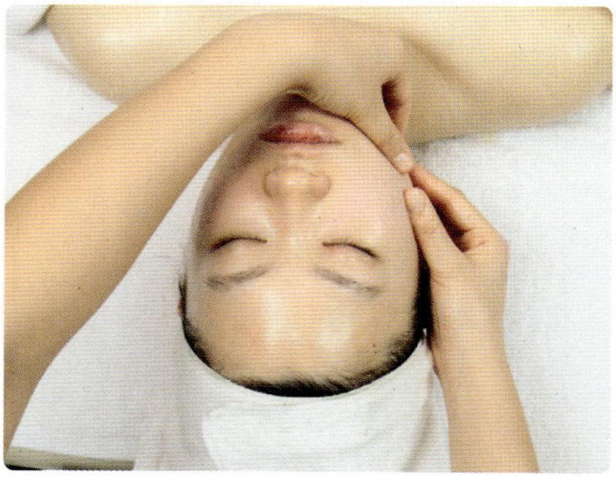

9. 양손의 손가락을 이용해서 왼쪽부터 반죽하는 동작을 해주며 오른쪽으로 이동하여 반죽해 준다.

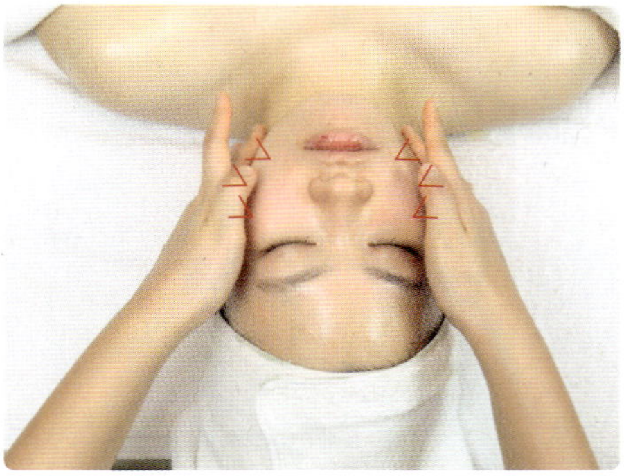

10. 양손의 손가락을 이용해서 턱을 두드려 준다.

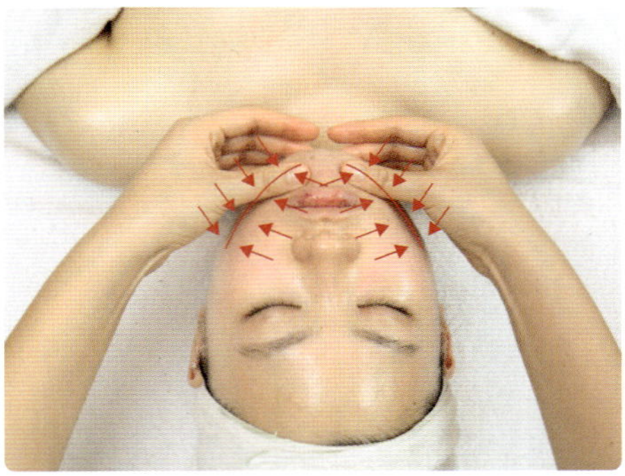

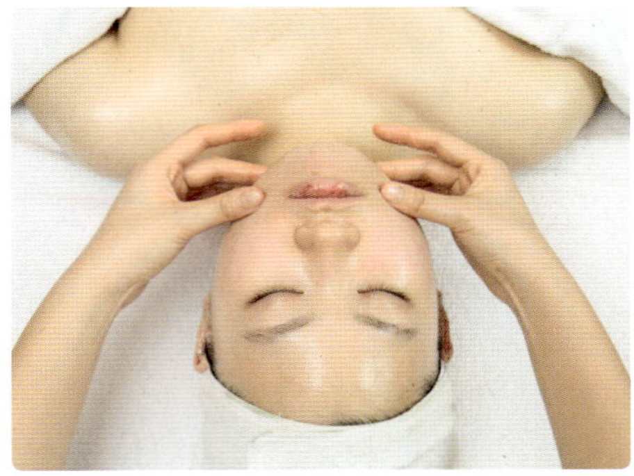

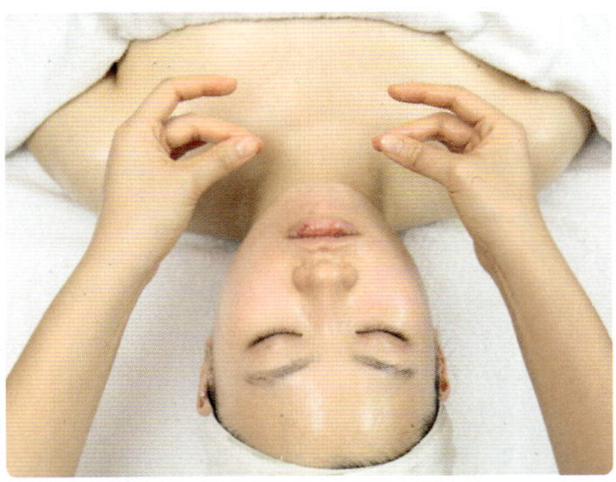

11. 양손의 엄지와 중지손가락을 이용해서 턱을 집어 준다.

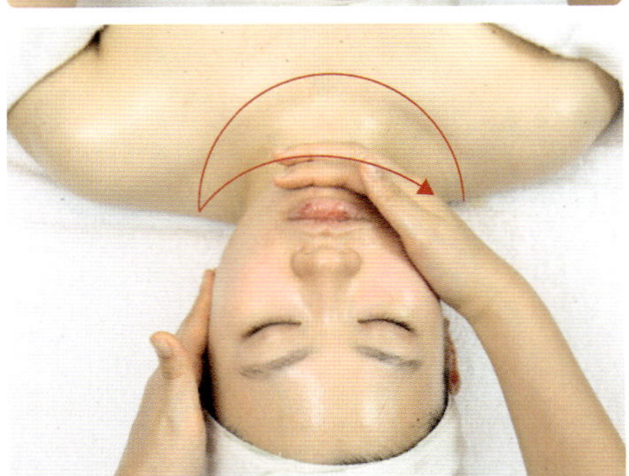

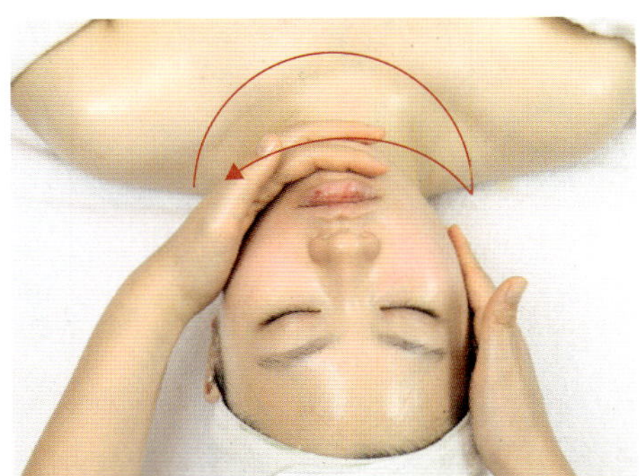

12. 양 손바닥을 이용해서 턱을 가로로 쓰다듬어 준다.

5. 입

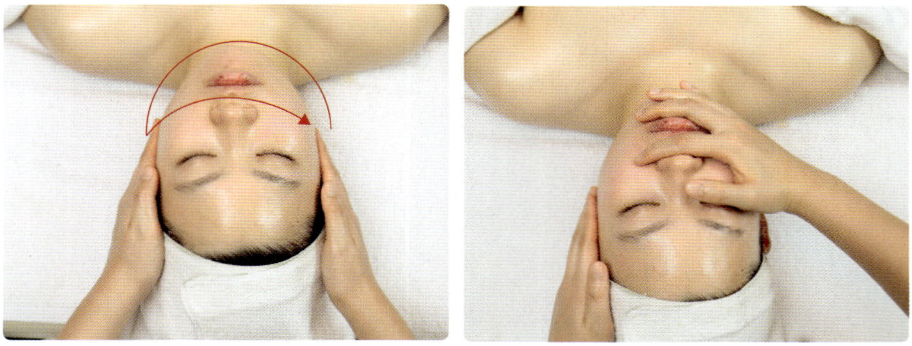

1. 양 손바닥을 이용해서 입을 중심으로 손가락을 벌려서 가로로 쓰다듬어 준다.

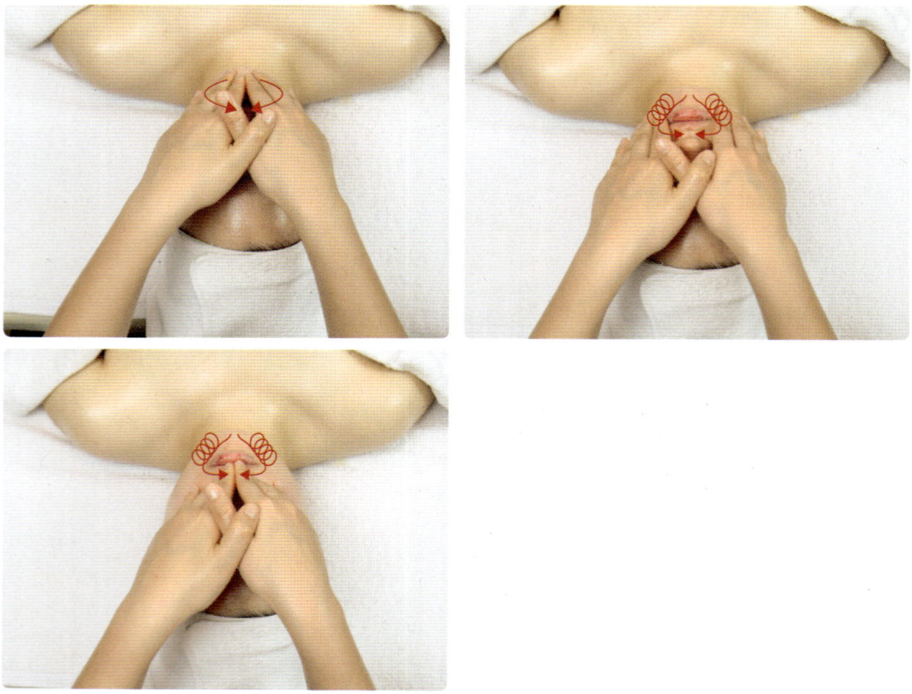

2. 양손의 3, 4, 5지를 이용해서 입 아랫부분 중앙부터 입 윗부분 중앙까지 쓰다듬어 올려 준 뒤에 양손의 손가락을 이용해서 입 아랫부분부터 입 윗부분, 중앙부분까지 나선형 모양으로 문질러 준다.

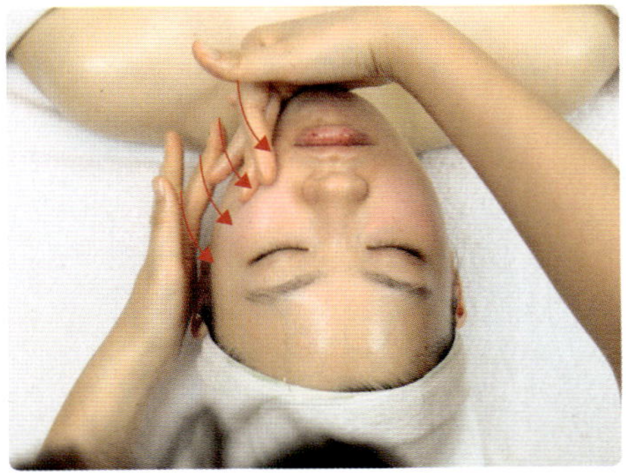
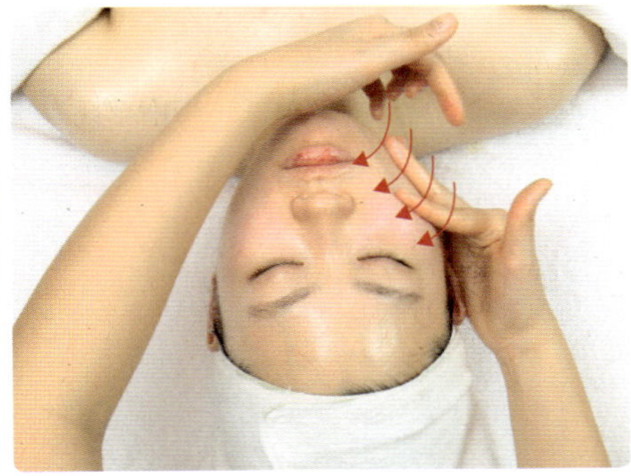

3. 양손의 2, 3, 4, 5지를 턱 부분부터 입가에 힘을 가해서 진동해 준다.

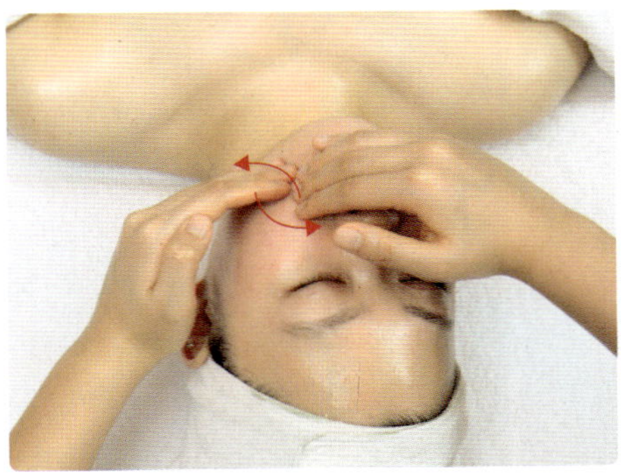
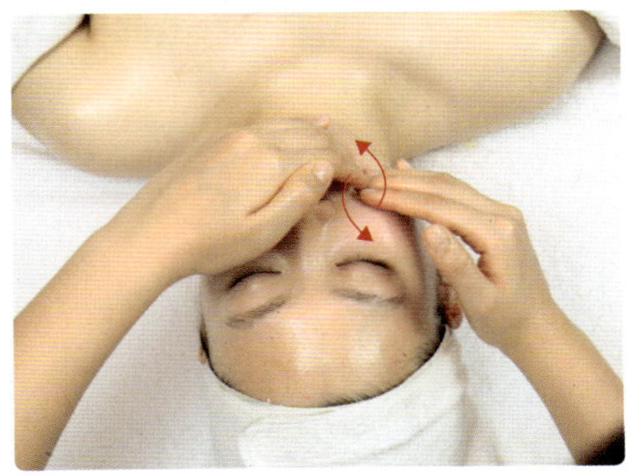

4. 양손의 3, 4지를 이용해서 왼쪽 입가를 가볍게 작은 반죽을 해준 뒤 오른쪽으로 이동하여 반죽해 준다.

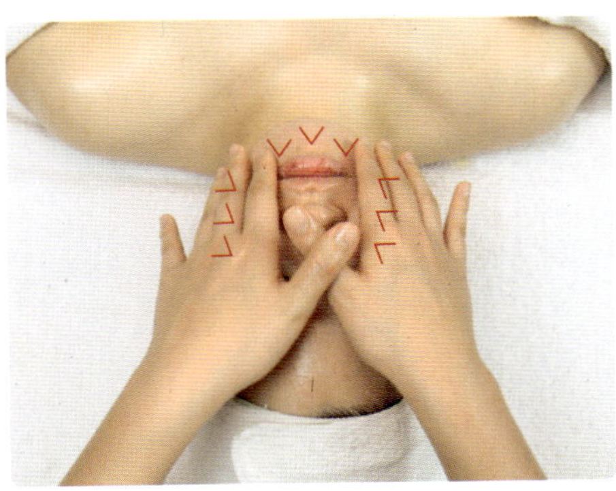

5. 양손의 2, 3, 4, 5지의 지문 부분을 이용해서 입 주변을 가볍게 두드려 준다.

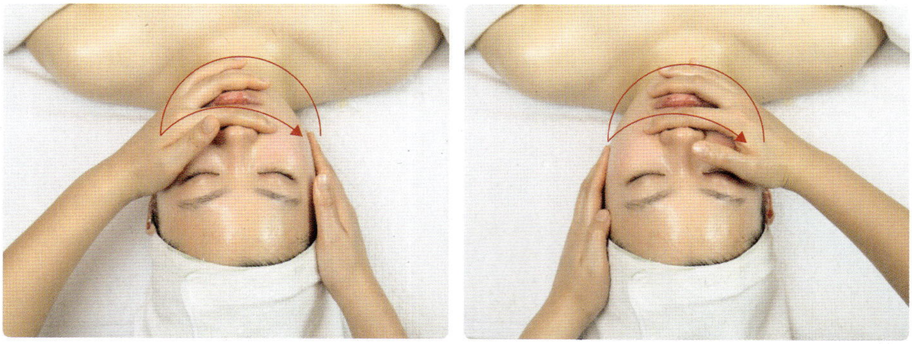

6. 양 손바닥을 이용해서 입을 중심으로 손가락을 벌려서 가로로 쓰다듬어 준다.

6. 볼

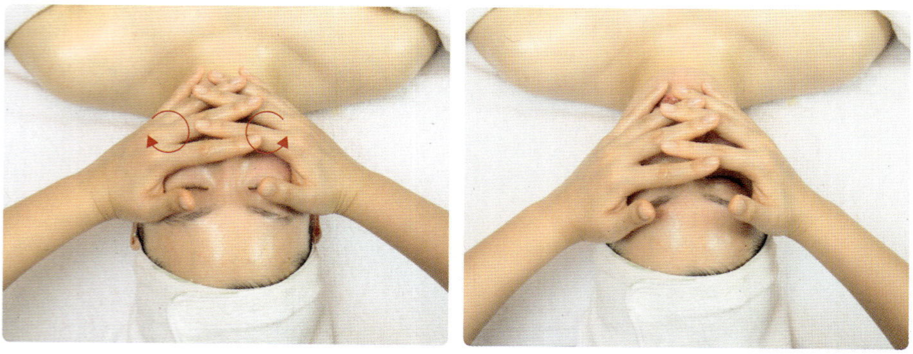

1. 양 손가락을 깍지낀 채로 손바닥을 이용해서 부드럽게 볼을 쓰다듬어 준다.

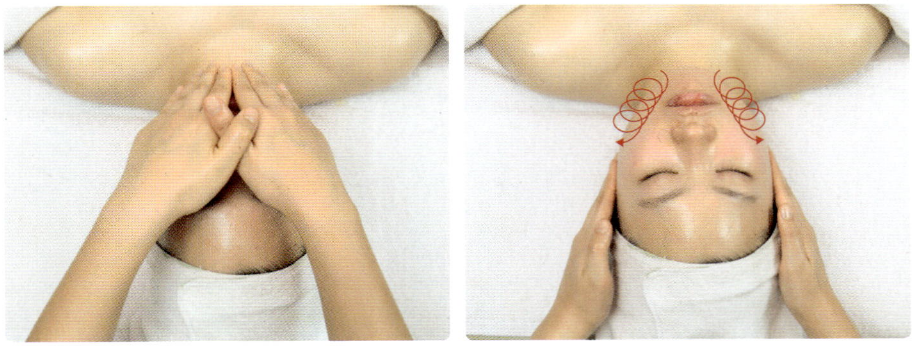

2. 양 손가락을 이용해서 볼을 입밑 중앙부터 귀밑 부분까지 문질러 준다.

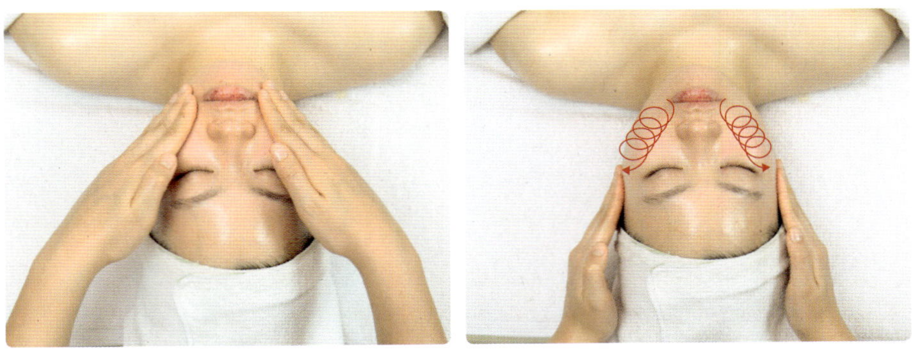

3. 양 손가락을 이용해서 볼을 입가부터 귀 중앙 부분까지 문질러 준다.

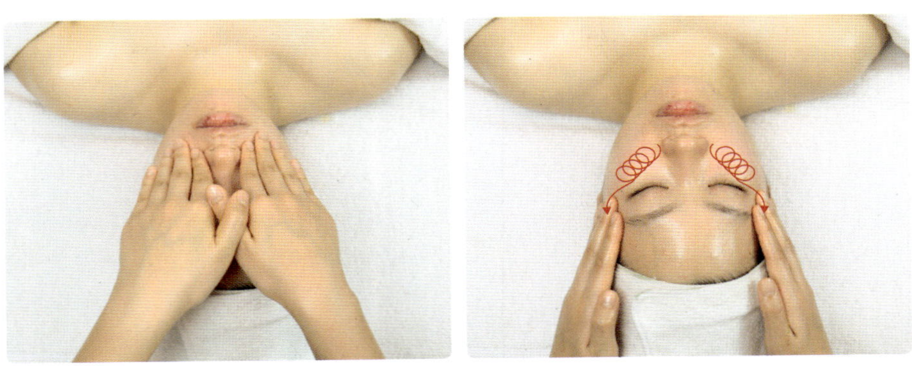

4. 양 손가락을 이용해서 볼을 콧망울 옆부터 눈썹끝 부분까지 부드럽게 문질러 준다.

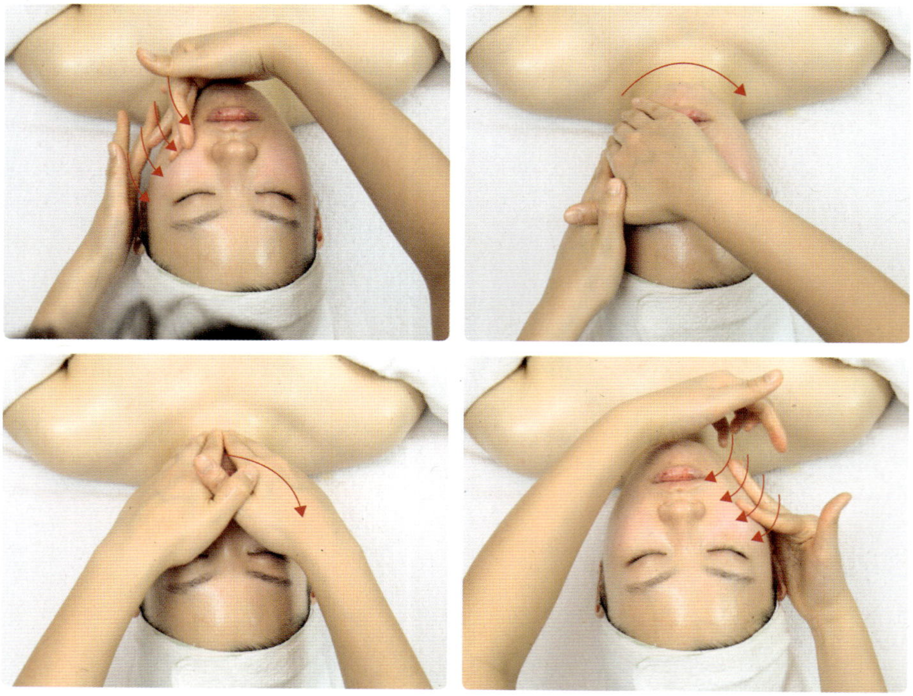

5. 양손의 손가락을 이용해서 번갈아가면서 왼쪽 볼을 진동해준 뒤 엄지를 X자 모양으로 겹친 상태에서 연결해서 오른쪽으로 이동하여 양손을 번갈아가면서 진동해 준다.

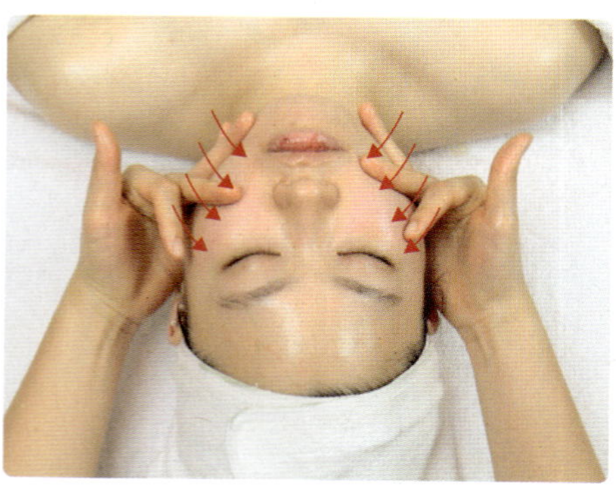

6. 양손의 손가락을 동시에 이용해서 볼 안쪽부터 3등분으로 진동해 준 뒤에 엄지손가락으로 가볍게 쓸어내려 준다.

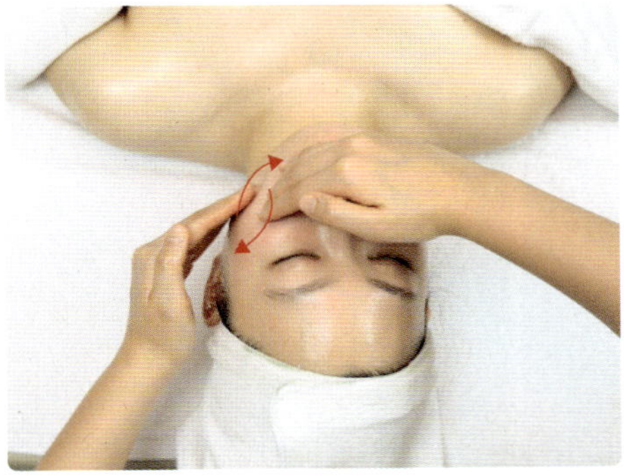
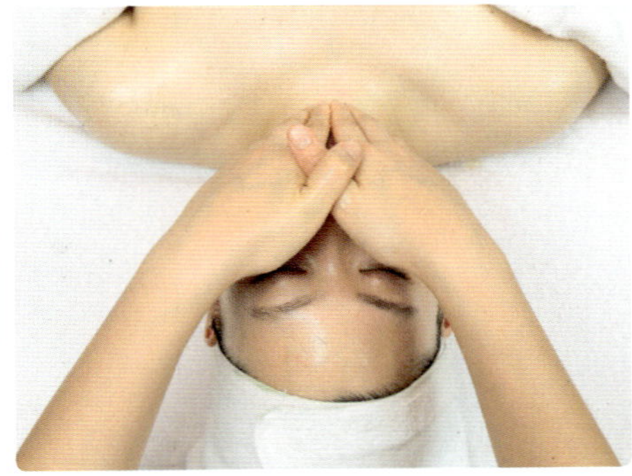
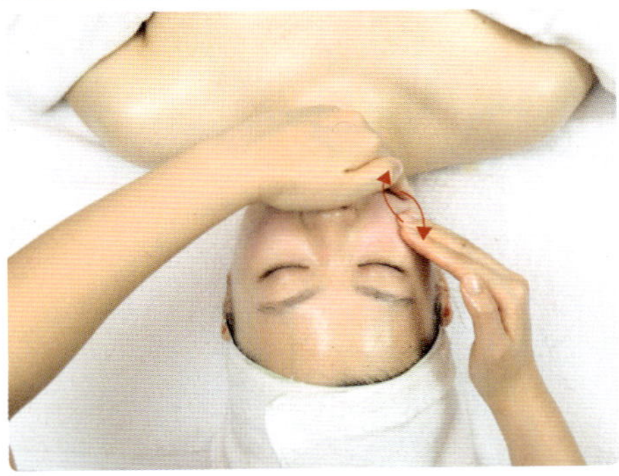

7. 양 손가락을 이용해서 왼쪽부터 반죽하는 동작을 해주며 오른쪽으로 이동하여 반죽해 준다.

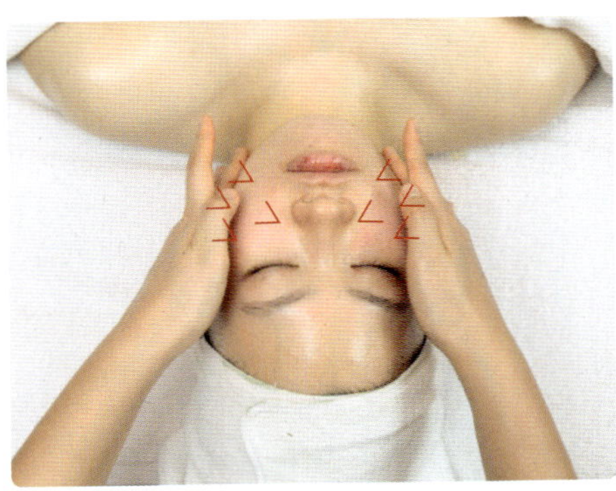

8. 양 손가락을 이용해서 볼을 두드려 준다.

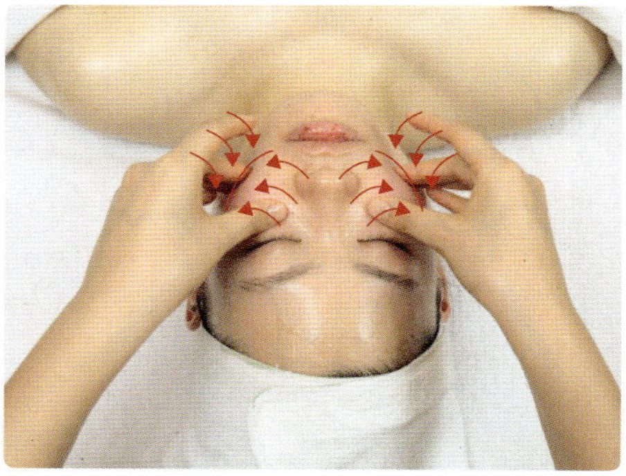
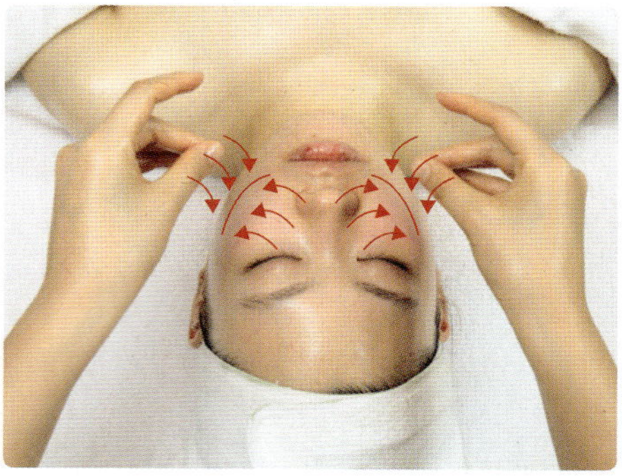

9. 양손의 엄지와 중지손가락을 이용해서 볼을 집어 준다.

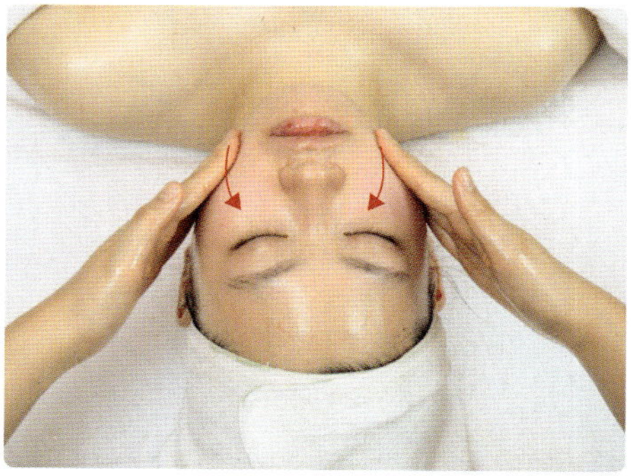
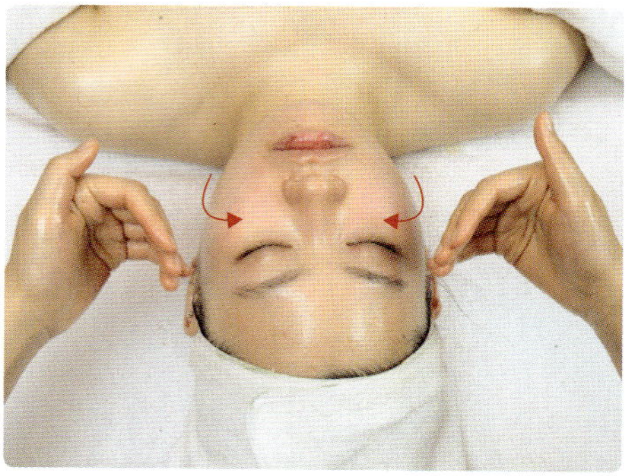
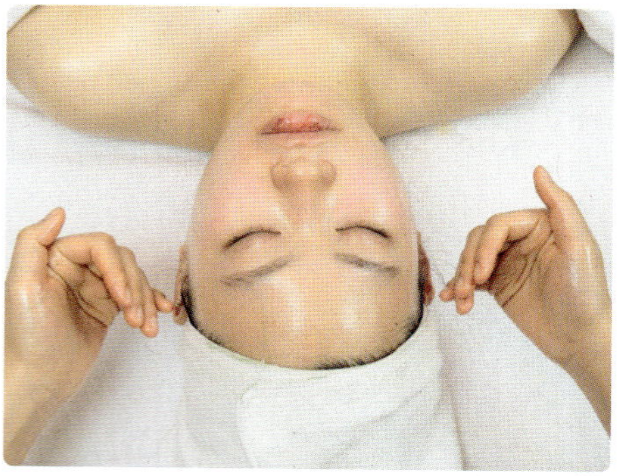

10. 양손의 2, 3, 4, 5지를 이용해서 볼을 힘있게 튕겨서 올려 준다.

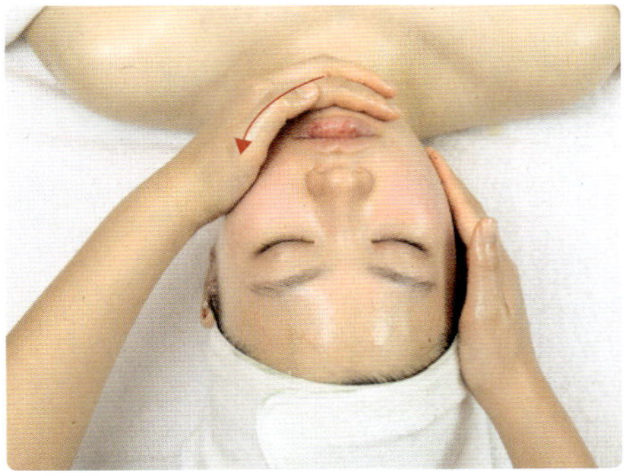

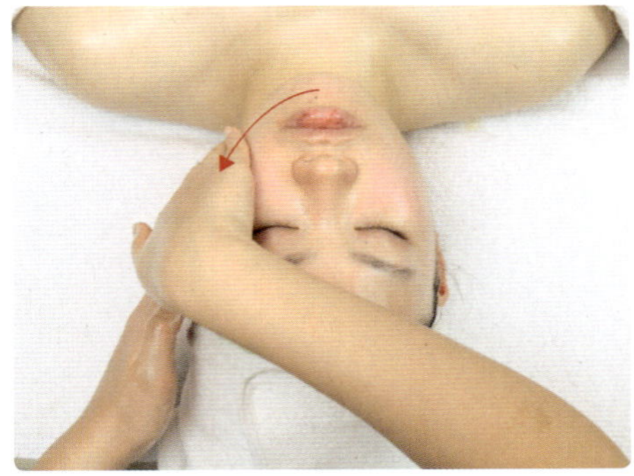

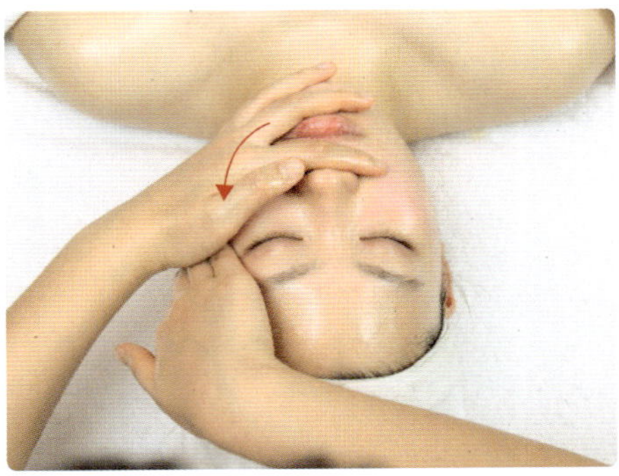

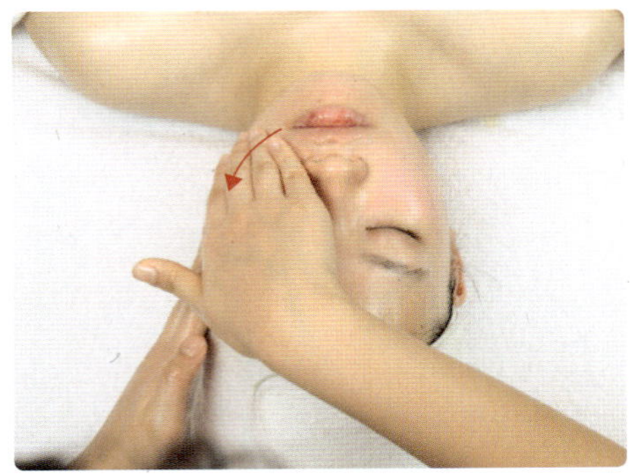

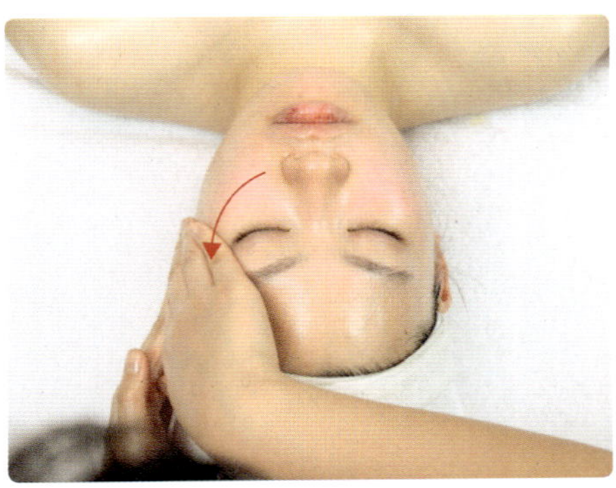

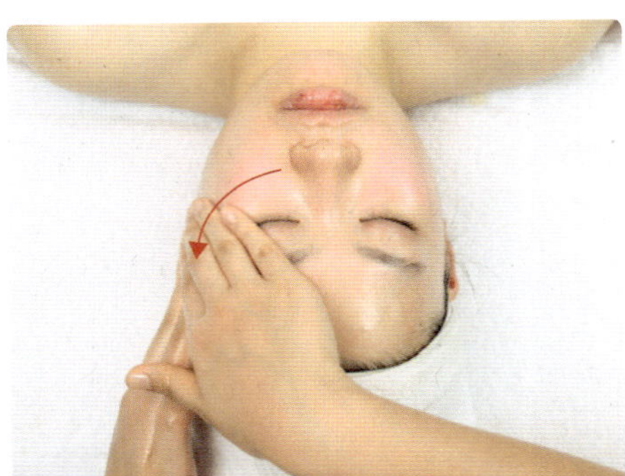

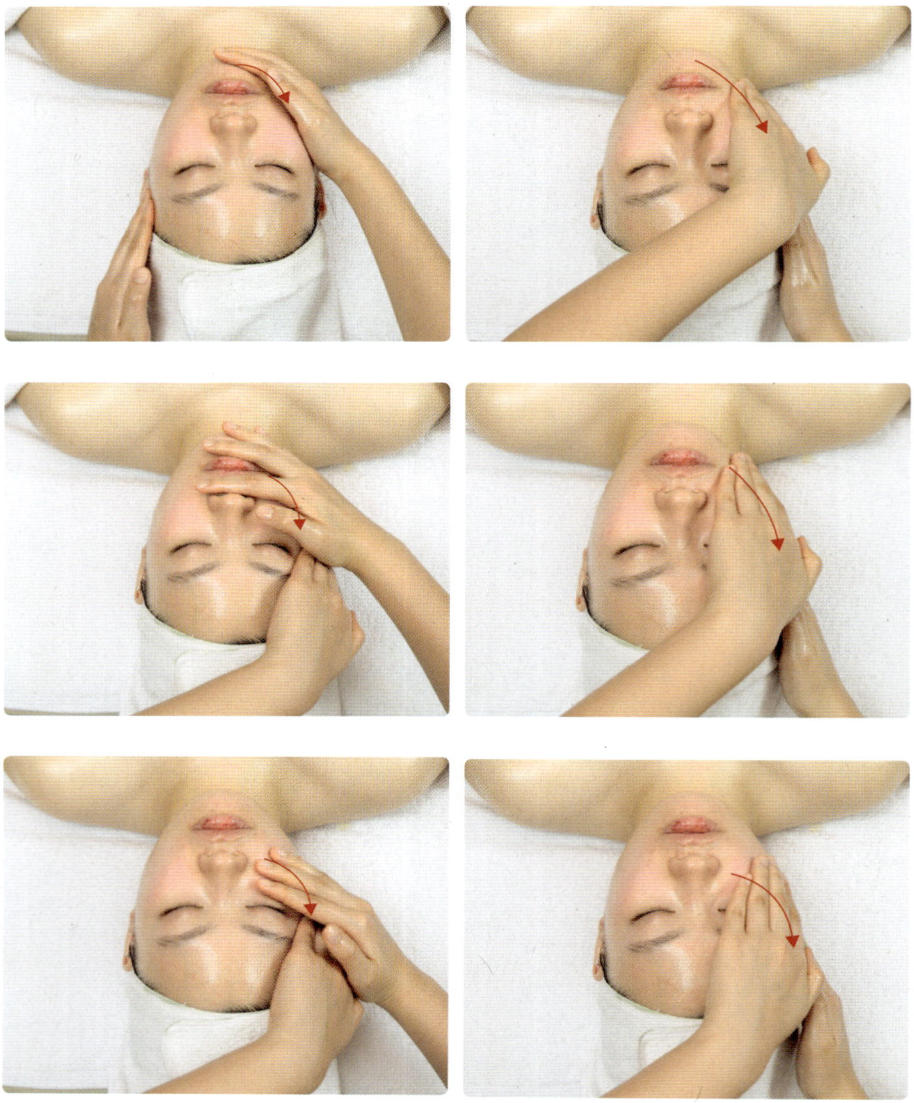

11. 턱 · 입 · 코 부위의 볼을 3등분으로 나눠서 얼굴 왼쪽부터 왼손바닥과 오른손 바닥을 번갈아가면서 쓰다듬어 준 뒤에 오른쪽으로 이동하면서 오른손바닥부터 쓰다듬어 왼손으로 쓰다듬어 올려 주는데 턱, 입, 코 주변 순으로 쓰다듬어 올려 준다(턱중앙→턱끝, 입가→귀중앙, 코옆→눈썹끝).

7. 코

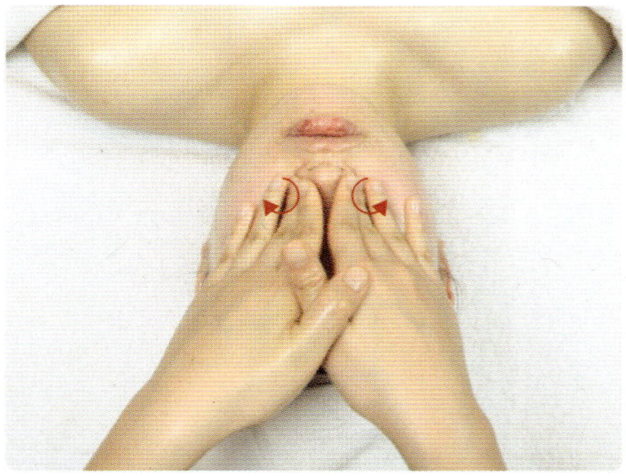

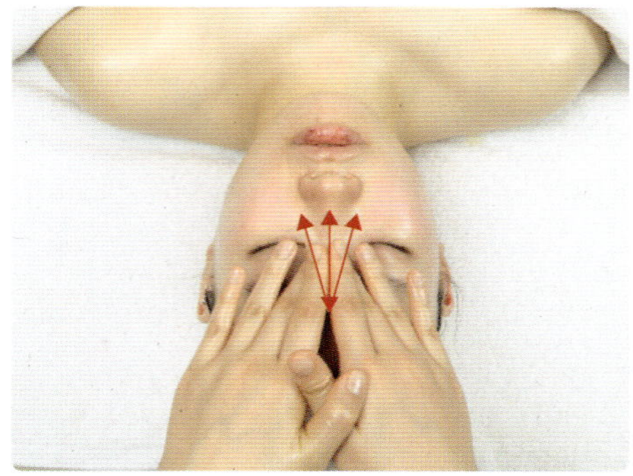

1. 양손의 3, 4지를 이용해서 콧망울을 둥글려 주고 콧등에서 코벽 순으로 쓰다듬어 준다.

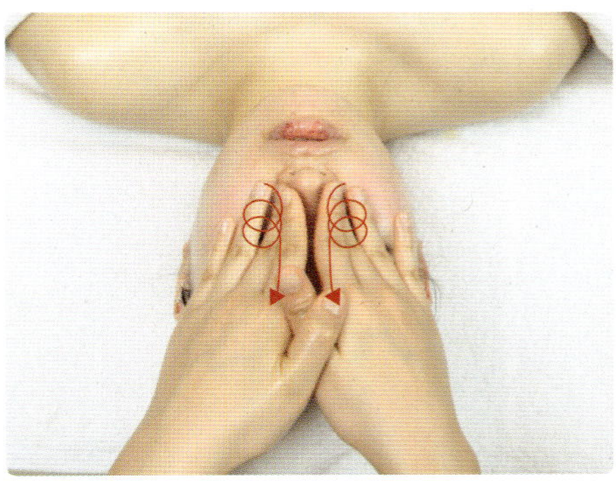

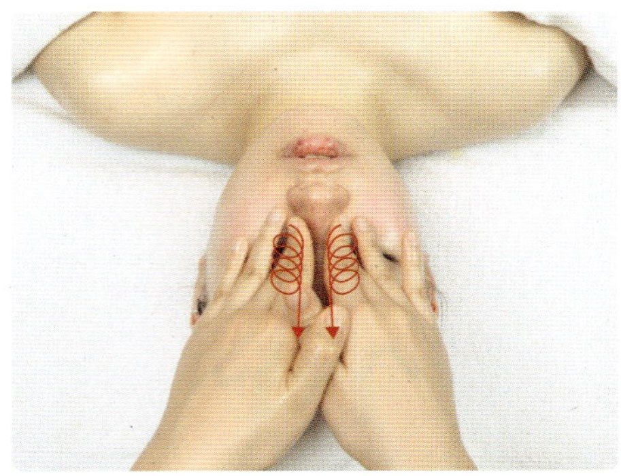

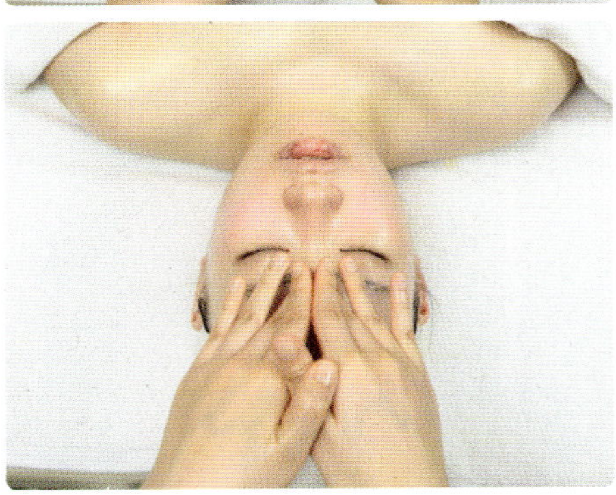

2. 양손의 3, 4지를 이용해서 콧망울 옆 부분부터 코벽까지 부드럽게 나선형 모양으로 문질러 준다.

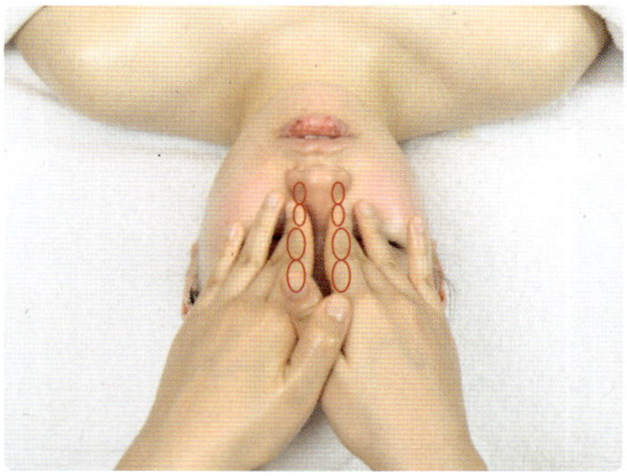

3. 양손의 3지를 이용해서 콧망울 8자와 코벽 8자를 그려 주며 문질러 준다.

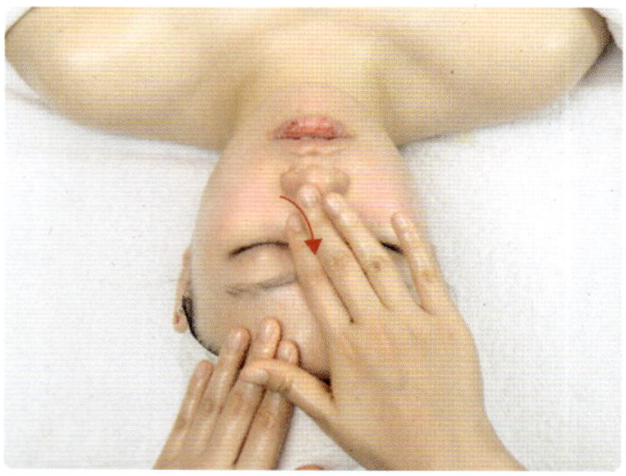

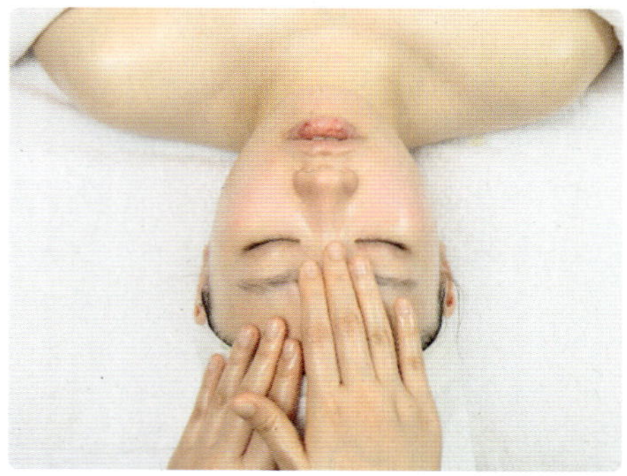

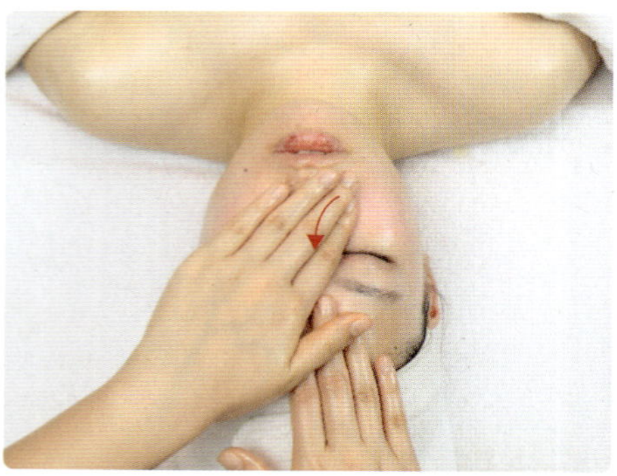

4. 양손의 3, 4지를 이용해 코벽을 X자 모양으로 쓸어 올려 준다.

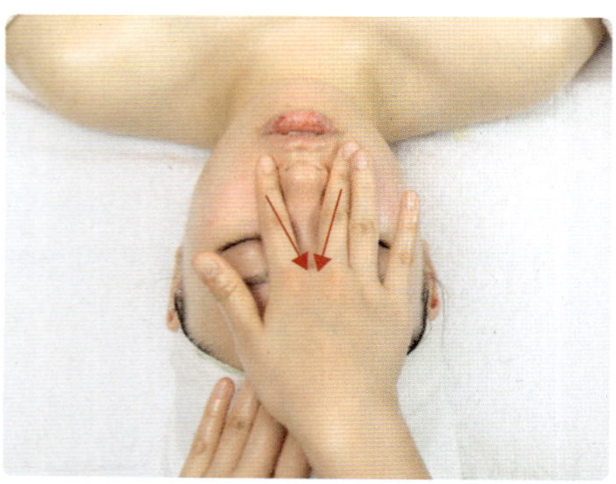

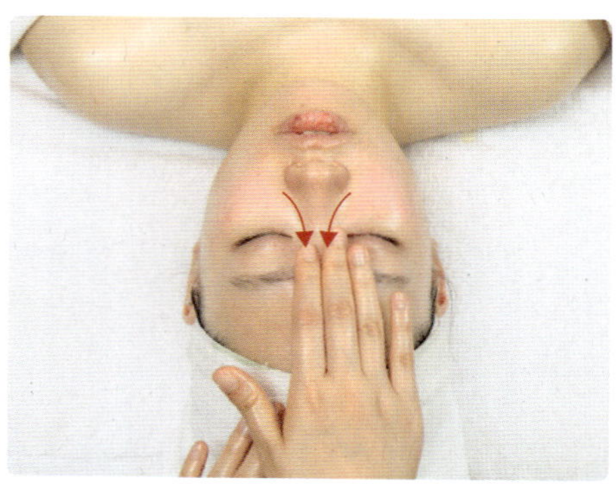

5. 양손의 2, 3지를 이용하여 코벽을 쓸어 올려 준다.

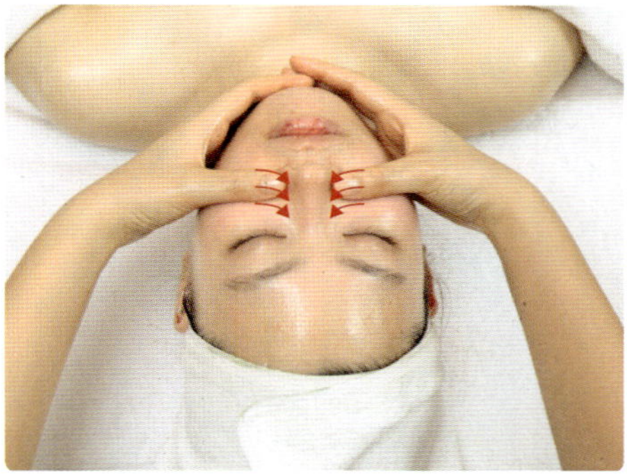
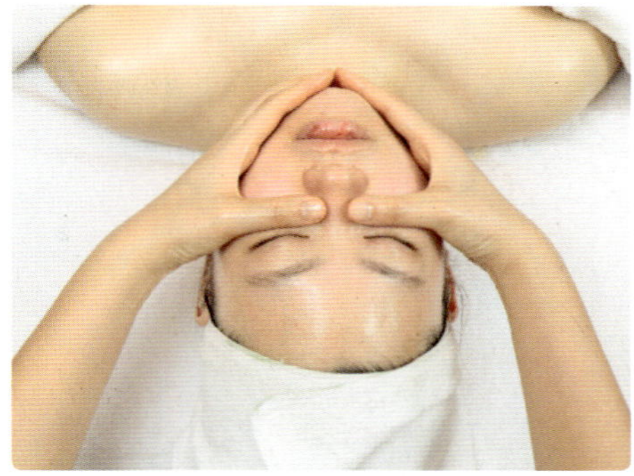
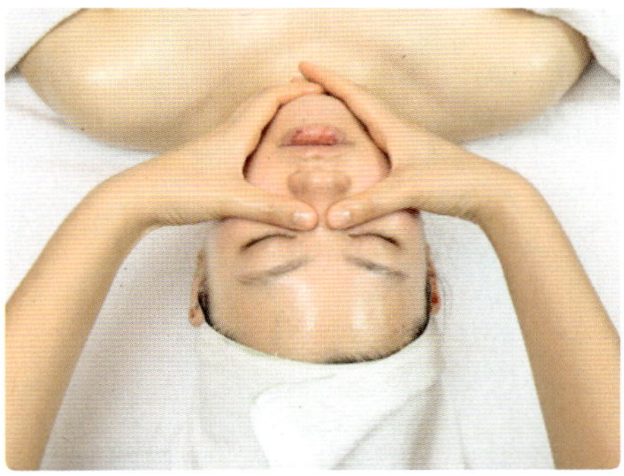

6. 양손의 엄지를 이용하여 코와 볼의 경계면을 쓸어 올려 준다.

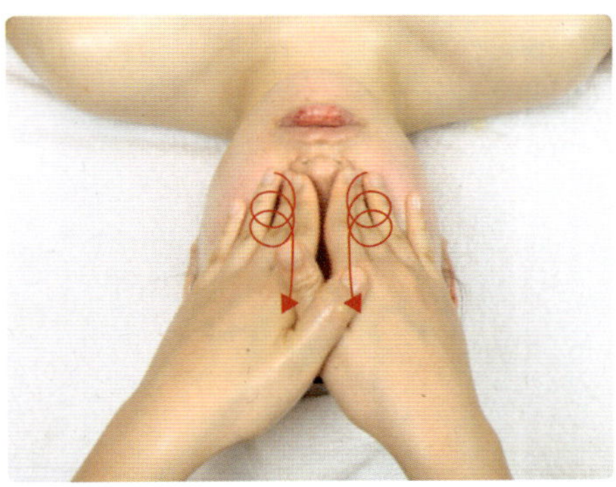
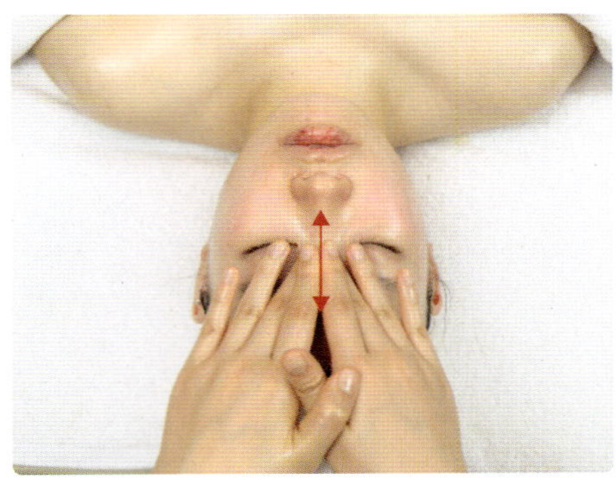

7. 양손의 2, 3지를 이용해서 콧망울 · 코벽부터 콧등까지 쓰다듬어 올려 준다.

8. 눈

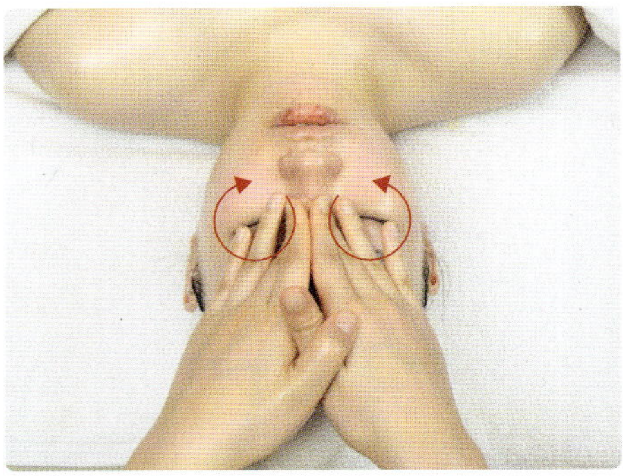

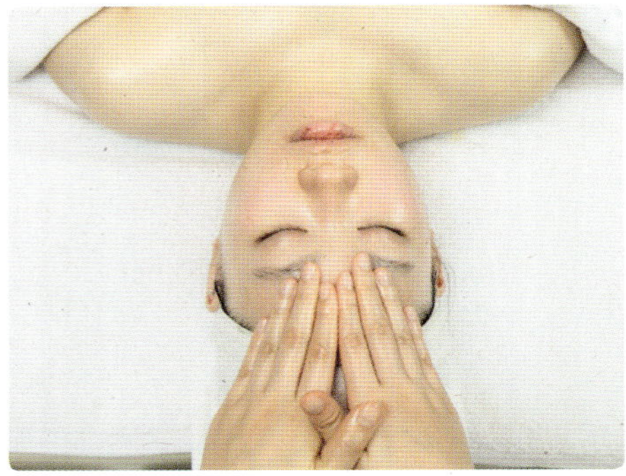

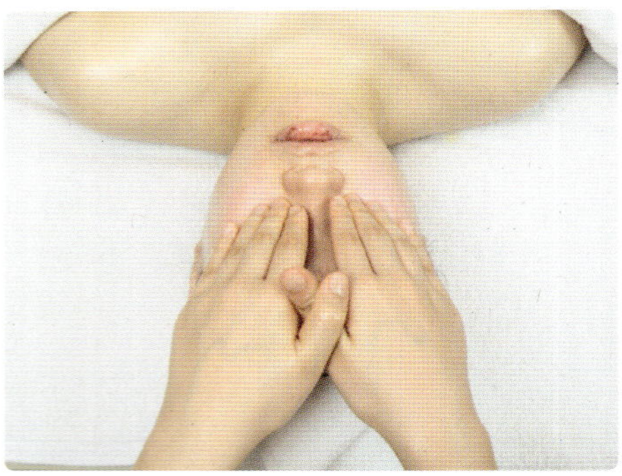

1. 중지를 이용해서 눈밑 앞부분부터 눈썹 난 방향으로 큰 원모양으로 부드럽게 쓰다듬어 준다.

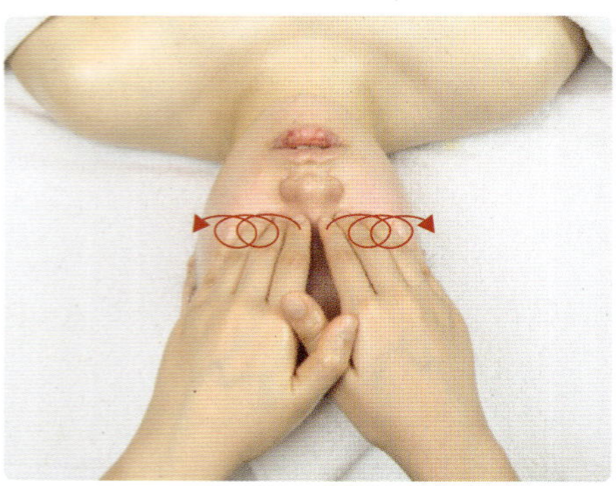

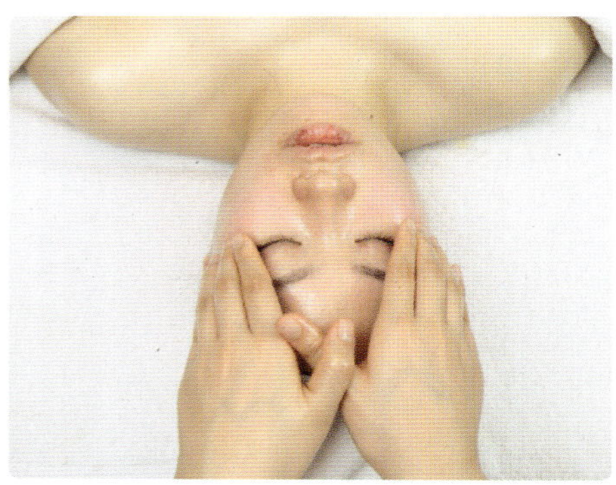

2. 양손의 3, 4지를 이용해서 눈밑 앞부분부터 눈밑 바깥 방향으로 나선형으로 작은 원 모양으로 문질러 준다.

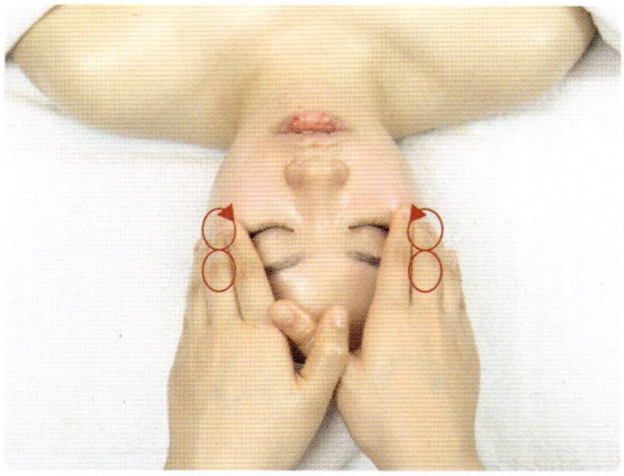
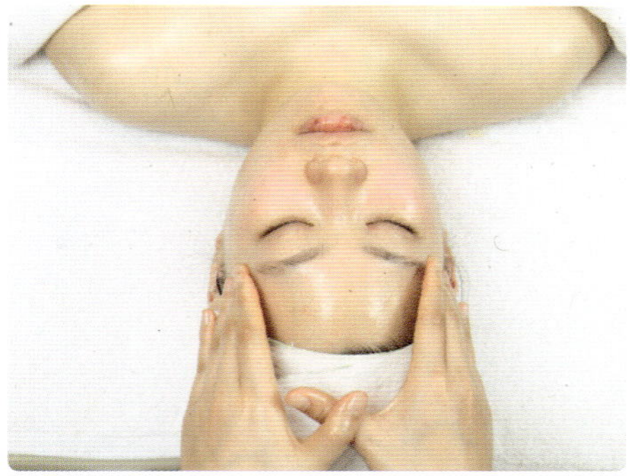

3. 양손의 3, 4지를 이용해서 눈가를 8자 모양으로 문질러 준다.

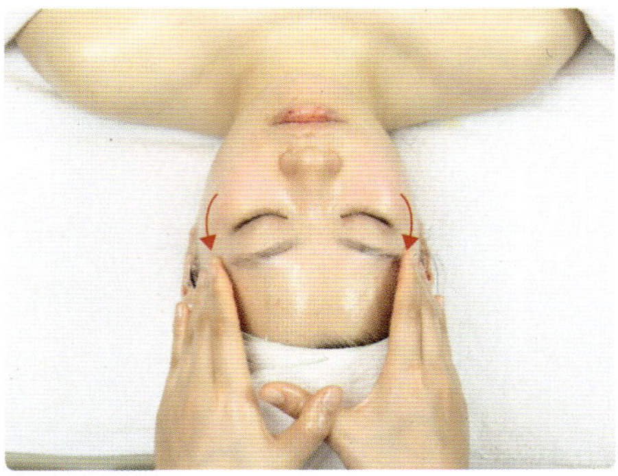

4. 양손 3, 4지를 동시에 이용해서 눈가를 쓰다듬어 올려 준다.

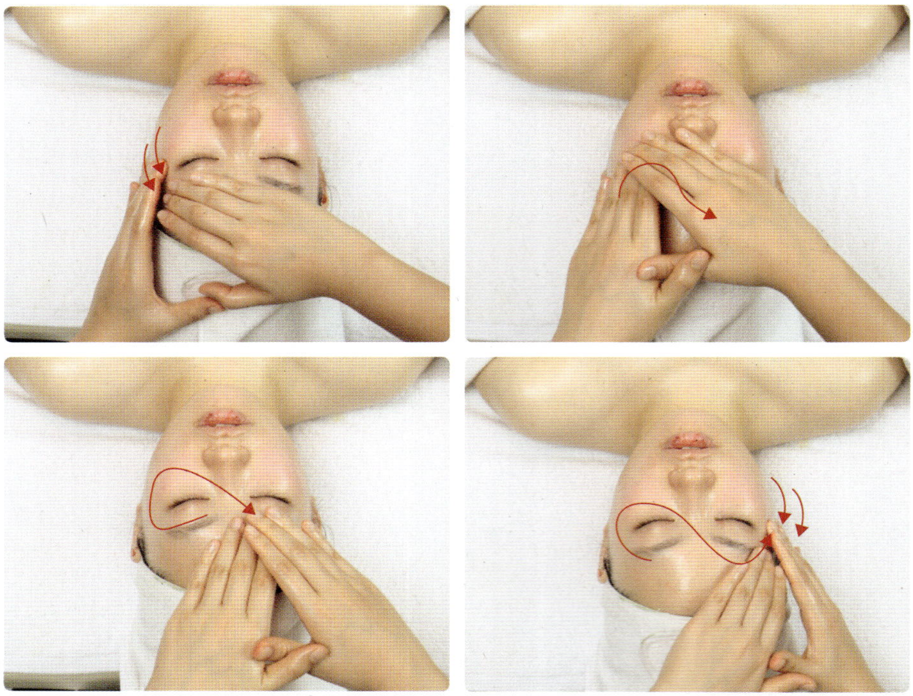

5. 양손의 3, 4지를 이용하여 왼쪽 눈가를 쓸어 올려 주고 눈밑을 돌아서 오른쪽 눈썹을 지나 오른쪽 눈가를 쓸어 올려 준다.

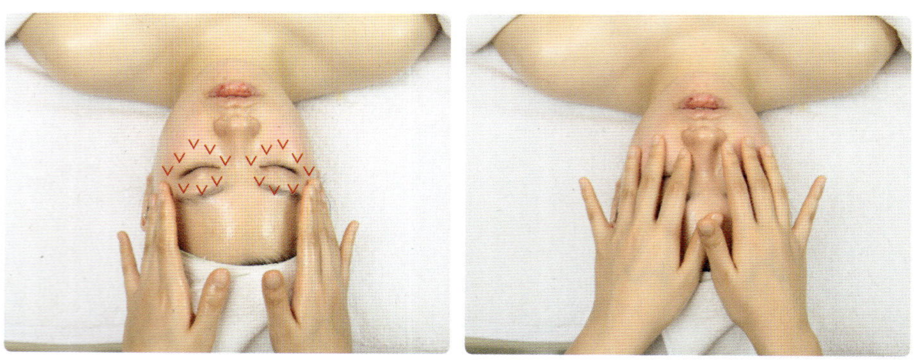

6. 양손의 손가락을 이용해서 부드럽게 눈가를 두드려 준다.

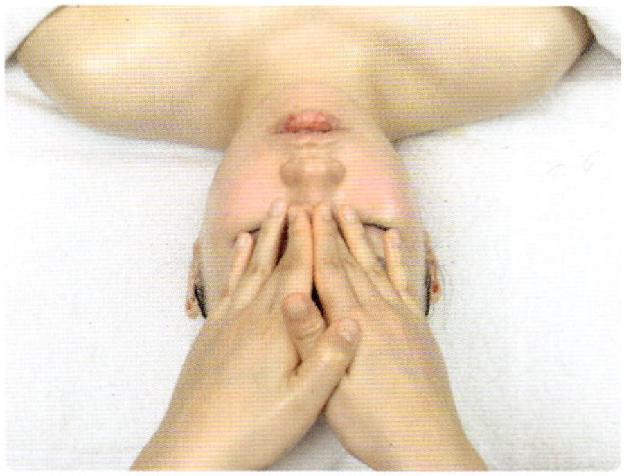

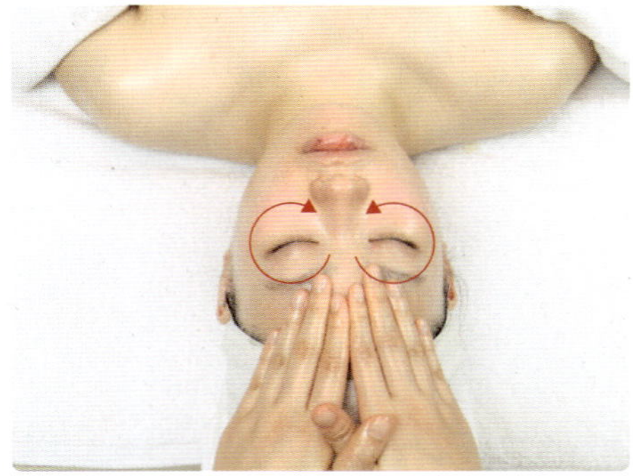

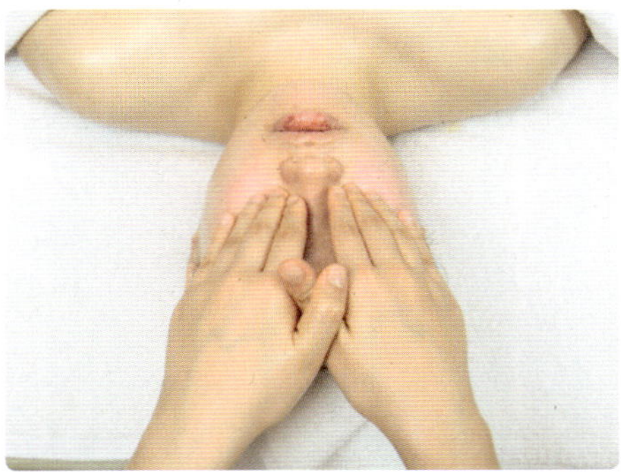

7. 중지를 이용해서 눈밑 앞부분부터 눈썹 난 방향으로 큰 원모양으로 부드럽게 쓰다듬어 준다.

9. 눈 썹

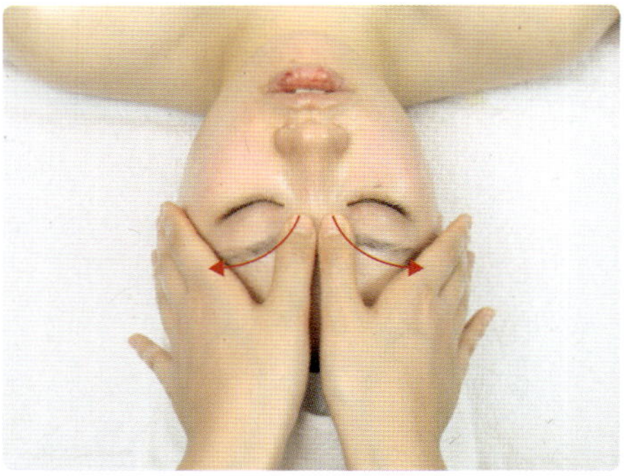

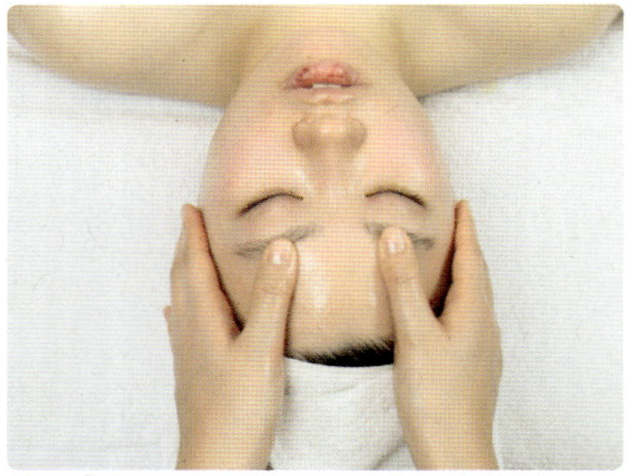

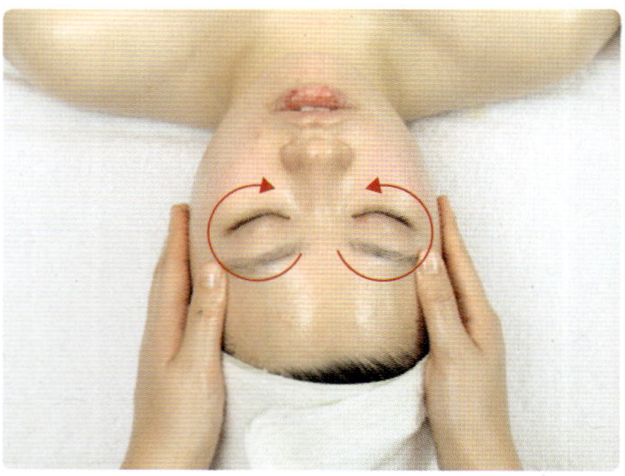

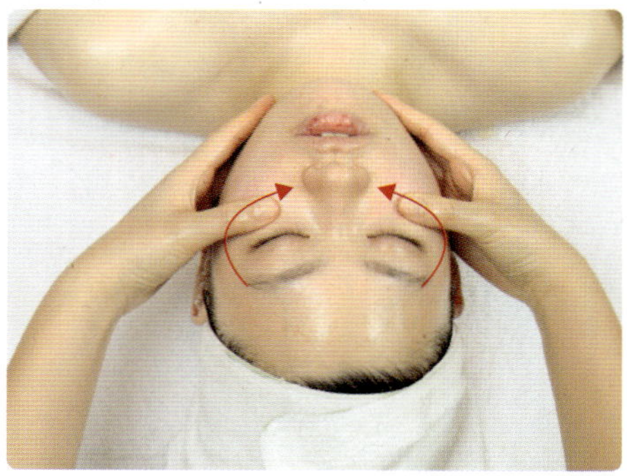

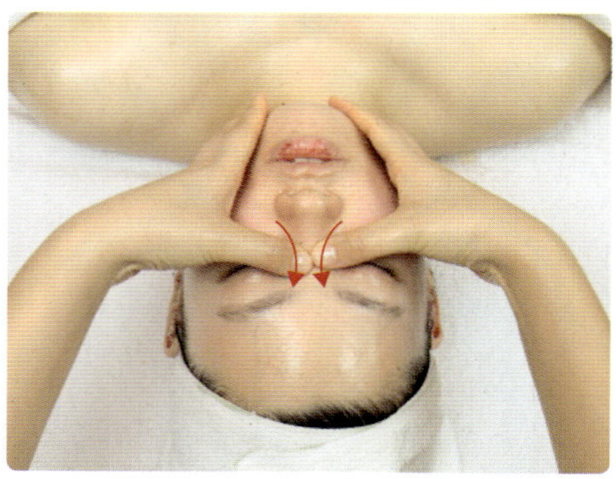

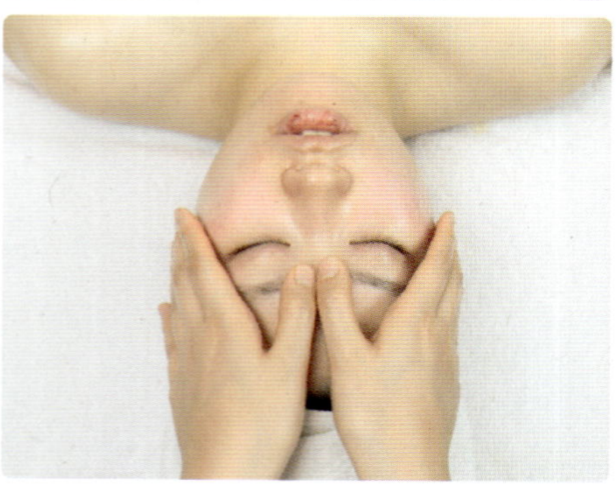

1. 양손 엄지를 이용하여 눈썹을 3회 쓸어 준다.

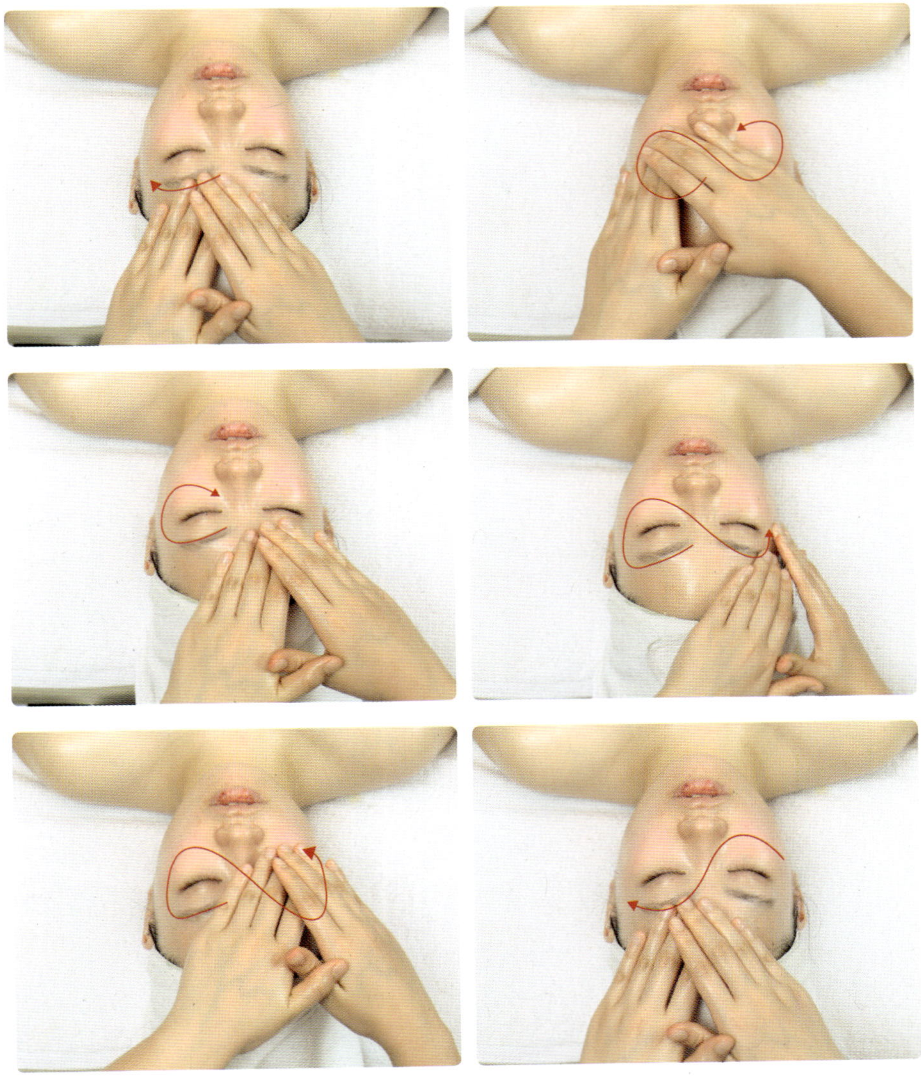

2. 양손의 3지를 겹쳐서 왼쪽 눈썹 앞머리부터 전체를 8자로 쓸어 준다.

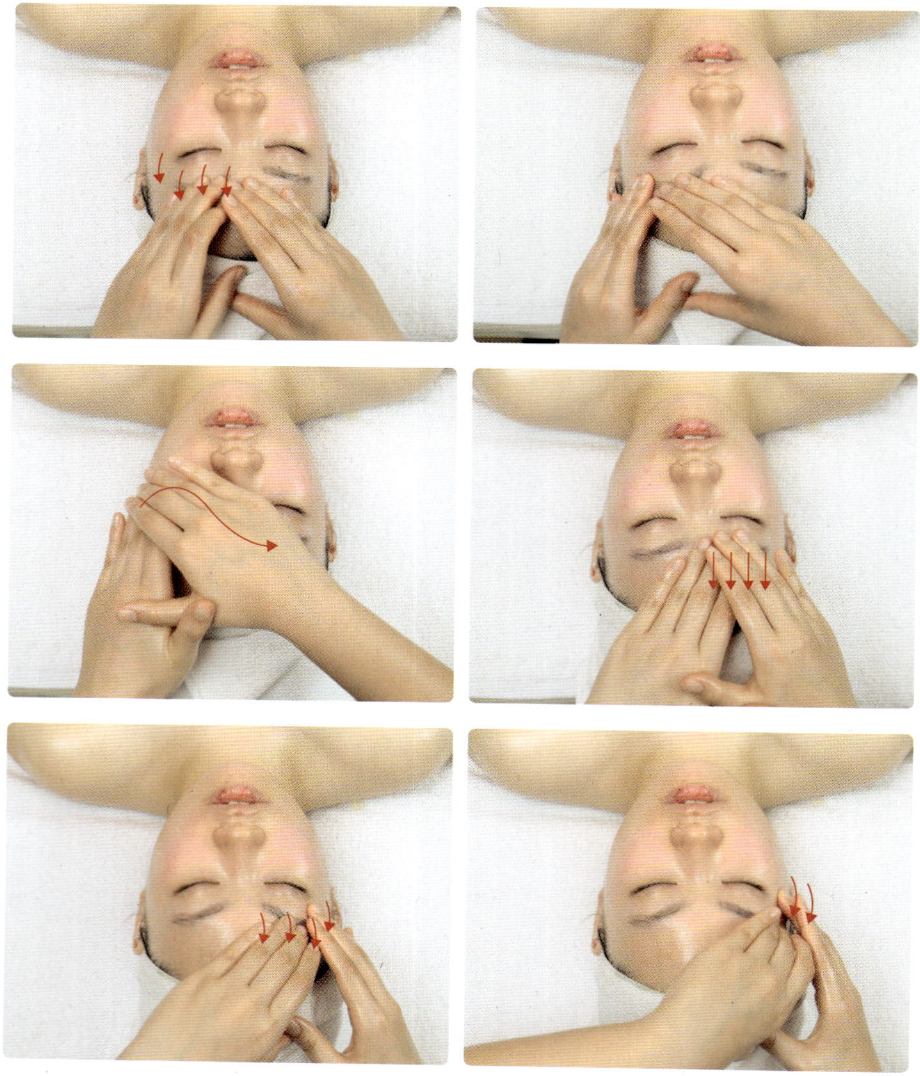

3. 양손 엄지를 이마 중앙에 고정한 뒤 양손의 3, 4지를 번갈아가면서 왼쪽 눈썹 앞머리부터 끝부분까지 올려 준 뒤에 눈밑을 돌아서 오른쪽 눈썹 앞머리를 동일한 방법으로 해준다.

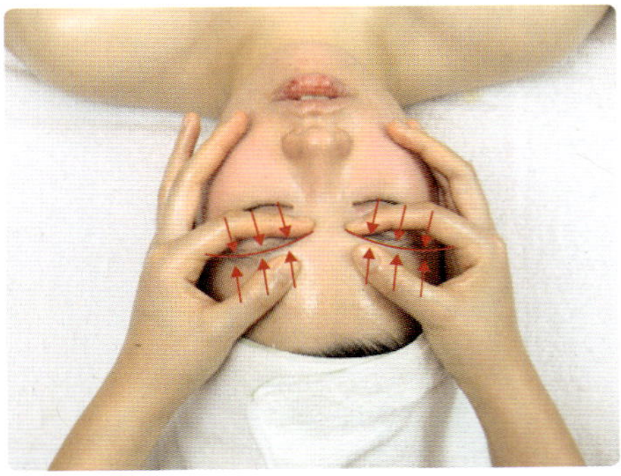

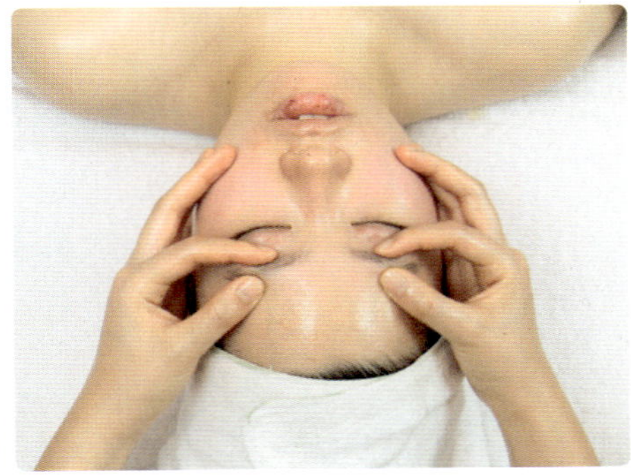

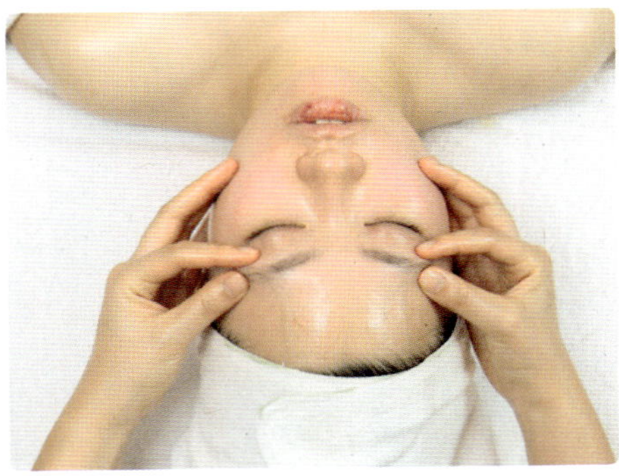

4. 엄지와 검지를 이용해서 눈썹을 앞 머리부터 바깥쪽으로 집어 준다.

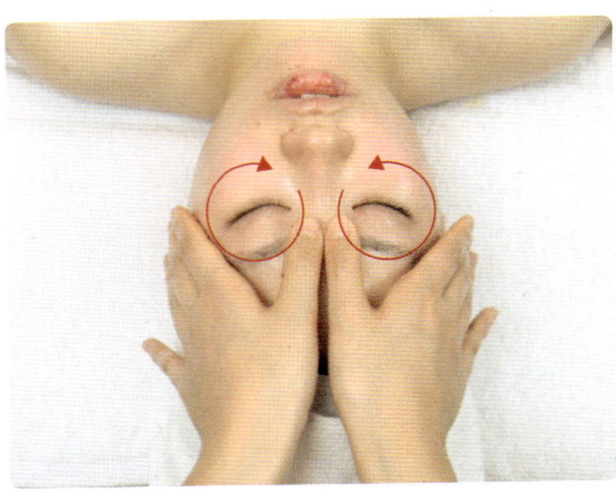

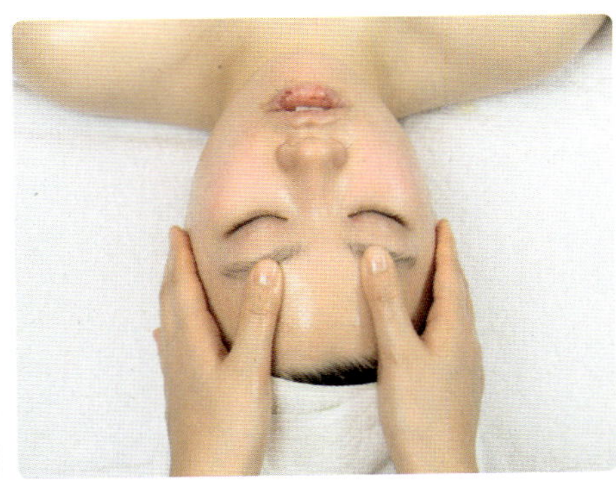

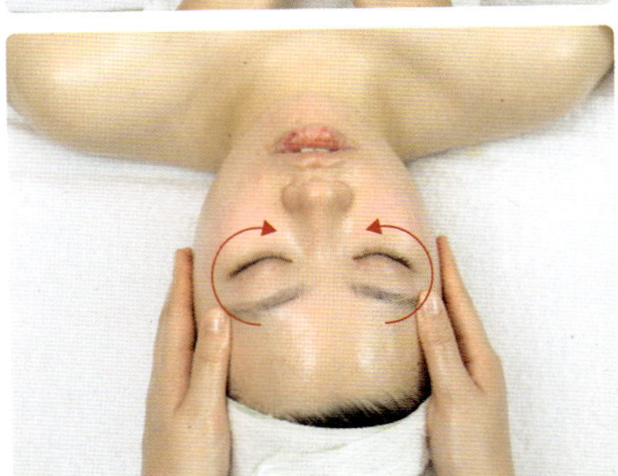

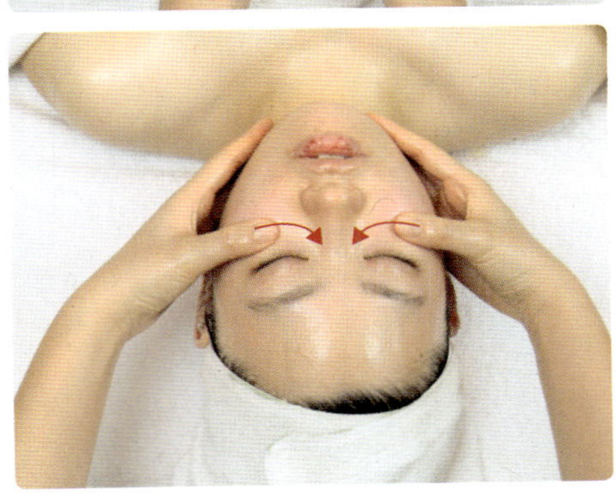

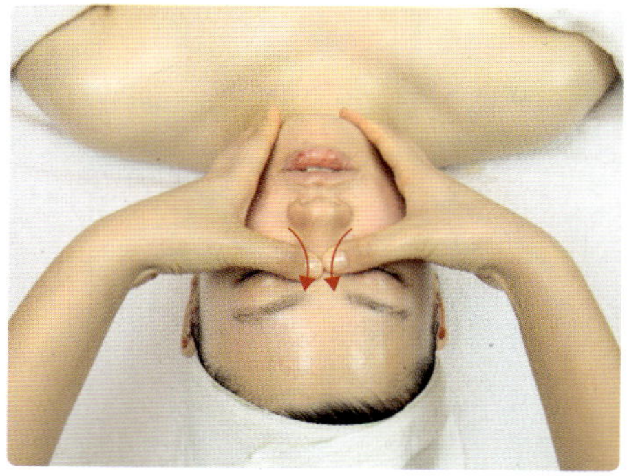

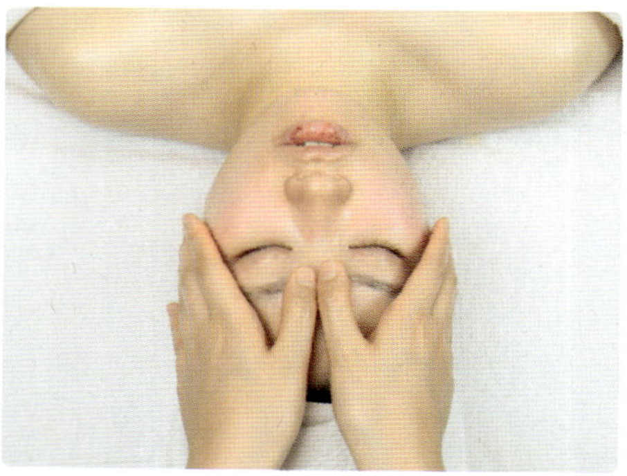

5. 양손 엄지를 이용하여 눈썹 앞머리부터 전체를 쓸어 준다.

10. 이 마

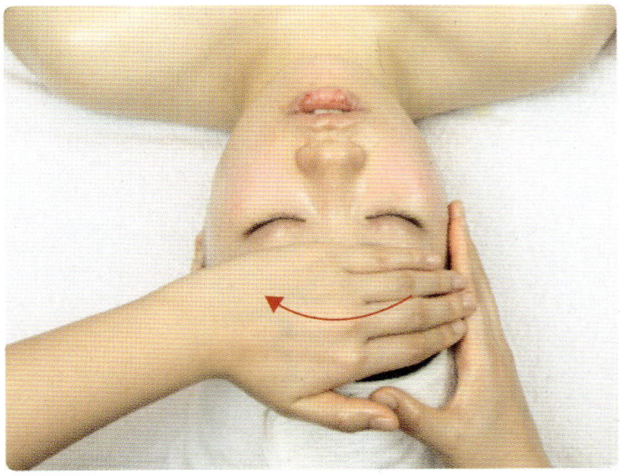

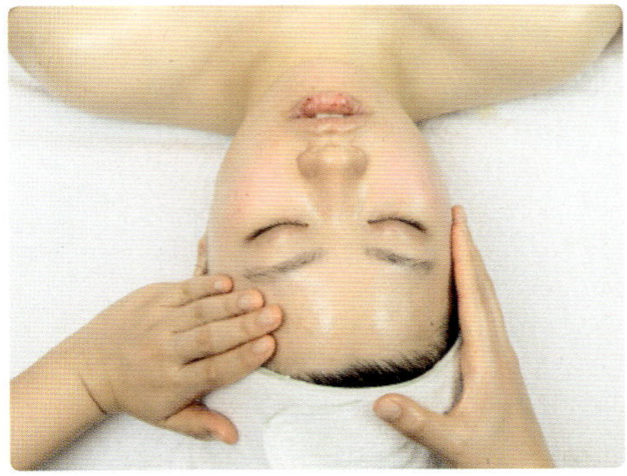

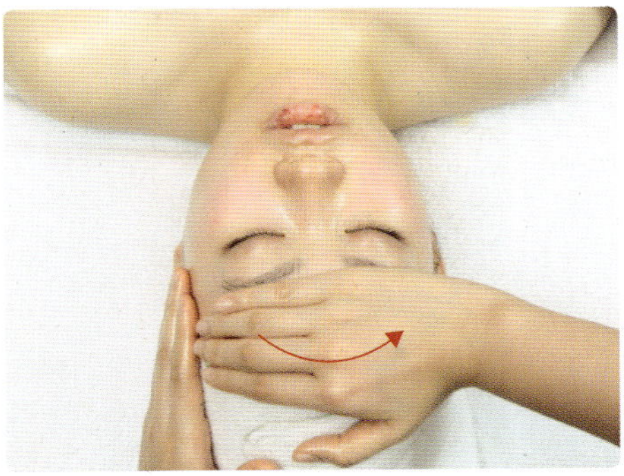

1. 양 손바닥을 이용해서 이마를 가로로 부드럽게 쓰다듬어 준다.

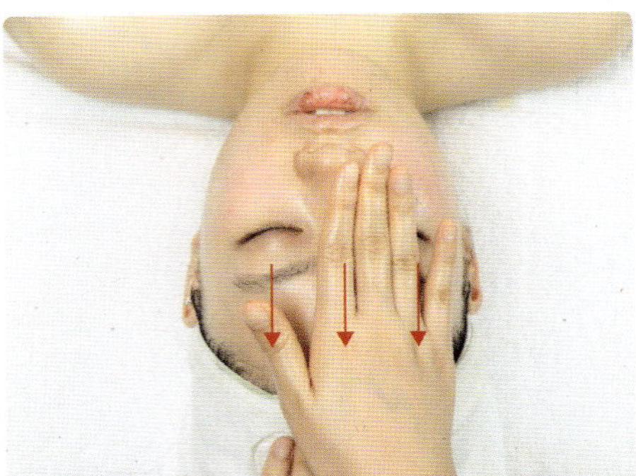

2. 양 손바닥을 이용해서 이마를 세로로 부드럽게 쓰다듬어 준다.

3. 양손의 엄지손가락을 이용하여 이마를 3회 가로로 쓸어 준다.

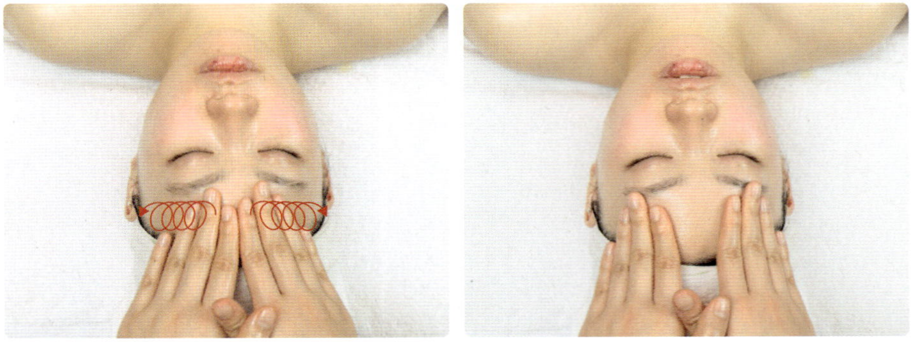

4. 양손의 손가락을 이용해서 이마 중앙부터 바깥쪽으로 원을 그리며 나선형으로 문질러 준다.

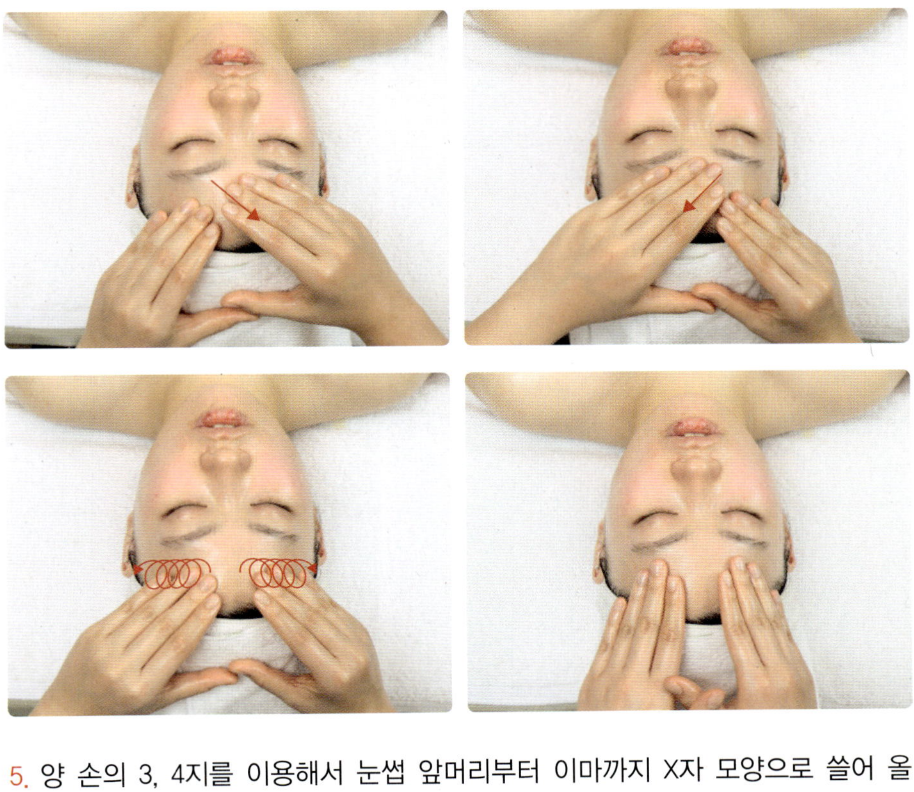

5. 양 손의 3, 4지를 이용해서 눈썹 앞머리부터 이마까지 X자 모양으로 쓸어 올려준 뒤에 중앙부터 양손을 동시에 나선형으로 문질러 준다.

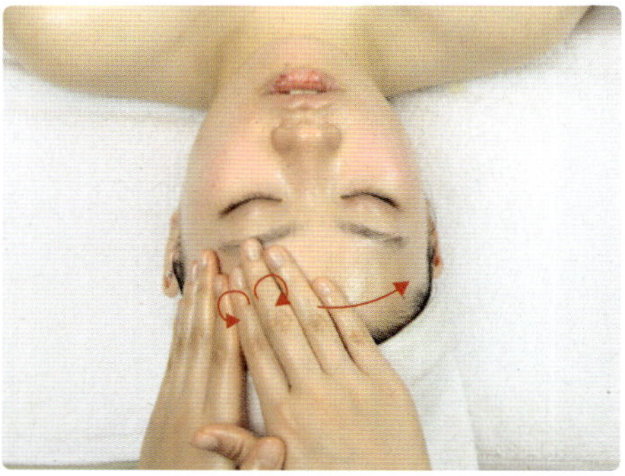
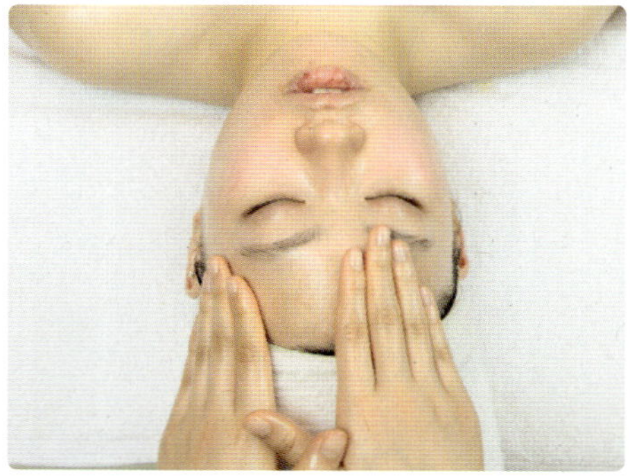
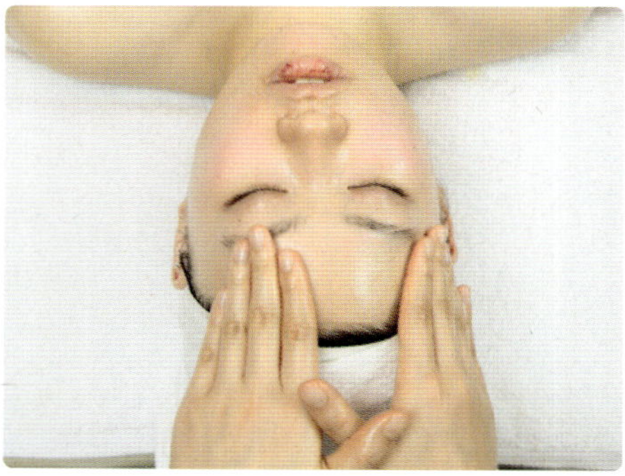
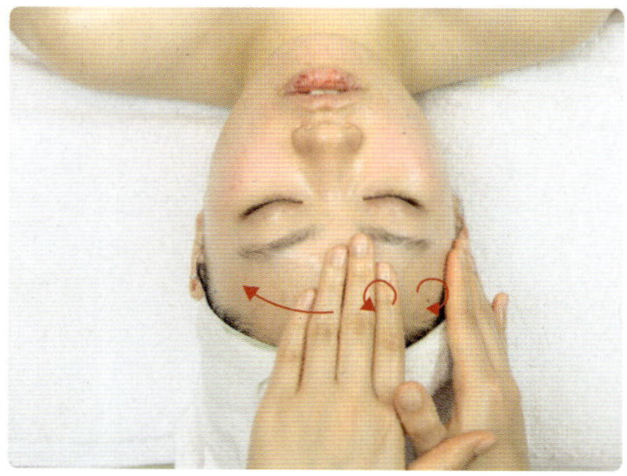
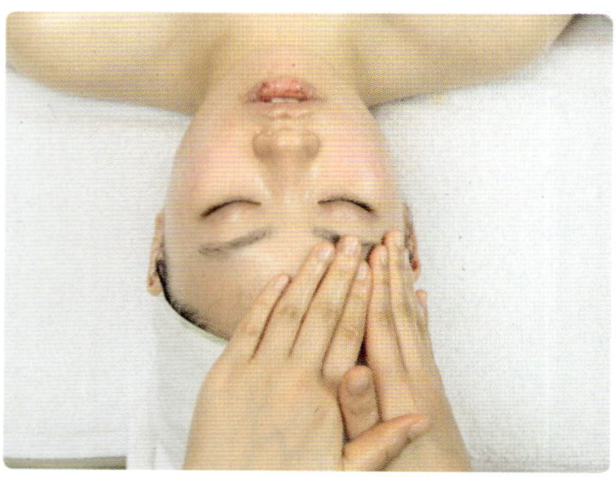
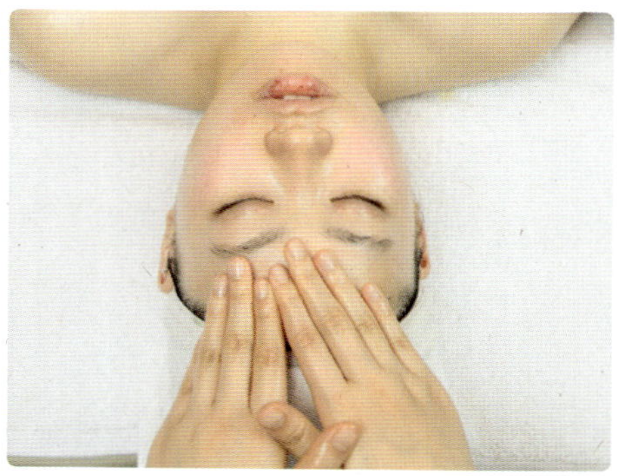
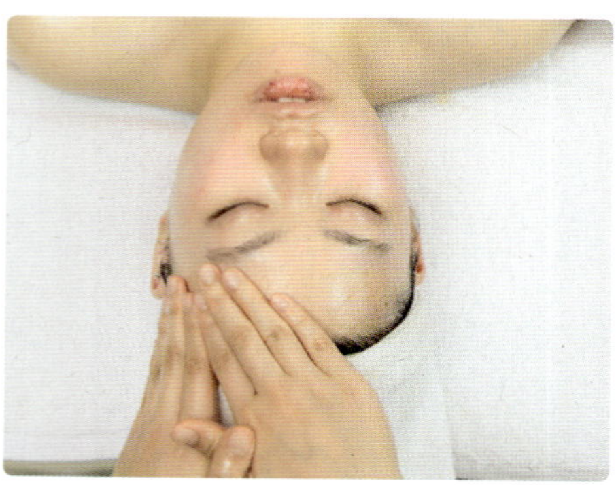

6. 양손의 손가락을 이용해서 이마 왼쪽부터 오른쪽으로 원을 그리며 문질러 준다.

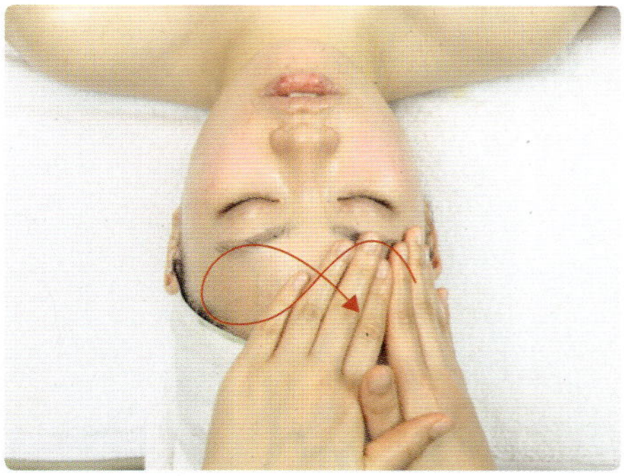
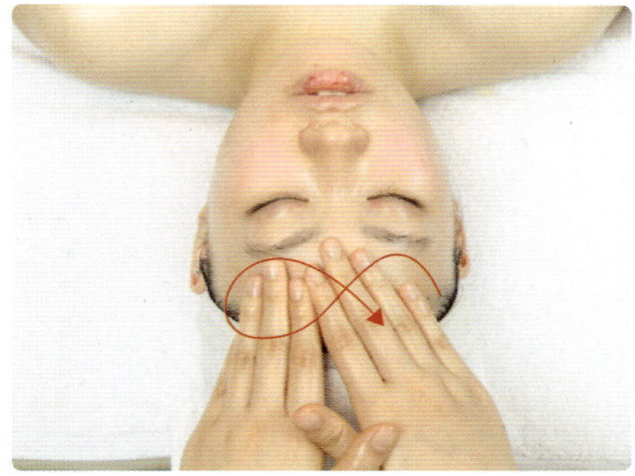
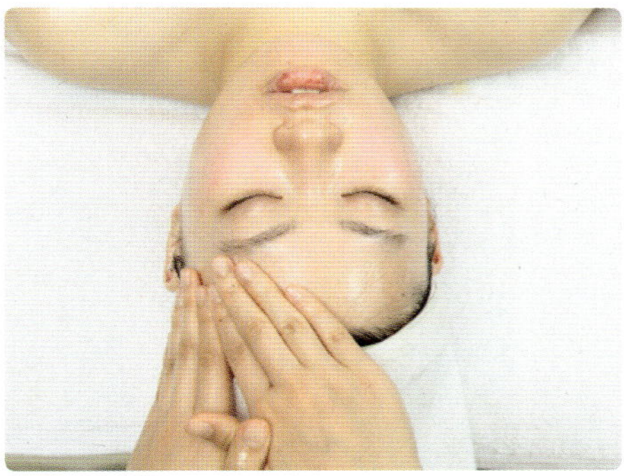

7. 양 손가락을 모아서 이마 전체를 8자 모양으로 쓰다듬어 준다.

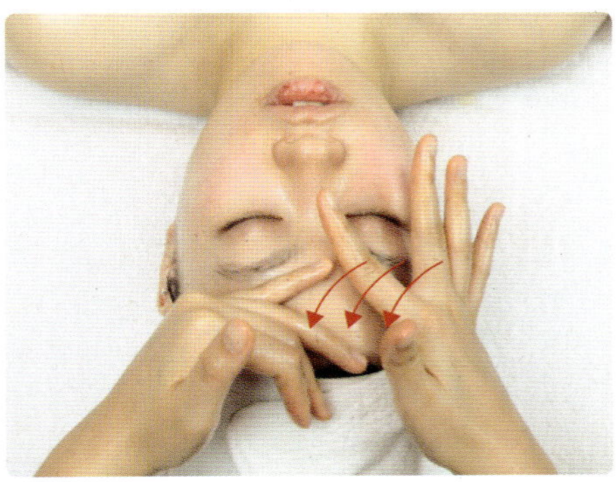

8. 양손의 2, 3, 4, 5지를 이용해서 번갈아가면서 진동해 준다.

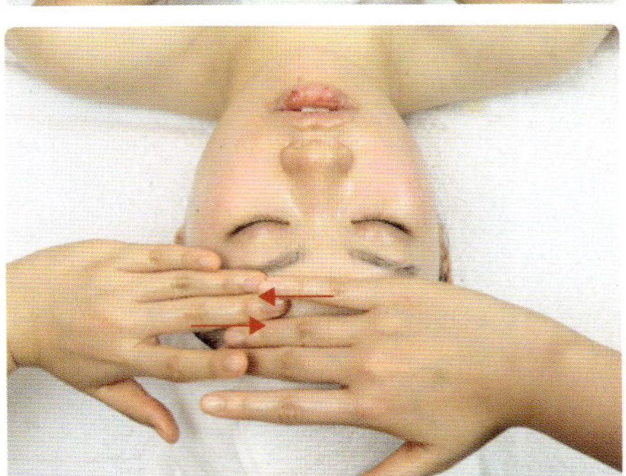
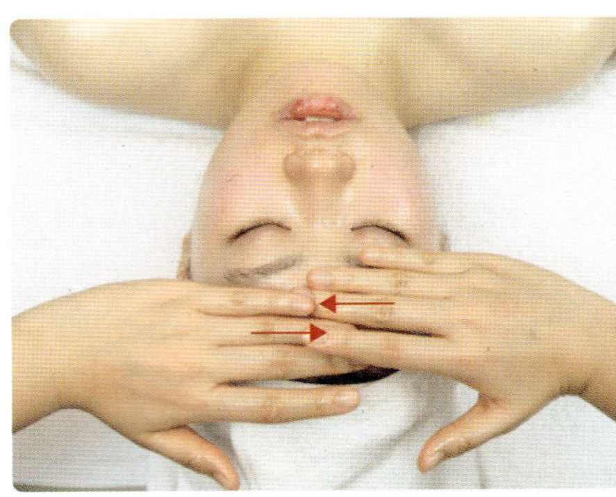

9. 양손의 3, 4지를 2마디 정도 겹치게 나란히 놓은 상태에서 왼쪽부터 엇갈리게 하면서 오른쪽으로 문질러 준다.

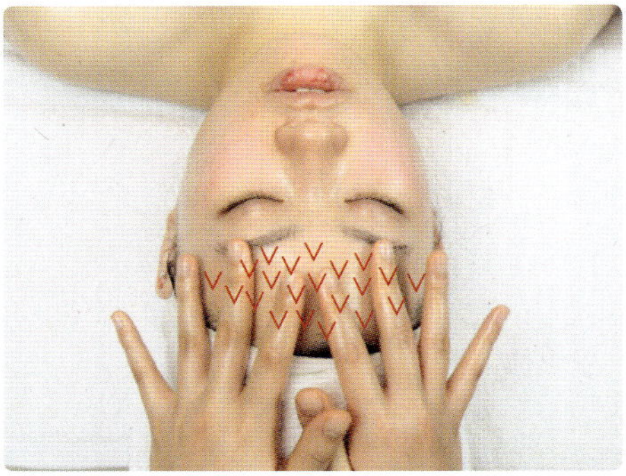

10. 양손의 2, 3, 4, 5지를 이용해서 두드려 준다.

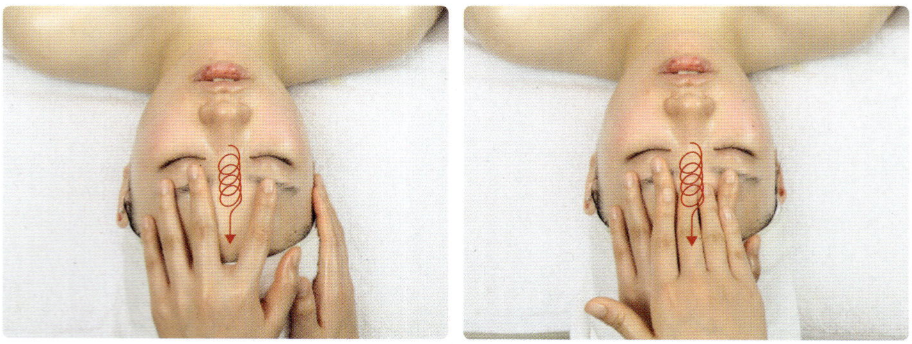

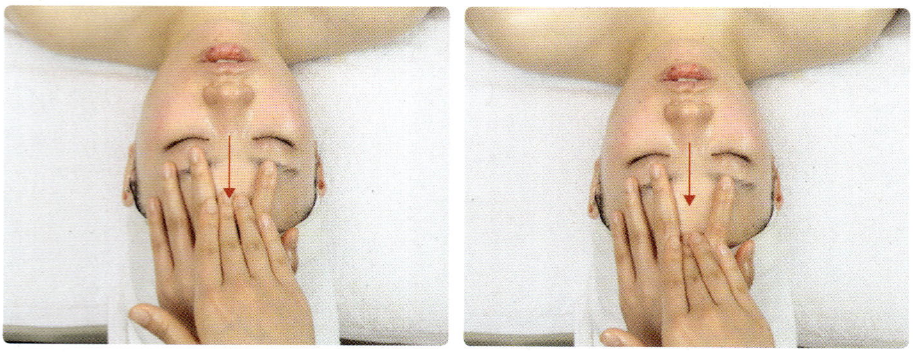

11. 미간에 왼손 2, 3지를 벌리고서 오른손 3, 4지를 이용하여 이마 밑부분부터 나선형으로 문질러 준 뒤에 힘있게 쓸어 올려 준다.
(이마 전체를 3등분으로 나눠서 실시한다.)

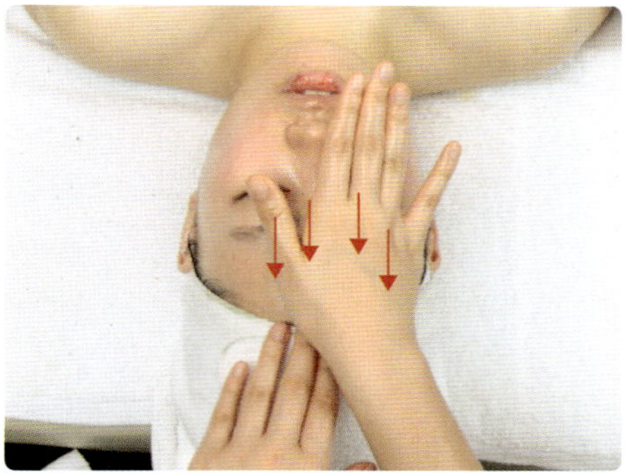

12. 양 손바닥을 이용해서 이마를 세로로 쓰다듬어 준다.

11. 마무리 전체

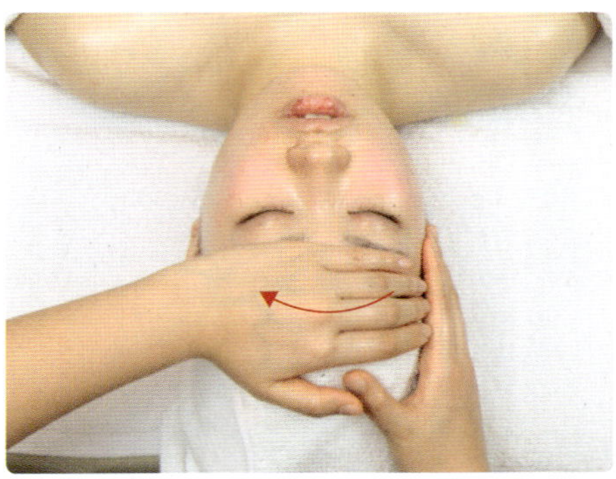

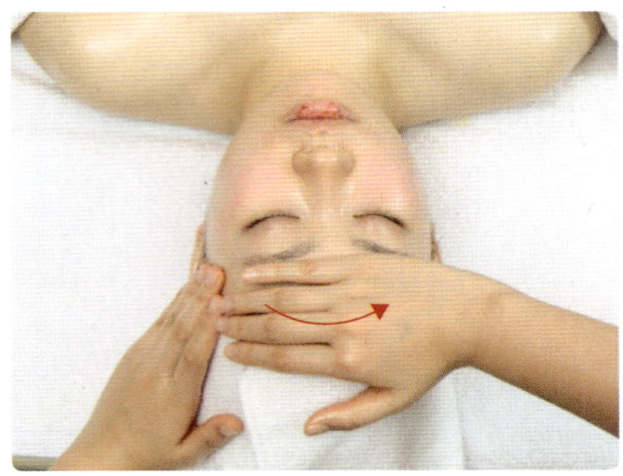

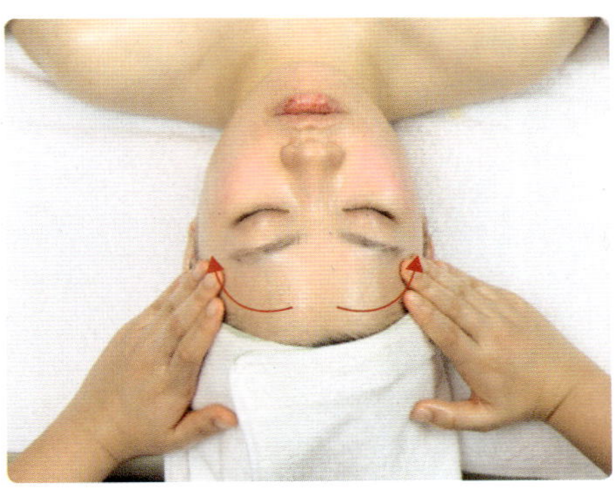

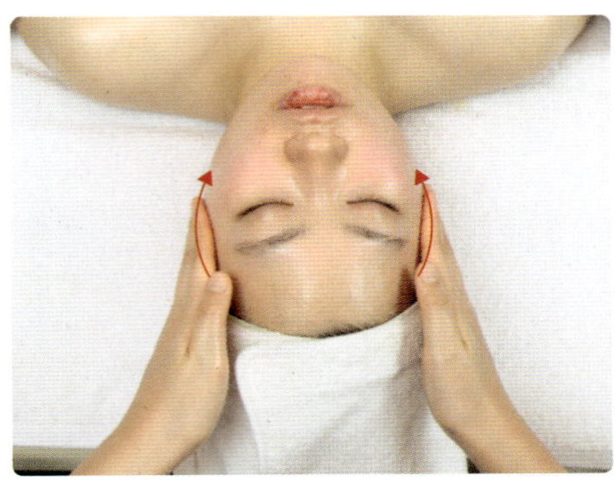

1. 양 손바닥을 이용해서 이마를 가로로 쓰다듬으며 눈썹끝 부분과 귀 앞부분을 지난다.

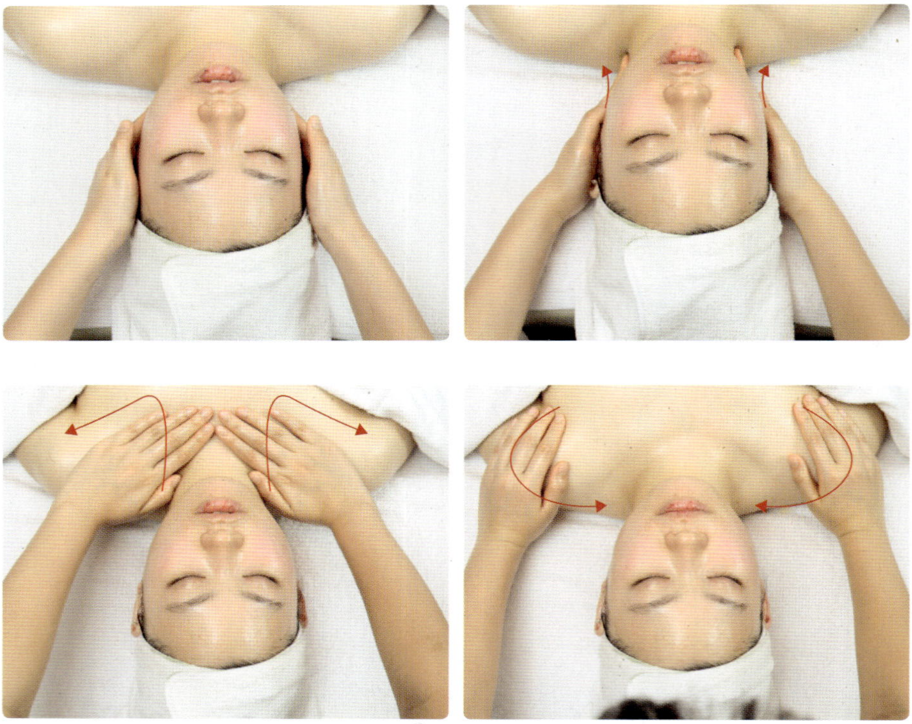

2. 목 측면에서 쇄골을 지나 데콜테를 중앙부터 쓰다듬어 준다.

3. 다시 목 측면 턱에서 코를 지나며 쓰다듬어 준다.

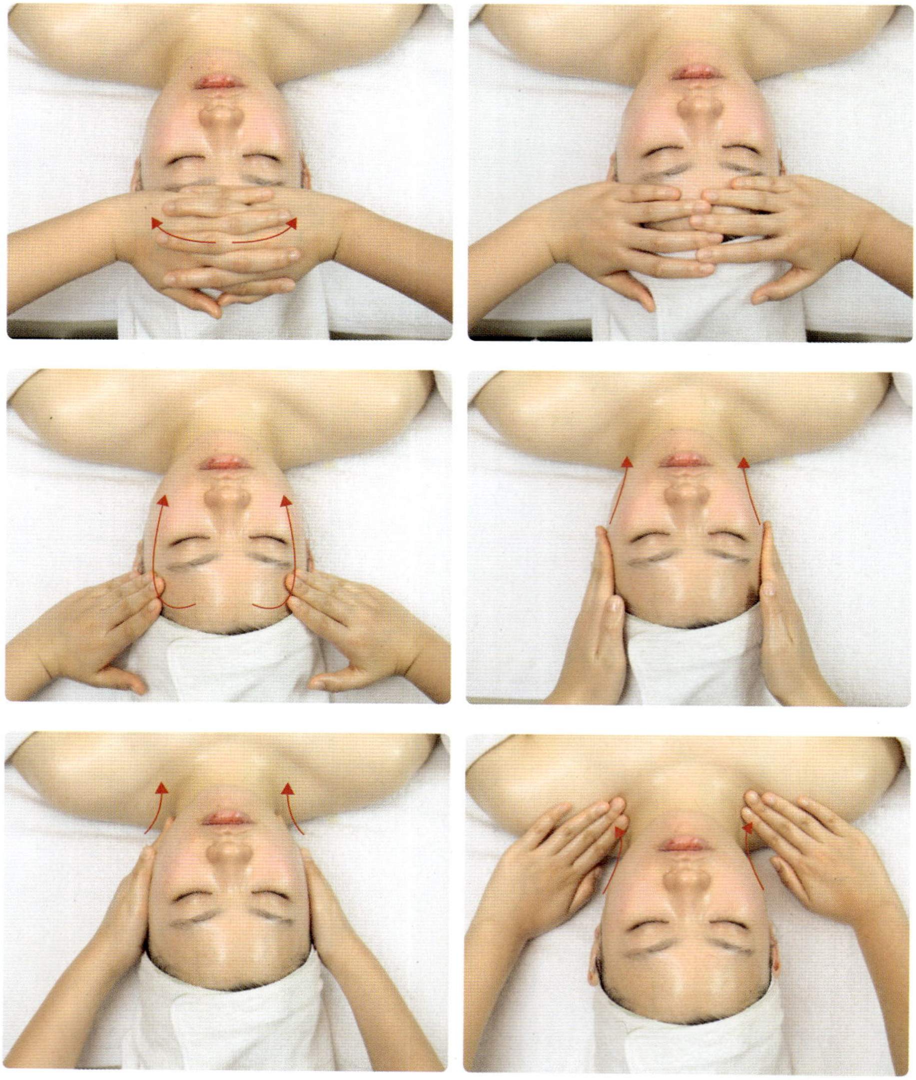

4. 이마에서 손을 깍지끼고 나서 쓰다듬어서 내려간 뒤에 쇄골 부분에서 마무리 한다.

6. 팩과 마스크

1. 크림팩

1. 크림팩 준비하기

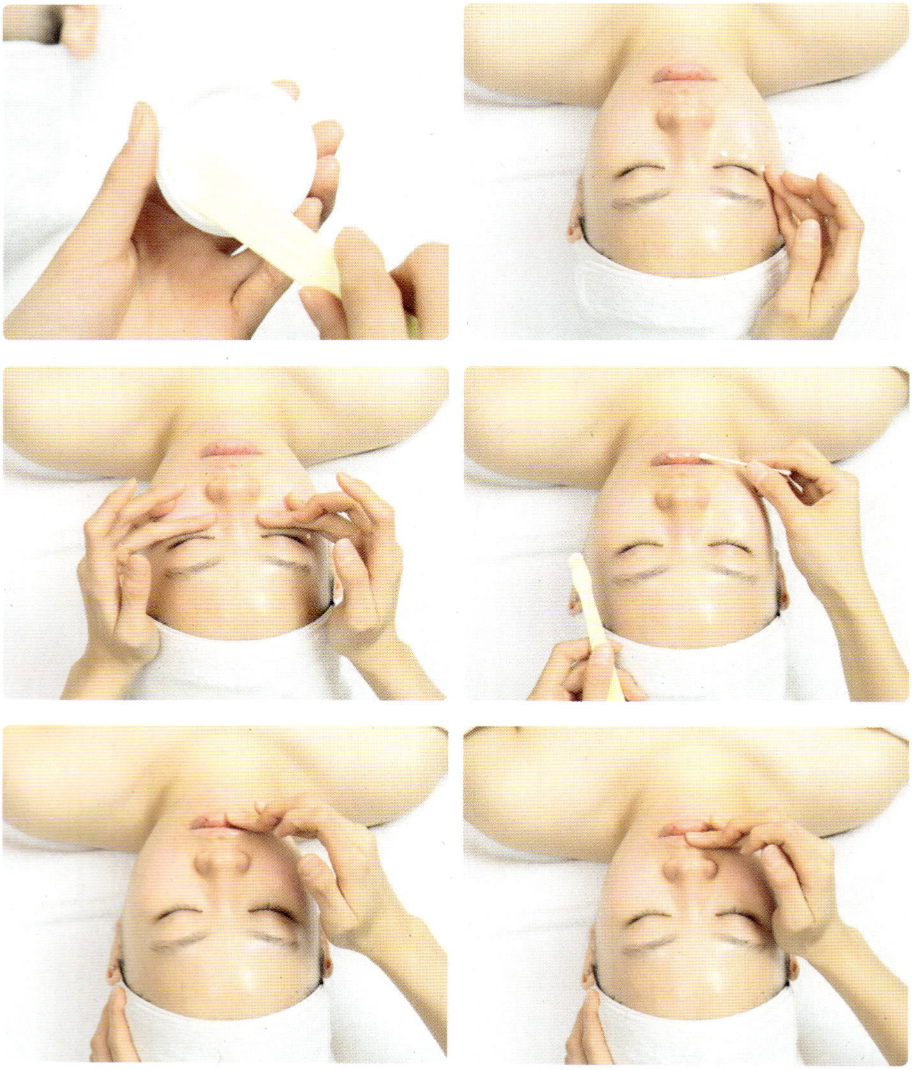

2. 크림팩을 바르기 전에 아이크림과 립크림을 발라 준다.

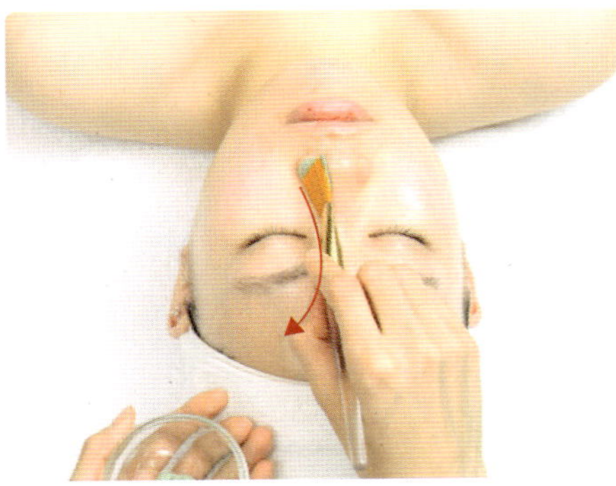

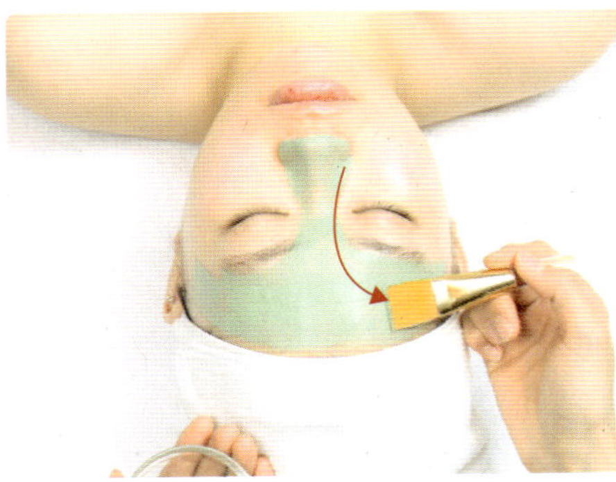

3. T-존 팩 도포

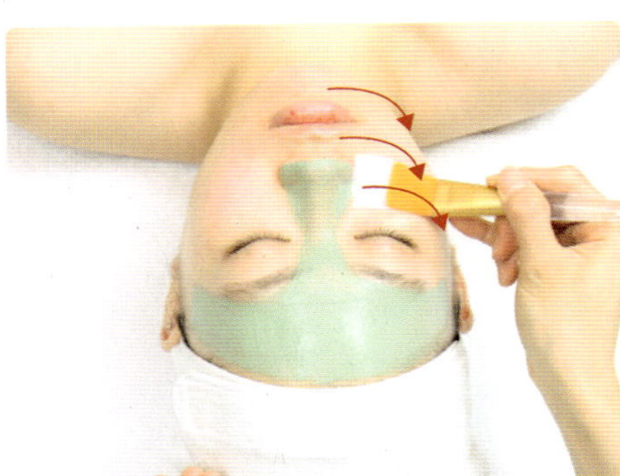

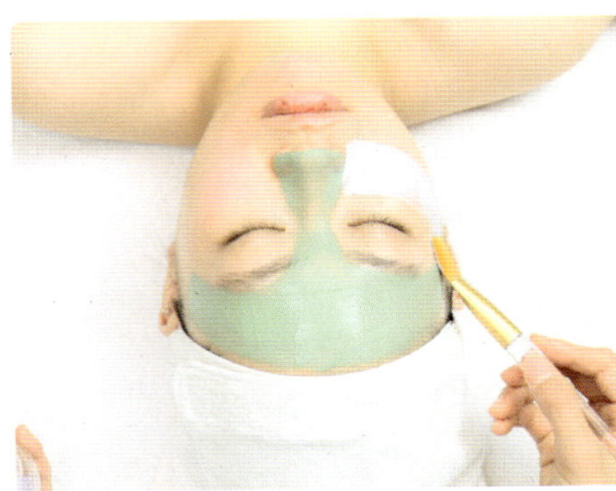

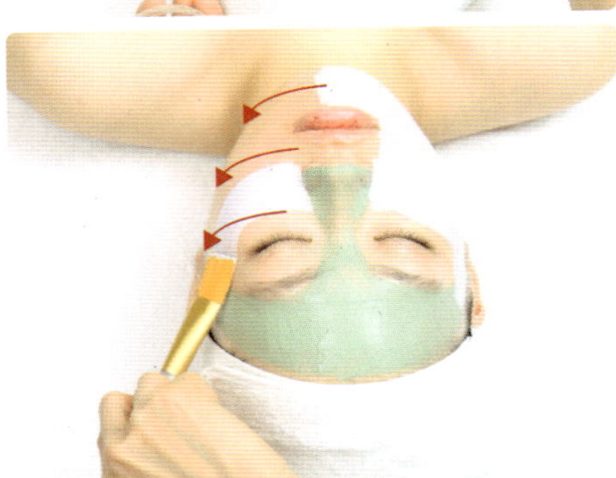

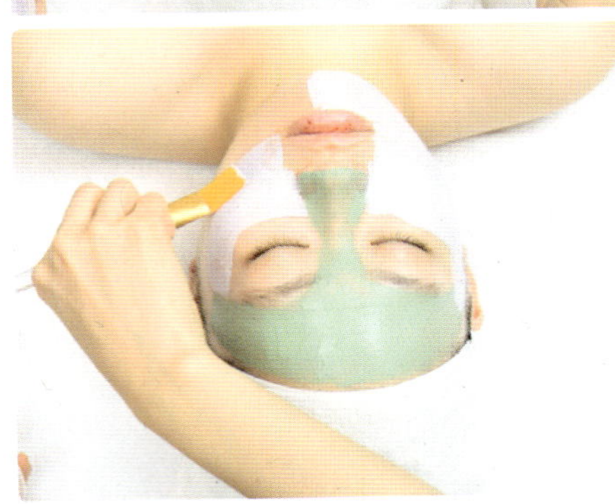

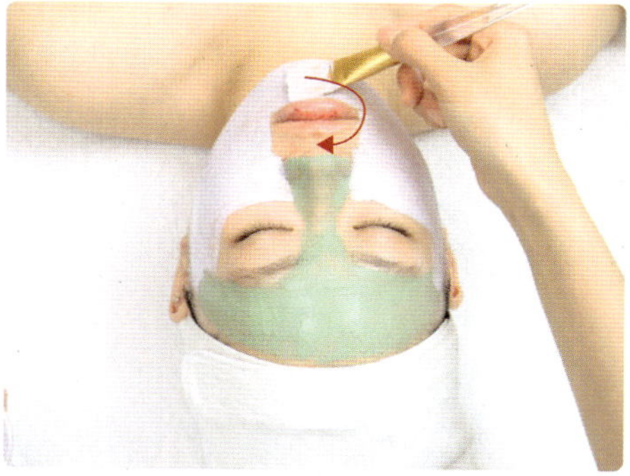
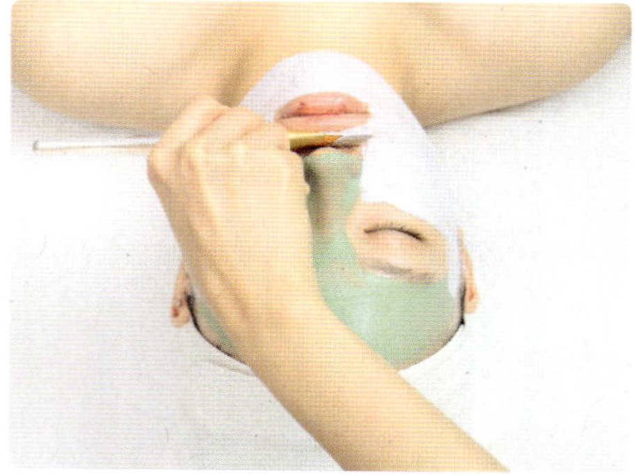
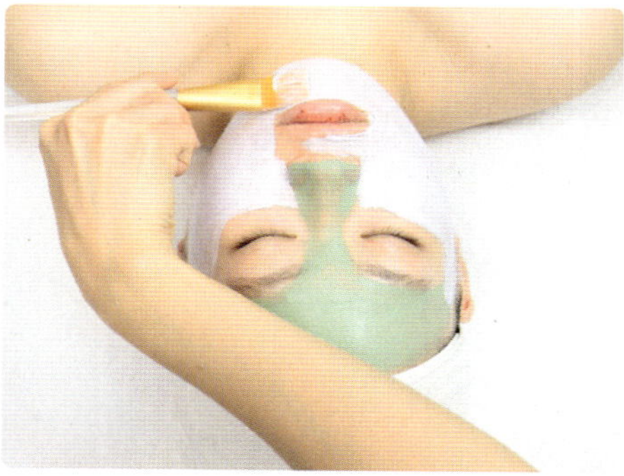
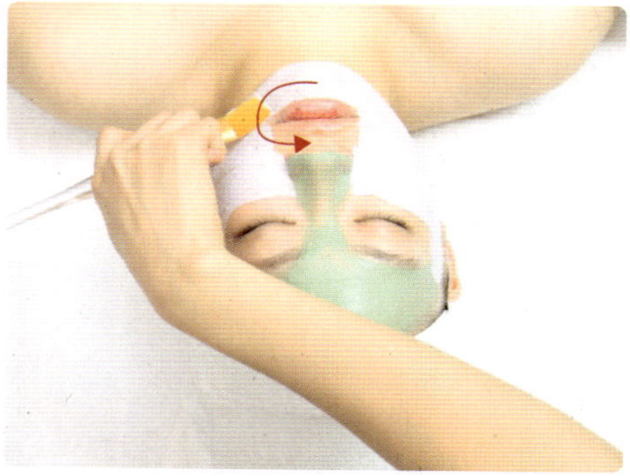

4. U-존 팩 도포

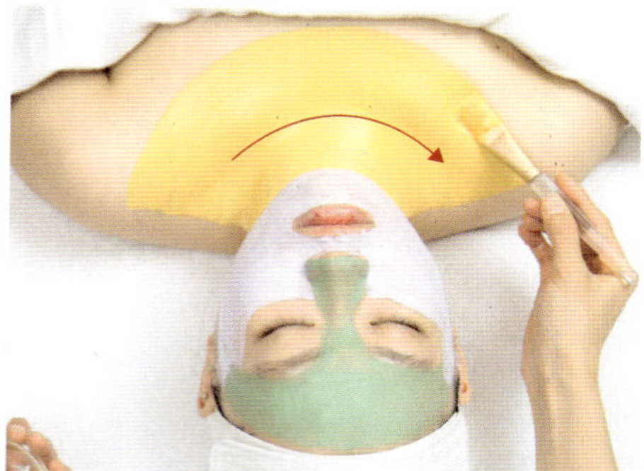

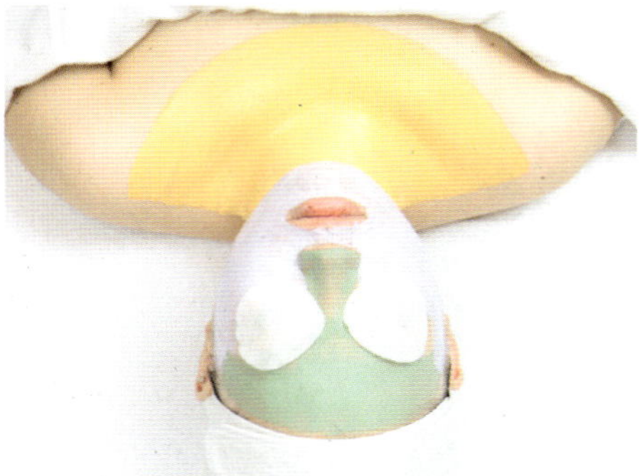

5. 목, 데콜테 팩 도포

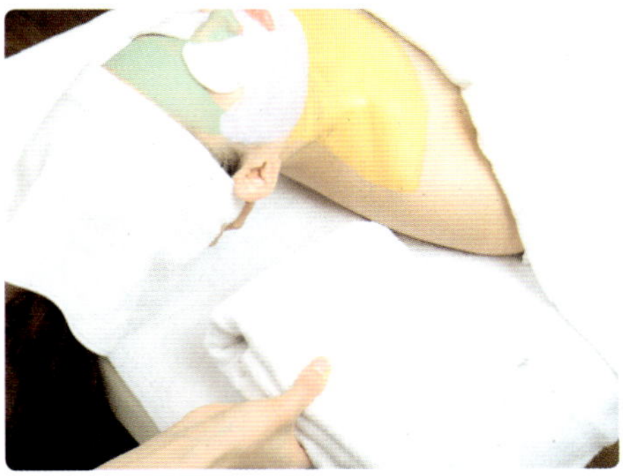

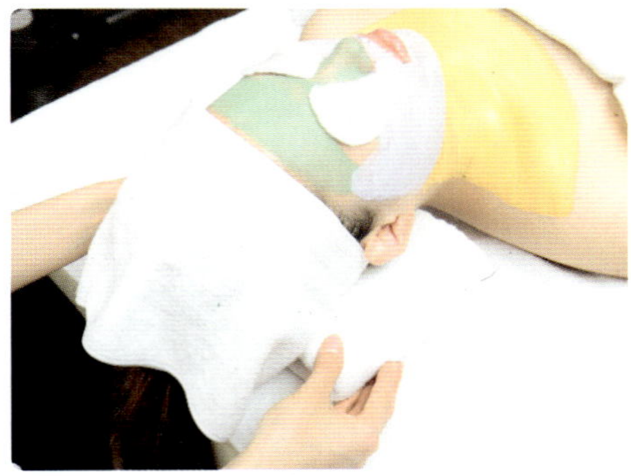

6. 고객배려 차원에서 목베개를 해준다.

• 팩 제거를 위한 해면 사용

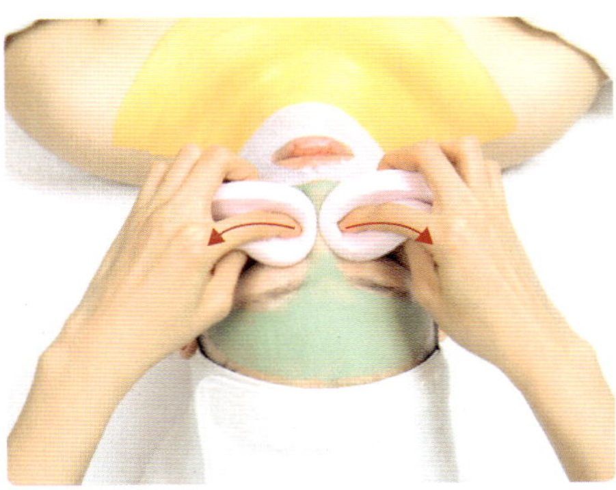

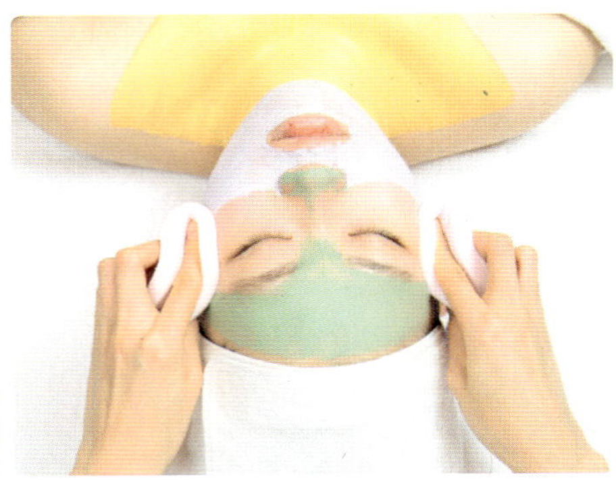

1. 눈밑을 닦아준다.

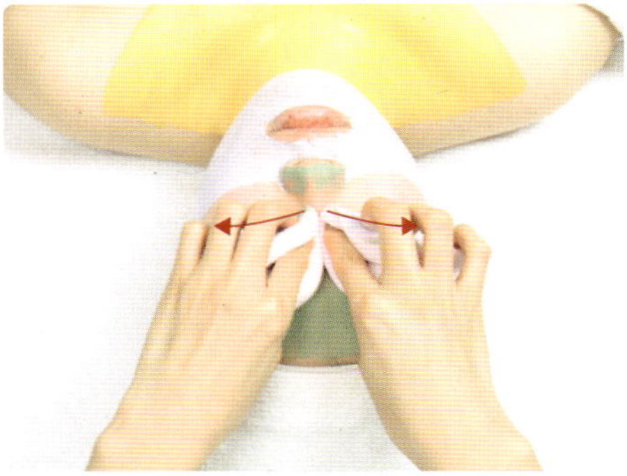
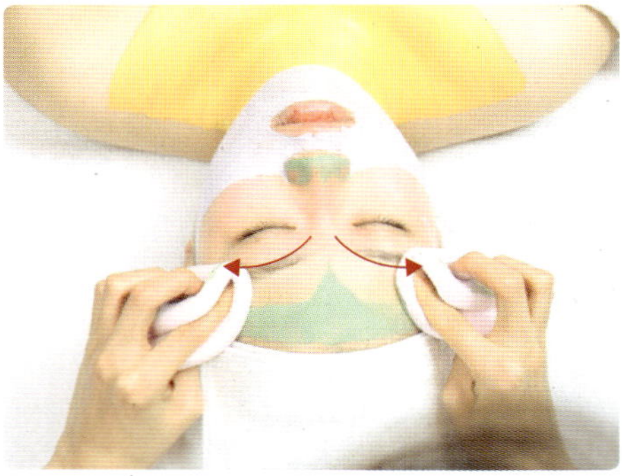

2. 눈두덩이를 닦아준다.

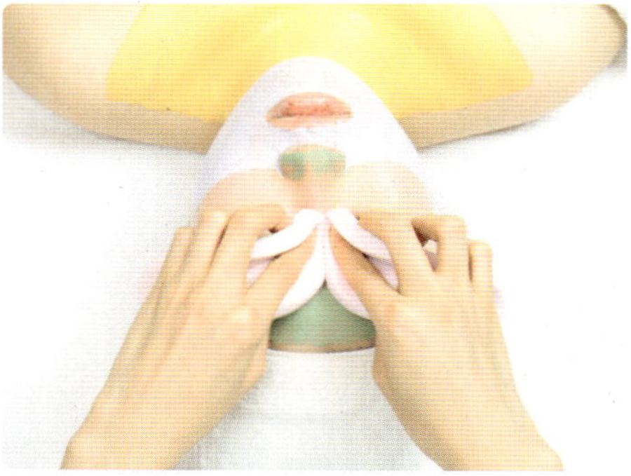
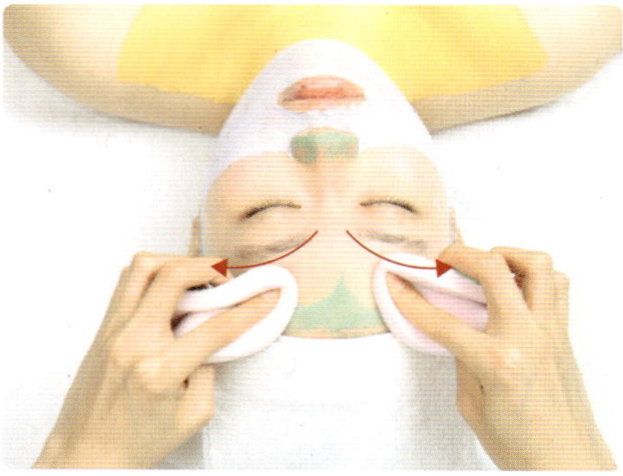

3. 눈썹 부위를 닦아준다.

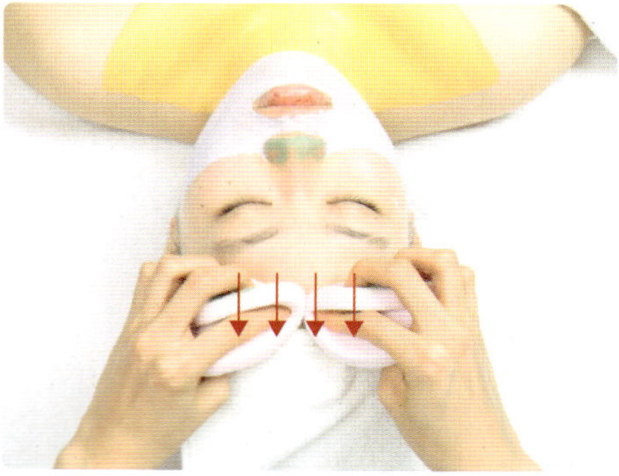

4. 이마를 세로방향으로 번갈아가면서 닦아준다.

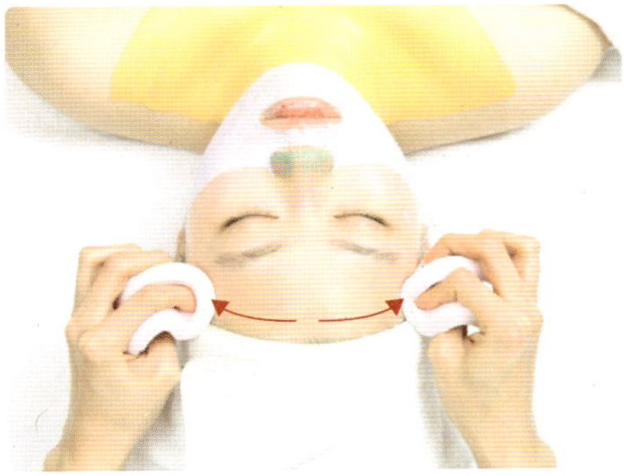

5. 이마의 윗부분을 가로로 세심하게 닦아준다.

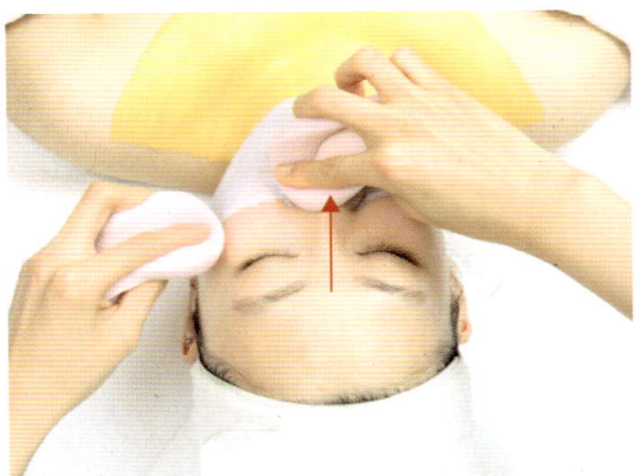

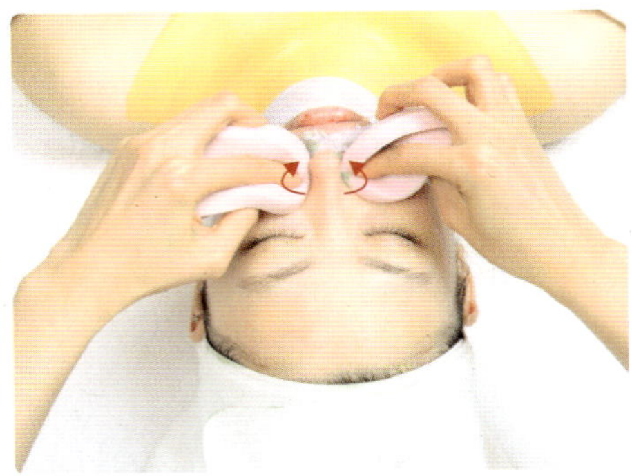

6. 콧날과 좌우측면 콧망울 부위를 가볍게 닦아준다.

7. 콧망울 옆 부위부터 눈썹끝 부위까지 닦아준다.

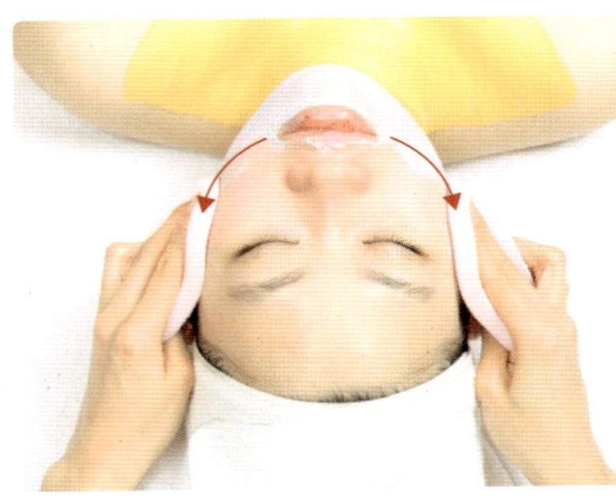

8. 입가 부위부터 귀 중앙 부위까지 닦아준다.

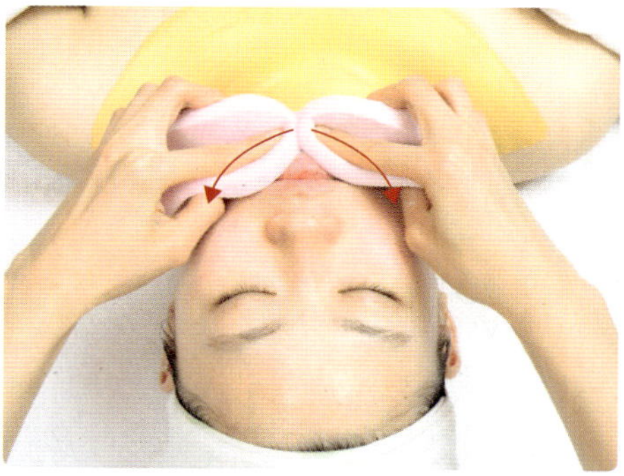

9. 입밑 중앙 부위부터 턱끝 부위까지 닦아준다.

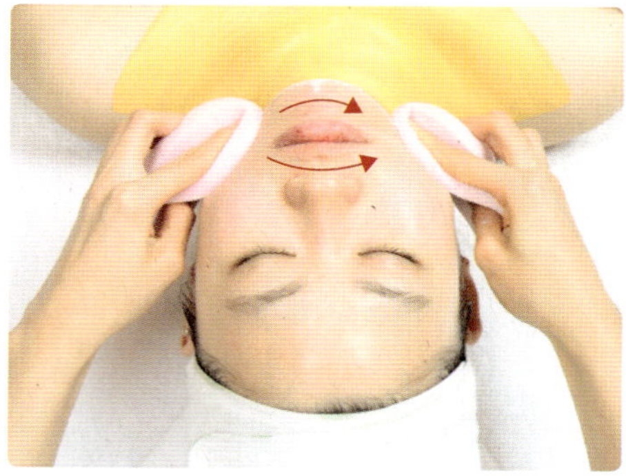

10. 입술 윗 부위와 아래 부위를 닦아 준다.

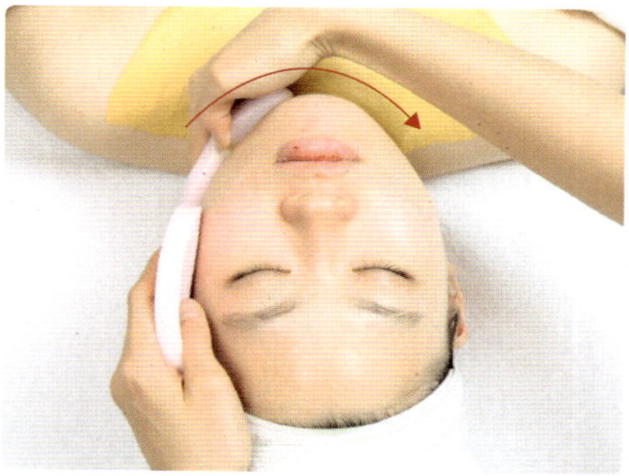

11. 턱 전체를 닦아준다.

12. 목을 가로로 닦아준다.

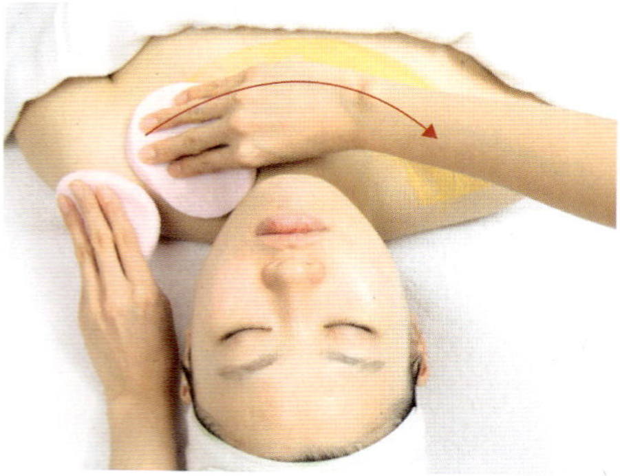

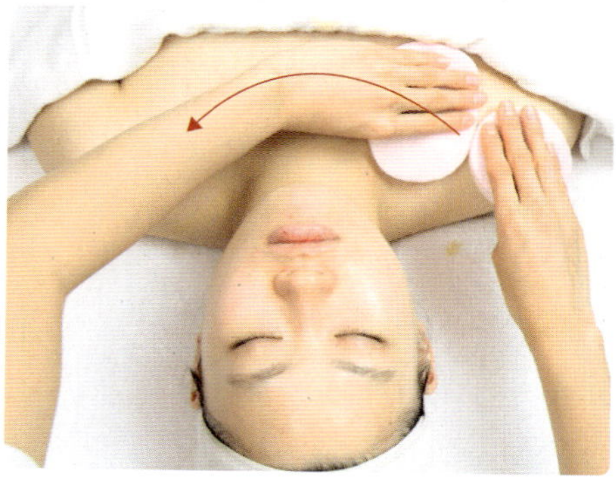

13. 데콜테를 가로로 닦아준다.

- **습포 사용** – 앞과 동일
- **토너 사용** – 앞과 동일

2. 고무 모델링

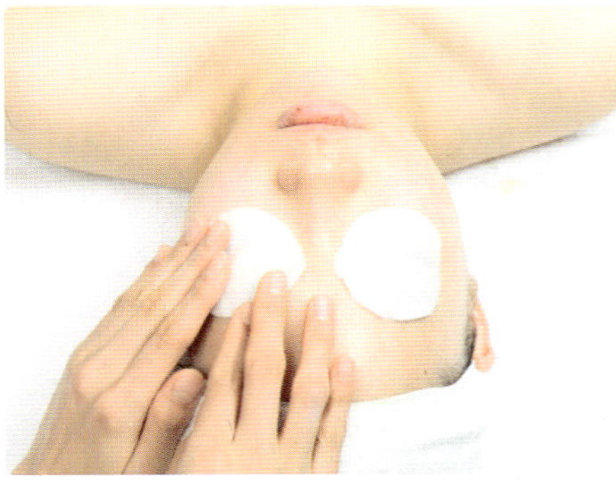

1. 준비하기

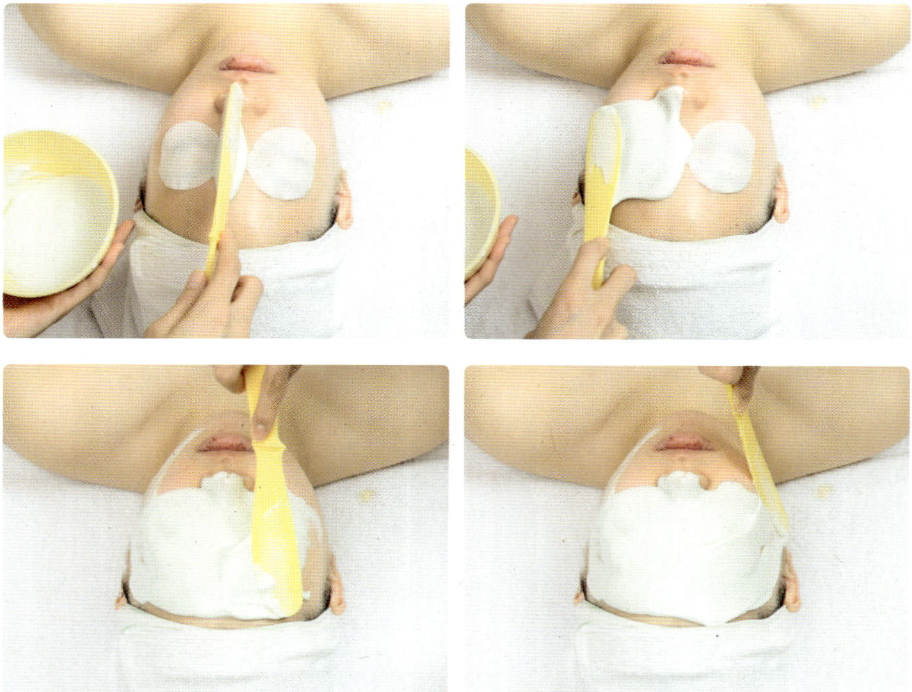

2. 눈과 이마 부위에 바른다.

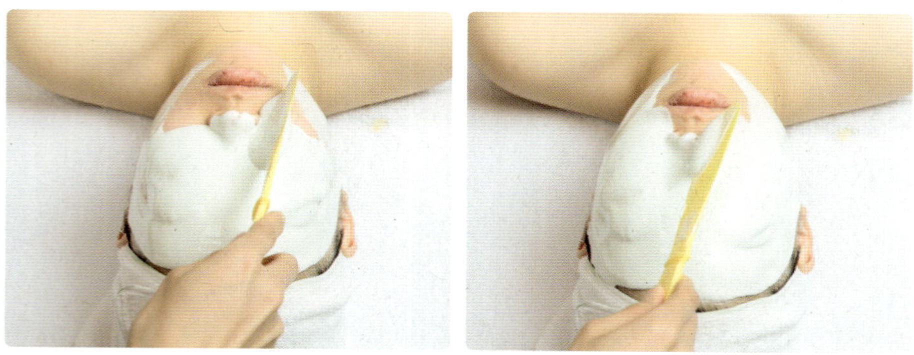

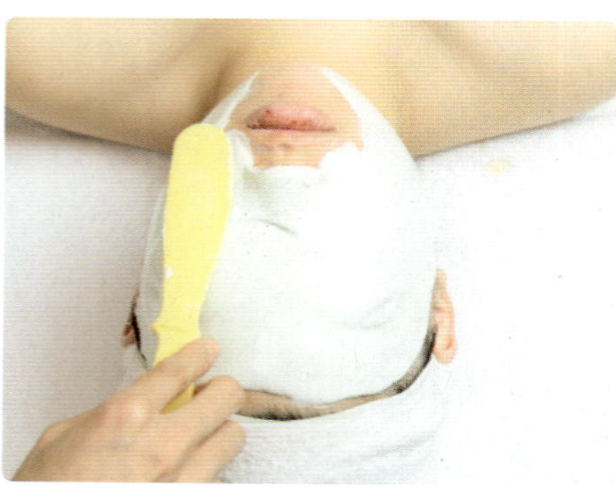

3. 코 부위에 바른다.

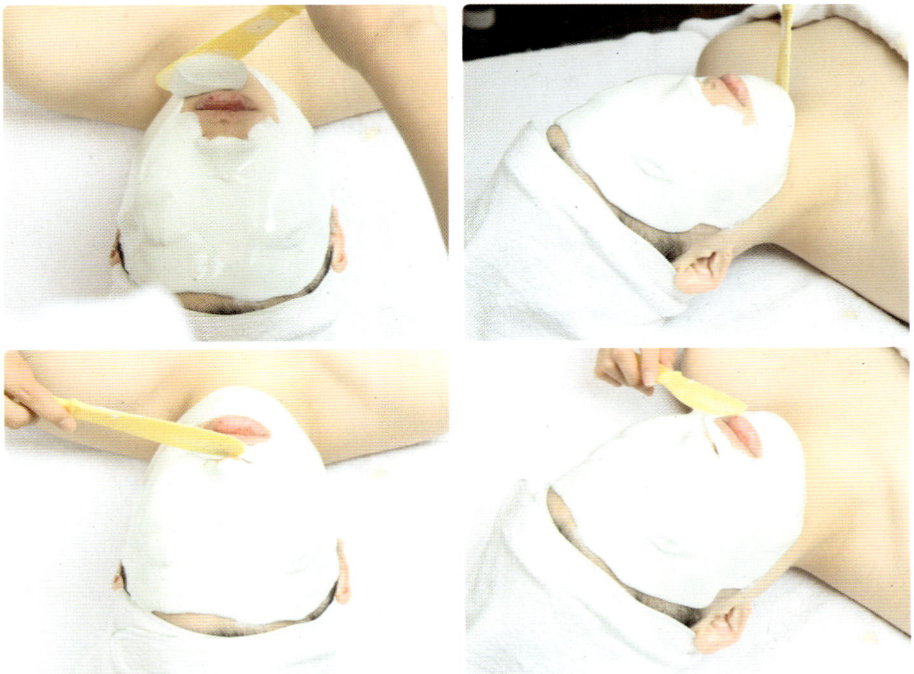

4. 턱과 입 주위를 바른다.

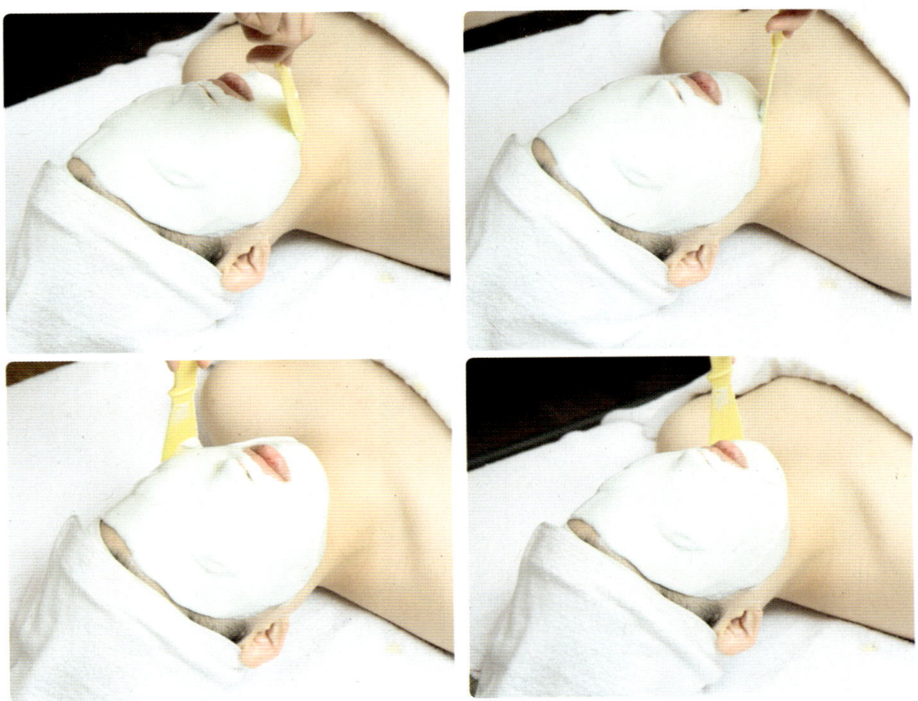

5. 턱밑을 바른다.

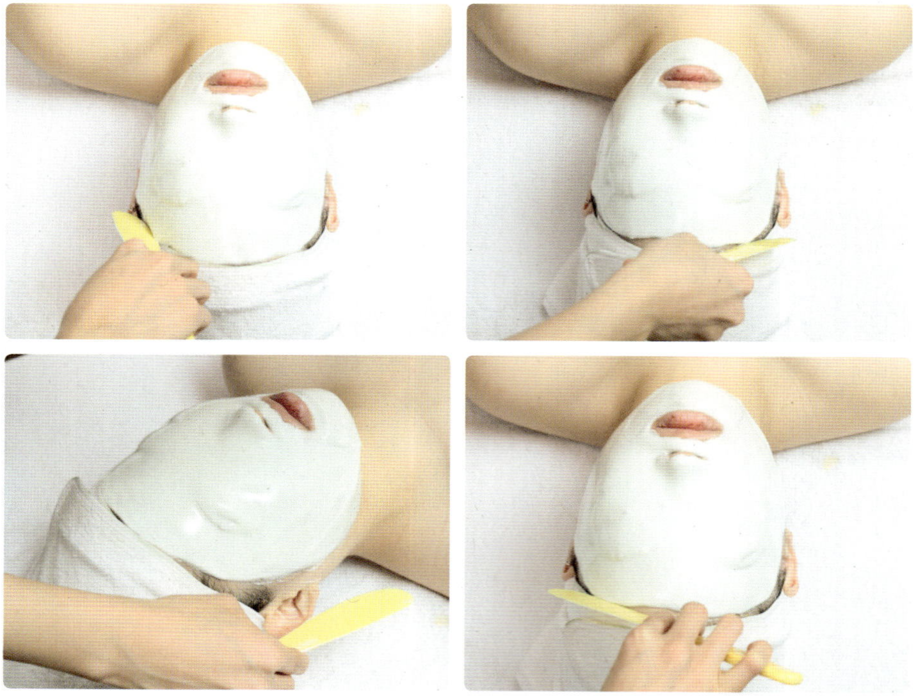

6. 가장자리를 마무리한다.

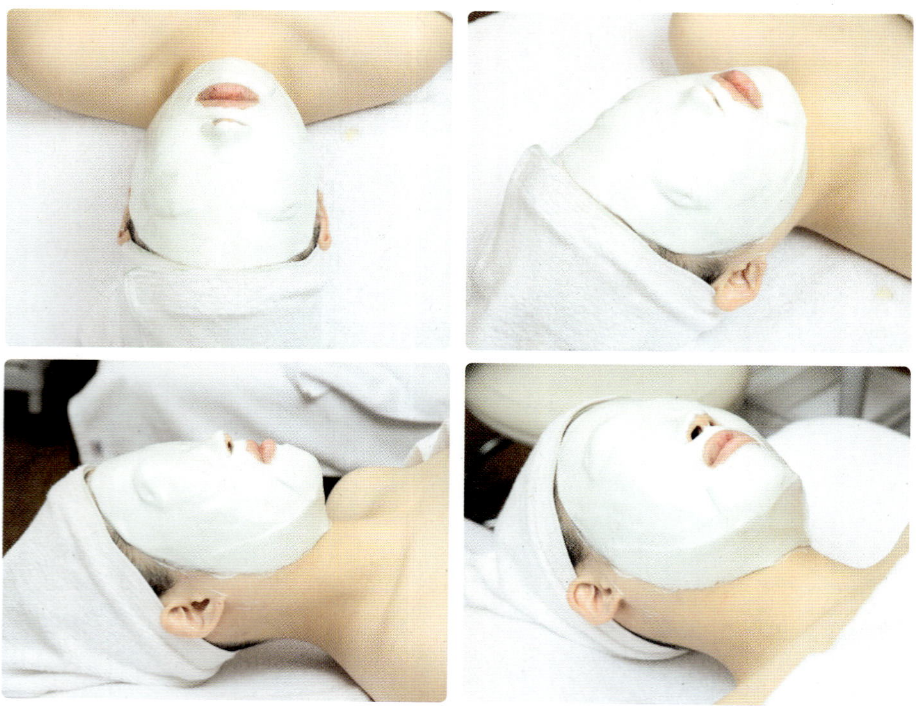

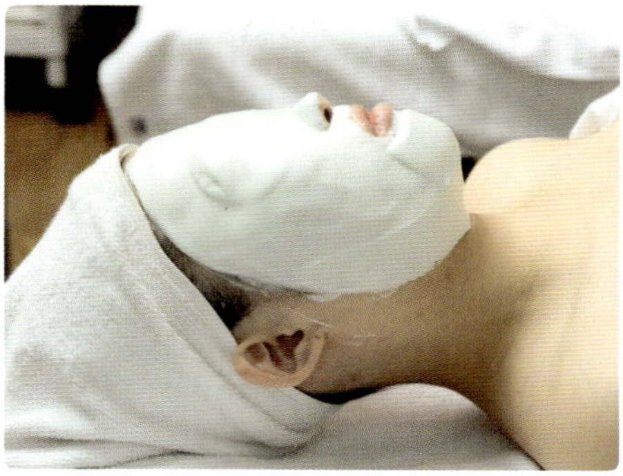
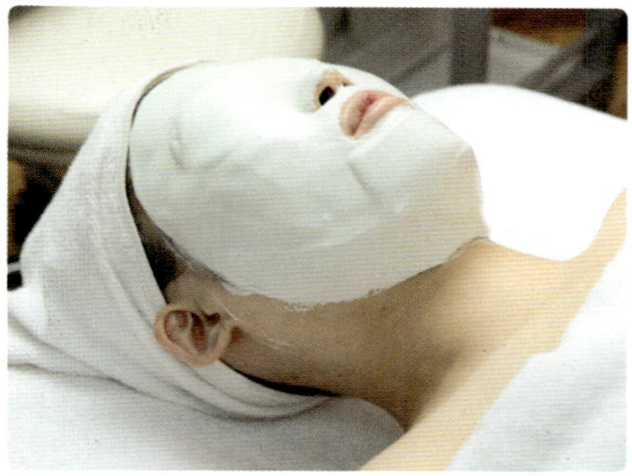
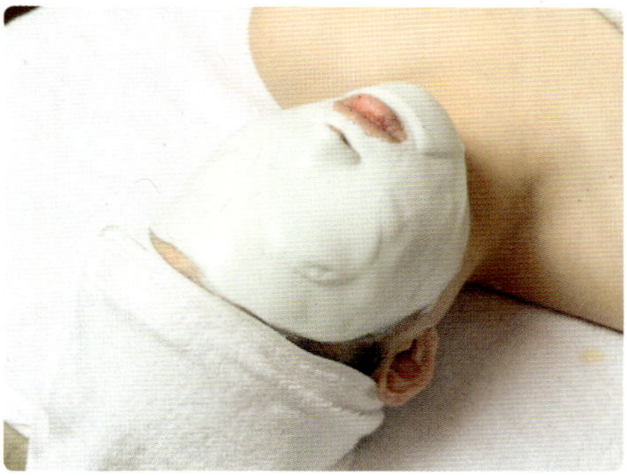
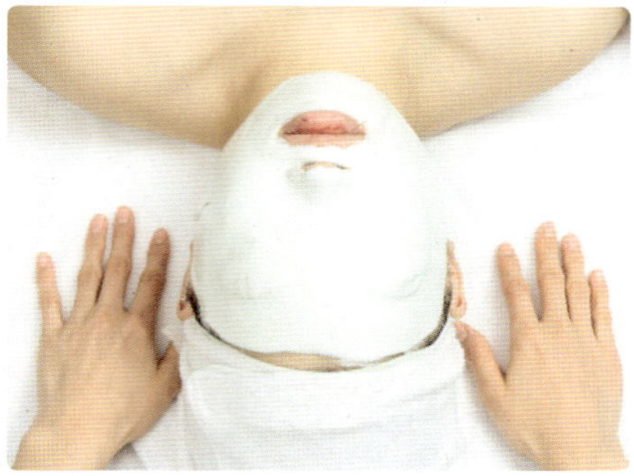

7. 완성된 모습

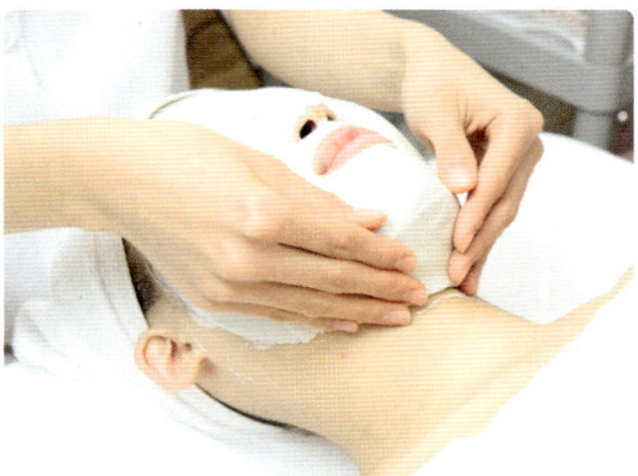

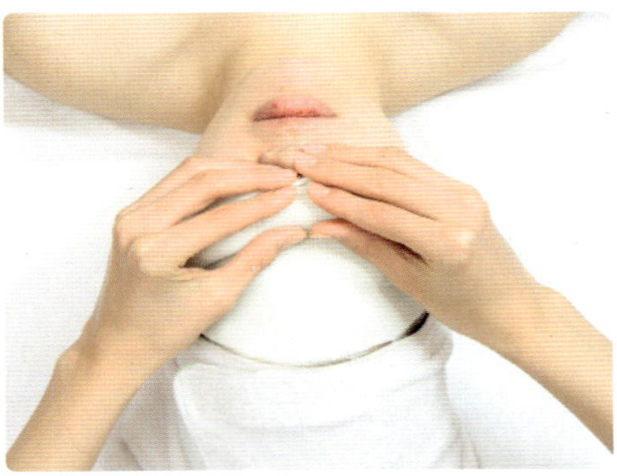
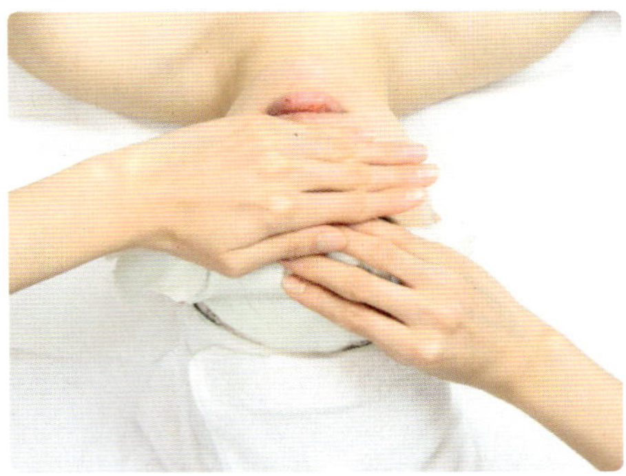

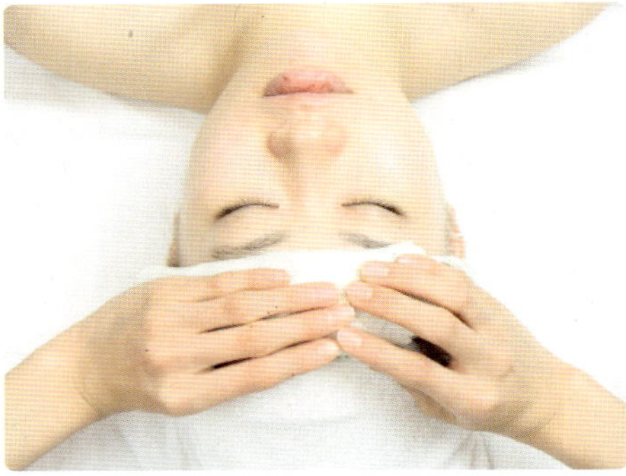

8. 팩 최종 마무리

- 해면 사용 – 앞과 동일
- 냉습포 사용 – 앞과 동일
- 토너 사용 – 앞과 동일
- 립크림, 아이크림, 크림을 발라 준다.

3. 석 고

1. 준비하기

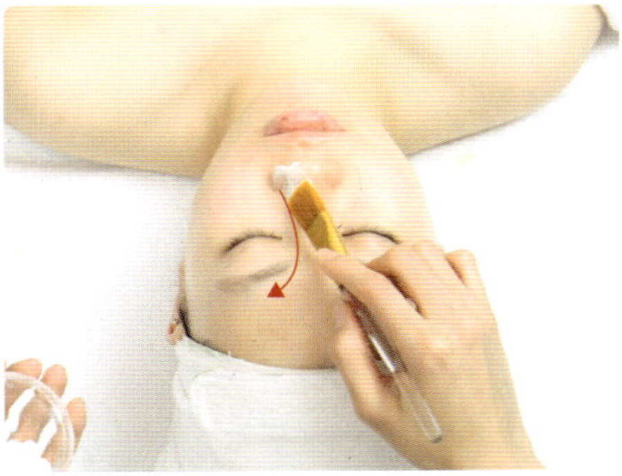
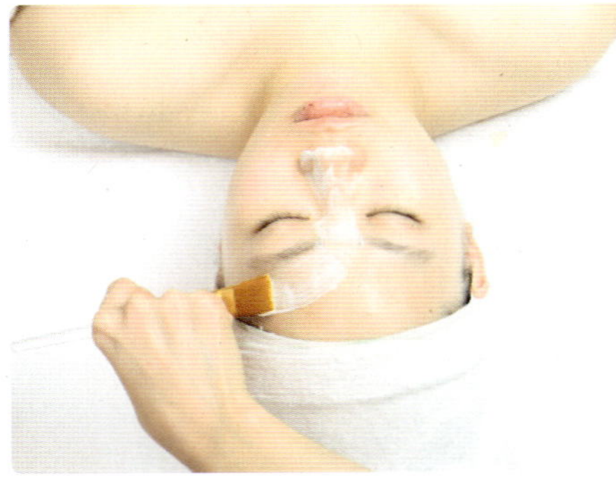
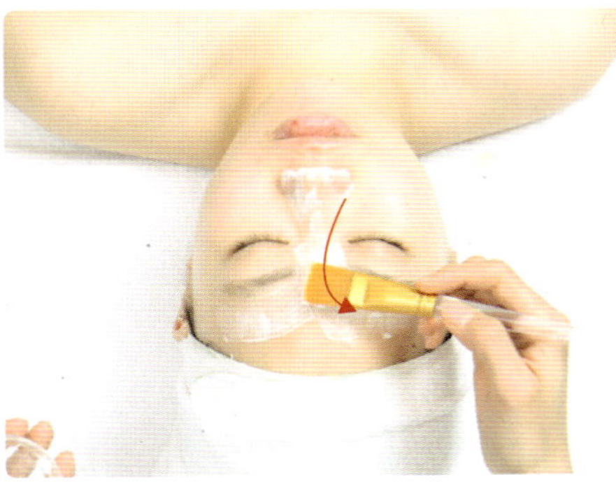
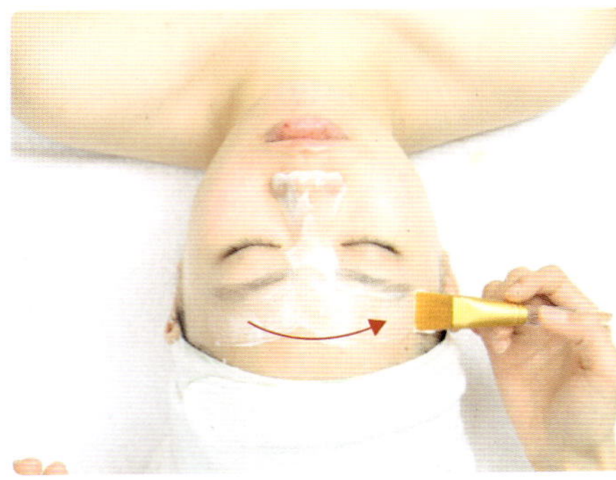
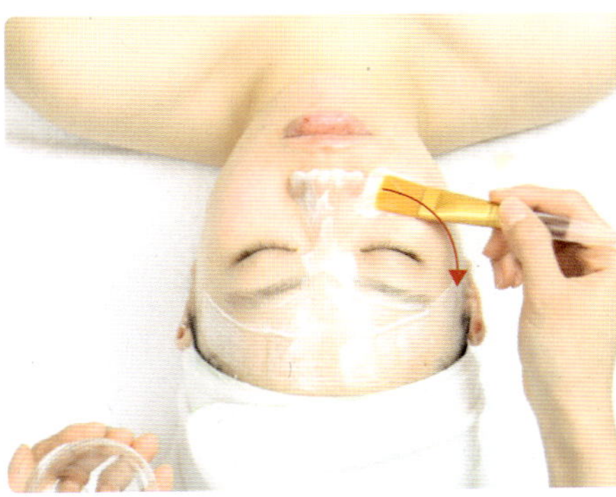
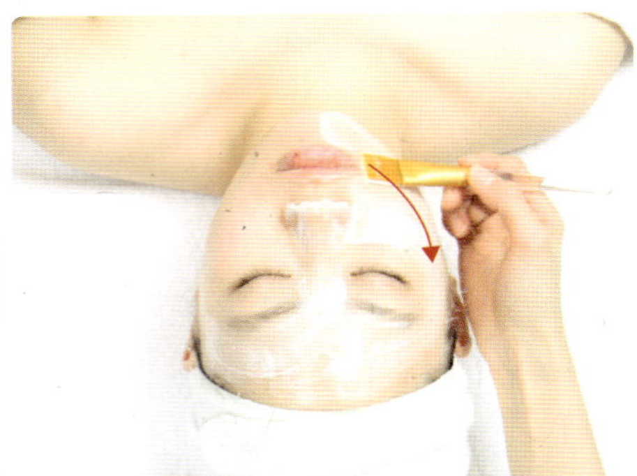
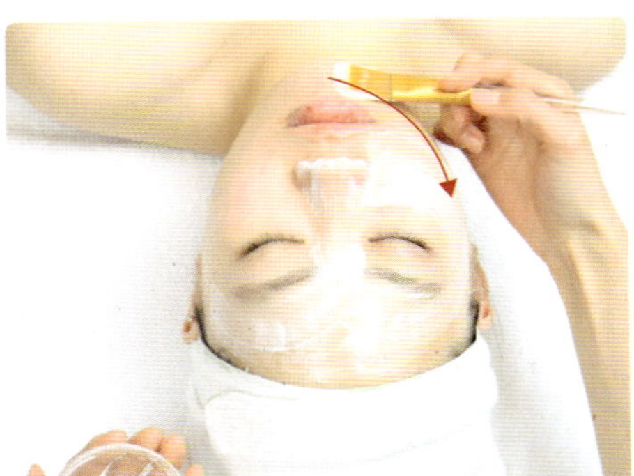
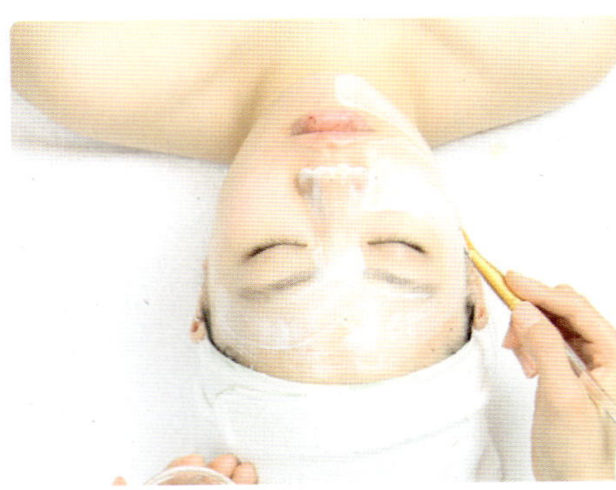

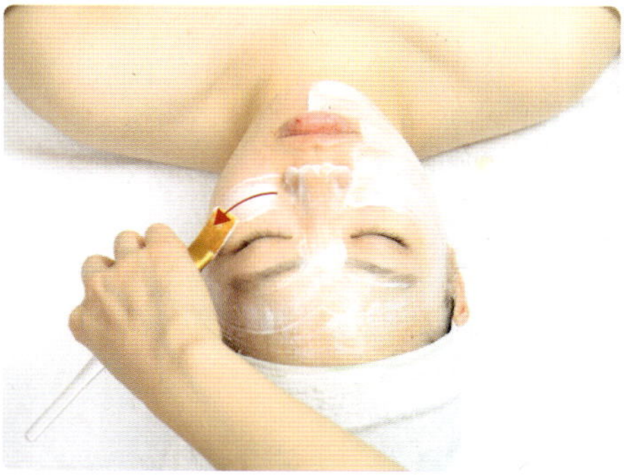

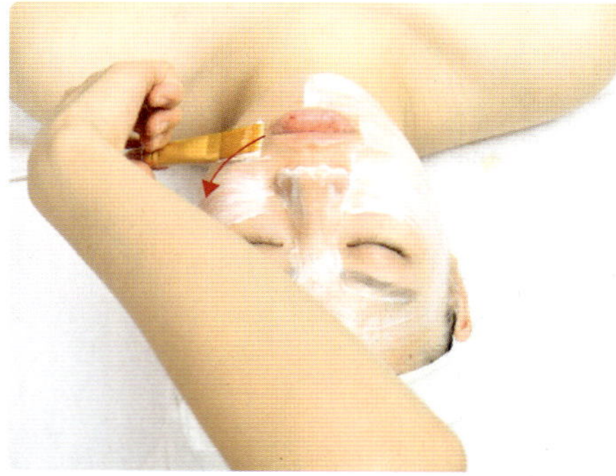

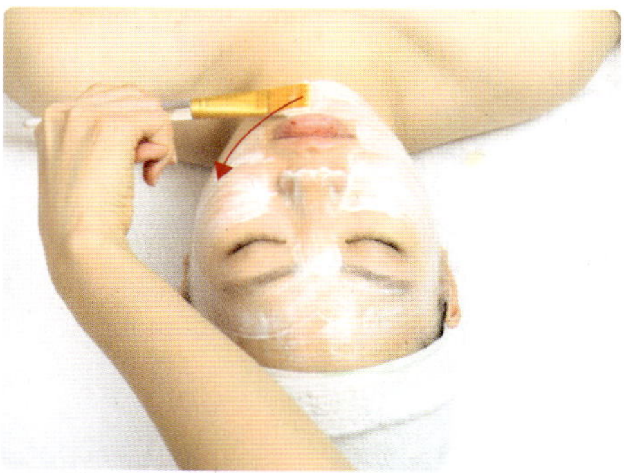

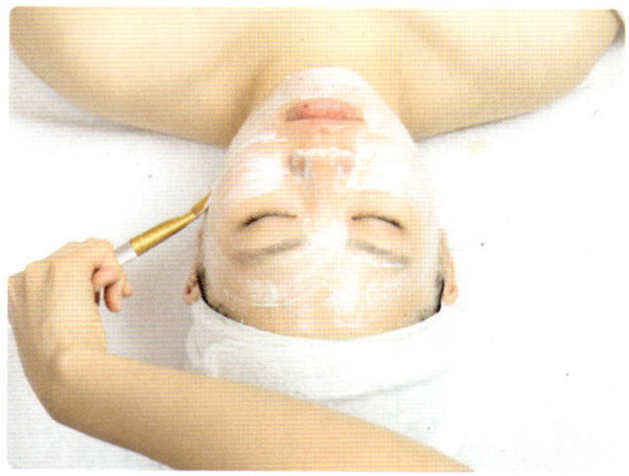

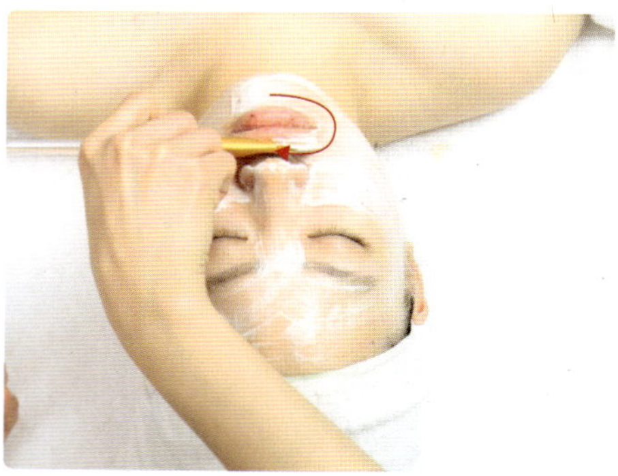

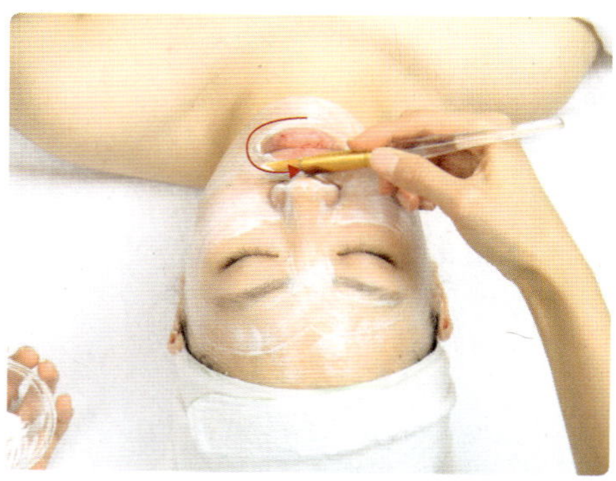

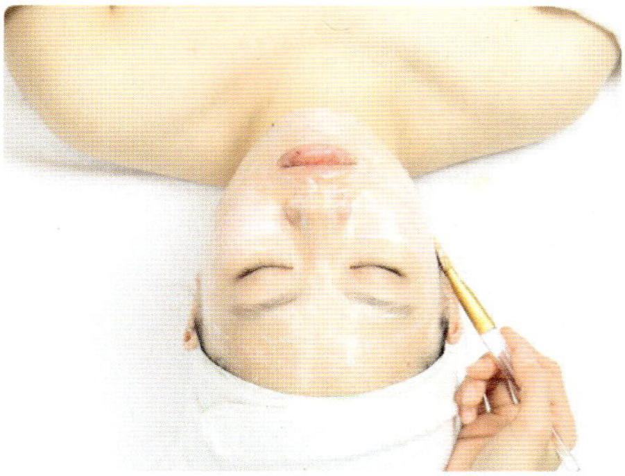
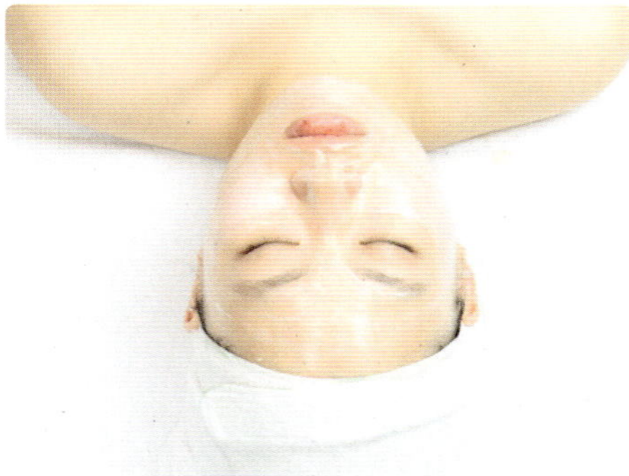

2. 석고 베이스를 턱밑까지 충분히 골고루 바른다.

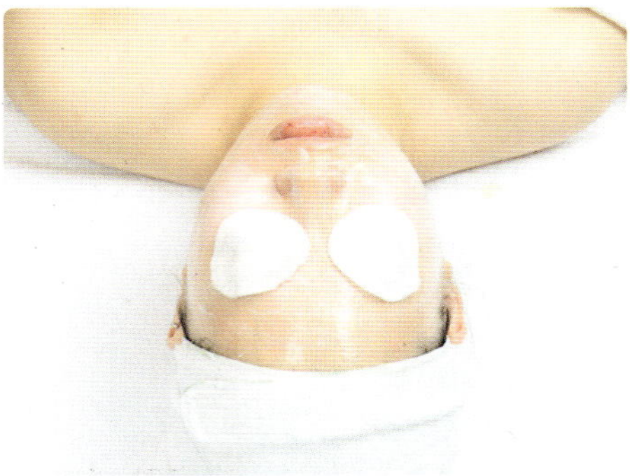
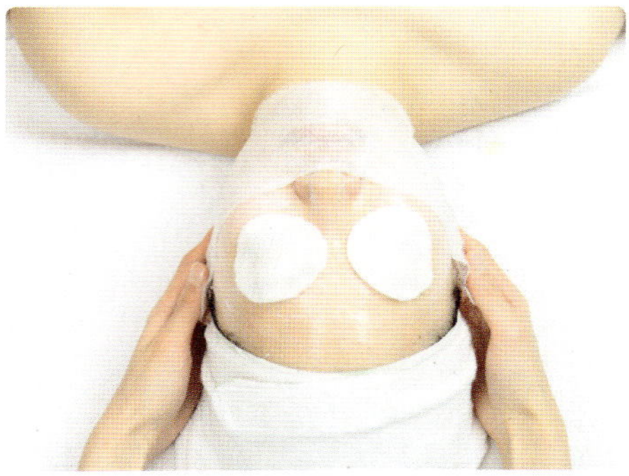
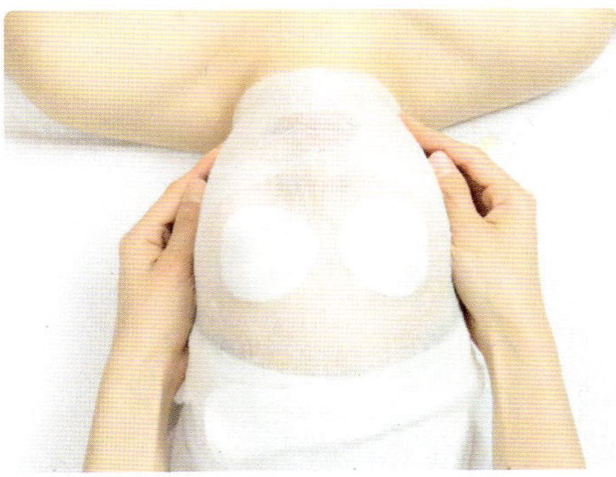
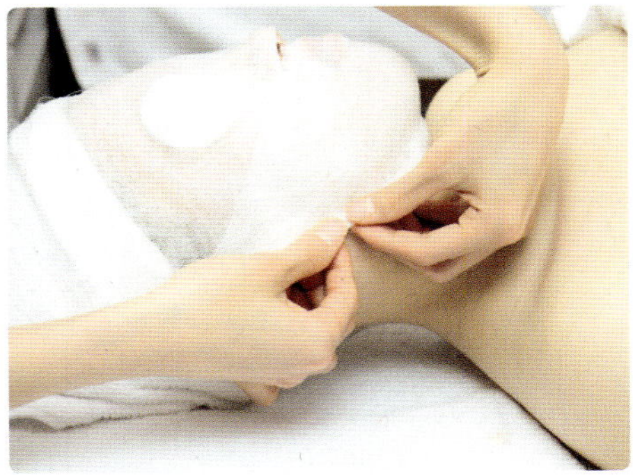

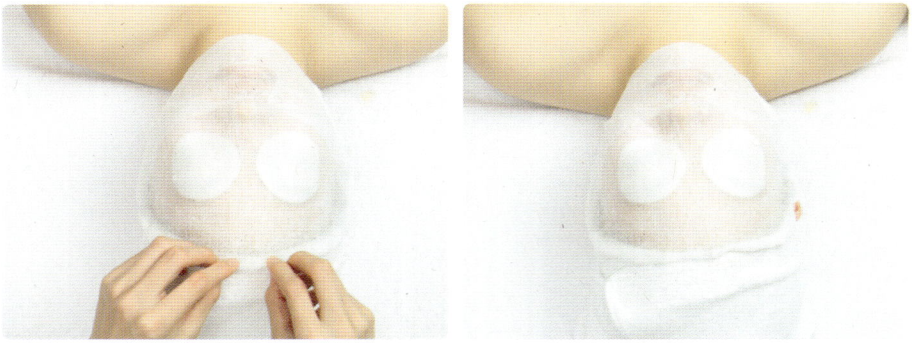

3. 화장솜과 거즈를 올린다.

4. 석고를 고르게 갠다.

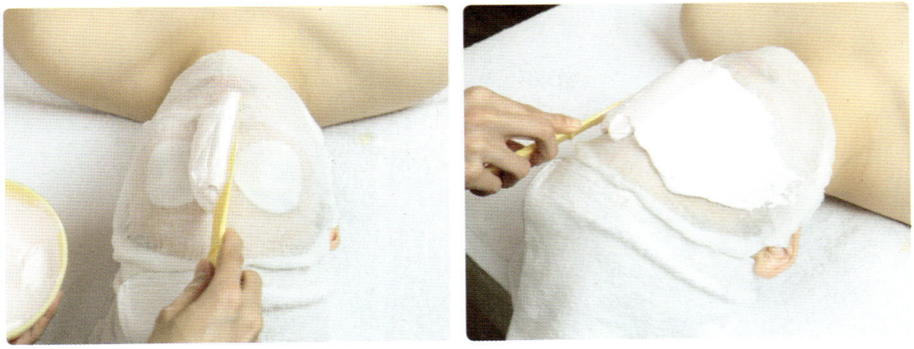

5. 얼굴 상단에 석고를 바른다.

Tip : 스파출러 정리를 깔끔하게 한 뒤에 사용한다.

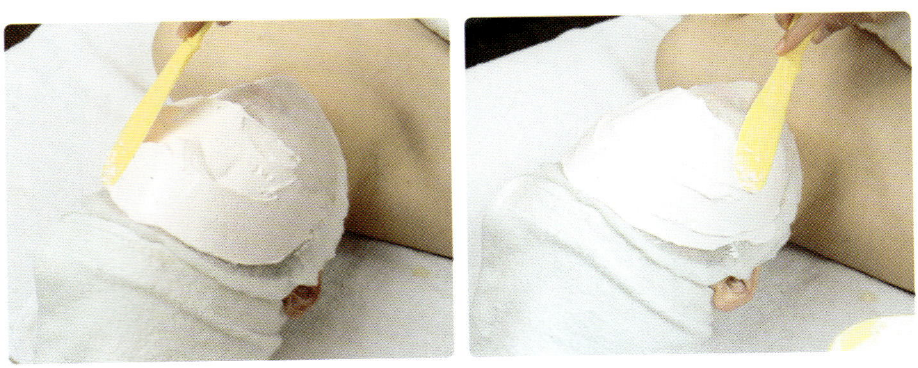

6. 얼굴 상단을 매끄럽게 정리한다.

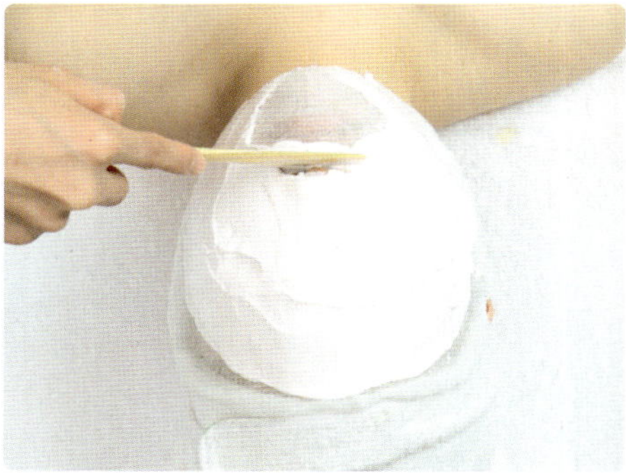
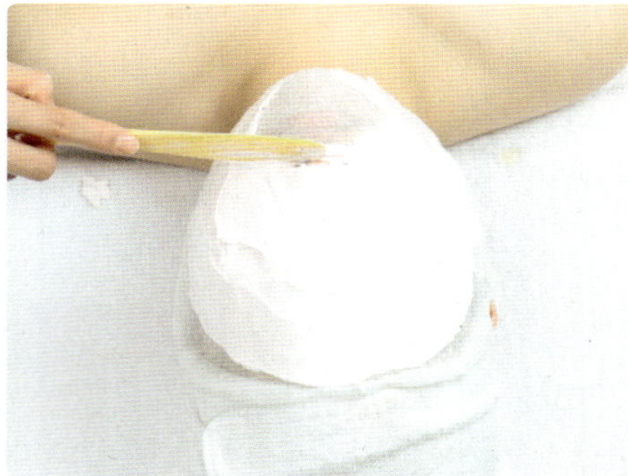
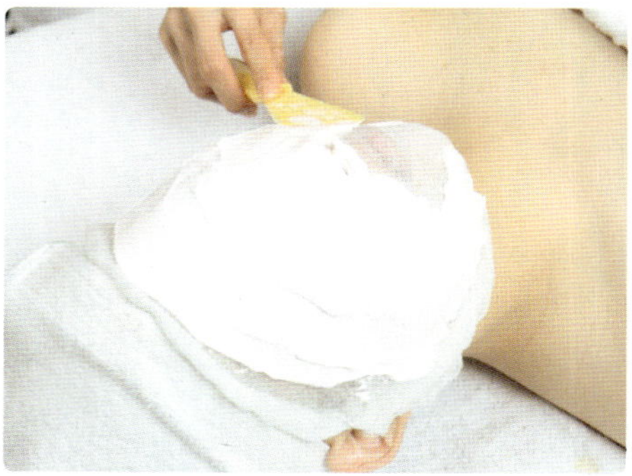
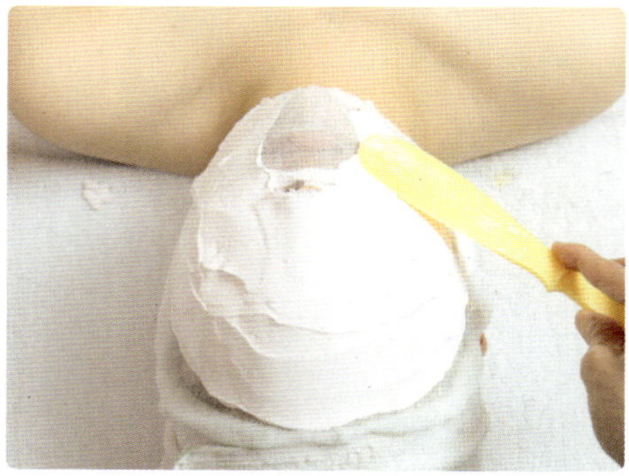

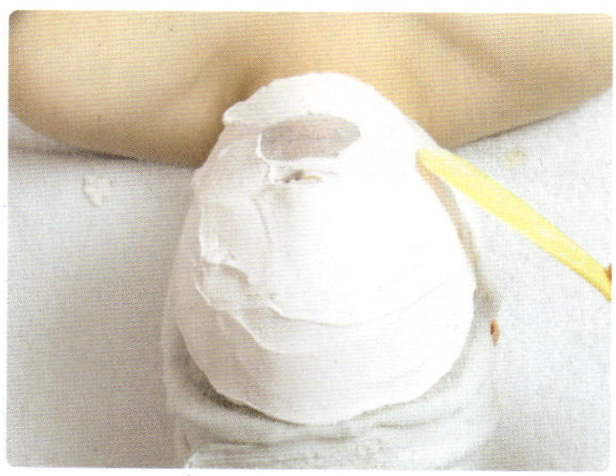
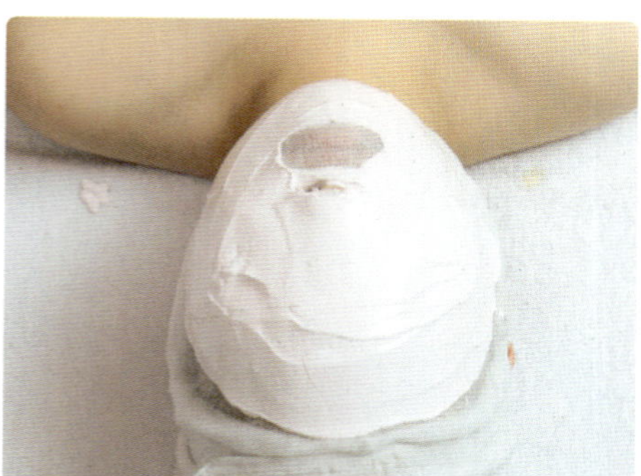

7. 볼과 입 주위에 바른다.

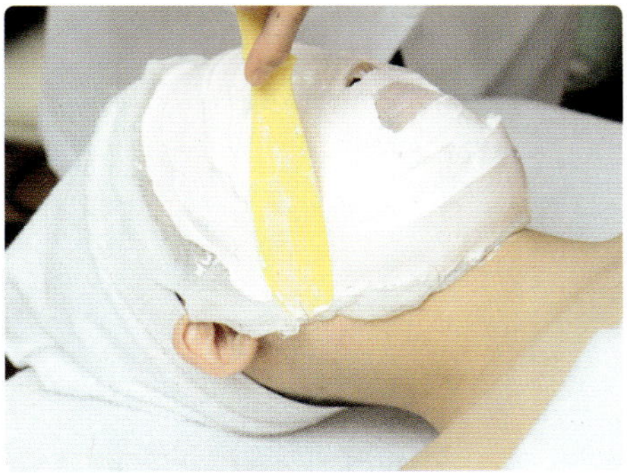
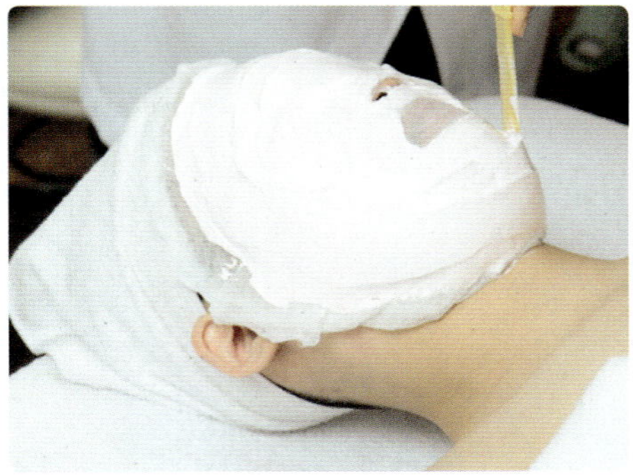

8. 턱 주위에 바른다.

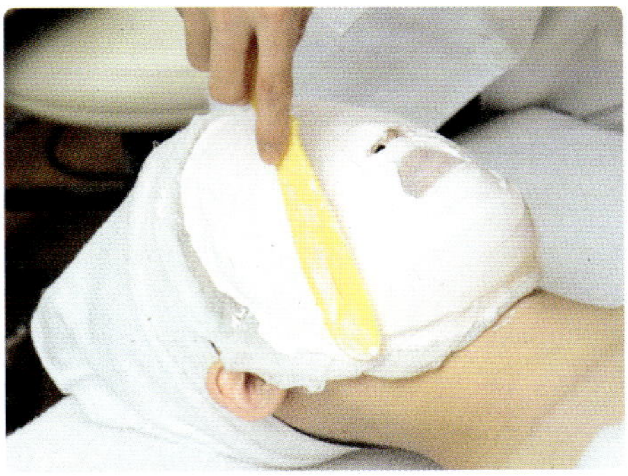
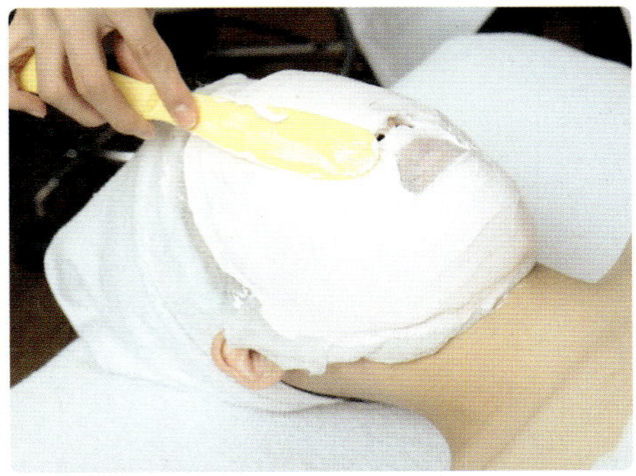
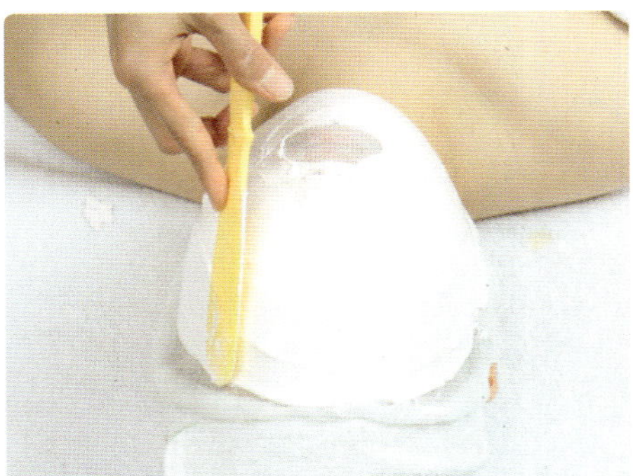
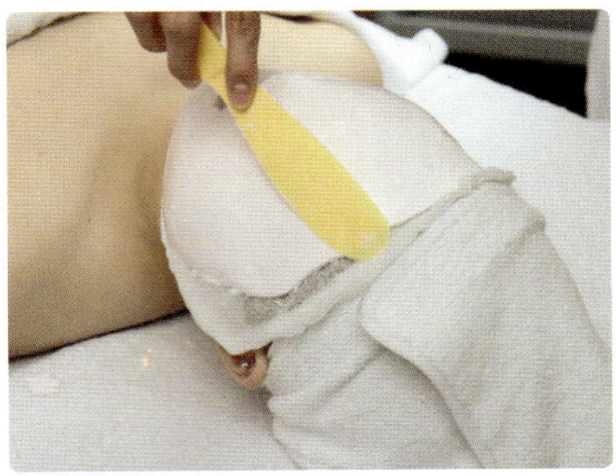
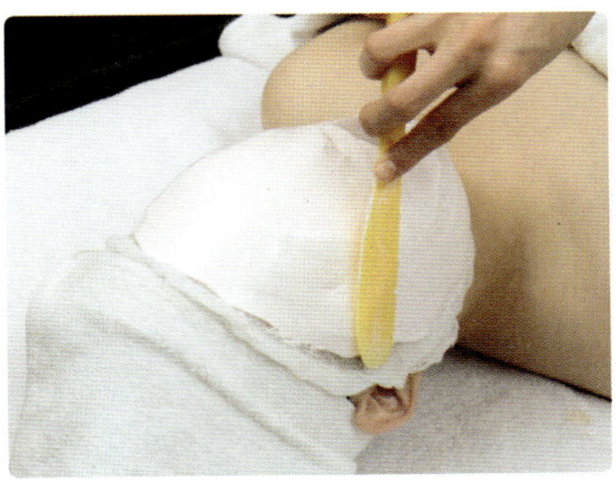
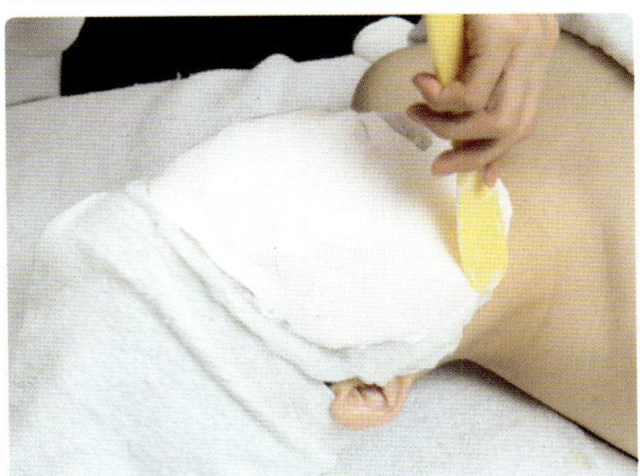

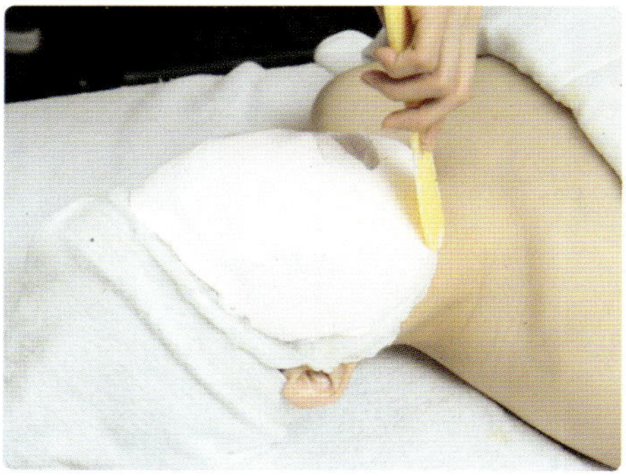

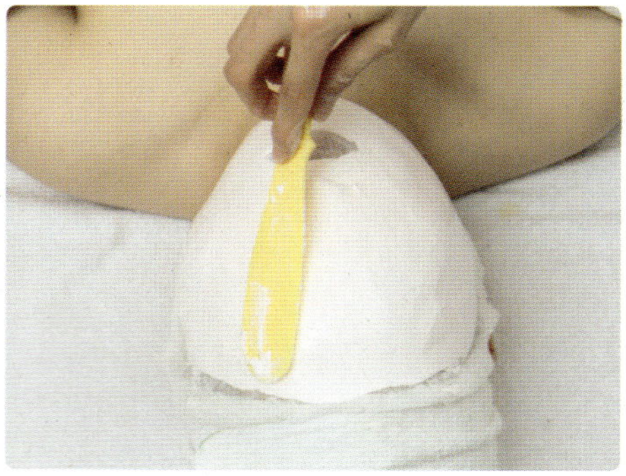

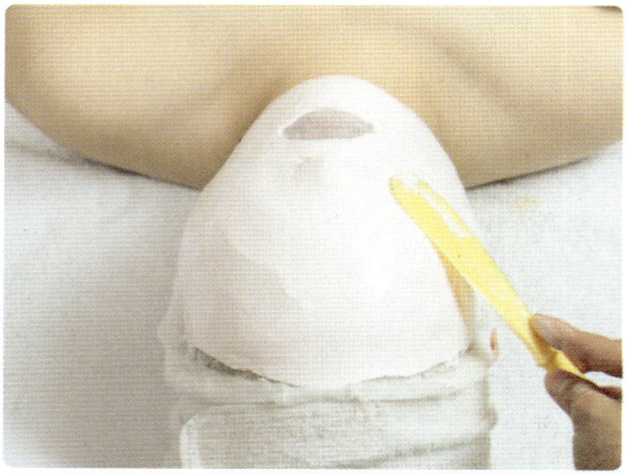

9. 스파츌러를 이용하여 매끄럽게 정리 한다.

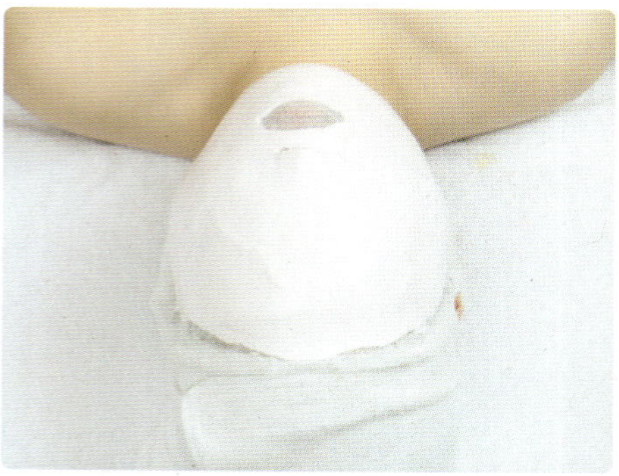

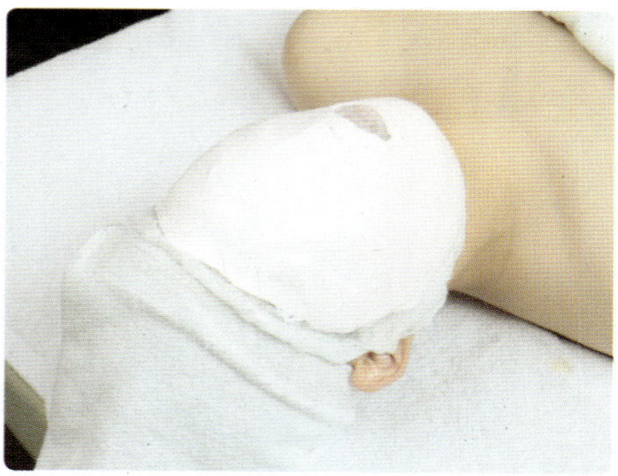

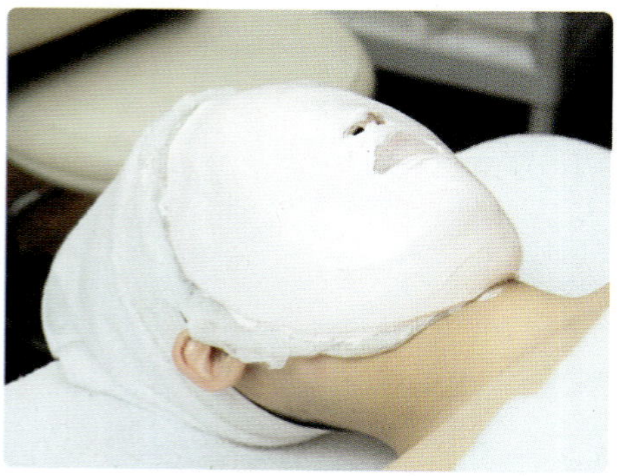

10. 완성본

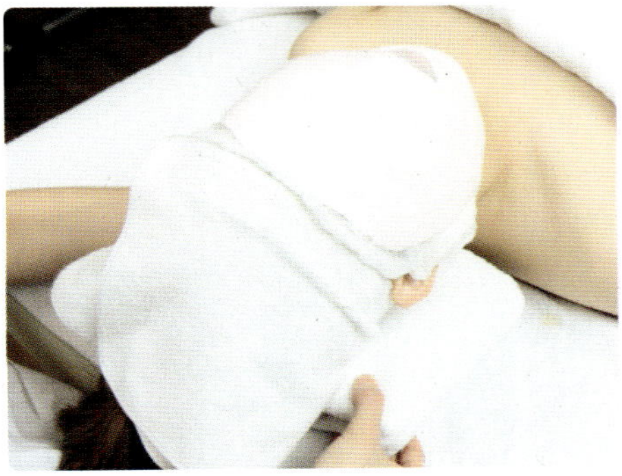

11. 고객배려 차원에서 목베개를 해 준다.

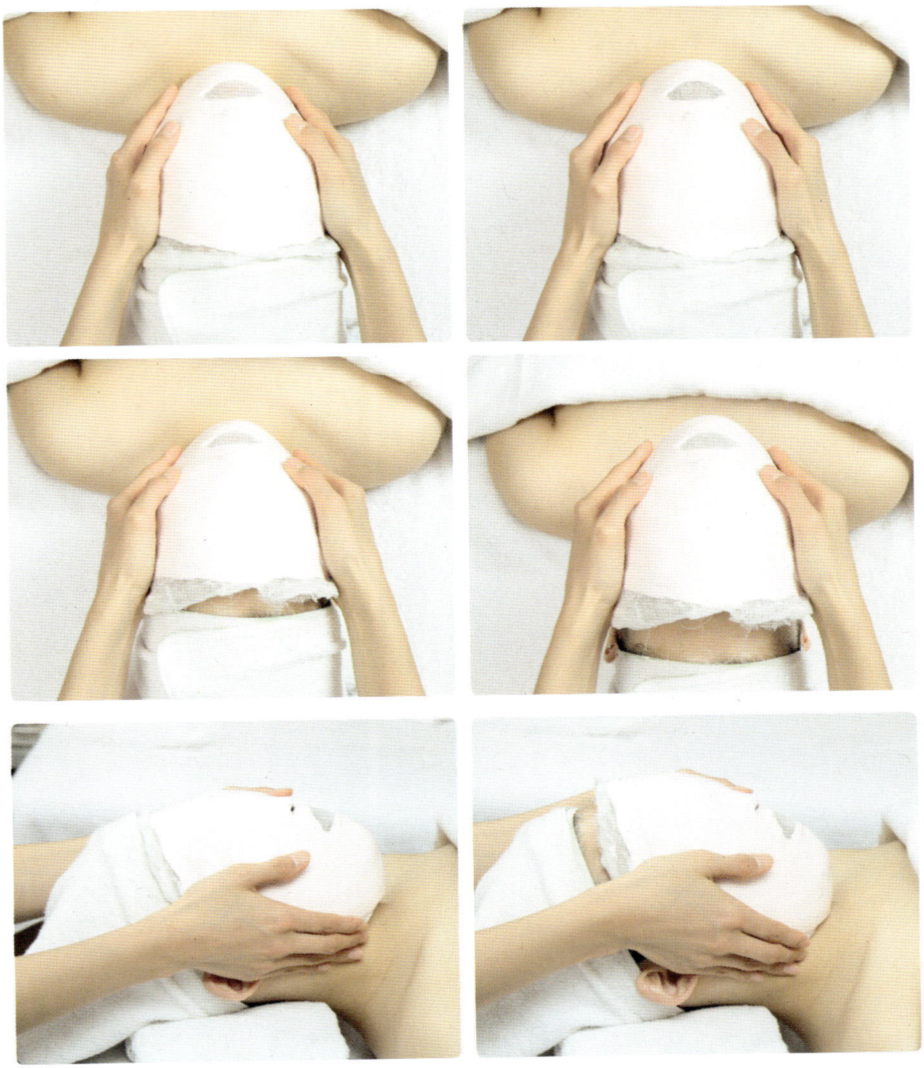

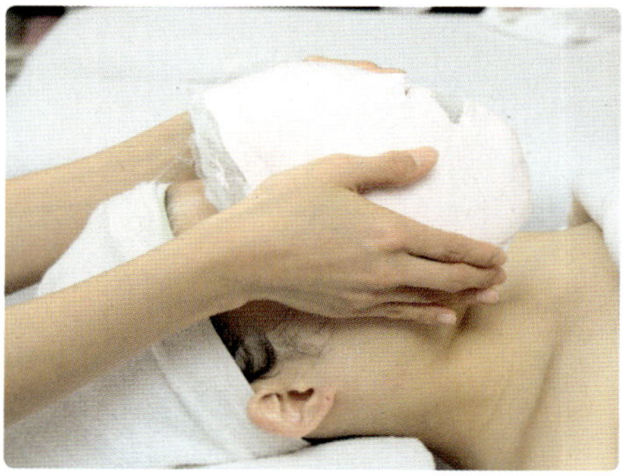

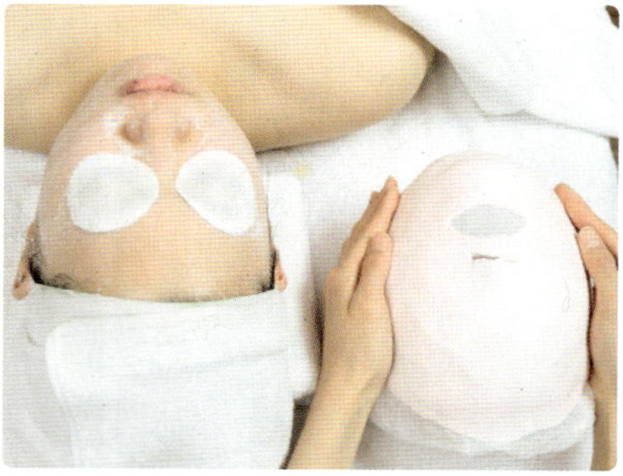

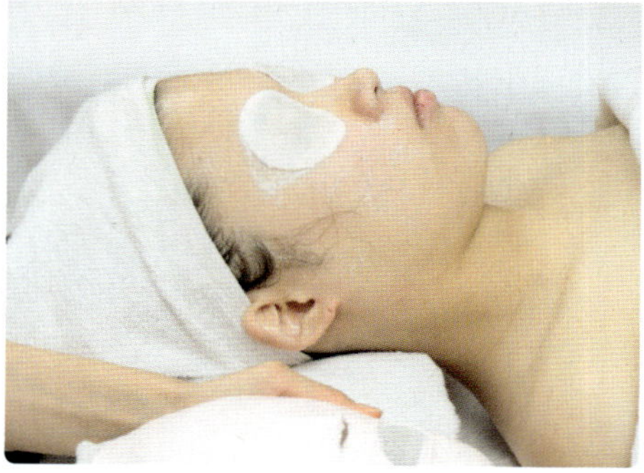

12. 마무리한다.

- 해면 사용 – 앞과 동일
- 냉습포 사용 – 앞과 동일
- 토너 사용 – 앞과 동일
- 립크림, 아이크림, 크림을 발라 준다.

Chapter 5

실무(실기)2 : 전신

1. 준비하기

1. 웨건 세팅

- 1단 : 화장수, 바디오일, 유리 볼 2개, 알코올 솜, 젖은 화장 솜, 제모 물품(라텍스 장갑, 나무 스파출러, 부직포, 종이컵, 탈컴 파우더, 족집게, 진정 겔)
- 2단 : 작은 타월 3장, 티슈
- 3단 : 바구니 1개, 쟁반

2. 체형 분석 차트

전신관리 고객카드 Ⅰ

고객 신상		
성명 :	결혼유무 :	자녀수 :
생년월일 :	전화번호 :	
주소 :		직업 :

건강 상태 (병력)					
심장질환	□	금속핀 삽입 유무	□	혈전증	□
혈압	□	당뇨	□	간질	□
최근 수술 여부	□	정맥류	□	알레르기	□
피부상태	□	최근 약물복용 여부	□	기타	□

고객 생활습관
식습관 :
운동 :
기타 기호식품 :
미용제품 :
체형관리 받은 경험 :

체형평가 및 BMI			
바디 타입 :			
Endomorph (코끼리형) □	Mesomorph (호랑이형) □	Ectomorph (기린형) □	
키 :	몸무게 :	BMI : kg/(키m)^2	
근육톤 :	좋다	보통이다	나쁘다
대퇴 (Thigh)	□	□	□
복부 (Abdomen)	□	□	□
힙 (Buttocks)	□	□	□
관리목적 :			

관리계획
기기사용 :
Massage :

홈 케어 조언
운동 :
식사 :
살롱관리 및 제품 :

전신관리 고객카드 Ⅱ

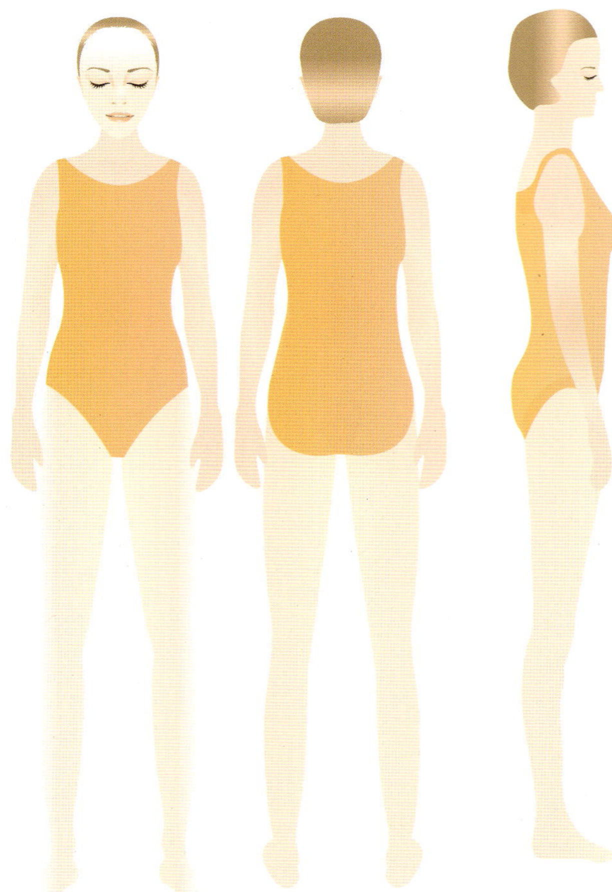

둘레 측정		전신 피부 상태 표시
가슴		지방 ××××××××× 셀룰라이트 ######### 튼살 /////////////// 근육탄력이 약한 부분 SSSSSSS ※ 사마귀, 반점, 모세혈관확장, 정맥류 등 문제가 있는 곳에 표시할 것 ※ 자세에 문제가 있는 곳에 표시할 것
허리		
골반		
둔부		
대퇴(오른쪽)		
대퇴(왼쪽)		

2. 팔 관리

1. 베드 세팅

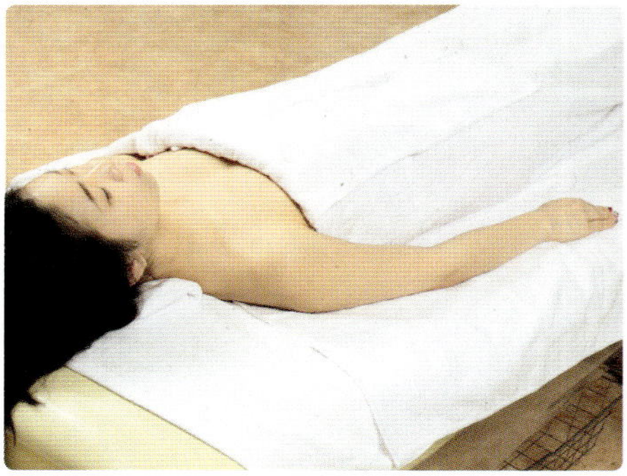

1. 큰 타월을 접어 관리할 부위(오른쪽 팔)가 드러나도록 하고, 작은 타월을 가운 속으로 집어넣어 정리한다.

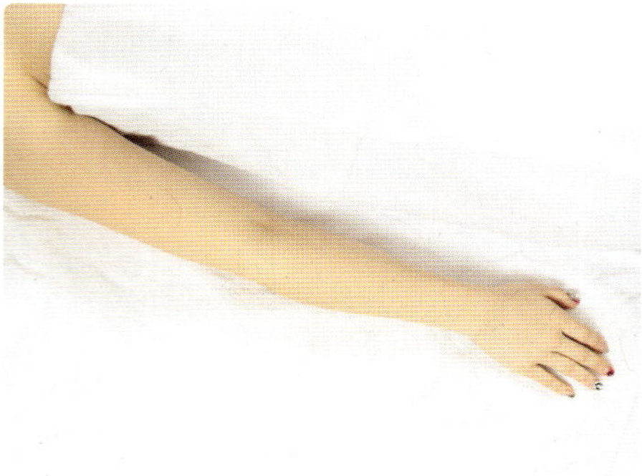

2. 관리할 부위(오른쪽 팔) 아래에 작은 타월 1장을 깔아 둔다.

2. 클렌징

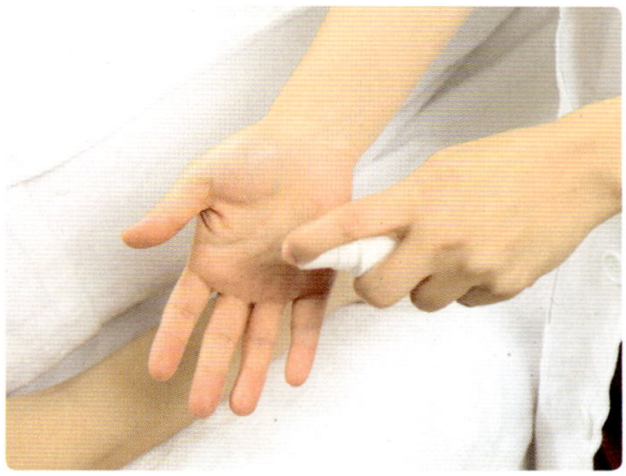

1. 관리사 손 소독

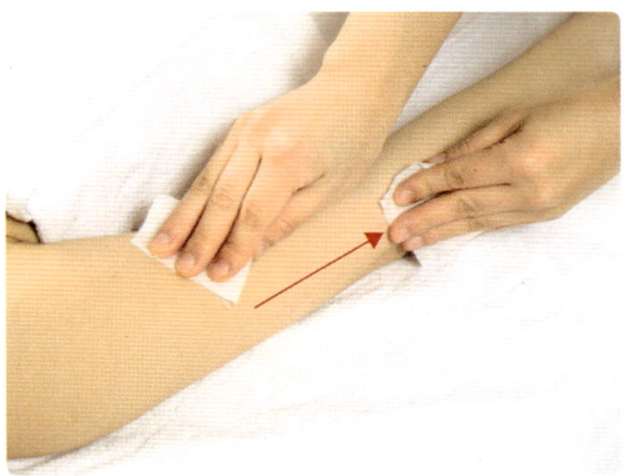

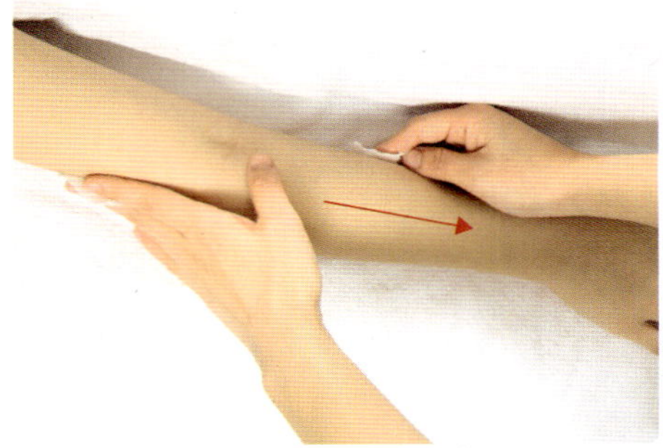

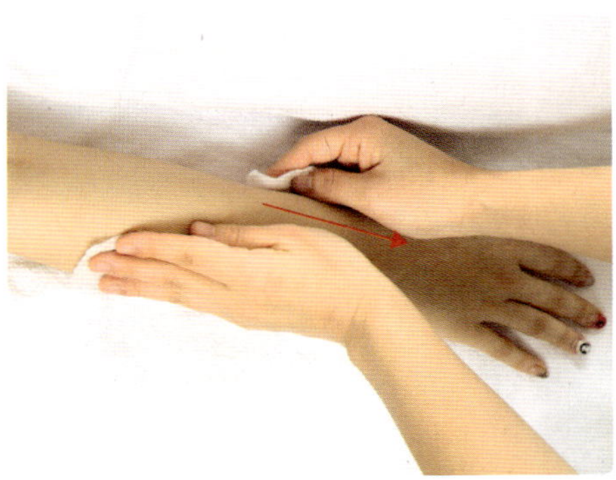

2. 젖은 화장솜에 화장수를 묻혀서 팔 전체를 클렌징한다.

3. 매뉴얼테크닉

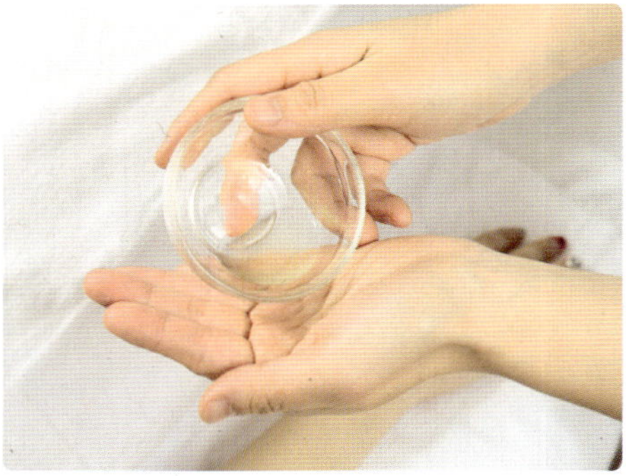

1. 손에 오일 덜기

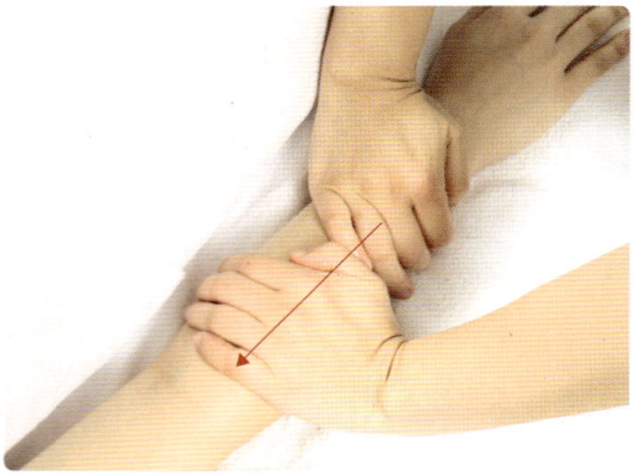

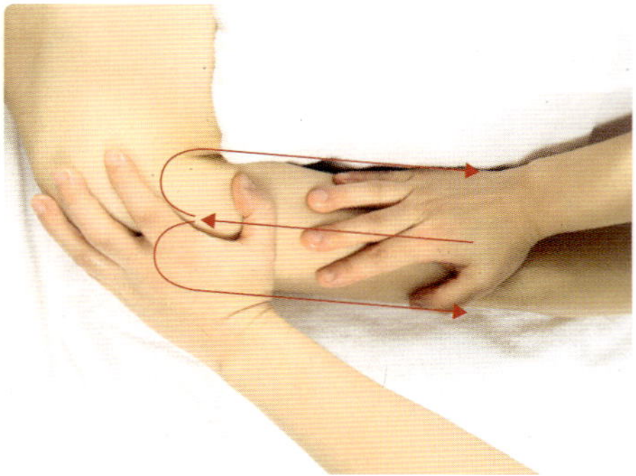

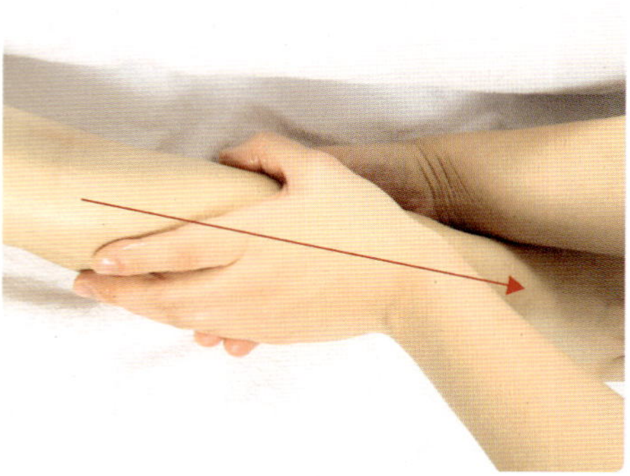

2. 오일 도포 후에 팔 전체를 쓰다듬기 해준다.

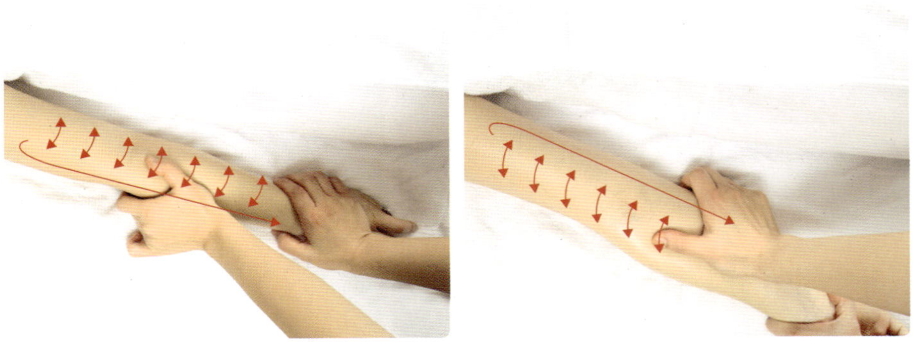

3. 팔 바깥쪽과 안쪽 나선형으로 문지르기 해준다.

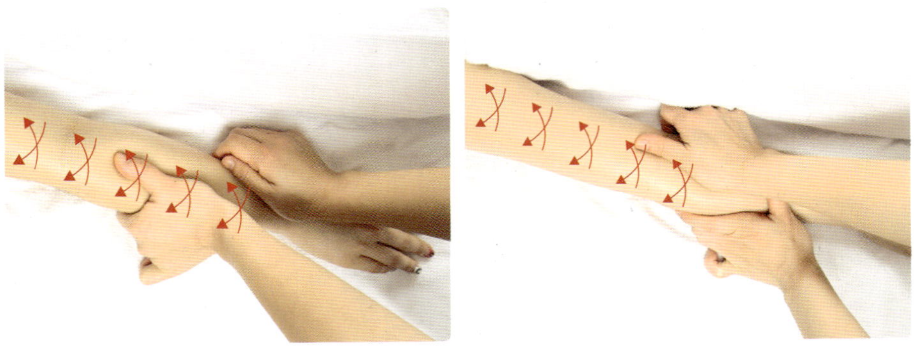

4. 팔 바깥쪽과 안쪽 양 엄지 번갈아가며 X자로 문지르기 해준다.

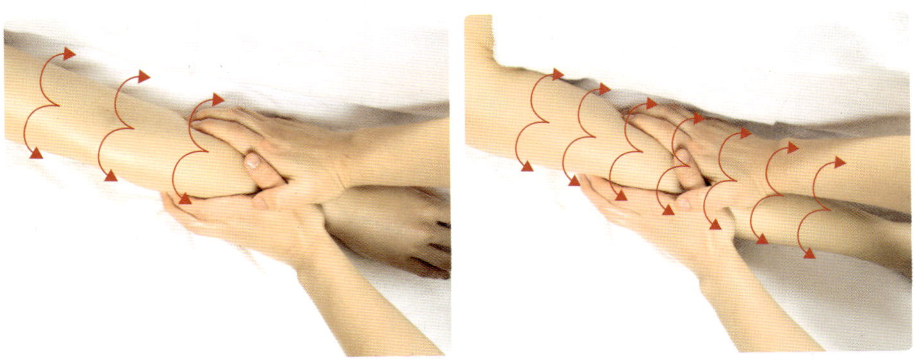

5. 팔 바깥쪽과 안쪽 하트 모양으로 문지른 후에 쓰다듬고 내려온다.

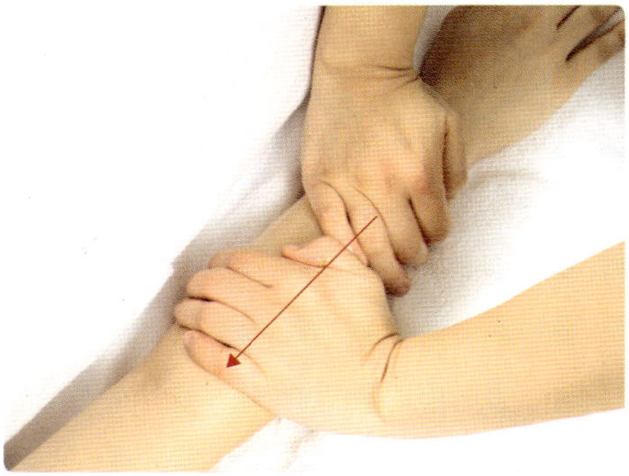
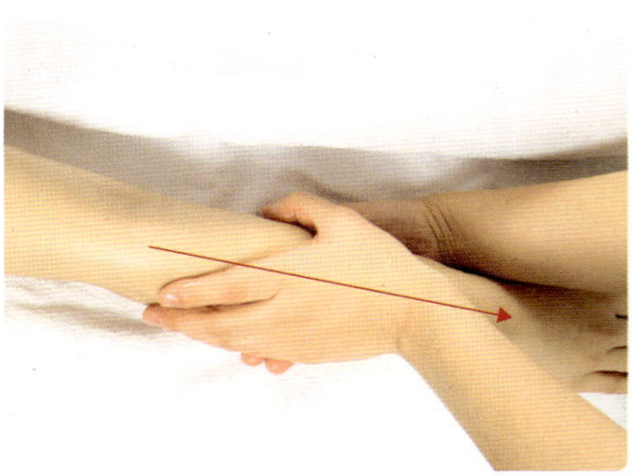

6. 팔 전체 쓰다듬기를 반복한다.

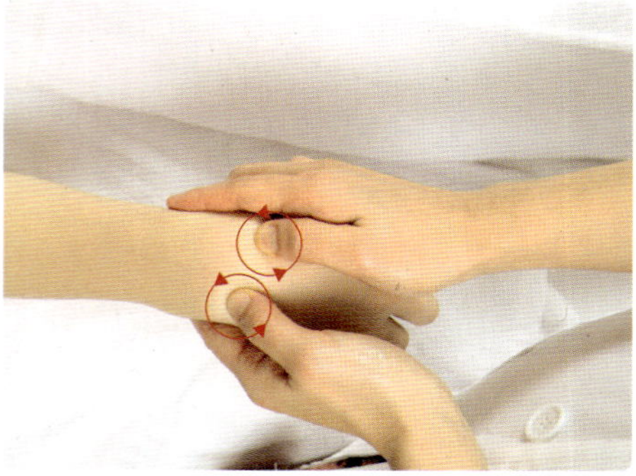
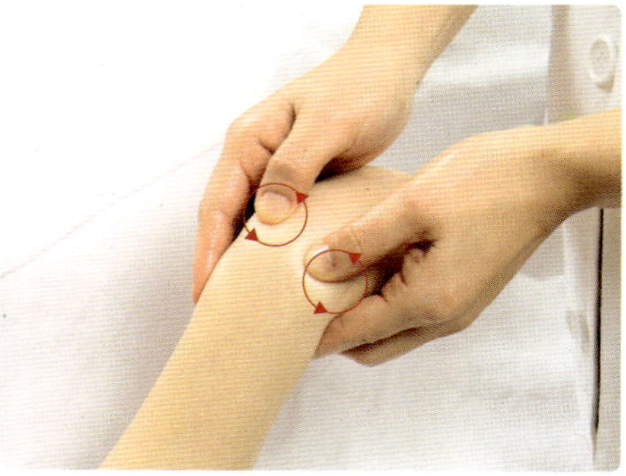

〈손등이 보이는 상태에서〉
7. 손목을 8자 모양으로 문지르기 해준다.

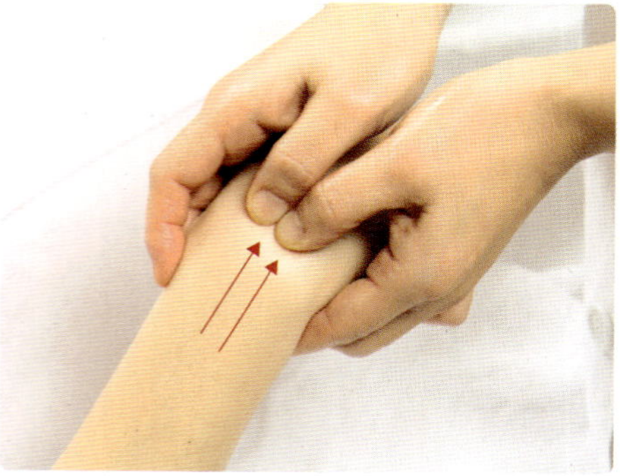
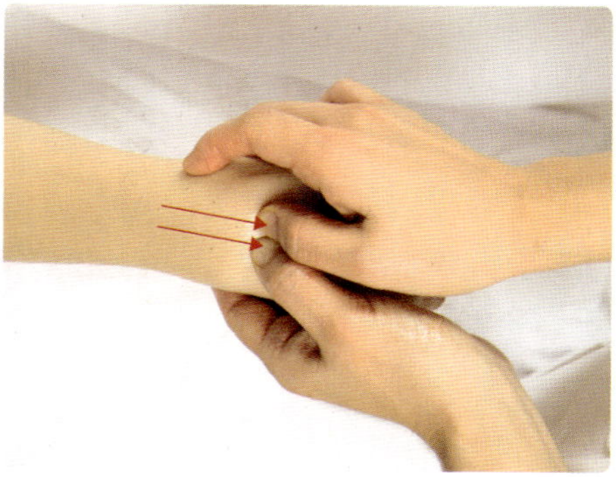

8. 손목을 11자 모양으로 문지르기 해준다.

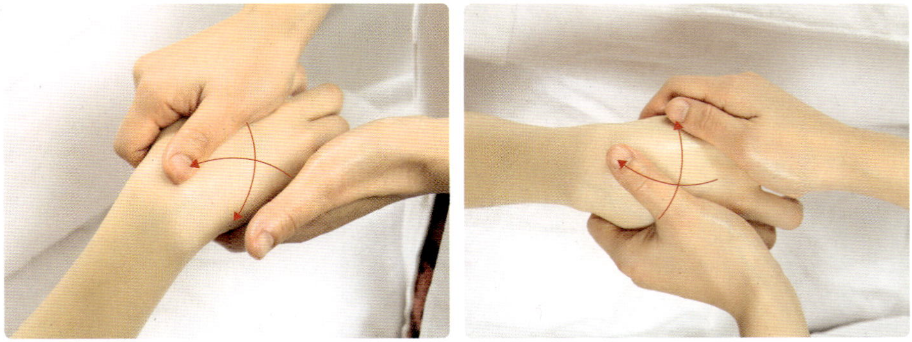

9. 양 엄지 번갈아가며 손등을 X자로 문지르기 해준다.

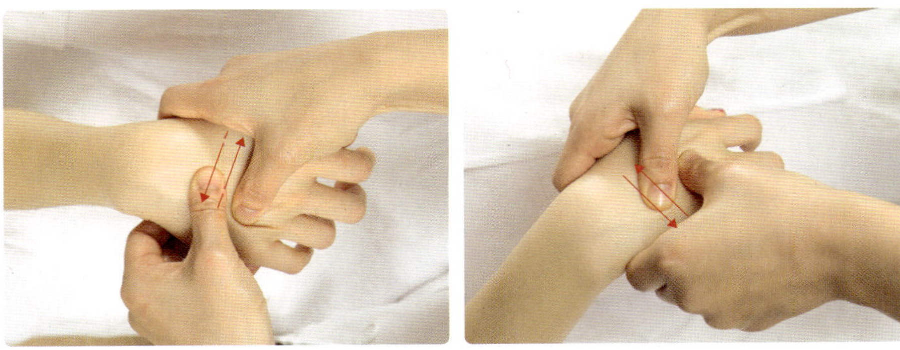

10. 양 엄지를 이용하여 손등을 지그재그로 문지르기 해준다.

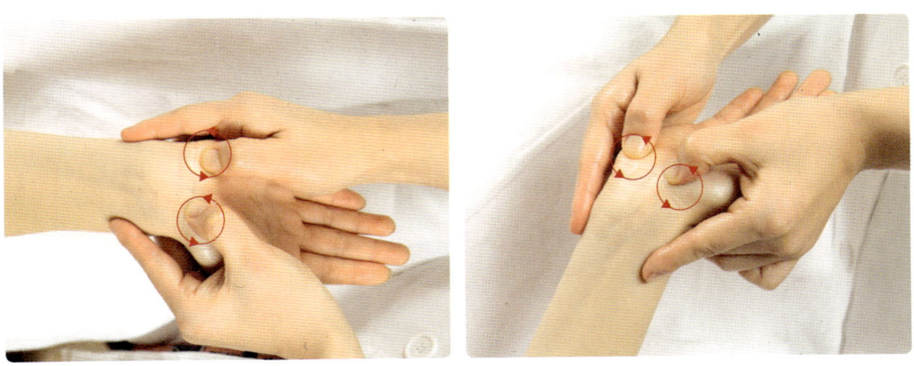

〈손바닥이 보이는 상태에서〉

11. 손목을 8자 모양으로 문지르기 해준다.

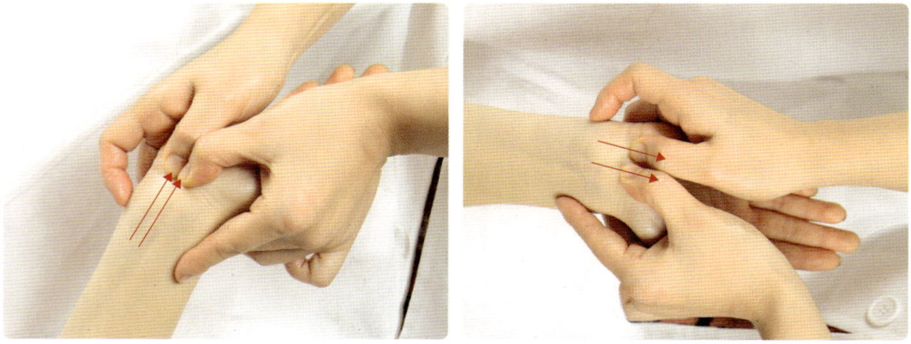

12. 손목을 11자 모양으로 문지르기 해준다.

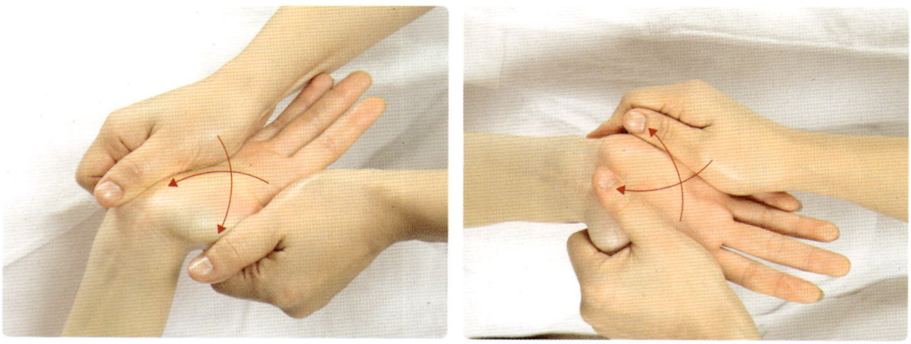

13. 양 엄지 번갈아가며 손바닥을 X자로 문지르기 해준다.

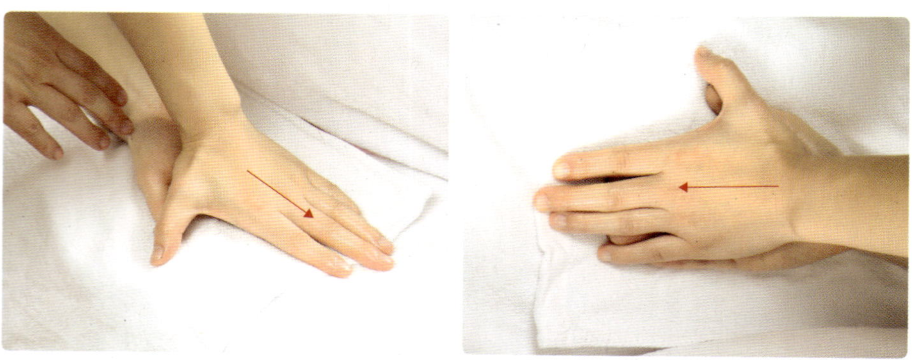

14. 양 손바닥 번갈아가며 손바닥 문지르기를 해준다.

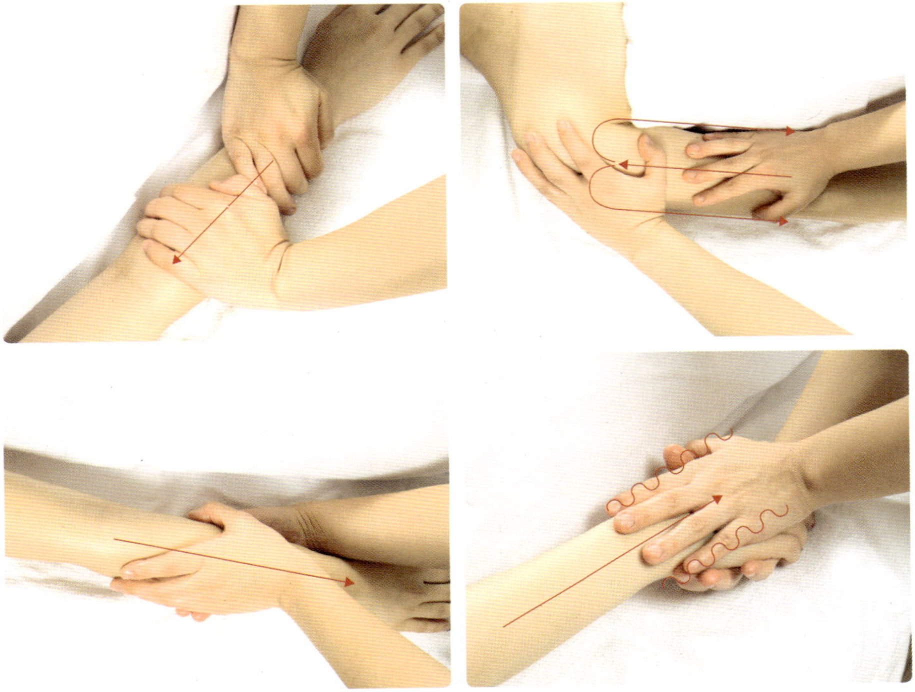

15. 팔 전체를 쓰다듬기 해준 후 진동하기로 마무리한다.

4. 온습포

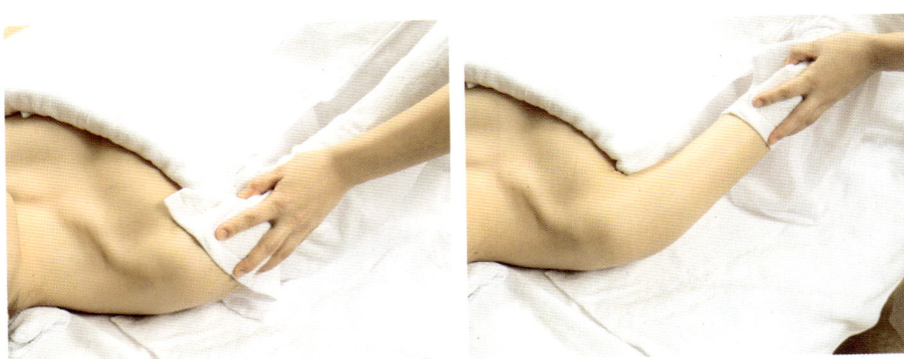

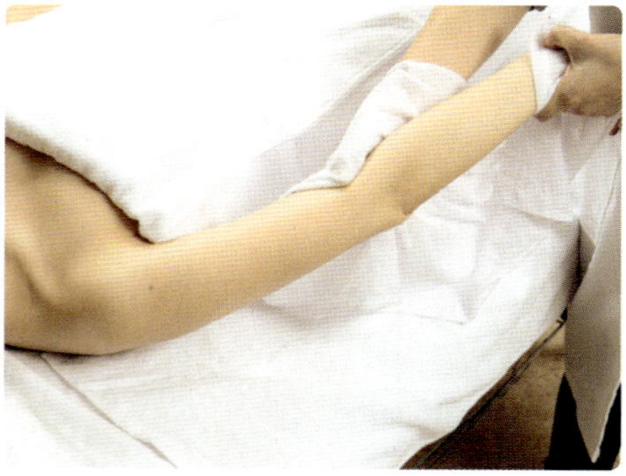
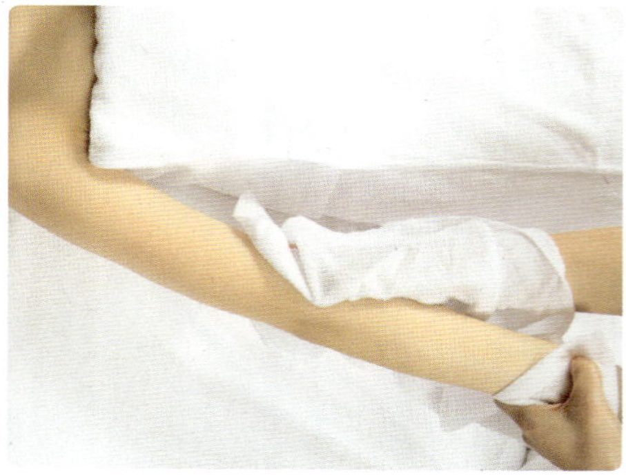

1. 온습포를 이용하여 팔 바깥쪽과 안쪽 부위를 닦아준다.

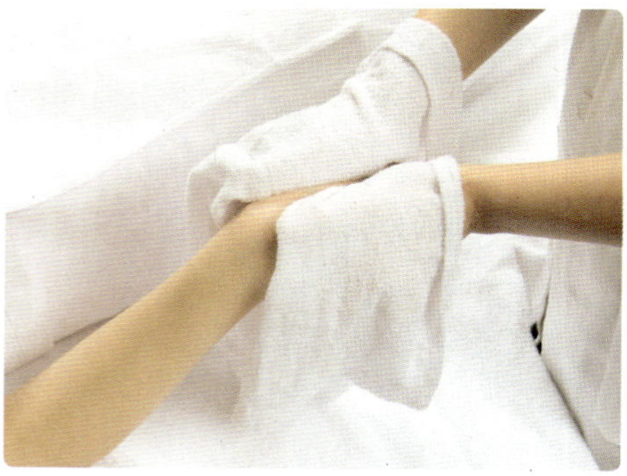

2. 양 손에 온습포를 쥐고 손등, 손바닥, 손가락 사이를 세심하게 닦아준다.

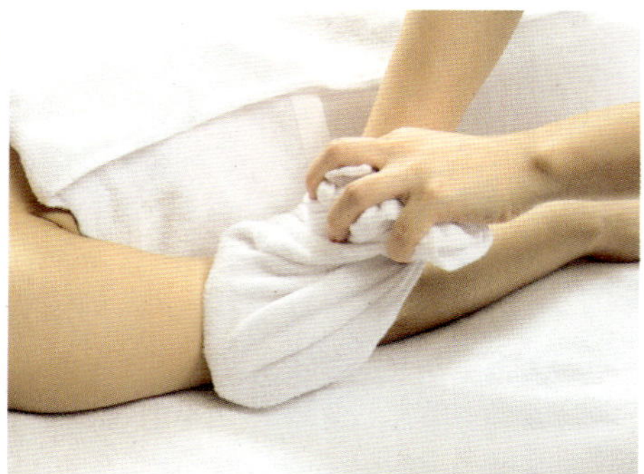

3. 손 장갑을 만들어 팔 전체를 닦아준다.

4. 온습포를 접어 어깨 뒷부분의 오일기를 제거한다.

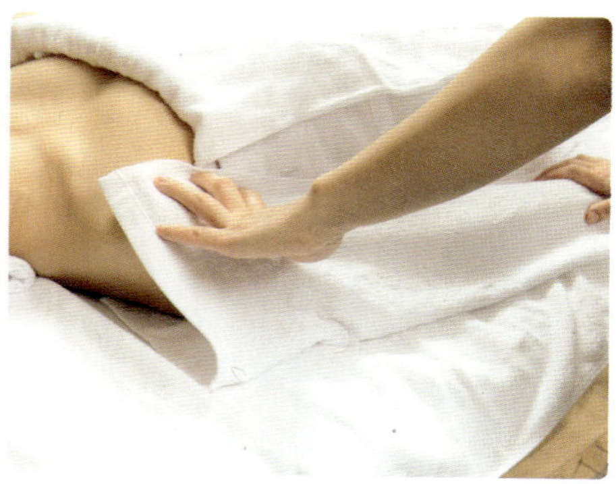

5. 마른 소타월을 이용하여 남아있는 물기를 가볍게 제거해 준다.

5. 마무리

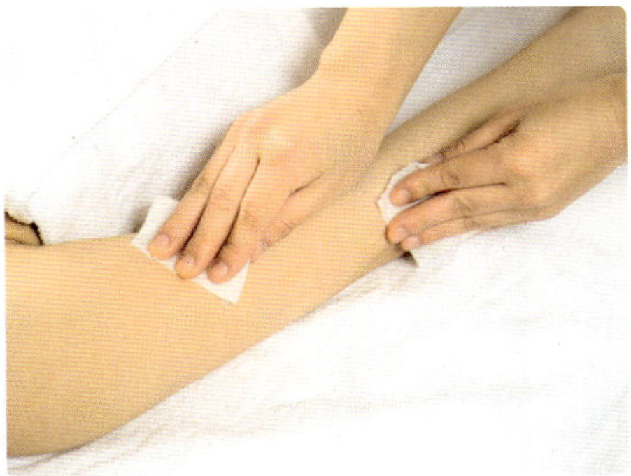

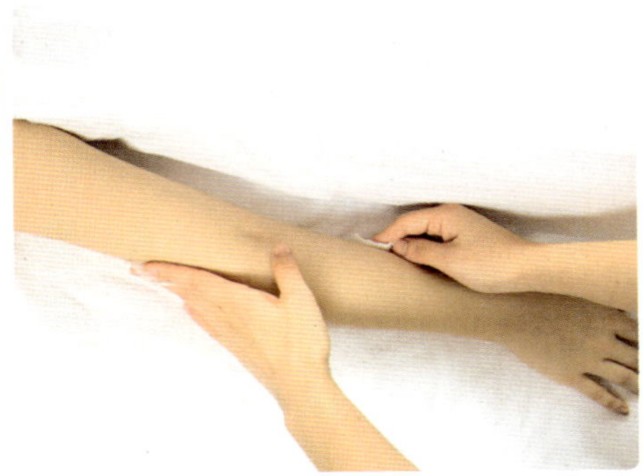

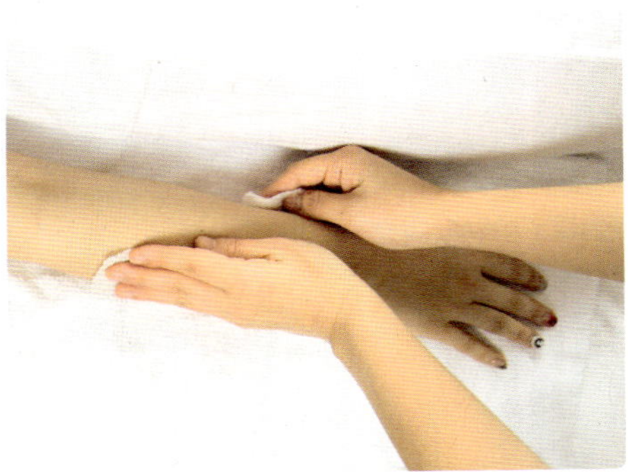

젖은 화장솜에 화장수를 묻혀서 팔 전체를 쓸어 주고 마무리한다.

3. 다리 관리(전면)

1. 베드 세팅

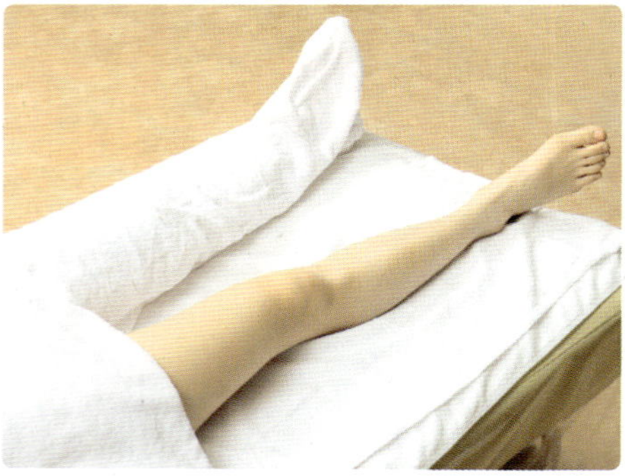

1. 대타월을 접어 관리할 다리 부위(서혜부를 제외한 오른쪽 다리 전체)가 노출이 되도록 한 후, 중타월을 이용하여 관리하지 않는 부위를 잘 감싸준다.
2. 관리할 다리 부위(서혜부를 제외한 오른쪽 다리 전체) 아래에 소타월 1장을 깔아둔다.

2. 클렌징

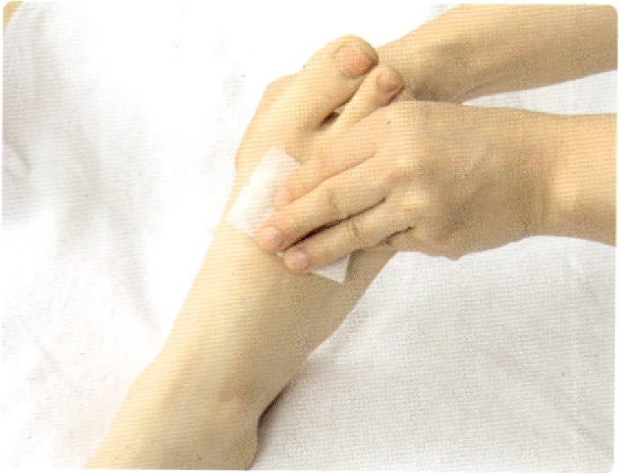

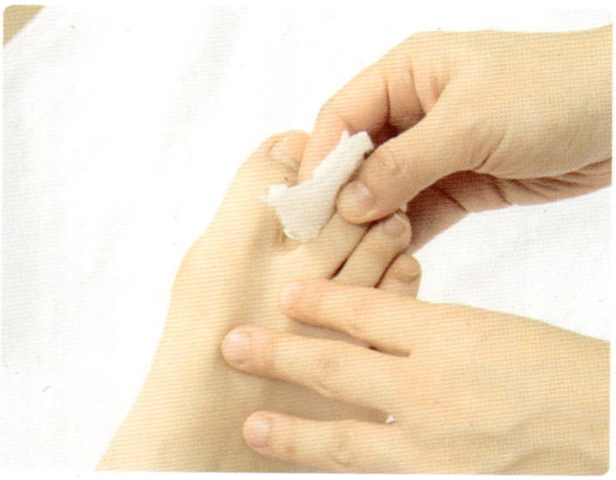

1. 발등, 발바닥, 발가락 사이를 알코올 솜으로 소독한다.

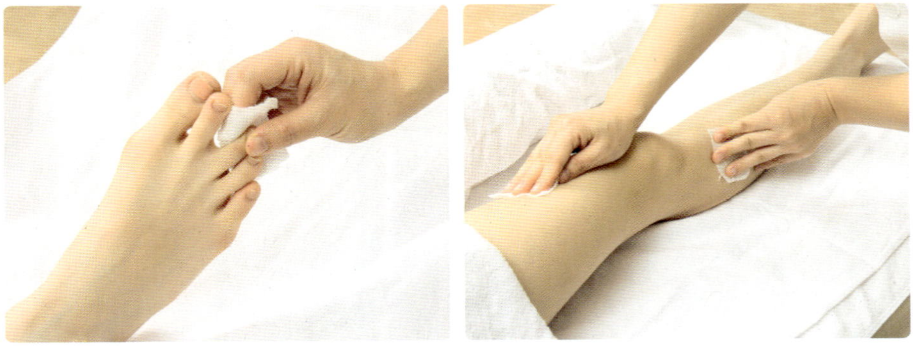

2. 젖은 화장솜에 화장수를 묻혀서 다리 전체를 클렌징한다.

3. 매뉴얼테크닉

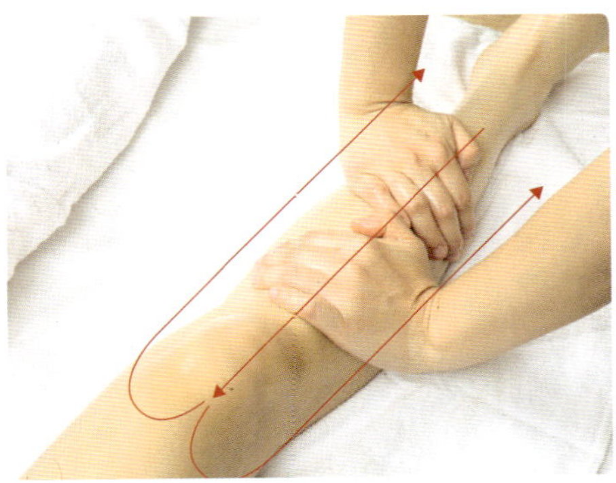

1. 오일 도포 후에 다리 전체를 쓰다듬기 해준다.

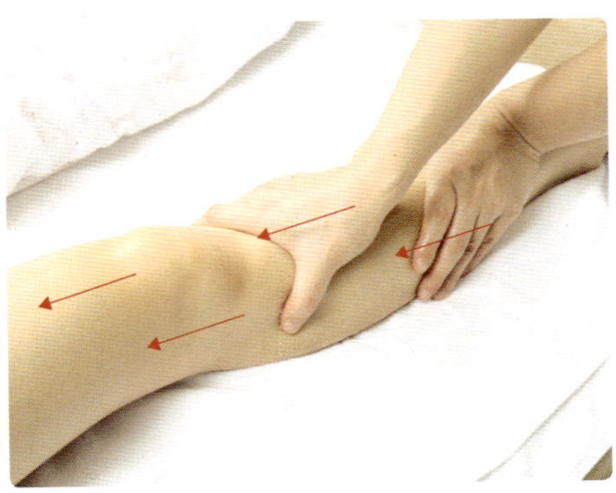

2. 양손 번갈아가며 발목에서 대퇴부 위까지 밀어 준다.

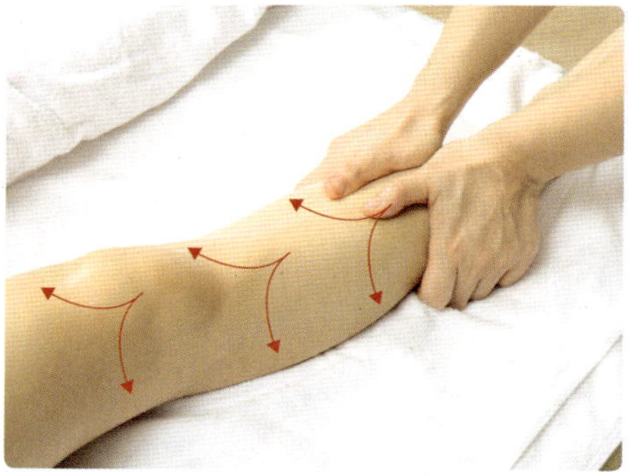

3. 양 엄지와 수근을 이용하여 하트 모양으로 문지르기 해준다.

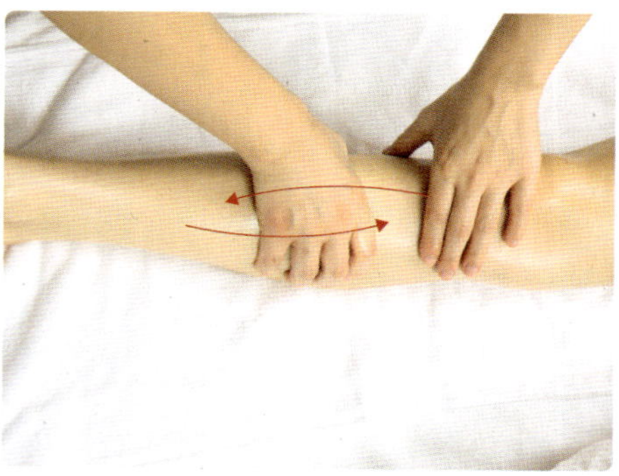

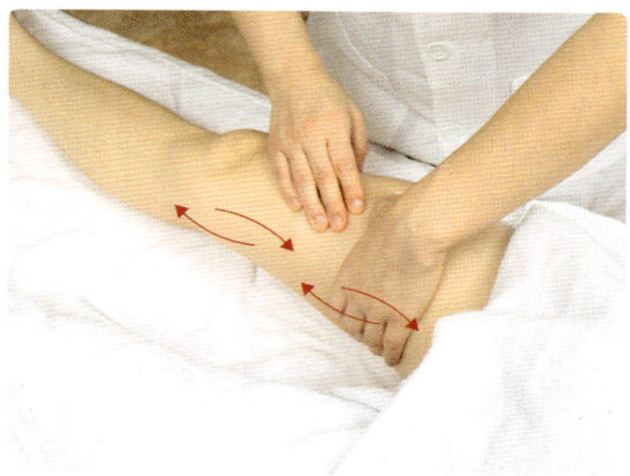

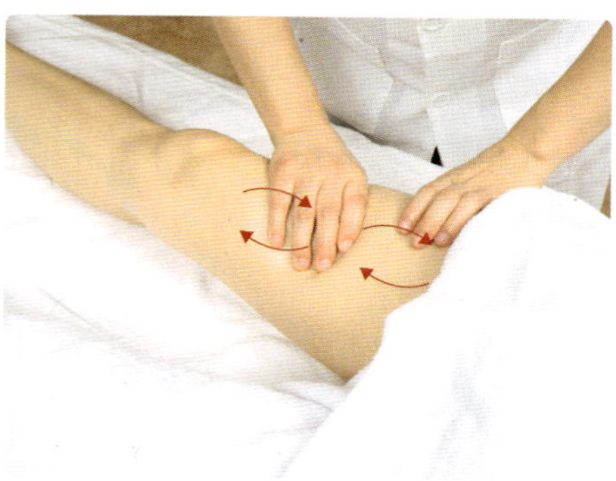

4. 하퇴 부위와 대퇴 부위(안쪽, 바깥쪽)를 주무르기 해준다.

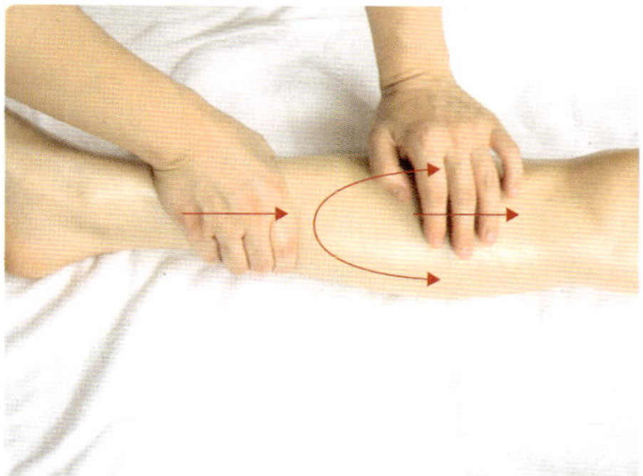

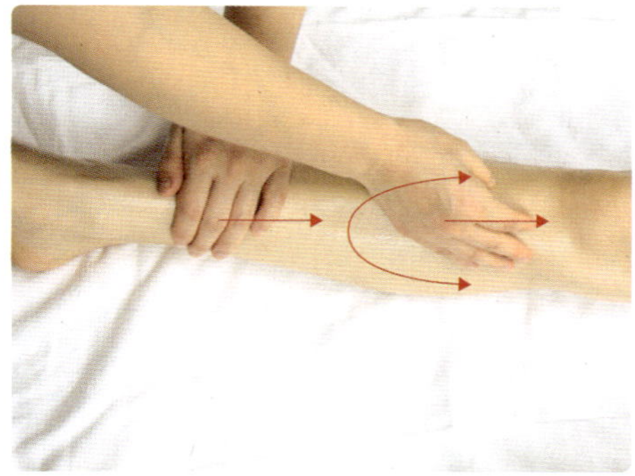

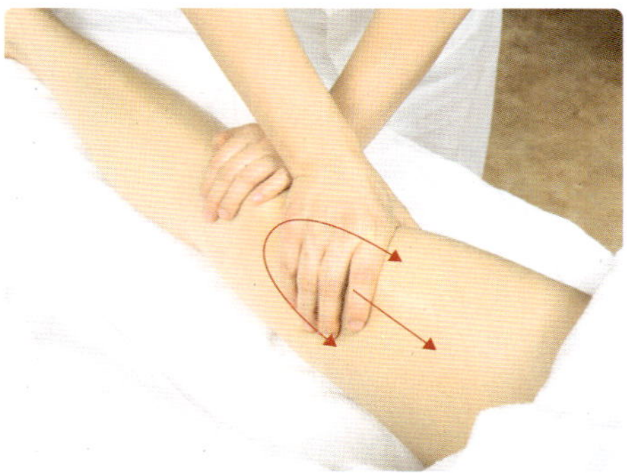

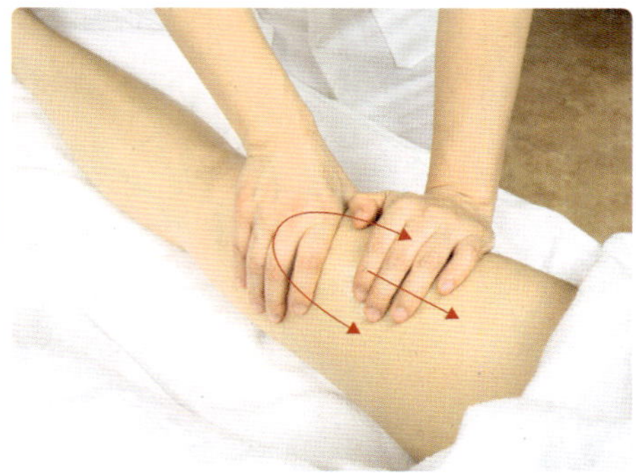

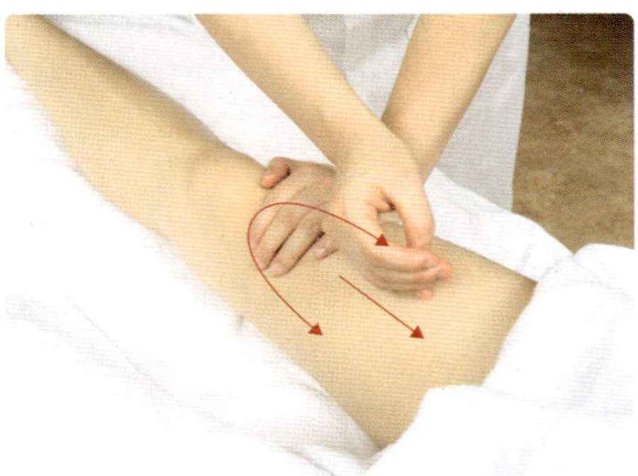

5. 발목에서 대퇴 부위까지 한 손으로 스퀴징(Squeezing) 후에 다른 한 손으로 이완하기를 반복한다.

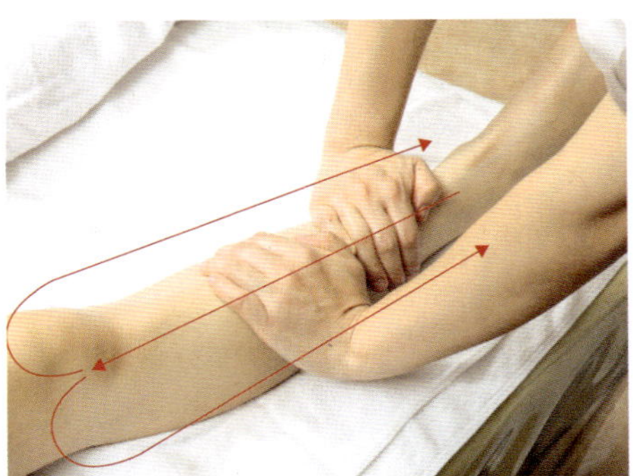

6. 다리 전체 쓰다듬기를 반복한다.

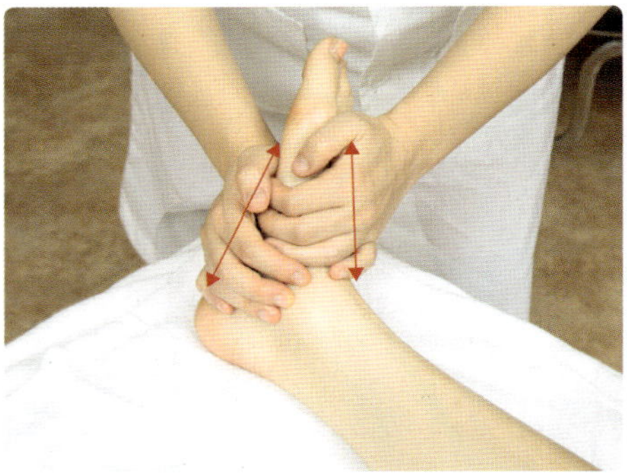

7. 양 손바닥으로 발등과 발바닥을 동시에 쓸어 준다.

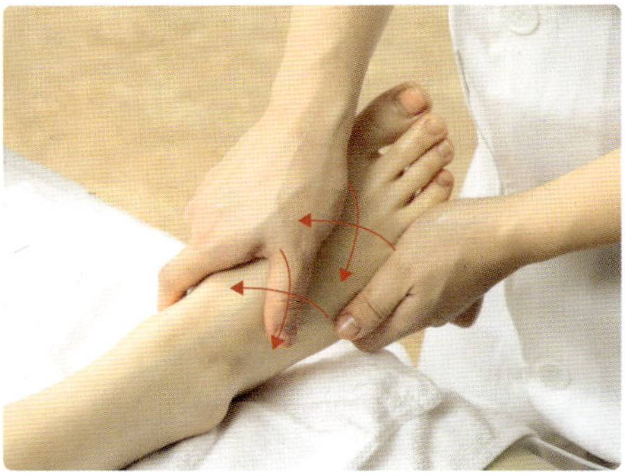

8. 양 엄지 번갈아가며 발등을 X자로 문지르기 해준다.

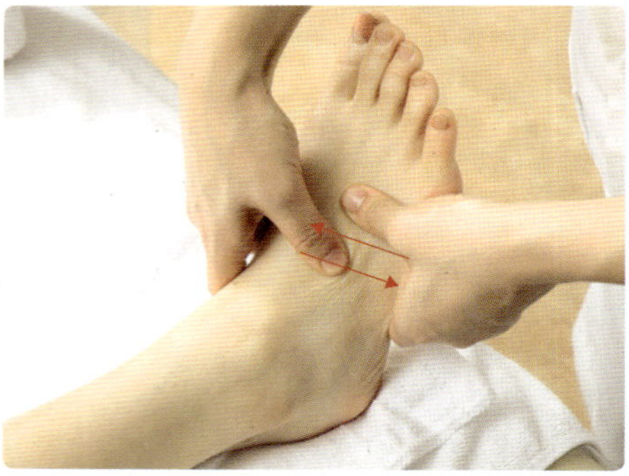

9. 양 엄지를 이용하여 발등을 지그재그로 문지르기 해준다.

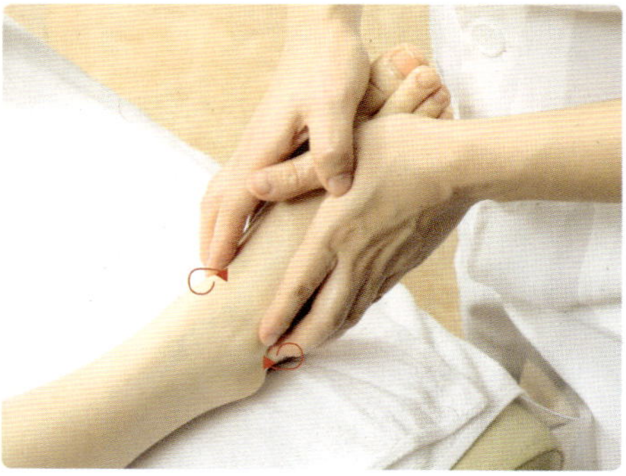

10. 복숭아뼈 둘레를 마찰해 준다.

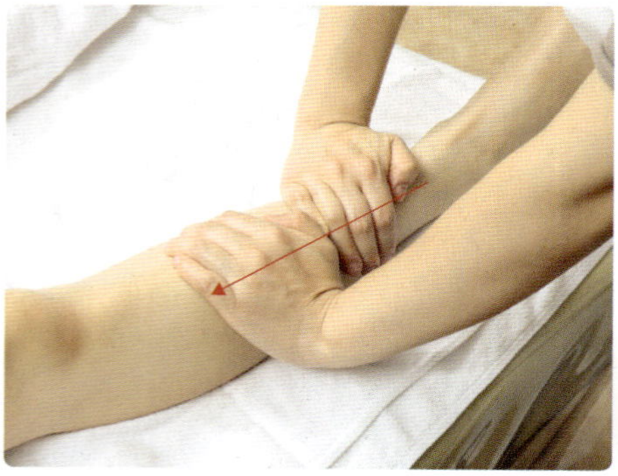

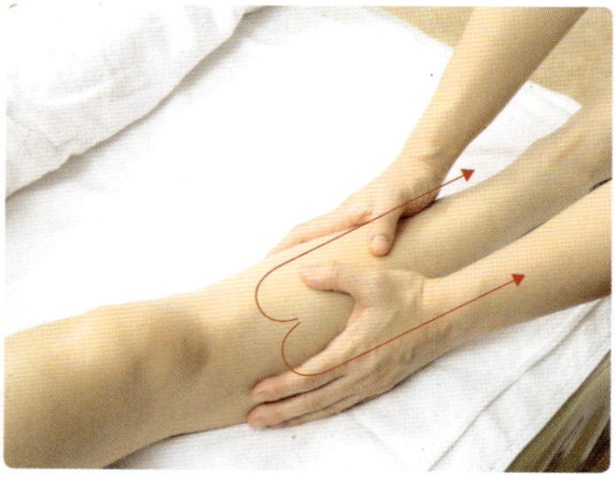

11. 하퇴 부위를 쓰다듬기 해준다.

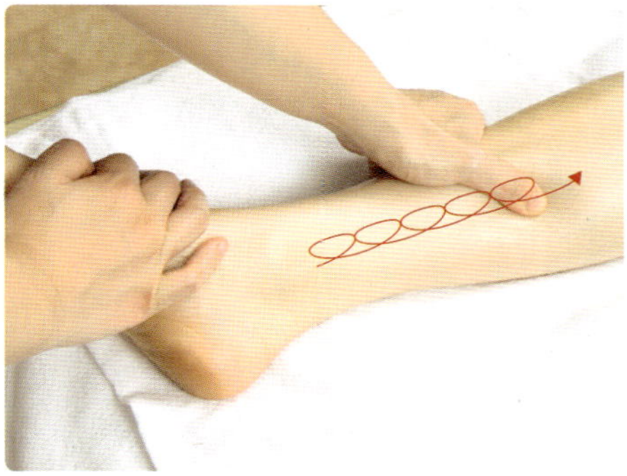

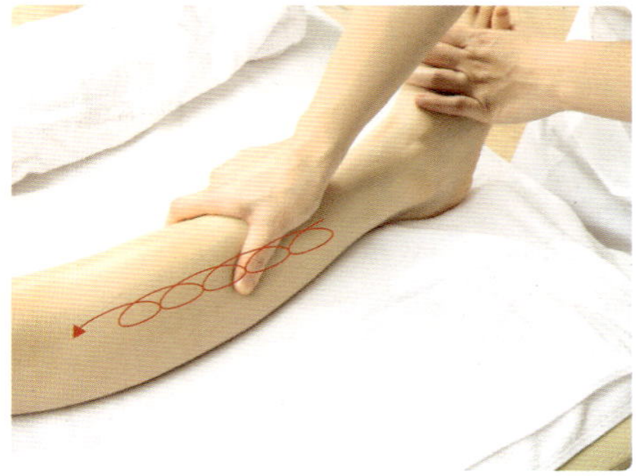

12. 경골 기준으로 하퇴 부위 안쪽과 바깥쪽을 나선형으로 문지르기 해준다.

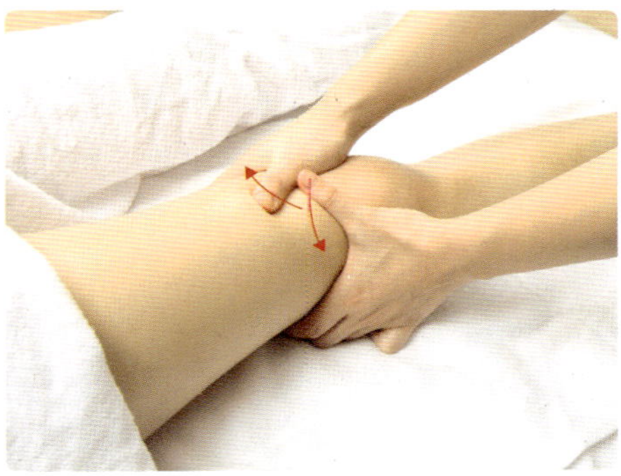

13. 양 엄지를 번갈아 가며 무릎 윗 부분을 문지르기 해준다.

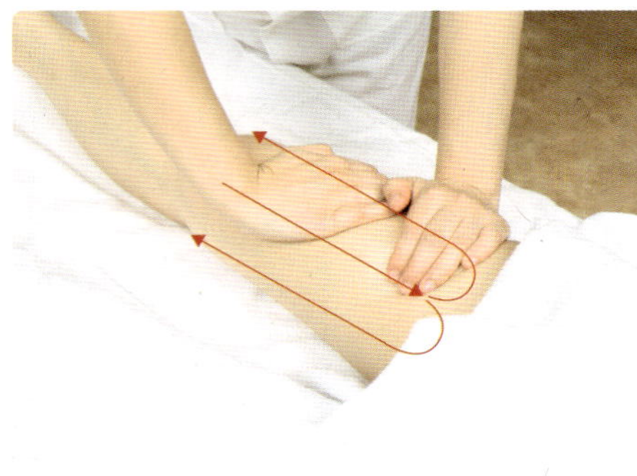

14. 대퇴 부위를 쓰다듬기 해준다.

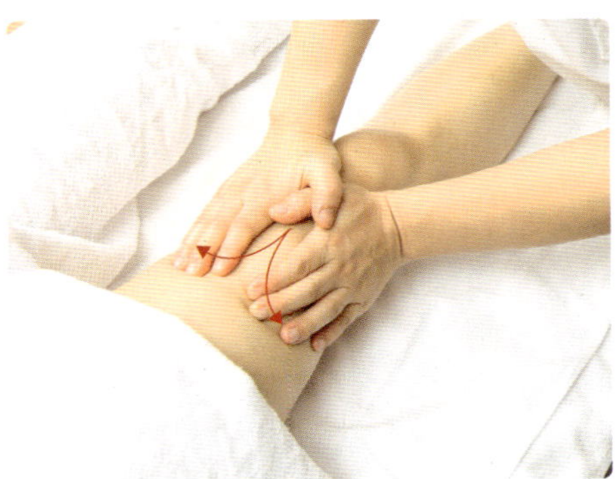

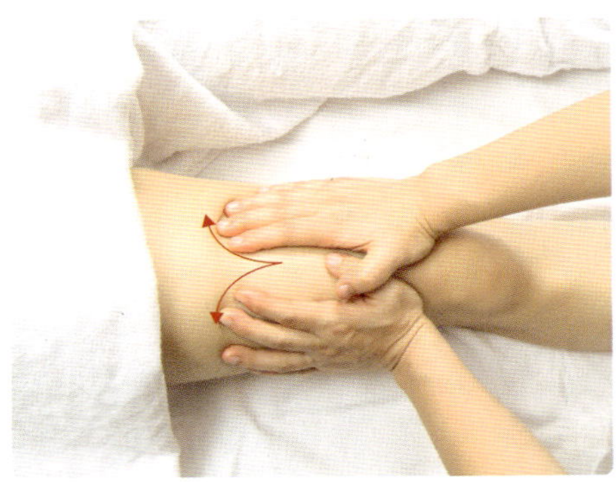

15. 양 손바닥을 이용하여 대퇴 부위 하트모양으로 문지르기 해준다.

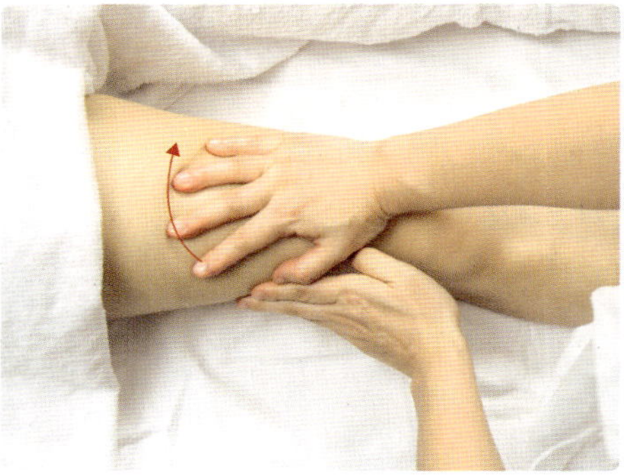
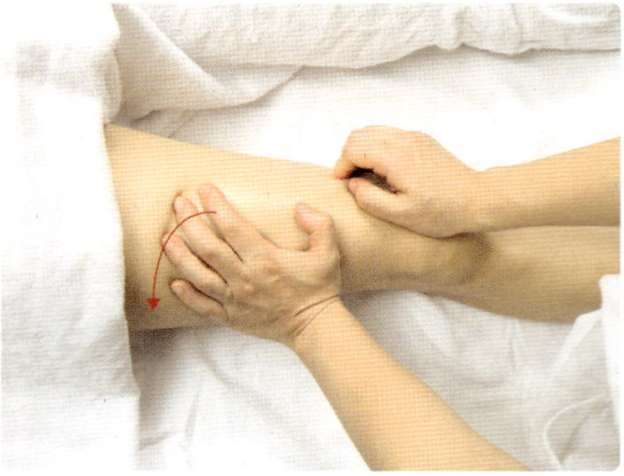

16. 양 손바닥을 번갈아가며 대퇴 부위를 X자로 문지르기 해준다.

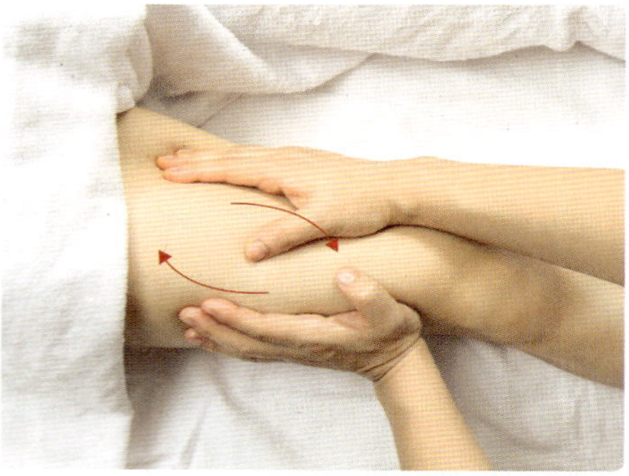
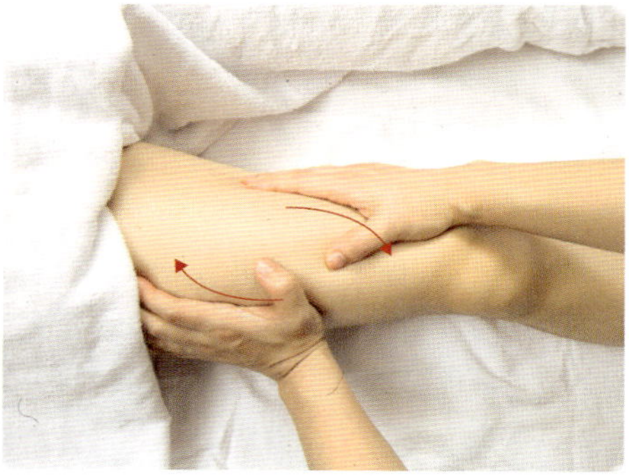

17. 대퇴직근에 양 손바닥을 밀착하여 쓸어 준다.

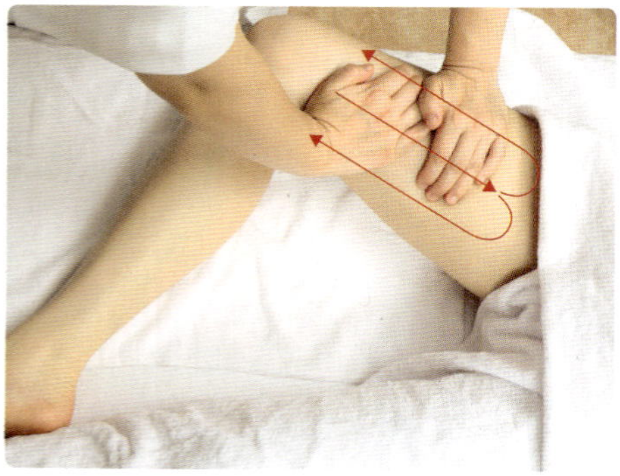

18. 다리를 접어 대퇴 부위 안쪽을 쓰다듬기 해준다.

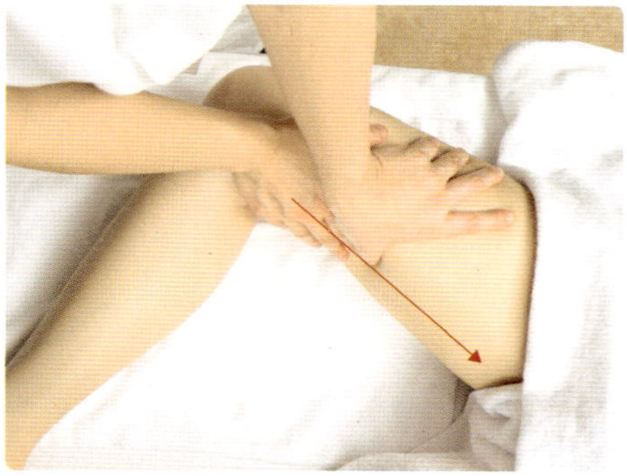

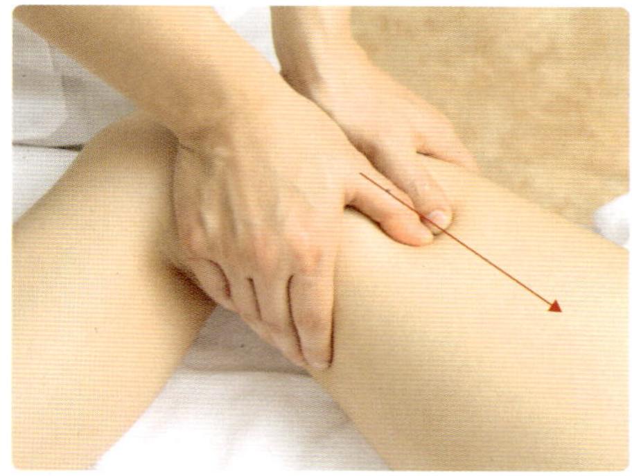

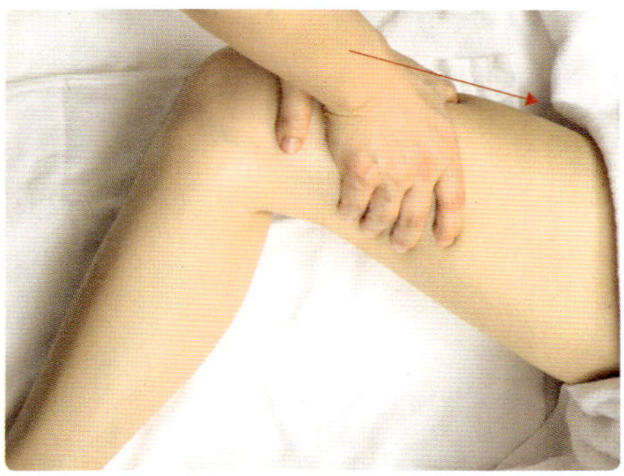

19. 대퇴 부위 안쪽을 3등분하여 엄지로 쓸어 준다.

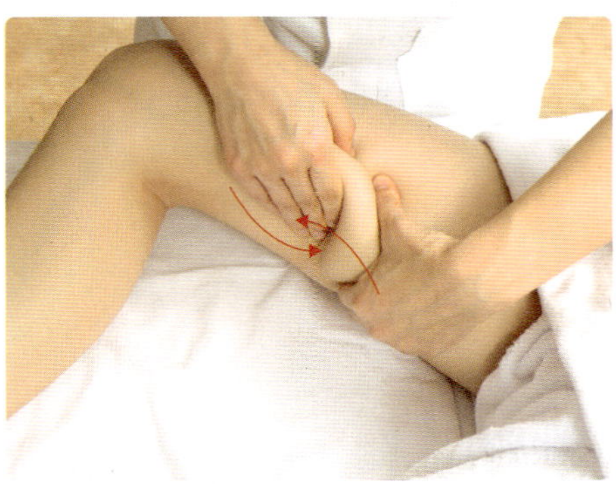

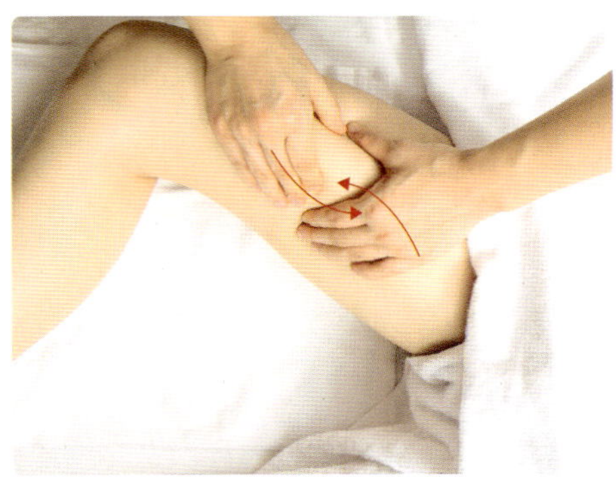

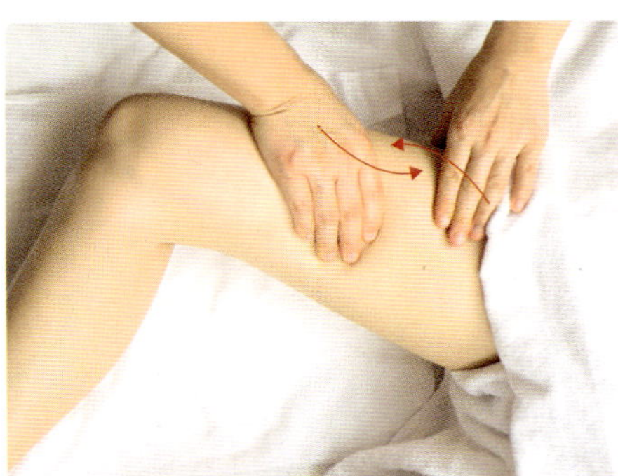

20. 대퇴 부위 안쪽을 3등분하여 주무르기 해준다.

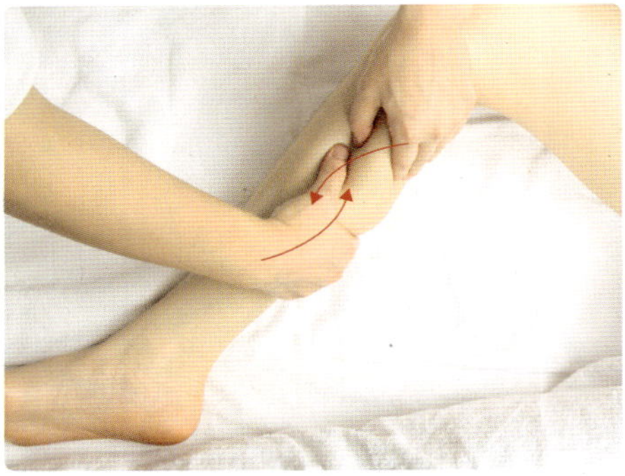

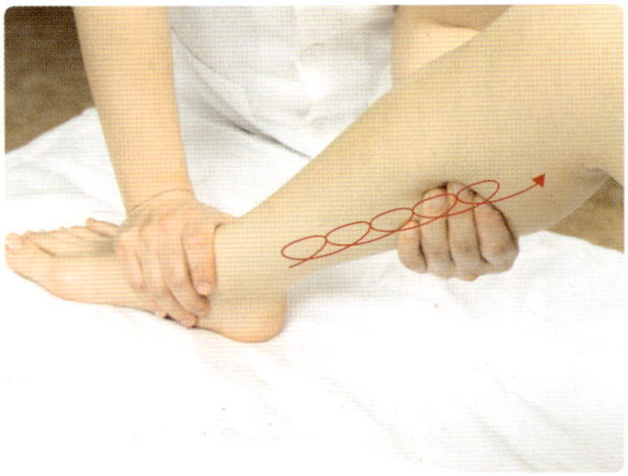

21. 종아리 가자미근과 비복근 부위를 주무르기 해준다.

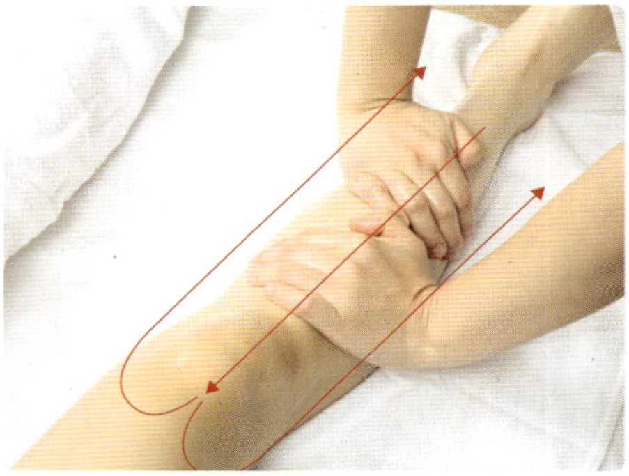

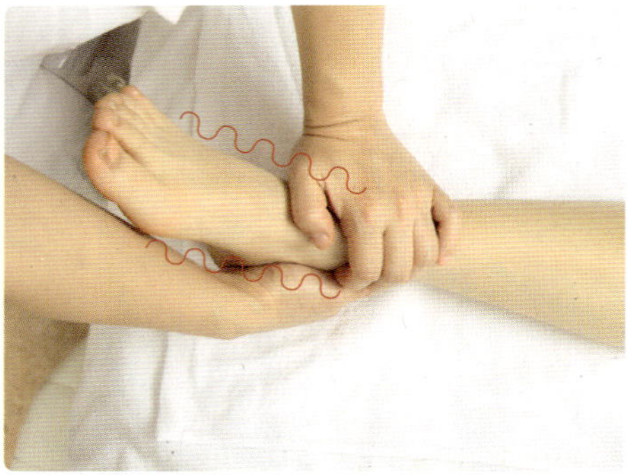

23. 다리 전체를 쓰다듬기 해준 후에 진동하기로 마무리한다.

4. 온습포

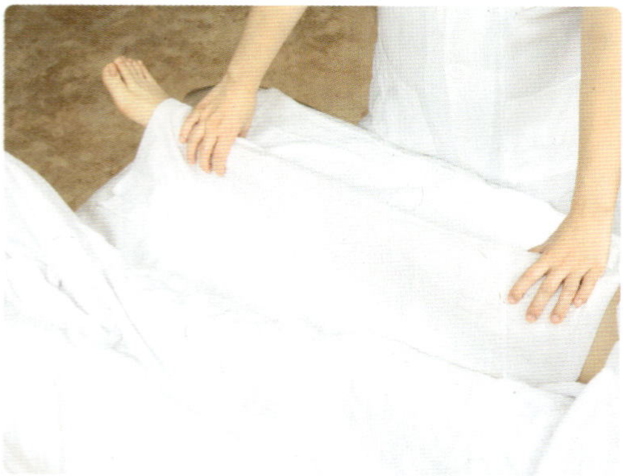

1. 온습포로 다리 전체를 덮어 준다.

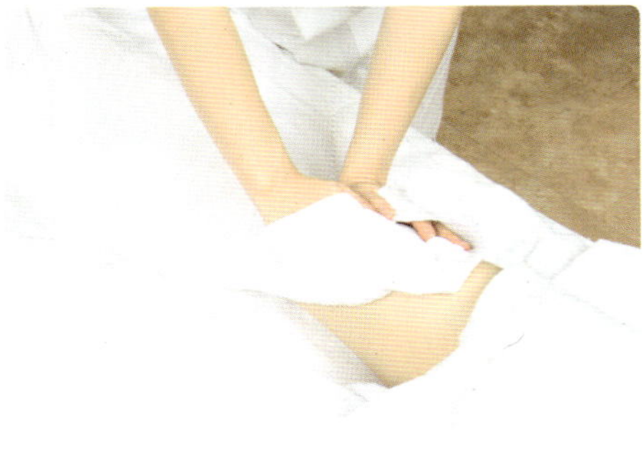
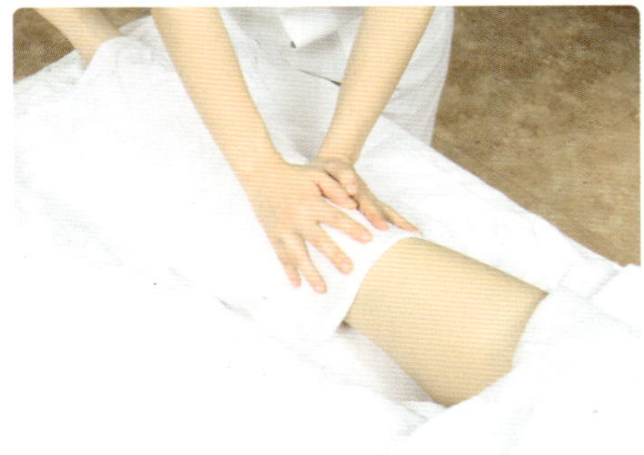

2. 온습포를 접어가며 다리 전체를 닦아준다.

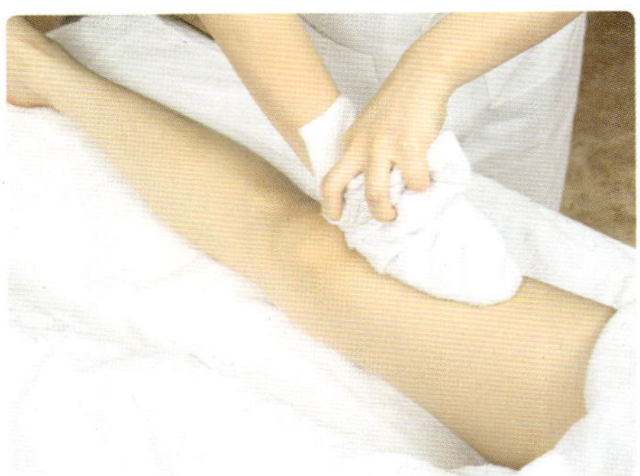

3. 손 장갑을 만들어 다리 전체를 세심하게 닦아준다.

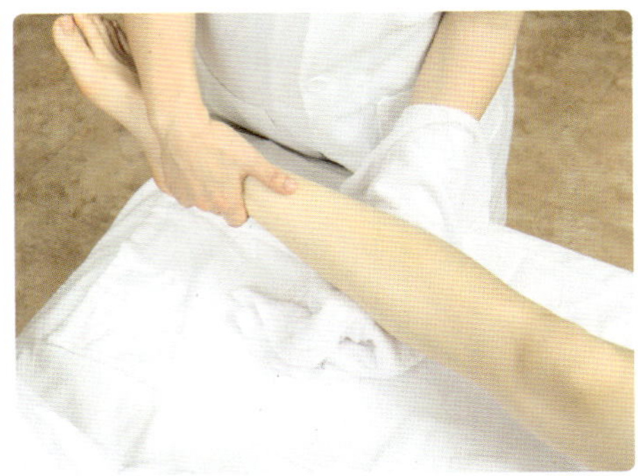

4. 발목을 잡고 다리 전체를 가볍게 들어 올려서 다리 후면 부위를 닦아준다.

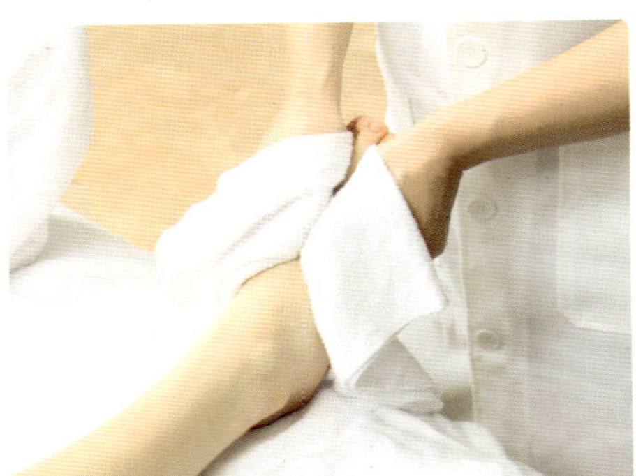

5. 양 손에 온습포를 쥐고 발등, 발바닥, 발가락 사이를 세심하게 닦아준다.

6. 마른 작은 타월을 이용하여 남아 있는 물기를 가볍게 제거해 준다.

5. 마무리

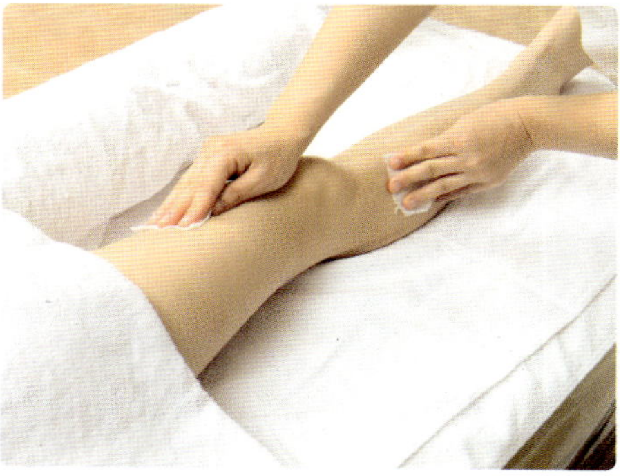

젖은 화장솜에 화장수를 묻혀서 다리 전체를 쓸어 주고 마무리한다.

4. 다리 관리 (후면)

1. 매뉴얼테크닉

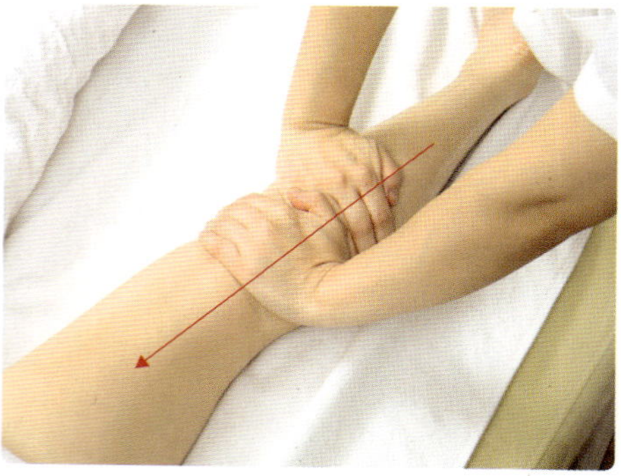

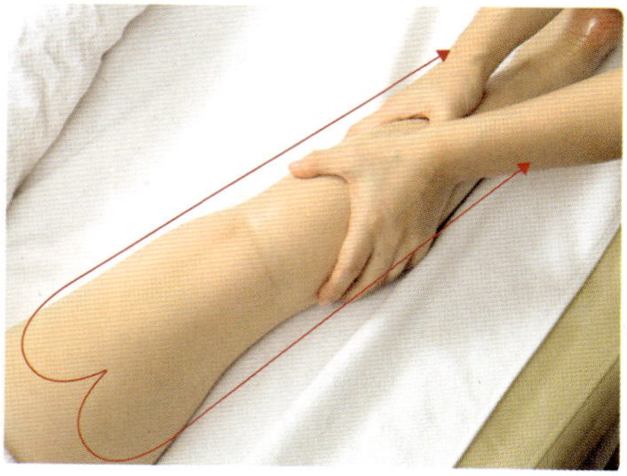

1. 오일 도포 후에 다리 전체를 쓰다듬기 해준다.

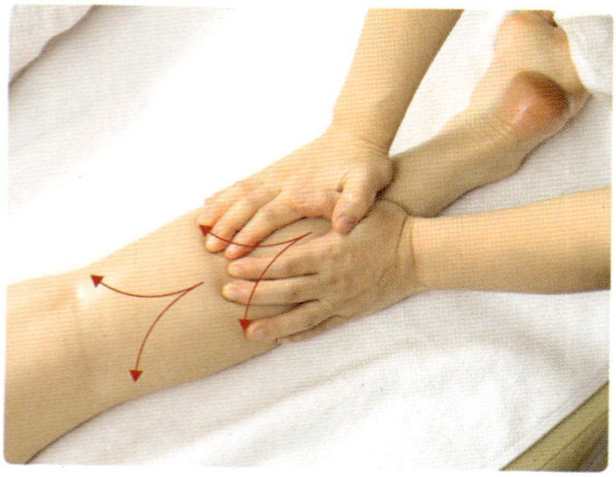

2. 양 손바닥을 이용하여 다리 전체 부위를 하트모양으로 문지르기 해준다.

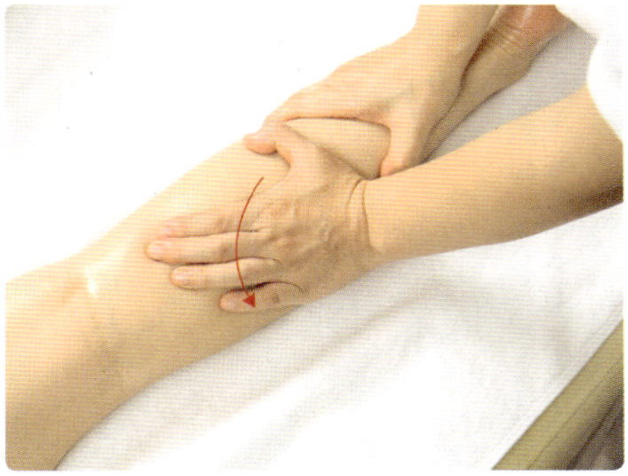

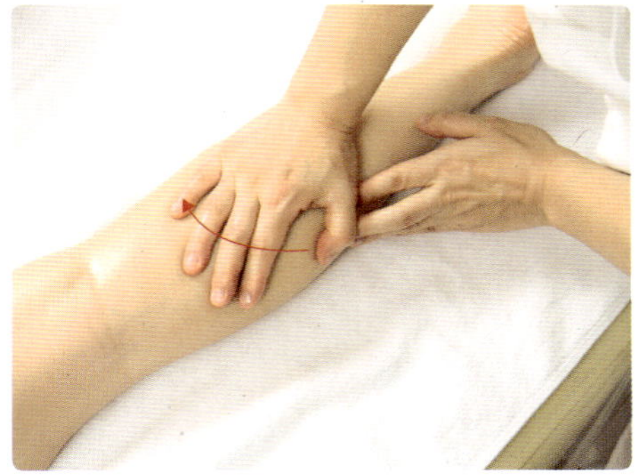

3. 양손을 번갈아가며 다리 전체 부위를 X자로 문지르기 해준다.

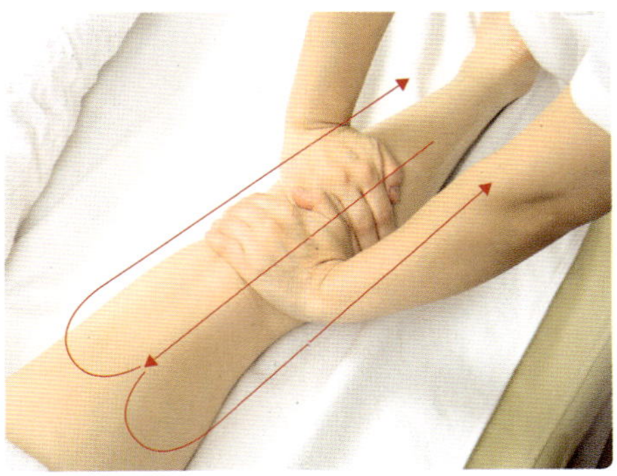

4. 다리 전체 쓰다듬기를 반복한다.

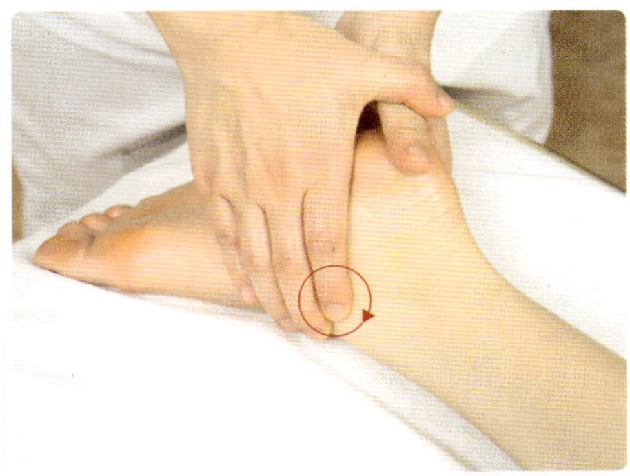

5. 복숭아뼈 둘레를 마찰해 준다.

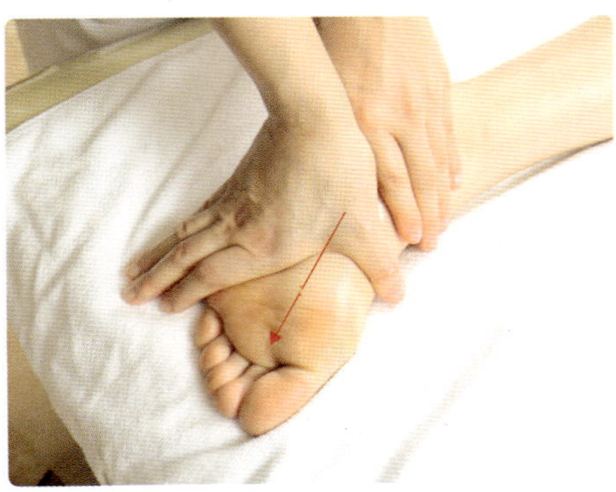

6. 양 손바닥 번갈아가며 발바닥을 쓰다듬기 해준다.

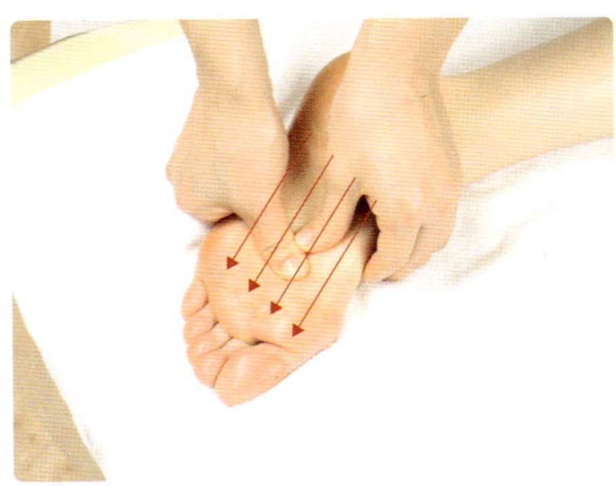

7. 양 엄지를 이용하여 발바닥 관절 사이를 마찰해 준다.

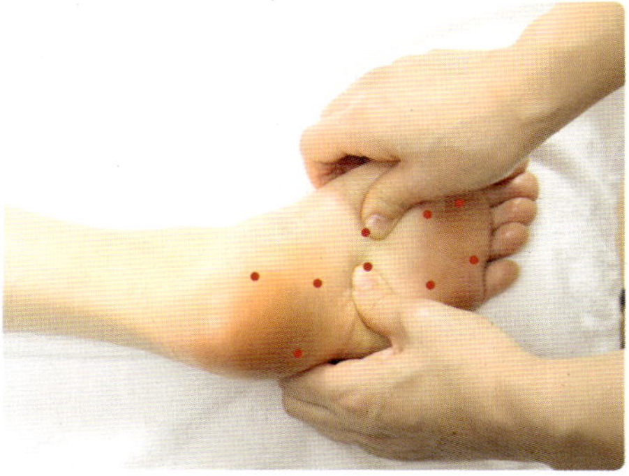

8. 양 엄지를 이용하여 발바닥 전체를 지압해 준다.

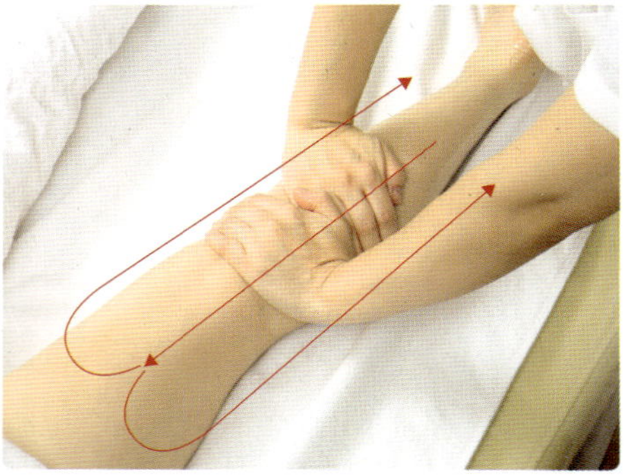

9. 다리 전체 쓰다듬기를 반복한다.

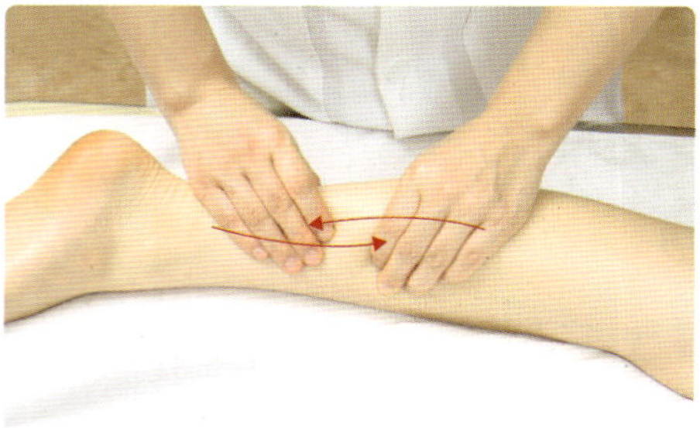

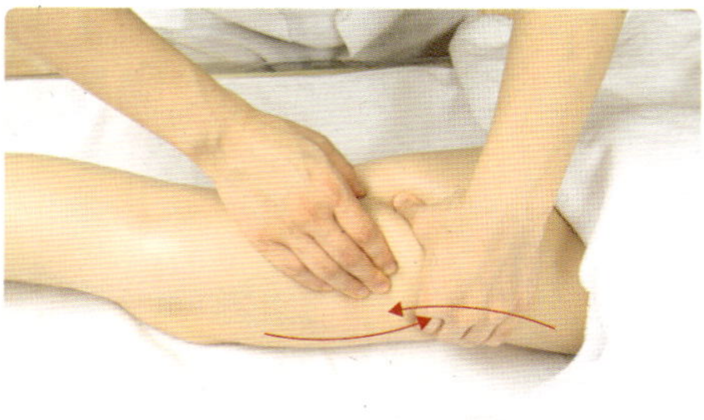

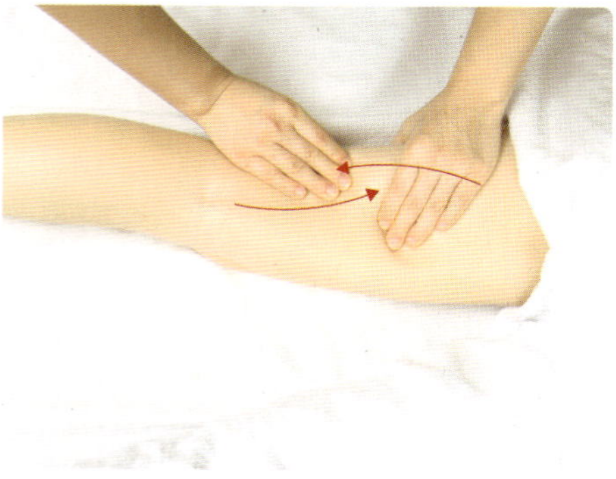

10. 하퇴 부위와 대퇴 부위(안쪽, 바깥쪽)를 주무르기 해준다.

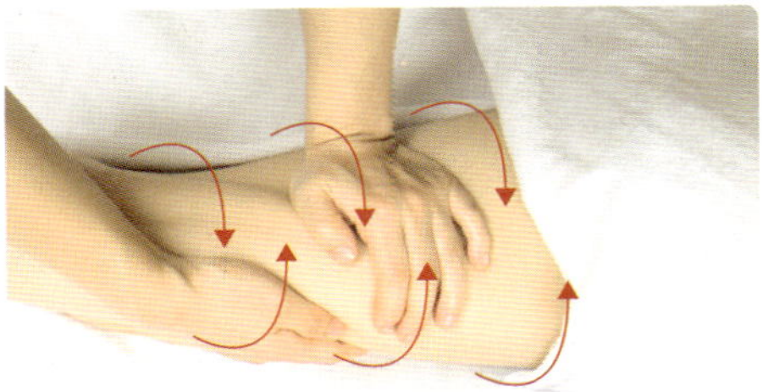
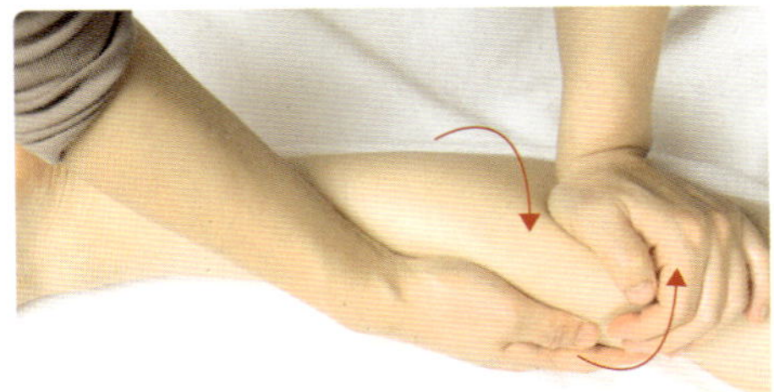

11. 양 손바닥을 밀착하여 다리 전체를 비틀어 준다.

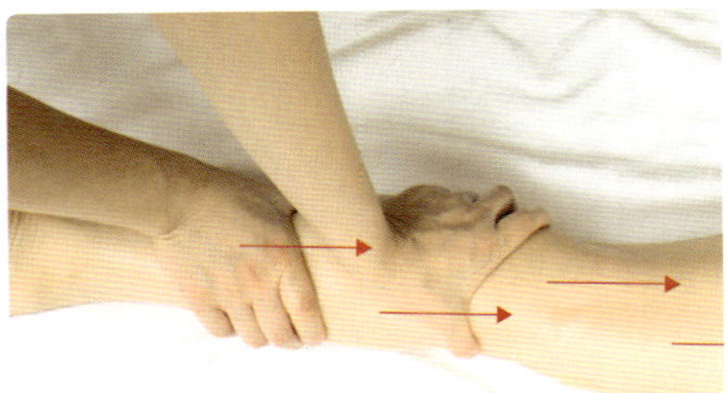

12. 양 손바닥 번갈아가며 발목부터 대퇴 부위까지 밀어 준다.

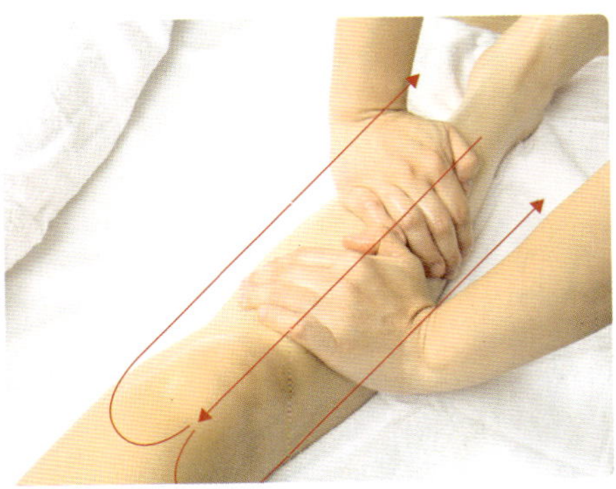
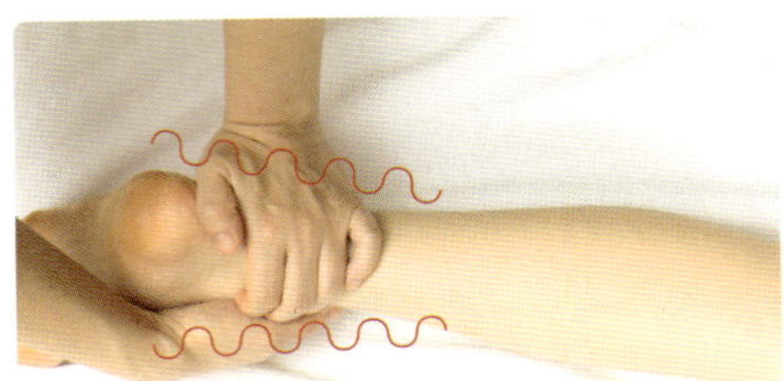
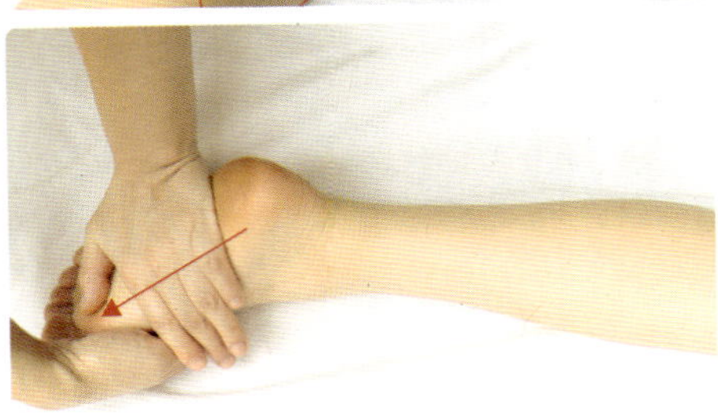

13. 다리 전체 쓰다듬기 후 진동하기로 마무리한다.

2. 온습포

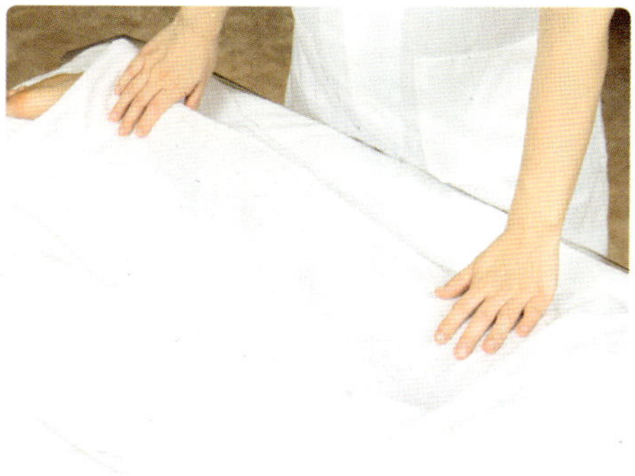

1. 온습포로 다리 전체를 덮어 준다.

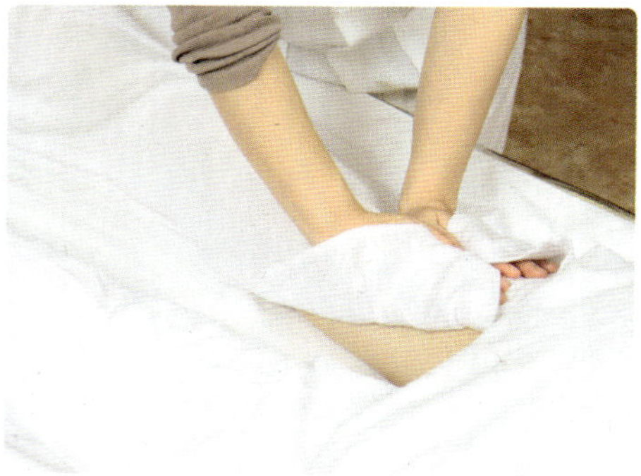

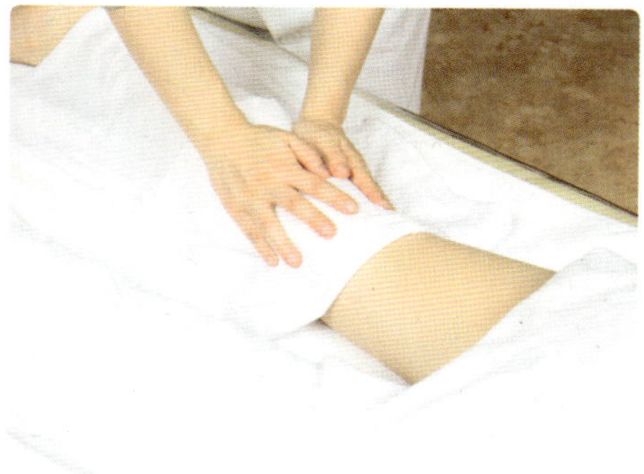

2. 온습포를 접어가며 다리 전체를 닦아준다.

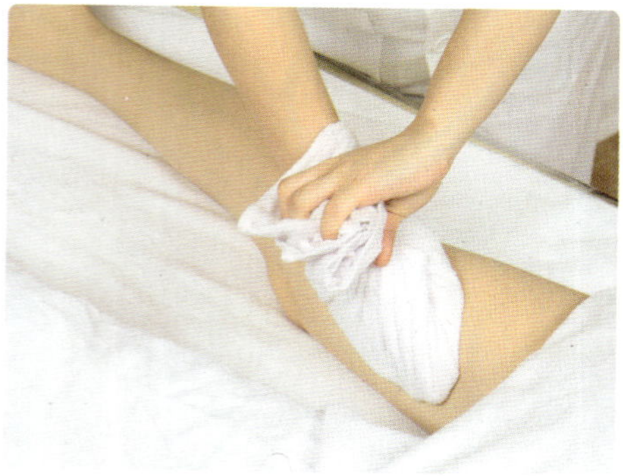

3. 손 장갑을 만들어서 다리 전체를 세심하게 닦아준다.

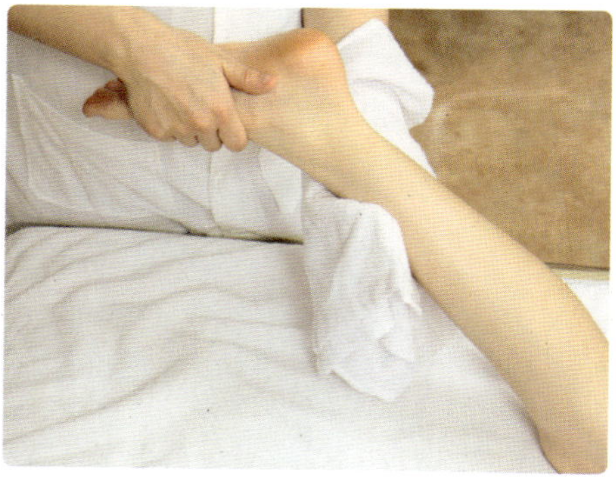

4. 다리를 가볍게 들어 올려 다리 전면 부위를 닦아준다.

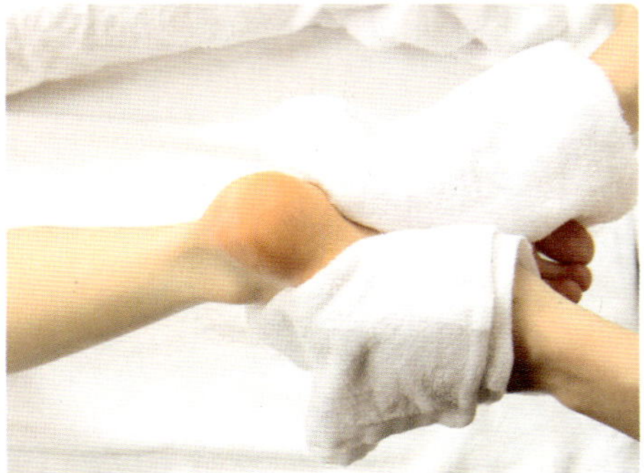

5. 양손에 온습포를 쥐고 발등, 발바닥, 발가락 사이를 세심하게 닦아준다.

5. 등 관리

1. 매뉴얼테크닉

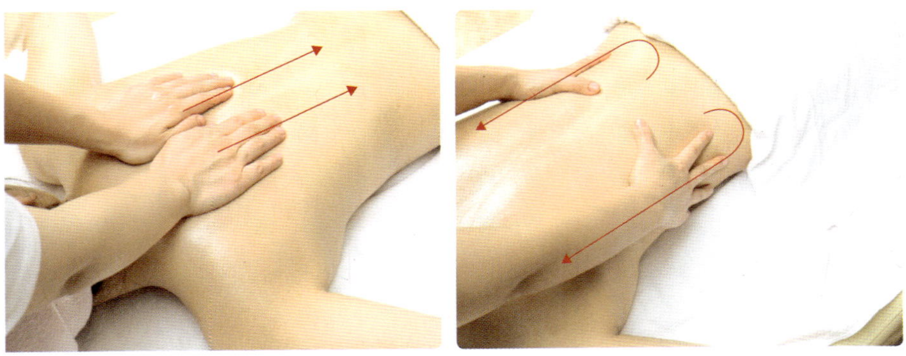

1. 오일 도포 후 등 전체를 쓰다듬기 해준다.

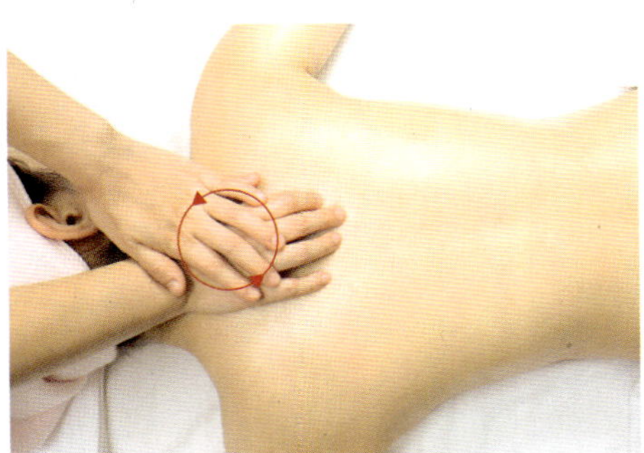

2. 경추 7번 부위를 양 손바닥을 포갠 상태에서 가볍게 마찰해 준다.

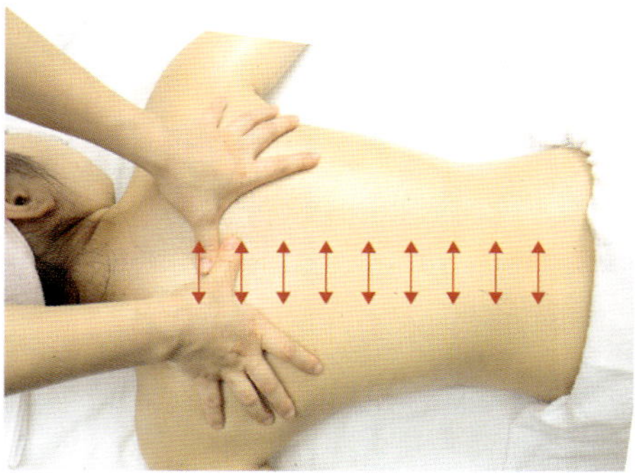
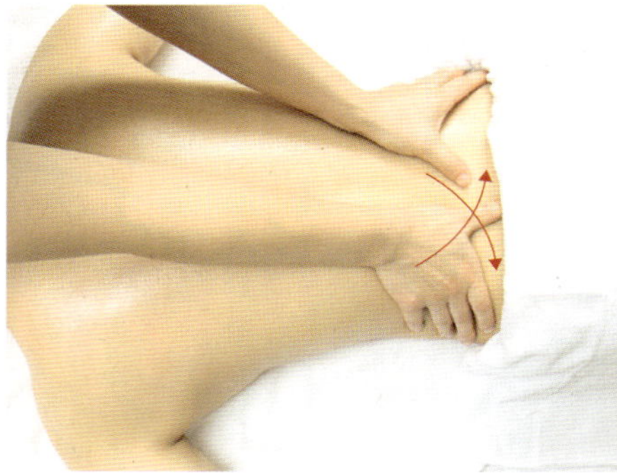
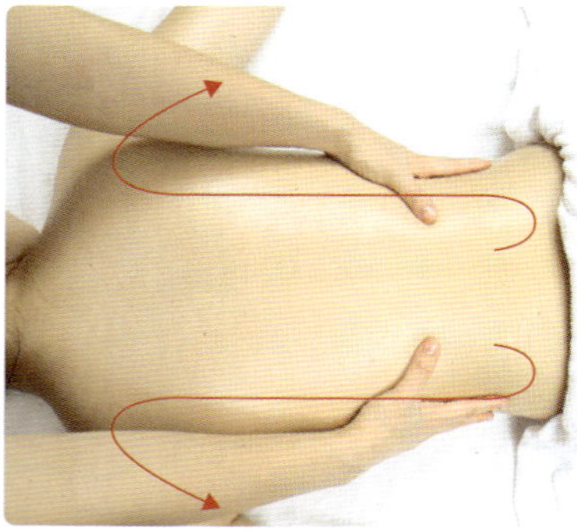

3. 양 엄지를 번갈아가며 척추 극돌기 사이를 쓸어준 후에 천골 부위를 마찰해 주고 등 전체를 쓰다듬으며 올라온다.

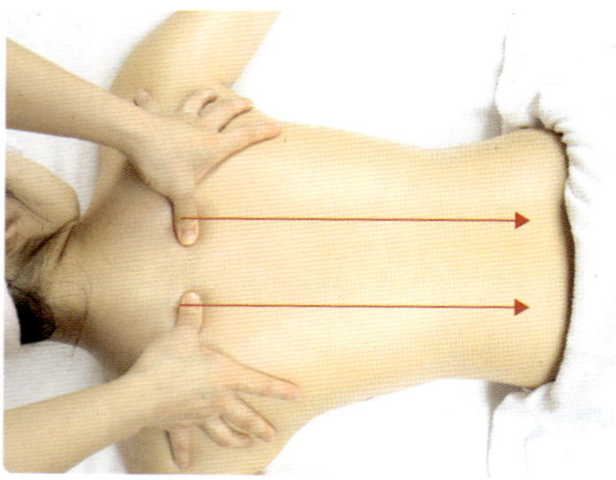
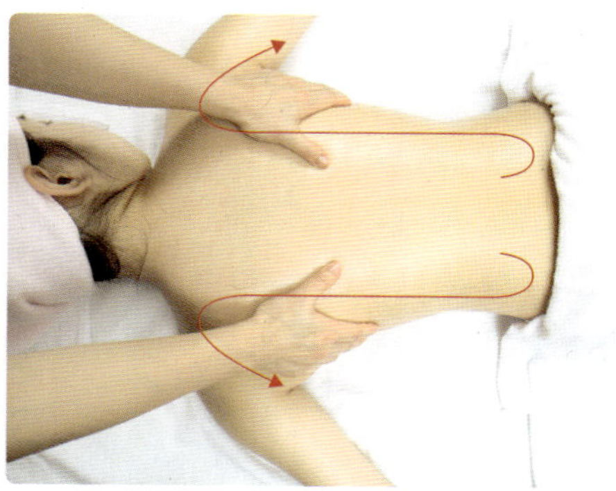

4. 양 엄지를 이용하여 척추 기립근을 자극하며 내려가서 등 전체를 쓰다듬으며 올라온다.

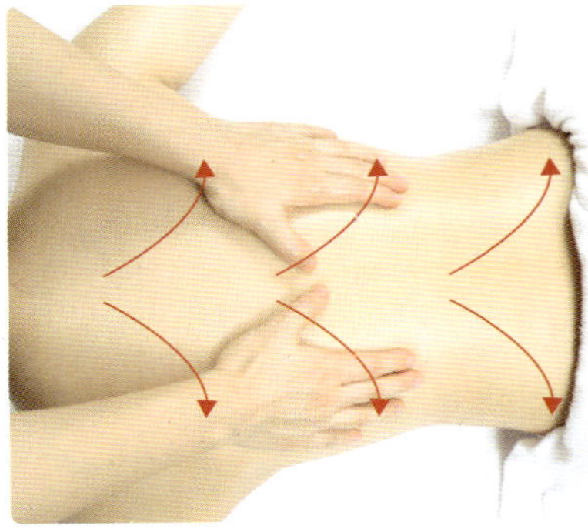

5. 양 손바닥을 밀착하여 부채꼴 모양으로 등 전체를 쓰다듬어 준다.

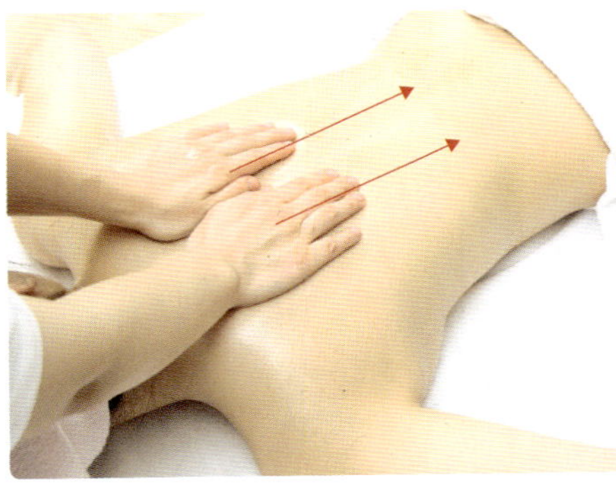

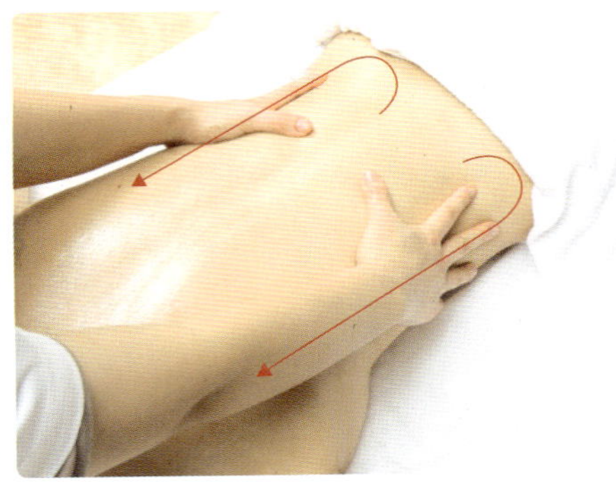

6. 등 전체 쓰다듬기를 반복한다.

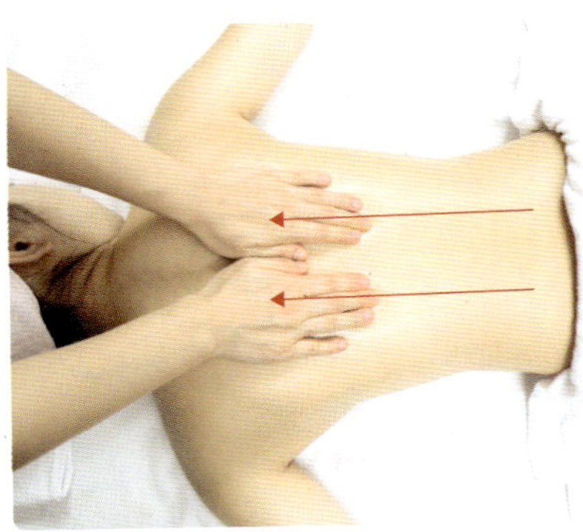

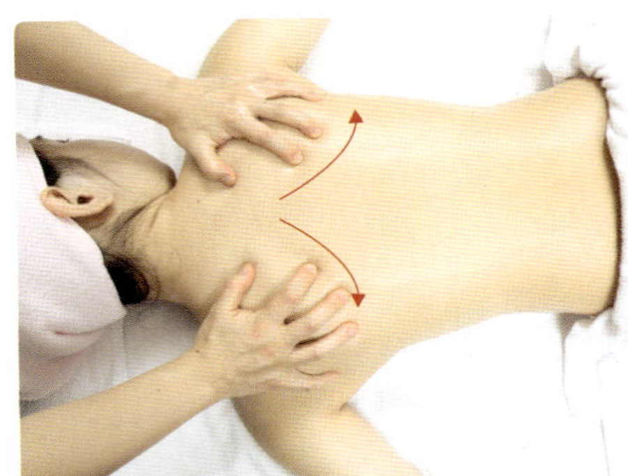

7. 양 손가락을 편 상태에서 손끝에 힘을 주고 견갑골 주변을 자극해 준다.

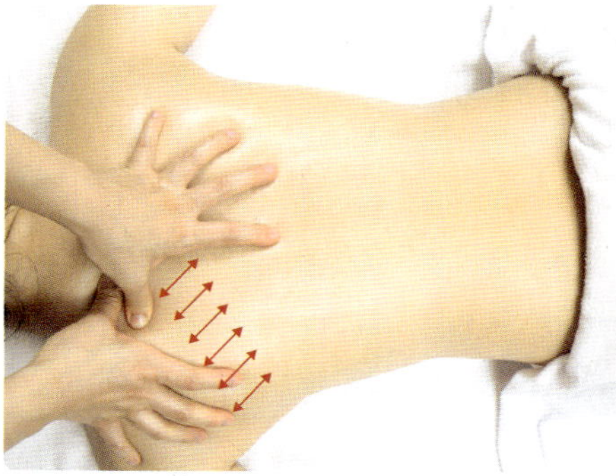

8. 양 엄지를 번갈아가며 한 쪽 견갑골 주변을 지그재그로 자극해 준다.

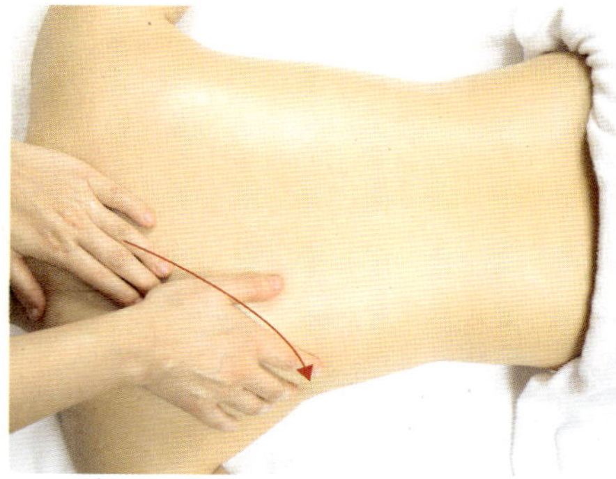

9. 양 손바닥 번갈아가며 한 쪽 견갑골 주변을 쓸어 준다. 반대 쪽 견갑골 주변에 8~9번 동작을 반복해 준다.

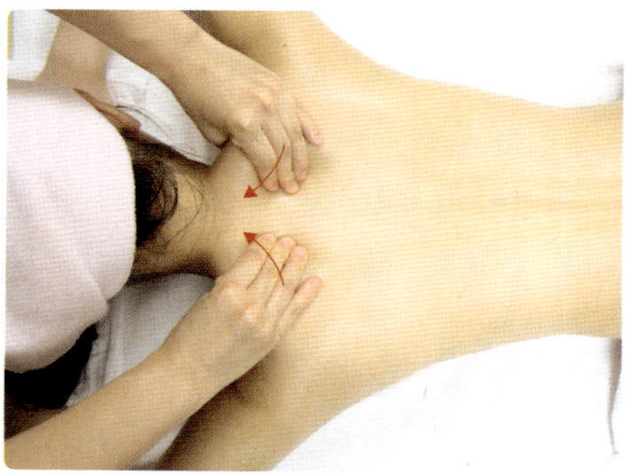

10. 승모근 부위를 주무르기 해준다.

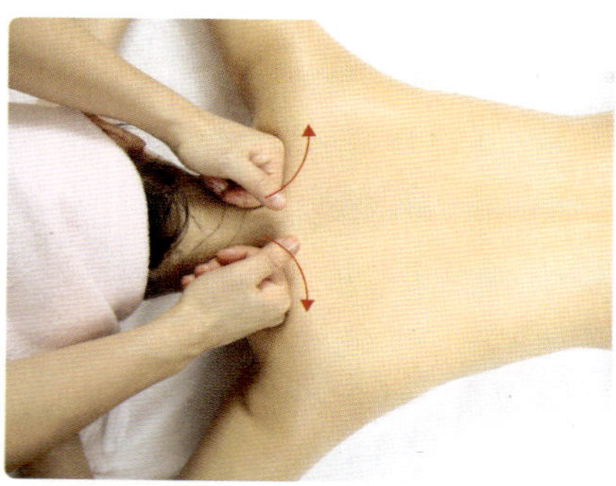

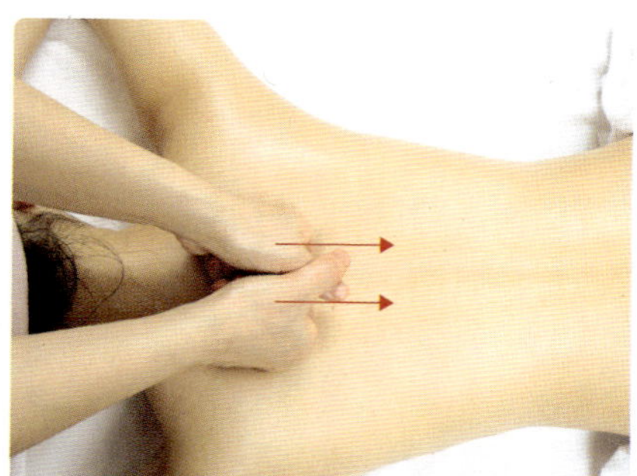

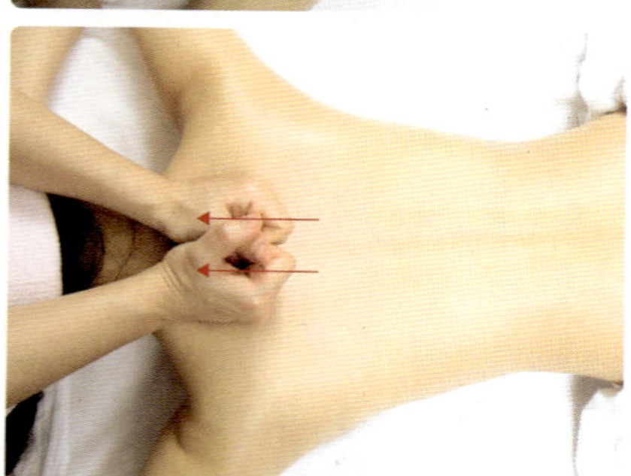

11. 승모근 부위를 주먹으로 자극해 준다.

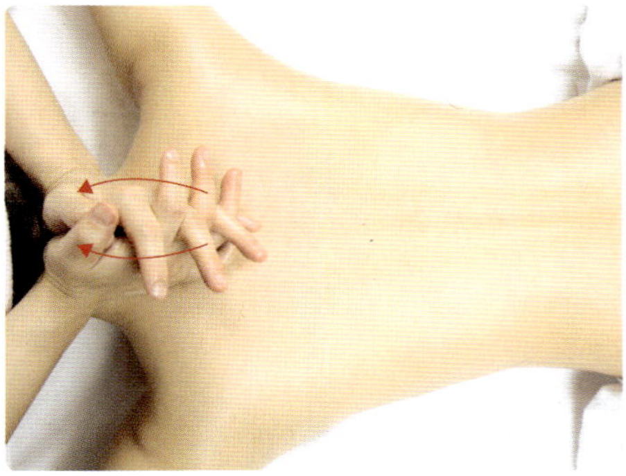

12. 양 손을 깍지 낀 상태에서 뒷목 부위를 집어 준다.

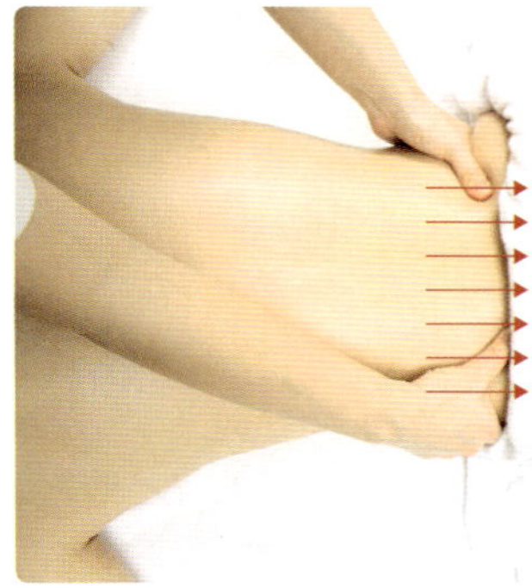

13. 양 엄지를 이용하여 천골 부위를 문지르기 해준다.

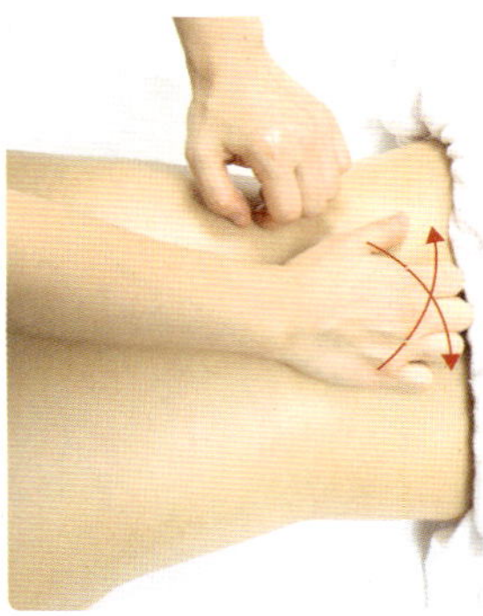

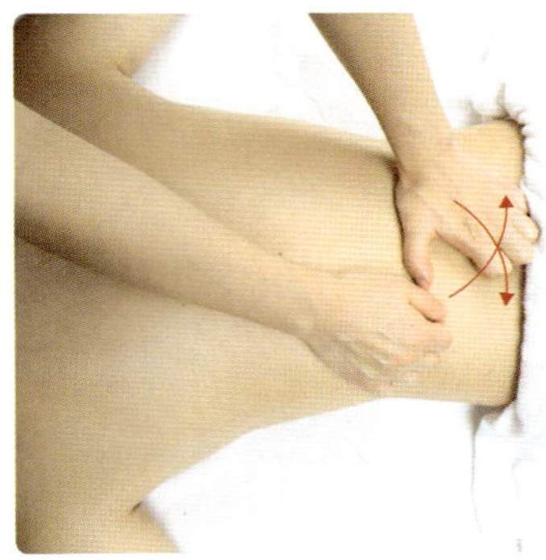

14. 양 주먹과 양 손바닥을 번갈아가며 천골 부위 문지르기를 해준다.

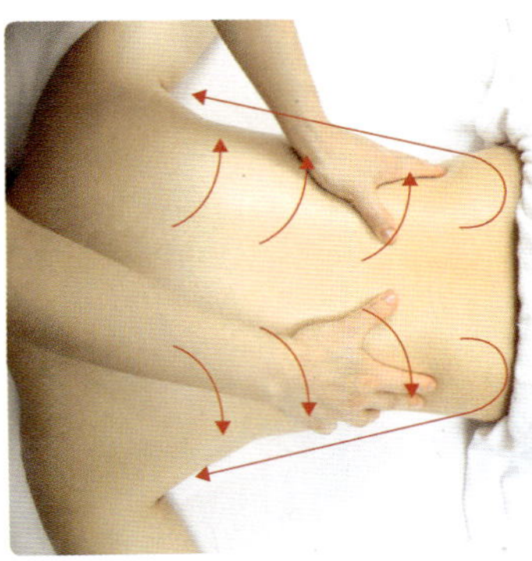

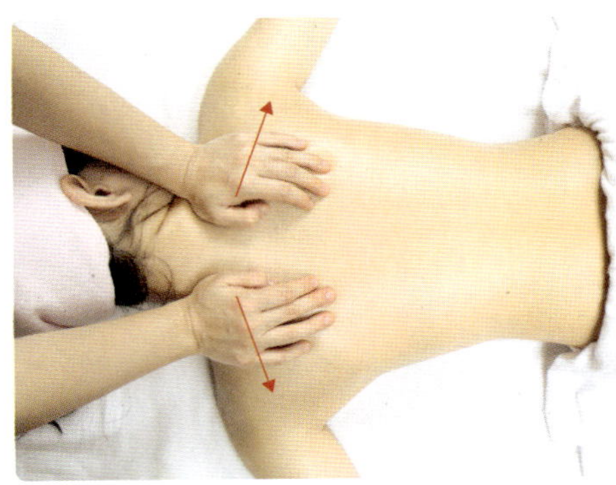

15. 양 손바닥을 밀착하여 부채꼴 모양으로 등 전체를 쓰다듬어 준 후에 수근으로 승모근 부위를 자극해 준다.

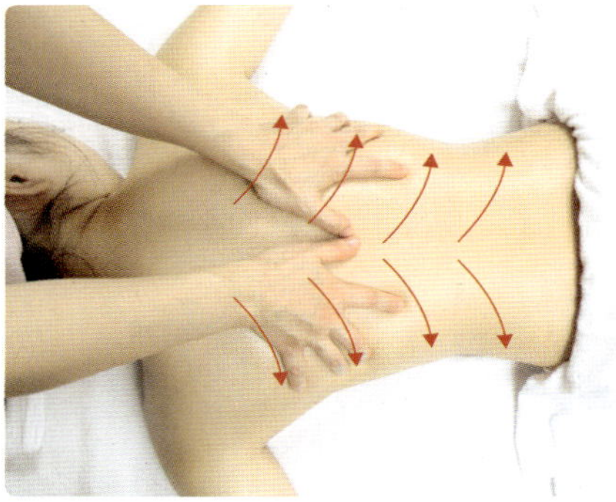
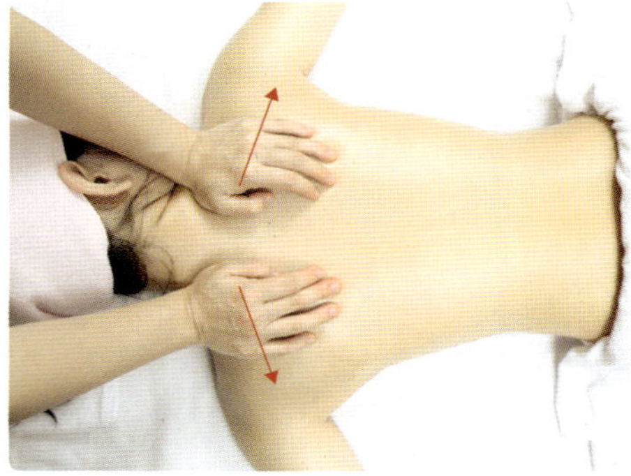

16. 양 손가락을 편 상태에서 손끝에 힘을 주고 늑골 사이를 쓸어 준 후 수근으로 승모근 부위를 자극해 준다.

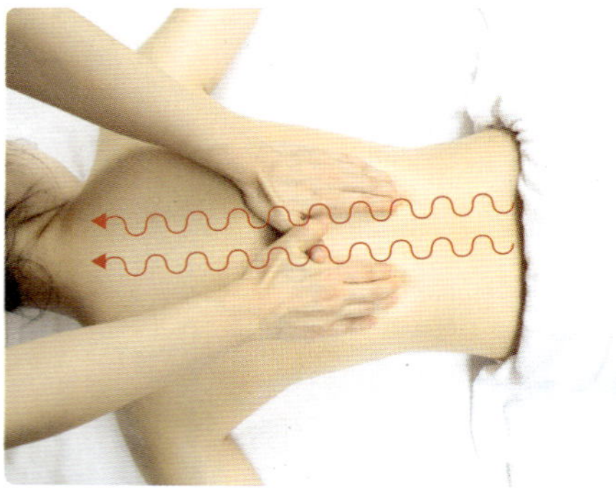
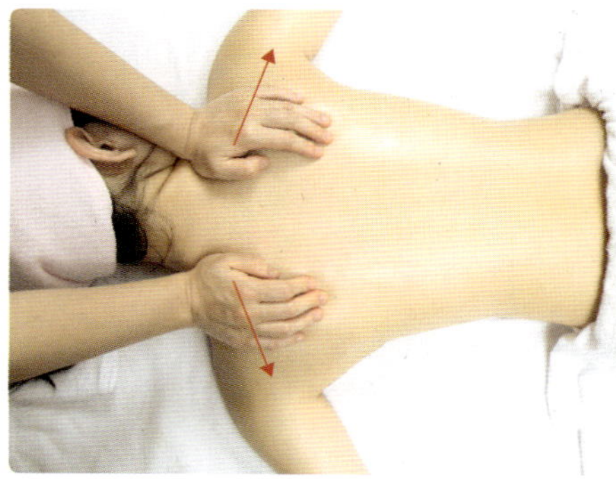

17. 척추 기립근을 물결모양으로 쓸어 준 후 수근으로 승모근 부위를 자극해 준다.

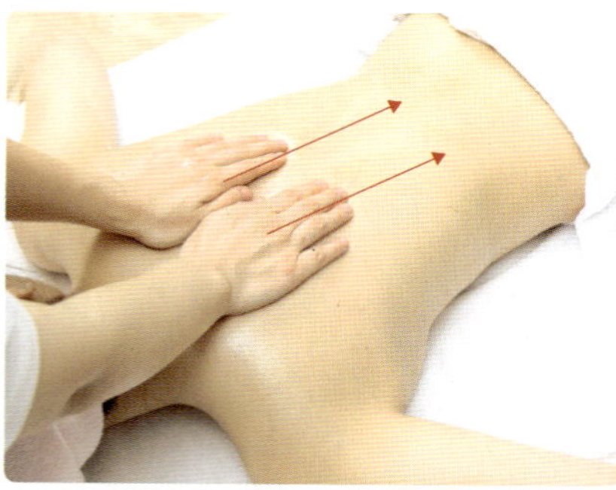
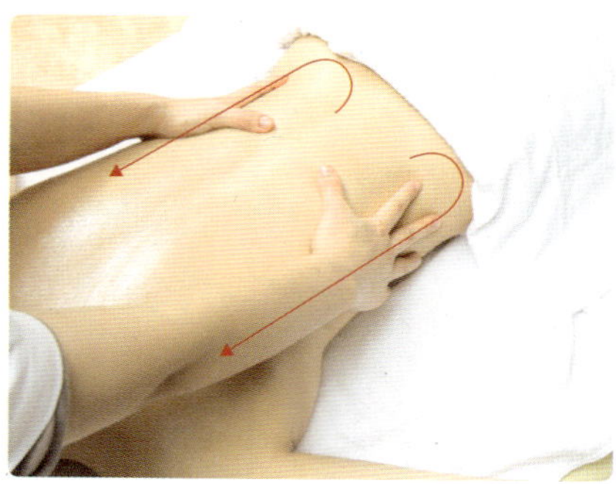
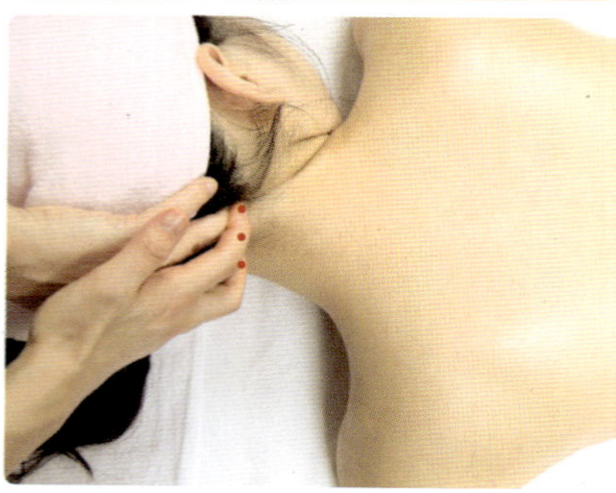

18. 등 전체 쓰다듬기 반복 후에 후두부위를 자극하며 마무리한다.

2. 온습포

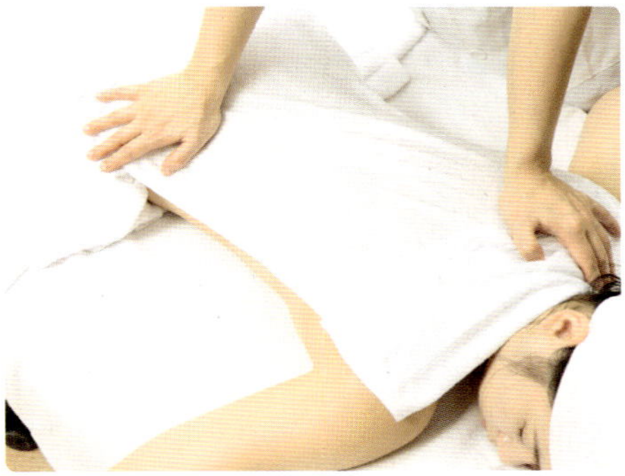

1. 온습포로 등 전체를 덮어 준 후에 X자로 체중을 실어 스트레칭 해준다.

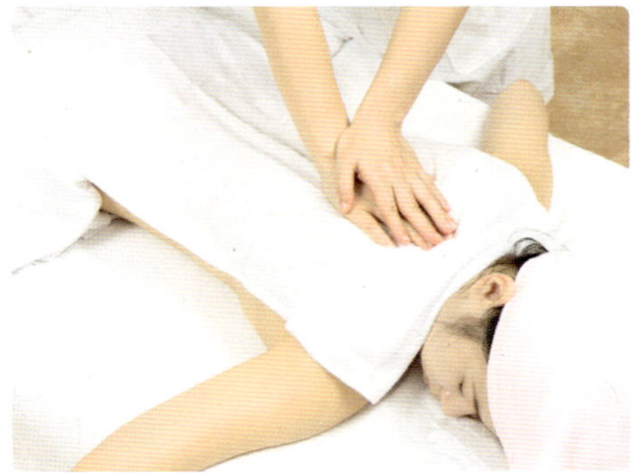

2. 양 손바닥을 포갠 상태에서 척추 부위를 가볍게 눌러 주며 내려온다.

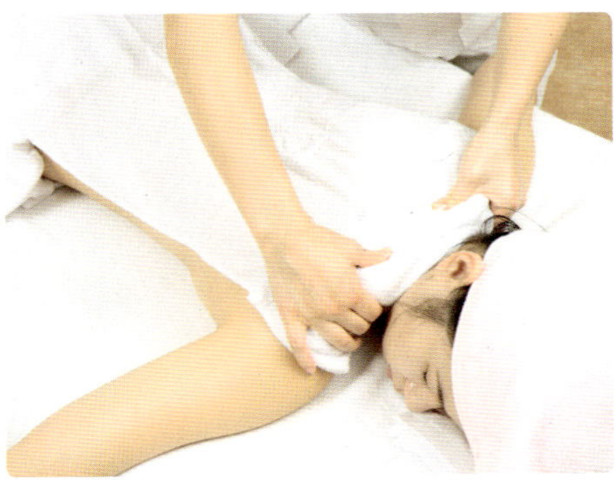

3. 승모근 부위를 주무르기 해준다.

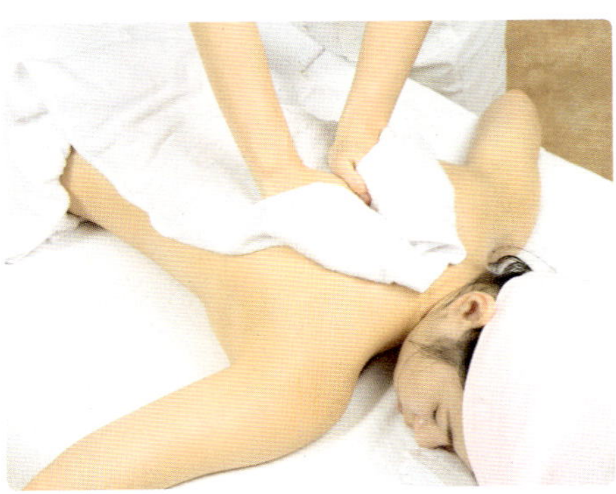

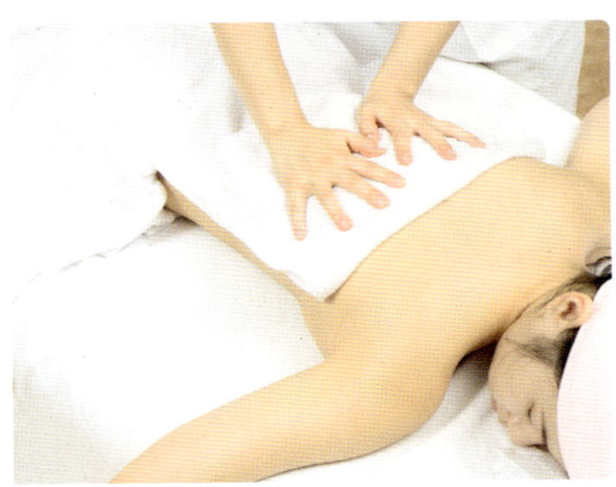

4. 온습포를 접어가며 등 전체를 닦아준다.

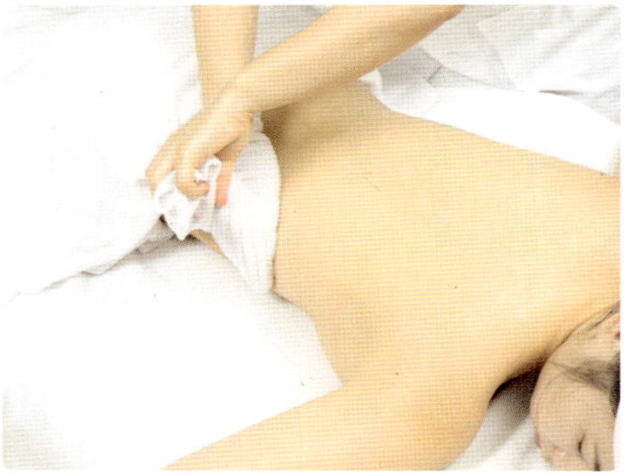

5. 손 장갑을 만든 상태에서 등 전체를 세심하게 닦아준다.

6. 복부 관리

1. 오일도포

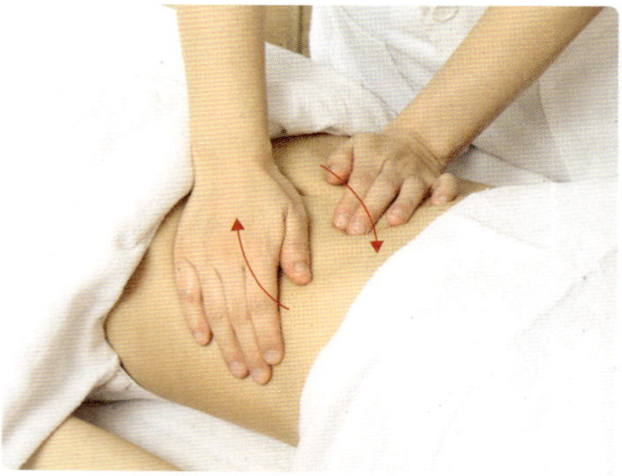

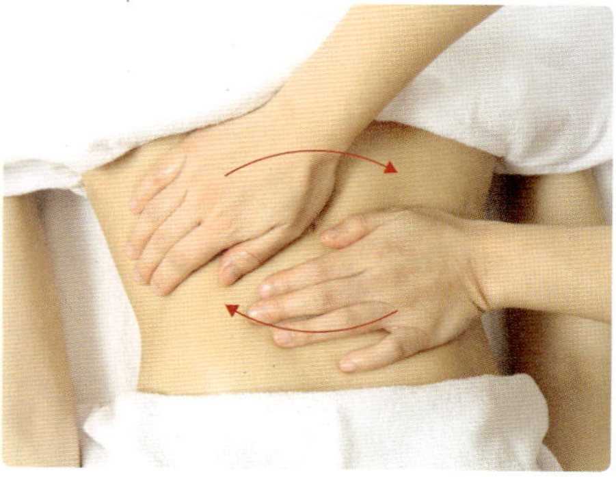

1. 장 연동방향으로 쓰다듬으며 오일을 도포해 준다.

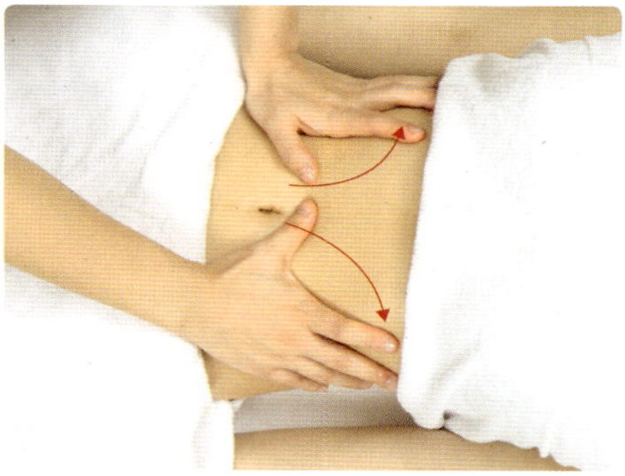
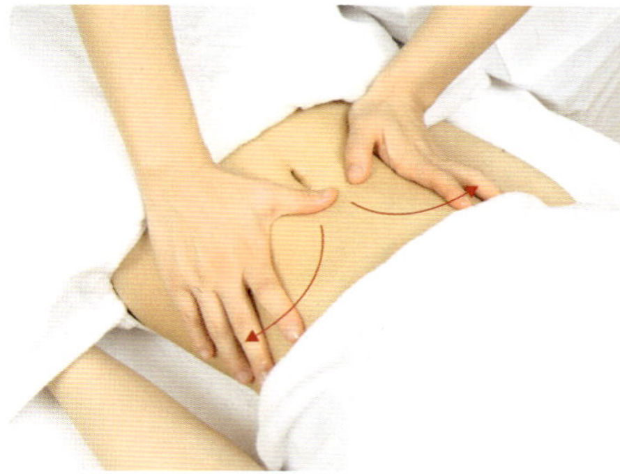

2. 양 손바닥을 밀착하여 부채꼴 모양으로 쓰다듬으며 오일을 도포해 준다.

2. 매뉴얼테크닉

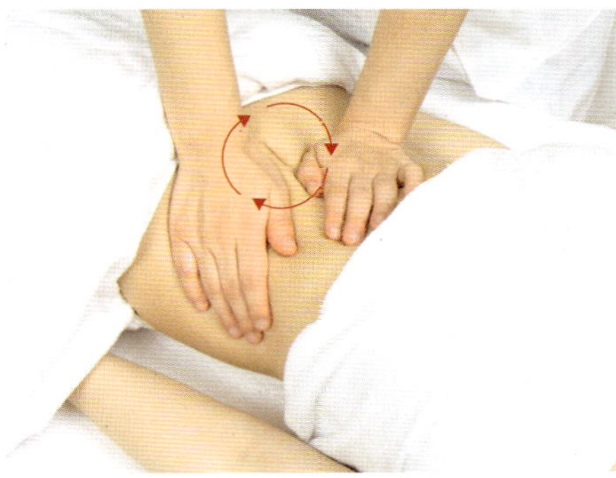
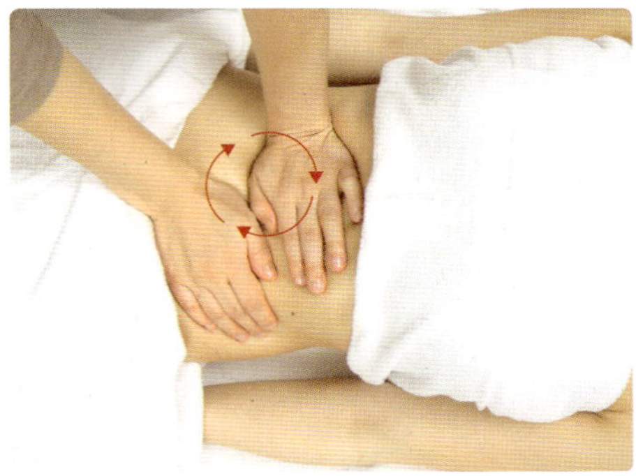

1. 장 연동방향으로 복부 전체를 쓰다듬기 해준다.

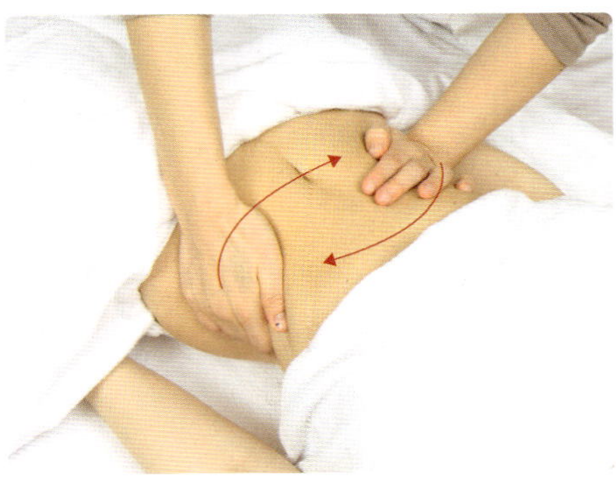
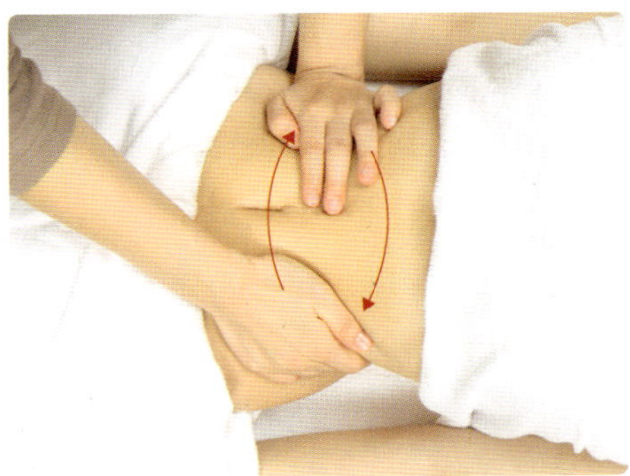

2. 양 손바닥을 밀착하여 복부를 교대로 쓸어 준다.

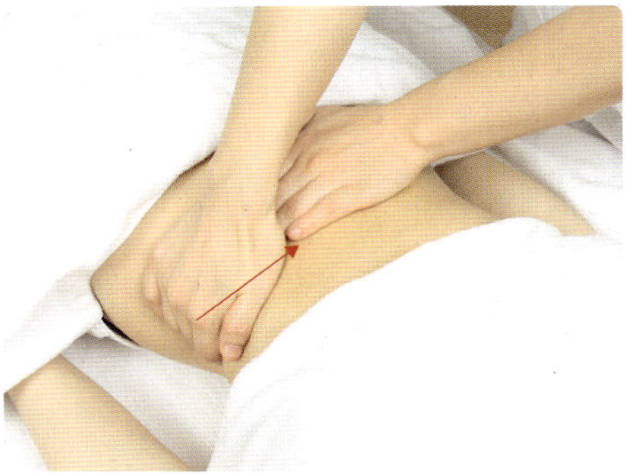

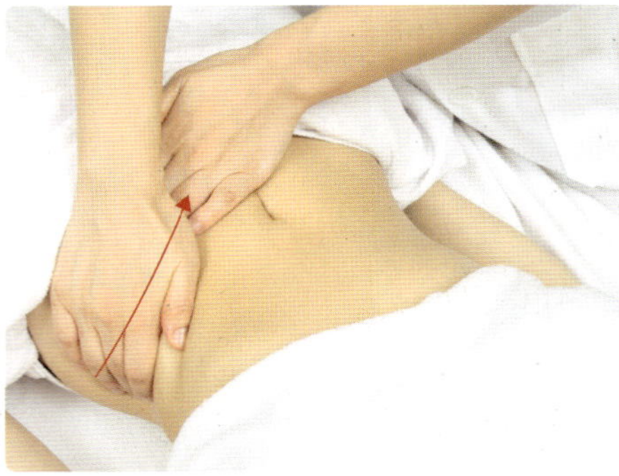

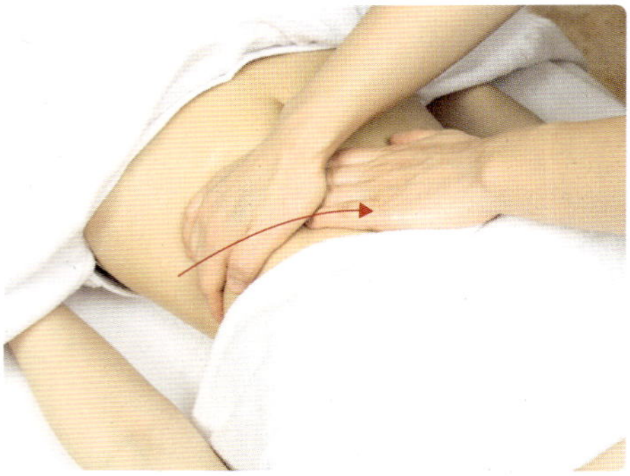

3. 양 손바닥을 번갈아가며 허리, 늑골라인, 장골라인을 쓸어 준다.

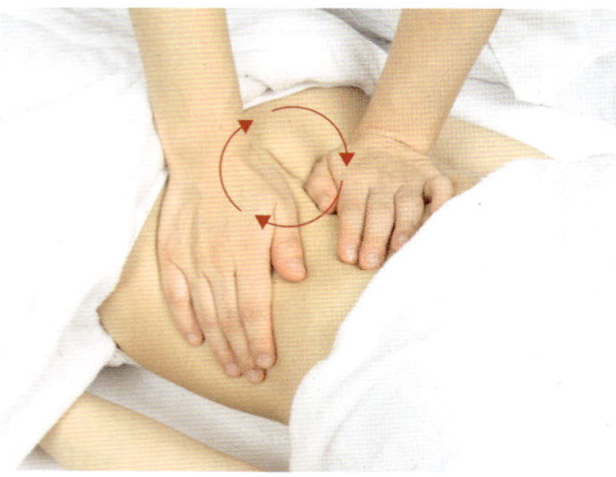

4. 복부 전체 쓰다듬기를 반복해 준다.

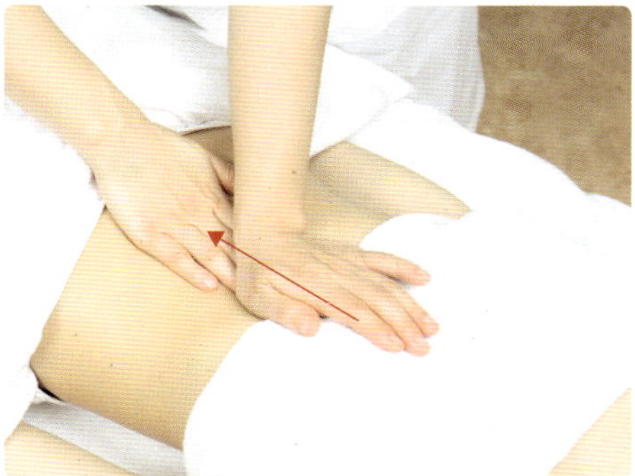
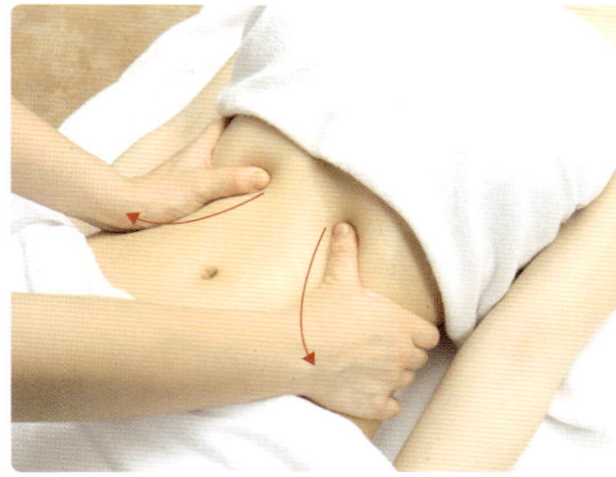
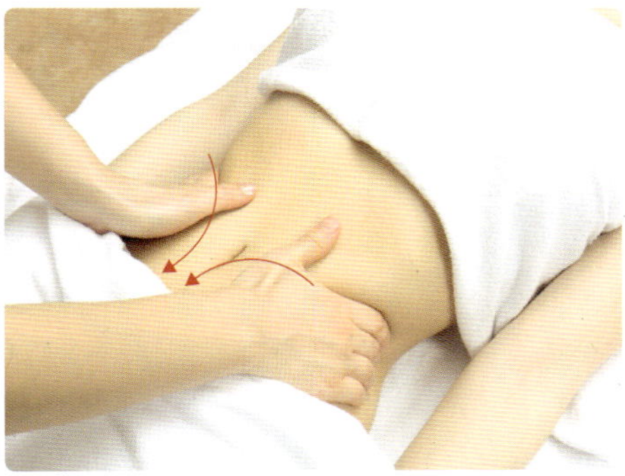
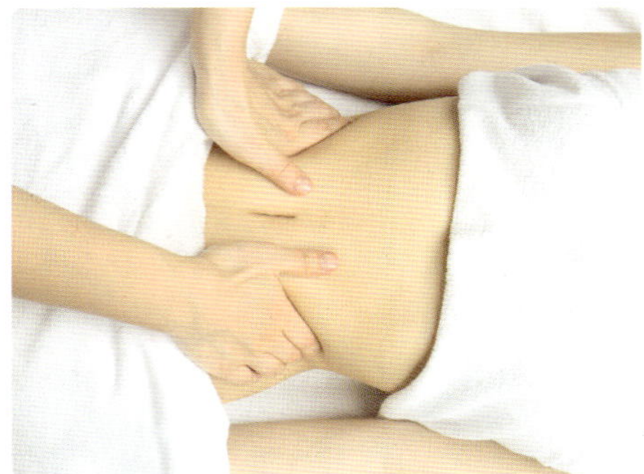

5. 양 손바닥을 번갈아가며 복부를 수직으로 쓸어준 후에 양 엄지로 동시에 늑골라인을 자극하고 양 손바닥을 밀착하여 장골라인을 쓸어 준다.

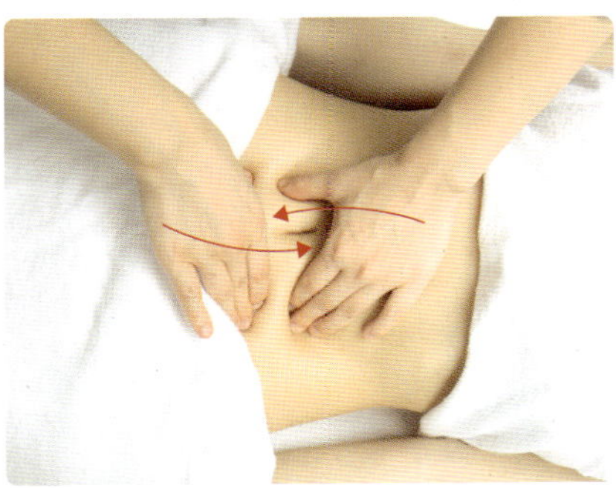
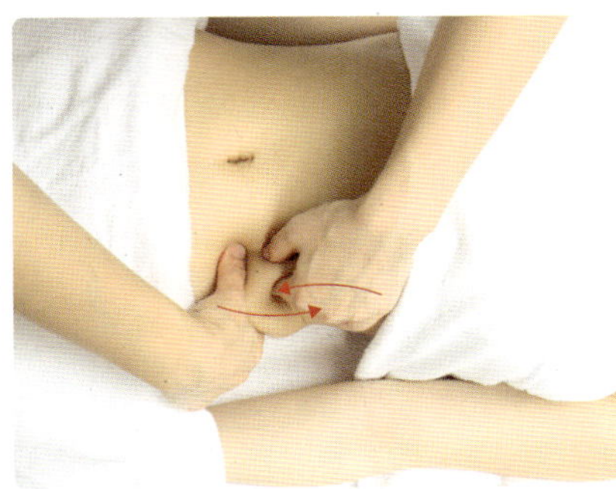
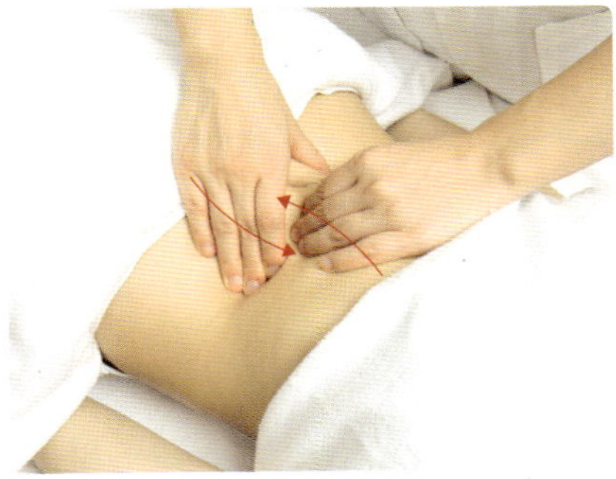

6. 복부 중앙과 측면을 주무르기 해 준다.

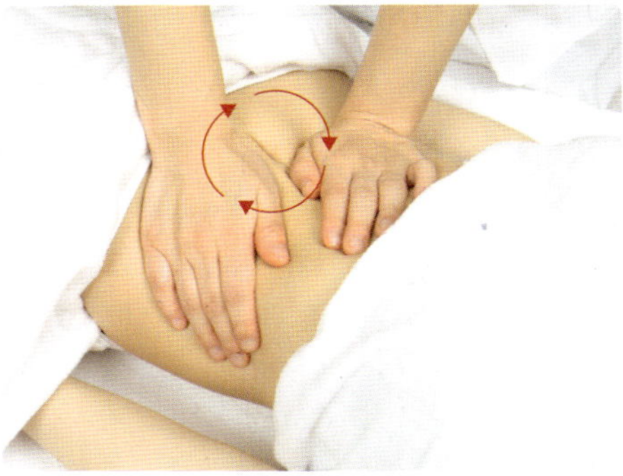

7. 복부 전체 쓰다듬기를 반복해 준다.

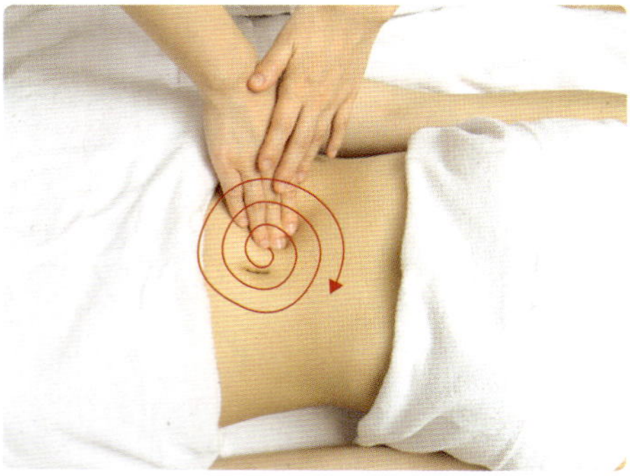

8. 손끝을 이용하여 복부 전체에 원을 그리며 자극해 준다.

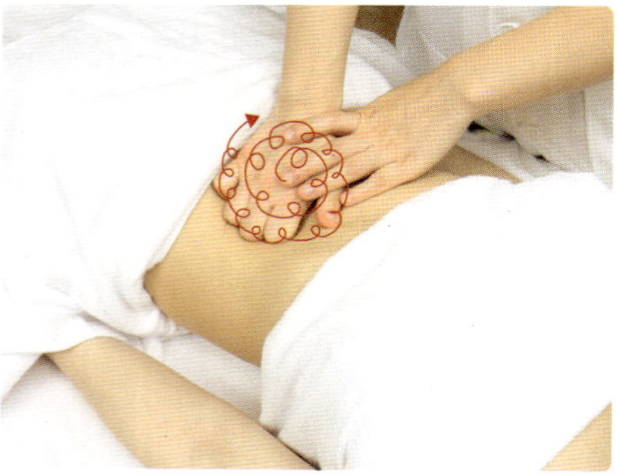

9. 주먹을 이용하여 복부 전체에 원을 그리며 자극해 준다.

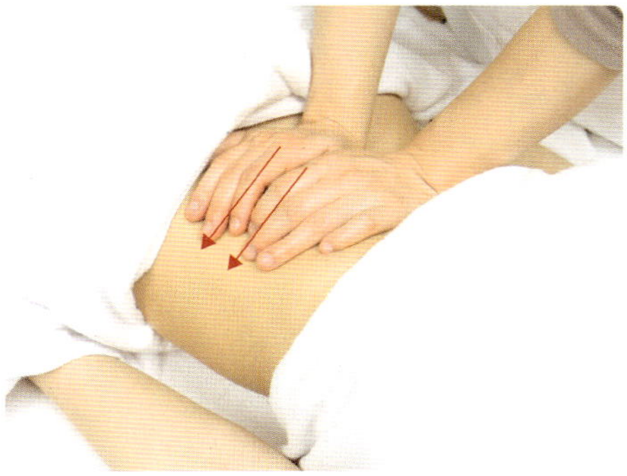

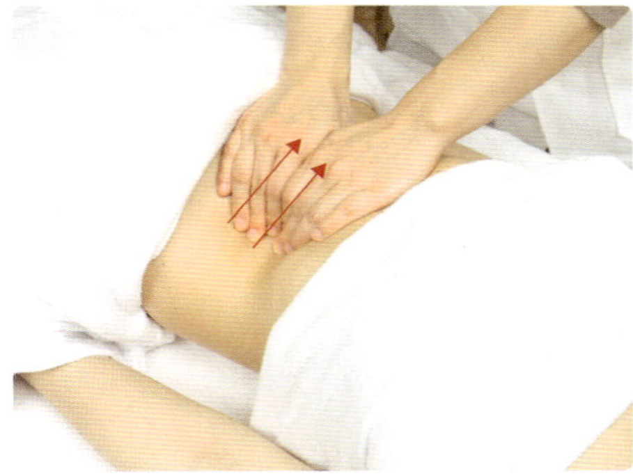

10. 양손을 복부 위에 나란히 두고 수근으로 밀고, 손끝으로 당기며 자극해 준다.

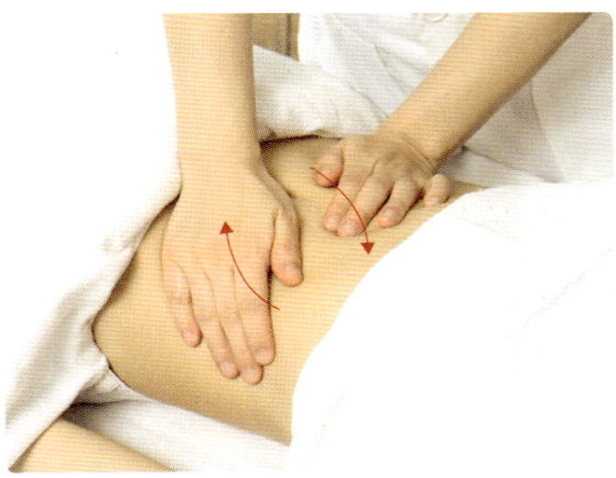

11. 복부 전체 쓰다듬기를 반복해 준다.

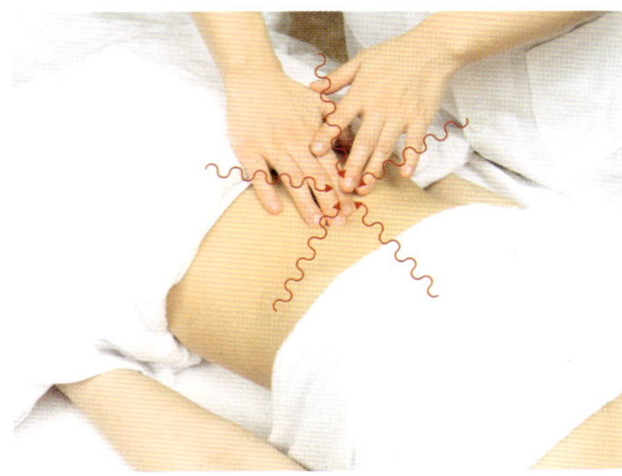

12. 복부 진동하기로 마무리한다.

3. 온습포

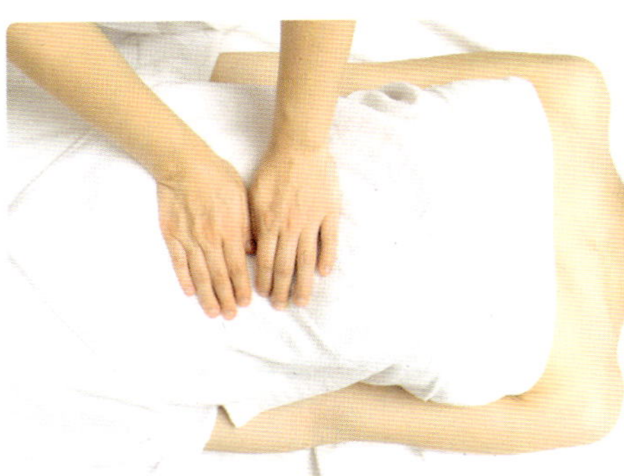

1. 온습포를 마름모 모양으로 접어서 복부 전체를 덮어 준다.

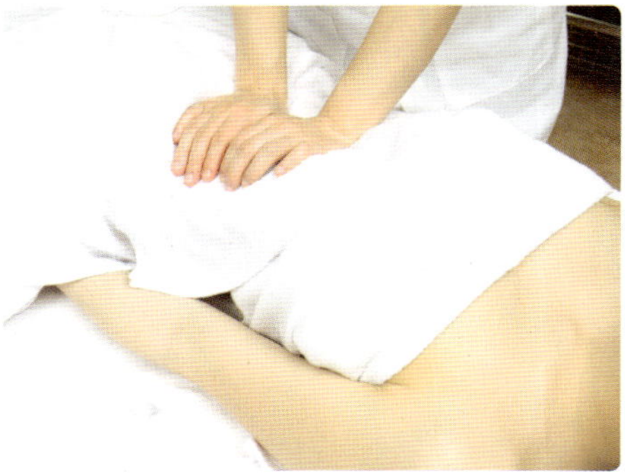

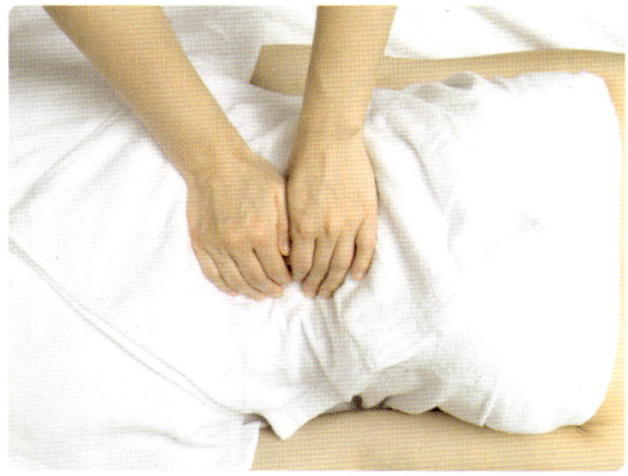

2. 수근으로 밀고 손끝으로 당기며 자극해 준다.

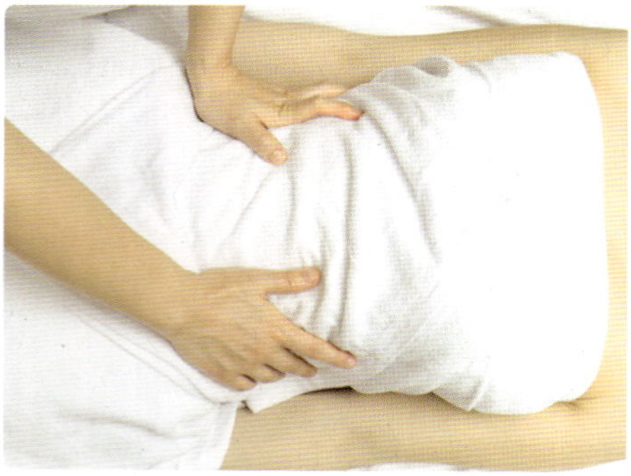

3. 양 손바닥을 복부 측면에 밀착하고 가볍게 흔들어 준다.

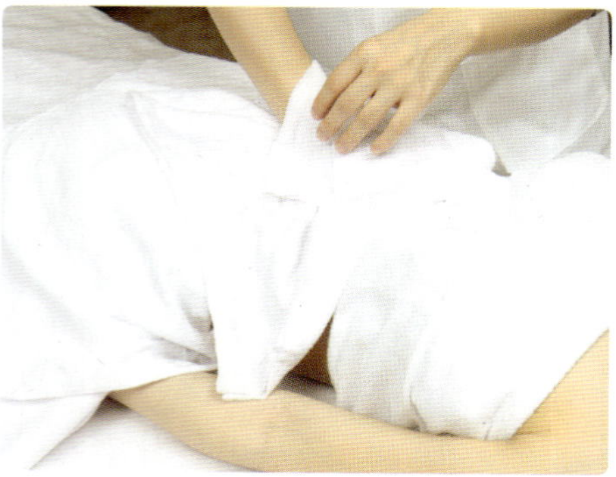

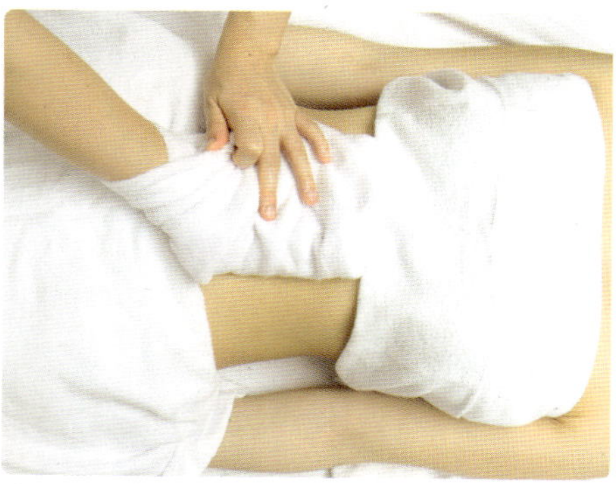

4. 온습포를 접어서 손 장갑을 만들어 준다.

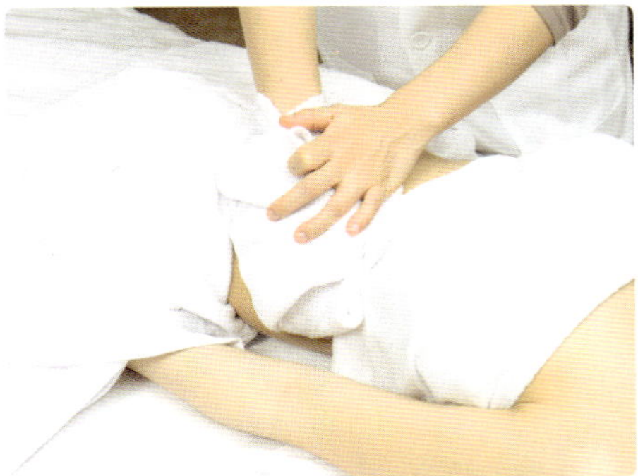

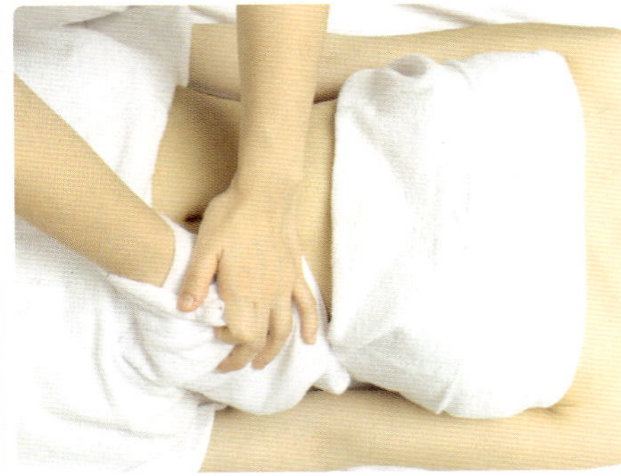

5. 복부 전체를 세심하게 닦아준다.

7. 바디 팩과 마스크

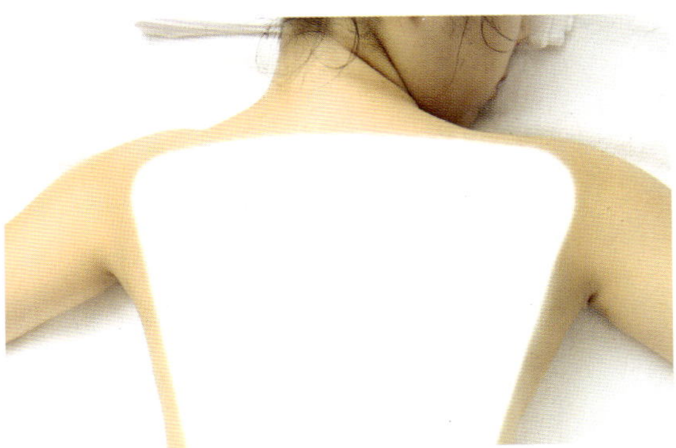

1. 바디 팩

(1) 크림 팩

① 피부 유형과 관리 목적에 따라 다양한 유효 성분을 함유하고 있는 크림 제형의 팩제를 선택할 수 있다.

② 사용이 간편한 제품으로 피부관리실에서 가장 보편적으로 사용하는 제품 형태이다.

(2) 분말 팩

① 분말 형태로 되어 있는 팩제로 증류수나 전용 혼합용액을 함께 사용한다.

② 대표적으로 한방 팩과 해초 팩이 분말 형태로 되어 있다.

청해초 팩

- 청해초에는 부종을 제거하고 혈액순환을 개선하는 효과가 있다.
- 물과 해초가루를 2:1의 비율로 섞어서 겔 상태로 만들고 나서 관리 부위에 도포하여 20분 정도의 방치시간이 지나면 팩제를 제거한다.

2. 바디 마스크

(1) 파라핀 마스크

① 효과

- 수분 보유능력이 뛰어나 보습효과에 좋다.
- 부은 근육을 진정시키고 관절과 연결조직의 염증을 완화시켜 주므로 관절염과 손발의 부종에 효과적이다.
- 미니 사우나와 동일한 발한작용이 일어나 불필요한 노폐물을 모공 밖으로 밀어낸 후에 수분을 깊숙이 침투시킬 수 있다.
- 모공을 확장시켜 주므로 유효 성분의 침투에 용이하다.
- 열전도율이 낮아 긴 시간 동안 열 보존이 가능하므로 수족냉증에 효과적이다.
- 혈액순환이 활발해지고 산소와 영양분이 진피까지 잘 공급되어 세포재생 능력을 강화하는 작용을 한다.

② 금기사항

- 습진이나 감염된 피부 부위
- 돌출된 사마귀
- 아물지 않은 상처 및 부상 부위

- 염증이 있는 피부 부위
- 말초신경혈관 이상증

(2) 석고 마스크

① 효과

- 피부 표면의 온도를 높이는 작용으로 유효성분의 흡수를 촉진시킨다.
- 피부재생을 촉진시킨다.
- 유효성분의 효과적인 침투로 보습력이 높아지고 피부를 부드럽게 해준다.

(3) 앙띠까삐똥 마스크

해양요법 중 해니 해조요법에 속하며, 산화와 환원작용을 기본 원리로 한 요법으로 신체 내의 기능에 필수적인 에너지의 증가를 유도하여 신진대사활동을 촉진시켜 준다.

① 효과

- 미네랄과 산소를 공급시키고 노폐물을 제거함으로써 신진대사 기능을 활성화한다.
- 자가열 및 신진대사의 활성화로 자율신경계를 자극하여 전반적인 신체 기능을 향상시켜 준다.
- 혈액순환 저하 및 독소와 노폐물의 정체를 해소시켜 줌으로써 셀룰라이트 관리에도 효과적이다.

② 사용방법

- 관리하고자 하는 부위의 크기에 맞게 폴리필름을 자른다.
- 분말과 따뜻한 물을 1:1의 비율로 혼합한다(해초 냄새에 민감한 경우 아로마 오일을 몇 방울을 떨어뜨린다).
- 폴리필름 위에 혼합물을 붓고 거즈를 덮어 둔다.
- 폴리필름을 감싼 후 20분 정도의 방치시간이 지나면 해면과 온습포로 제거한다.

Chapter 6

특수관리

1. 제 모

1. 채점기준

위생과 사후처리(진정), 마무리, 모근이 뽑혔는지 확인, 제모부위에 모가 남았는지 확인, 떼어낼 때 피부 스트레치 확인, 제모 후 왁스의 잔여물 확인을 기준으로 한다.

2. 시술 순서

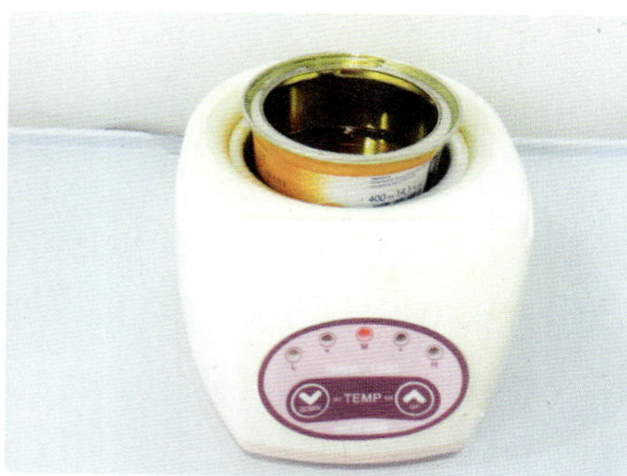

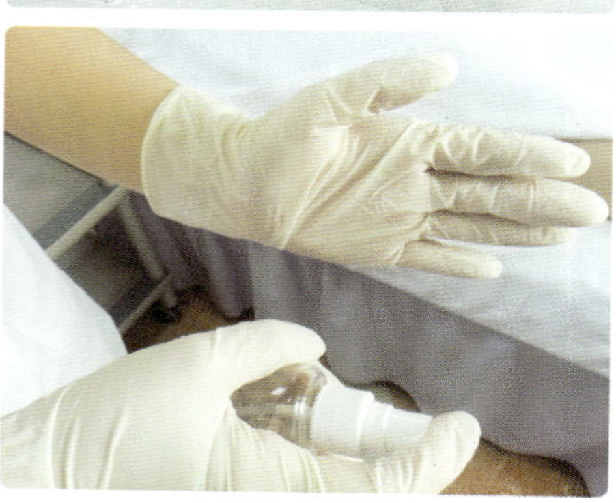

1. 알코올로 수험자의 손을 소독하고 라텍스 장갑을 착용한 후에 손 소독을 다시 한 번 실시한다.

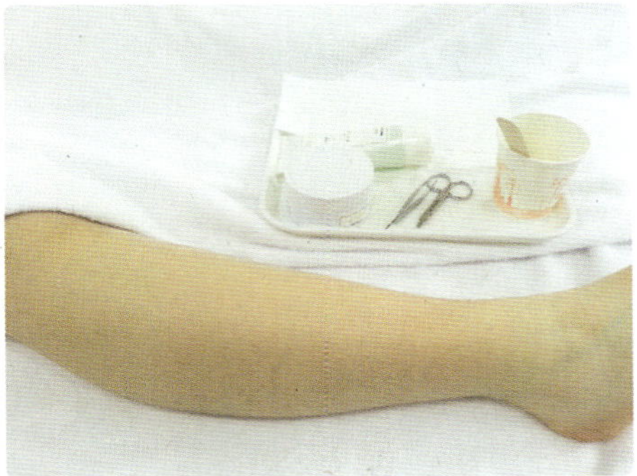

2. 오른쪽 종아리 아래에 티슈를 깔아 놓고, 제모에 필요한 재료를 세팅한다.

※ NCS 적용

족집게(가위) 기구 소독을 실시한 후에, 제모할 부위에 털의 길이를 조절한다.

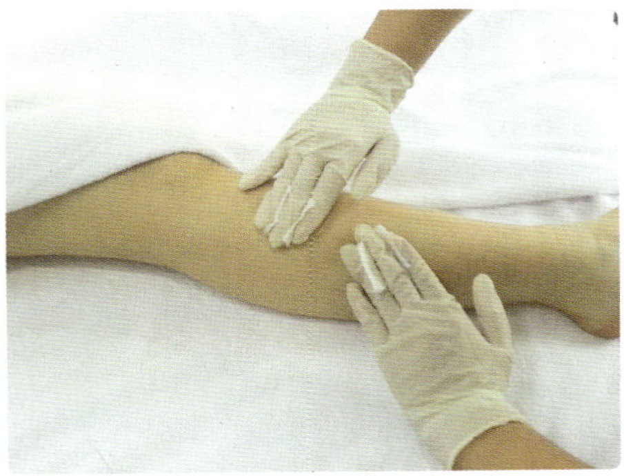

3. 알코올 솜을 이용하여 제모할 부위를 소독한다.

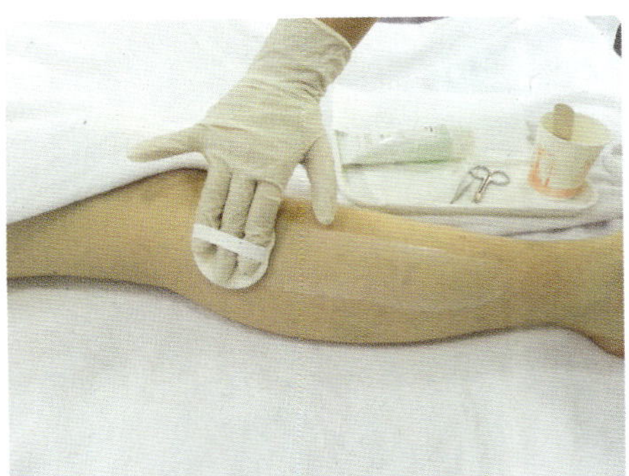

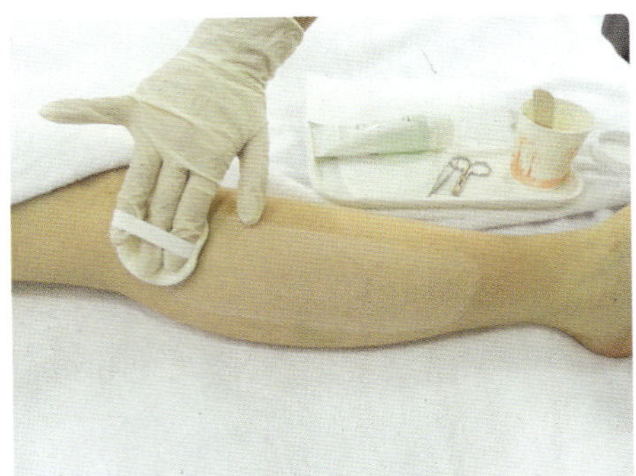

4. 탈컴 파우더를 이용하여 제모할 부위에 모가 난 반대방향으로 바른다.

5. 나무 스파출라에 적당량의 왁스를 덜어 종이 컵에 받쳐서 이동한다.

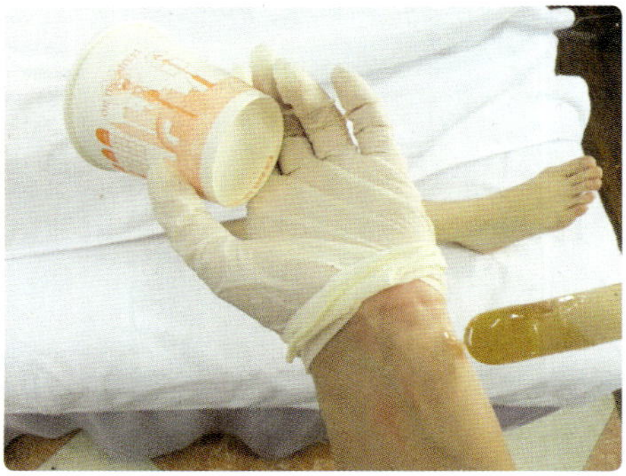

6. 손목 안으로 온도체크를 한 후, 털이 난 방향으로 왁스를 도포한다.

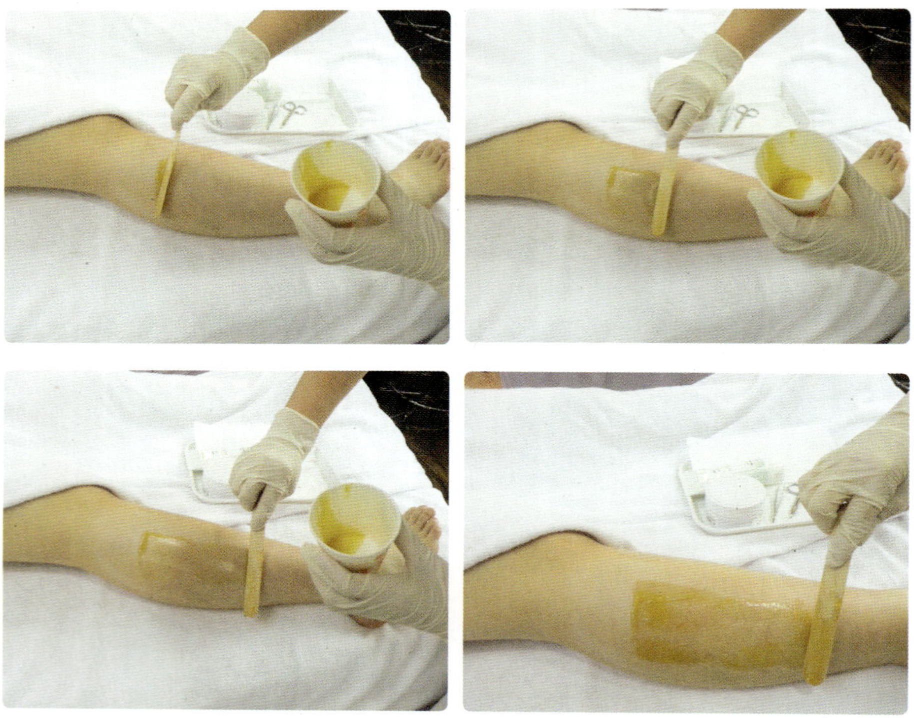

7. 작업 시에 도포 범위(4~5×12~14cm) 기준에 적합하도록 도포한다.

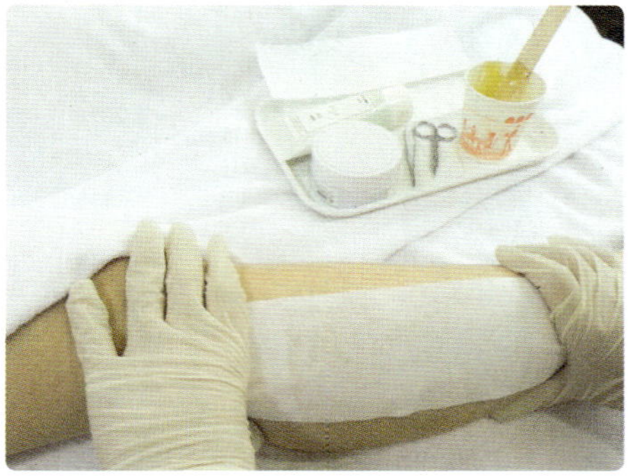

8. 부직포를 부착한 후, 털이 난 방향으로 쓰다듬어 부직포가 잘 부착되도록 한다.

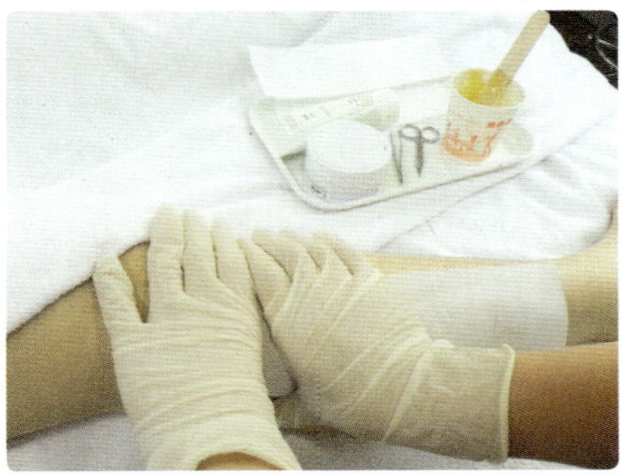

9. 부직포를 부착한 후, 손을 들어서 감독위원을 부른다.

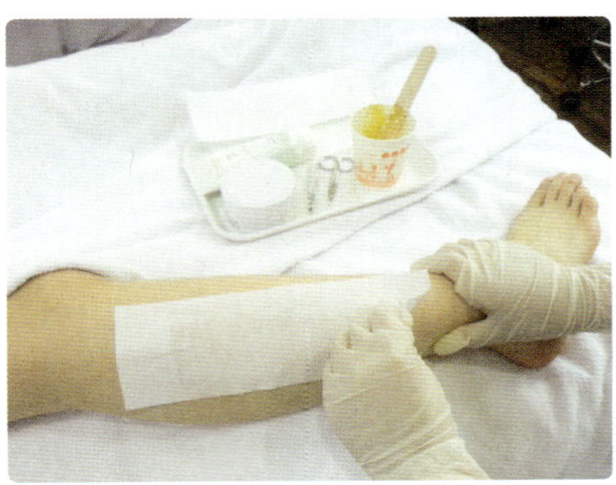

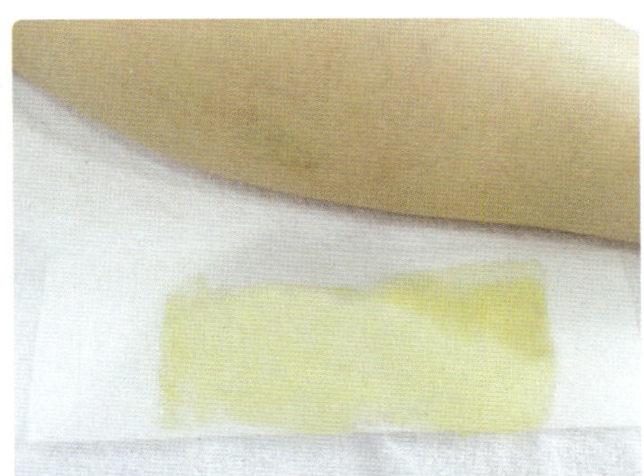

10. 스트레치(Stretch) 후에 털이 난 반대방향으로 부직포를 제거한다. 제거 후 부직포를 접어서는 안 된다.

11. 감독관이 확인할 수 있도록 제모가 완료된 부직포를 베드 옆에 놓아 둔다.

12. 부직포에 왁스가 묻어있지 않은 부분으로 왁스의 잔여물을 제거한다.
13. 깨끗이 제거되지 않은 잔여 털은 족집게를 이용하여 뽑는다.

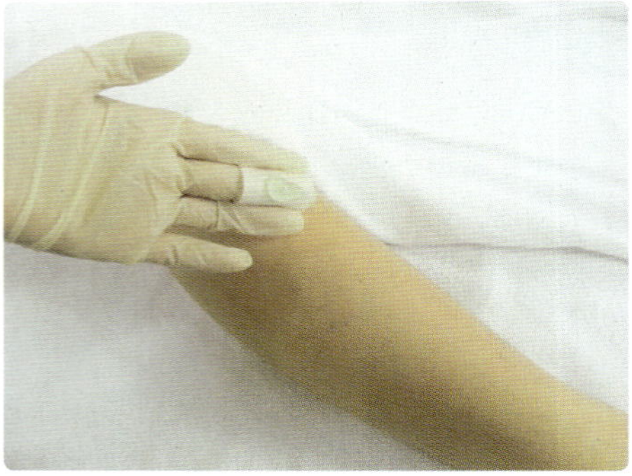

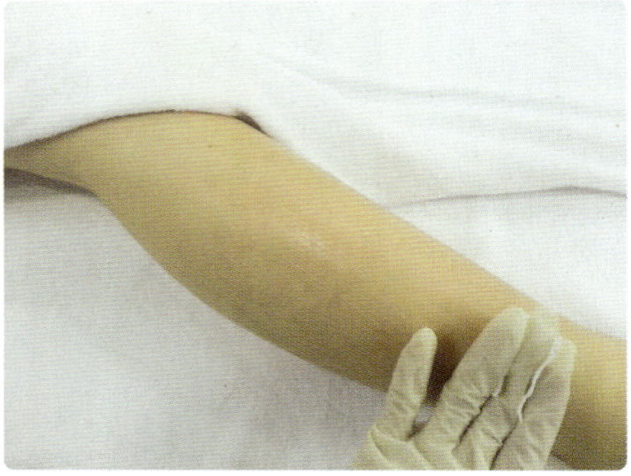

14. 알로에 겔을 유리 볼에 덜어놓은 후에 화장솜을 이용하여 제모한 부위를 진정시킨다.

15. 감독위원이 다시 한 번 검사를 진행한 후에 부직포를 잘 접어서 버린다.
16. 위생 비닐에 사용한 재료를 넣어서 버린다.
17. 장갑을 벗고, 베드세팅을 다시 한 번 점검한다.

2. 림프 드레나지

• 전체 쓰다듬어 주기

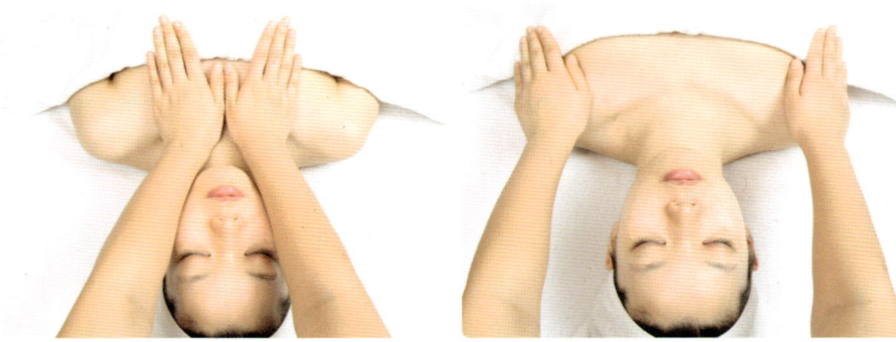

1. 엄지손가락을 이용하여 액와방향으로 쓰다듬어 준다.(6회)

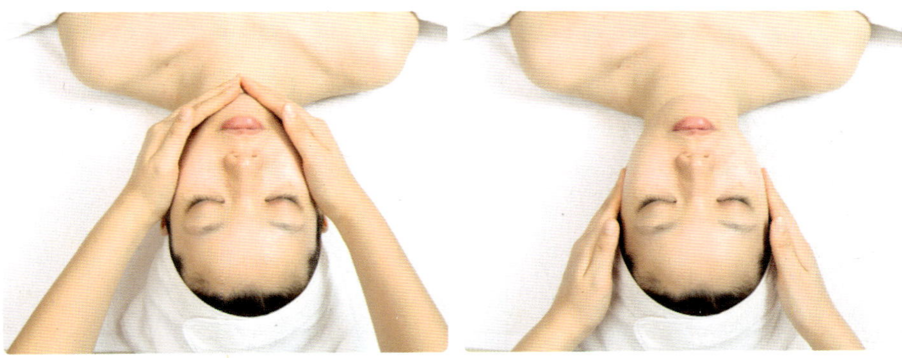

2. 손바닥을 이용하여 턱을 쓰다듬어 준다.

3. 엄지손가락을 이용하여 볼을 쓰다듬어 준다.

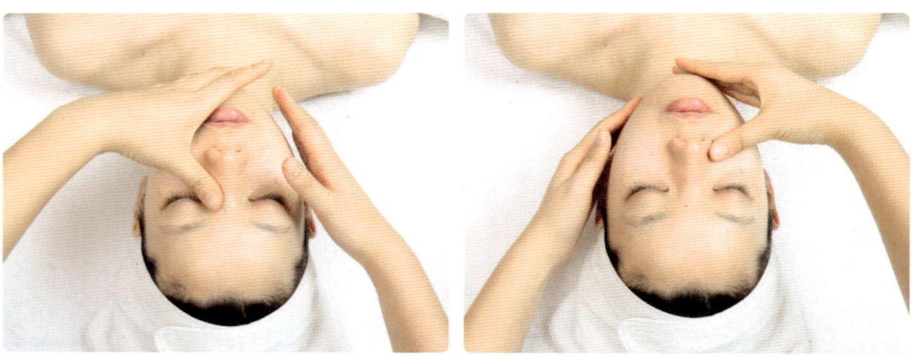

4. 엄지손가락으로 코의 좌우측면을 번갈아가면서 쓸어내려 준다.

5. 중지손가락을 이용하여 코의 좌우측면을 번갈아가면서 쓸어 올려 준다.

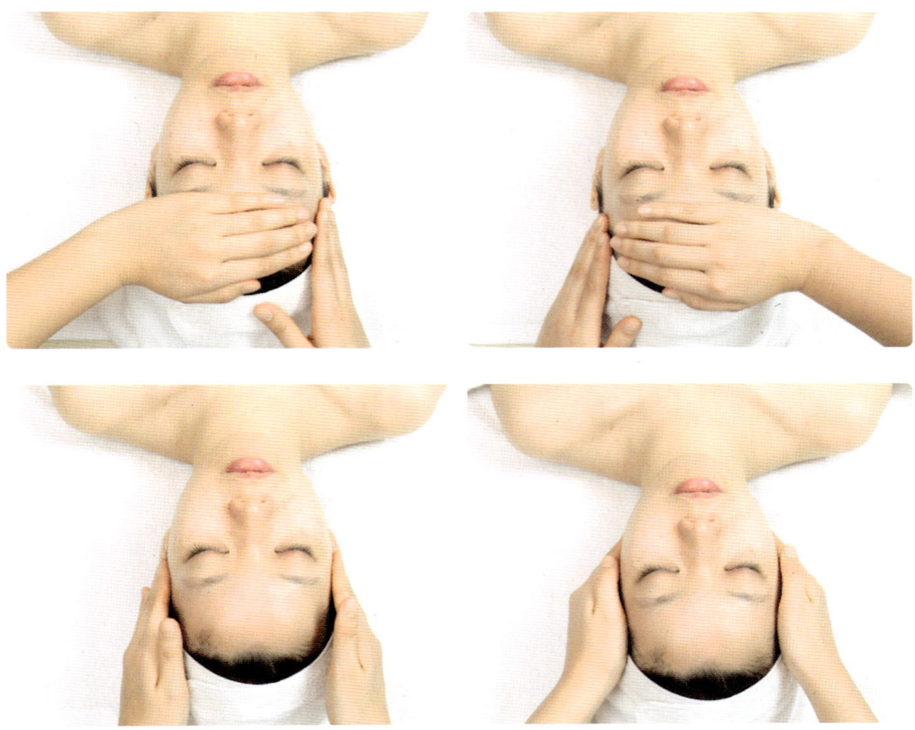

6. 손바닥을 이용하여 이마를 번갈아가면서 쓰다듬어 준다.

• 목

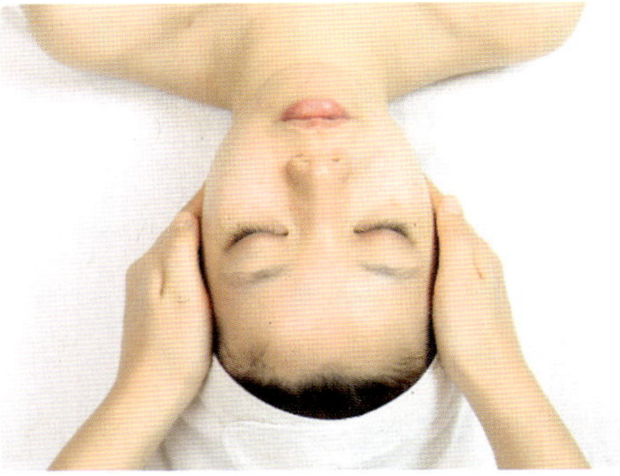

7. 귀밑 안쪽 부분에 위치한 프로펀더스(귀 뒤)에 고정원을 그린다.(5회)

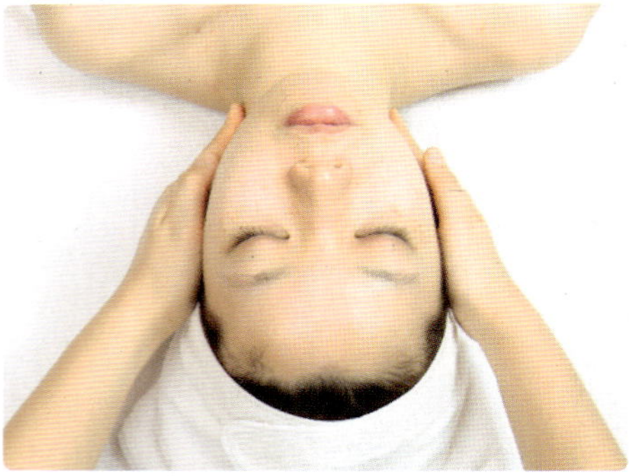

8. 목 측면 중앙 부분에 위치한 목 중앙에 고정원을 그린다.(5회)

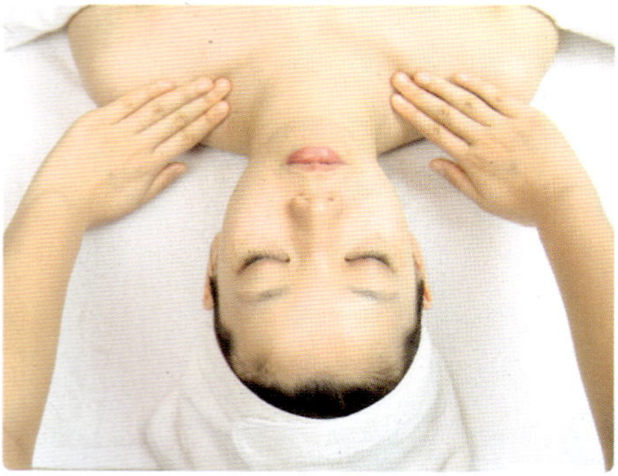

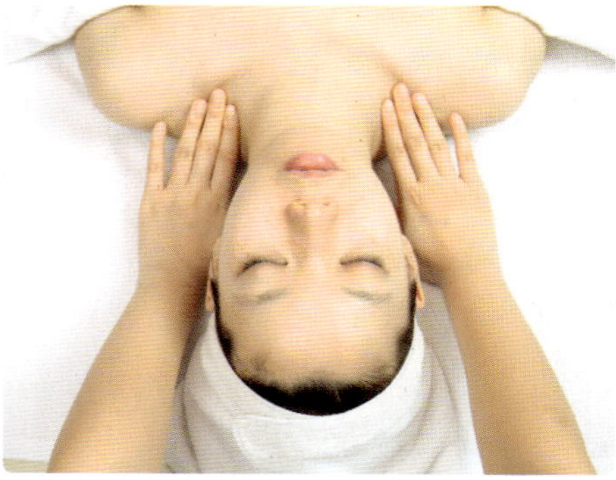

9. 쇄골 안쪽 터미너스(쇄골)에 2, 3지를 이용하여 고정원을 그린다.(5회)

※ 7 ~ 9번까지 2 set 실시

• 턱

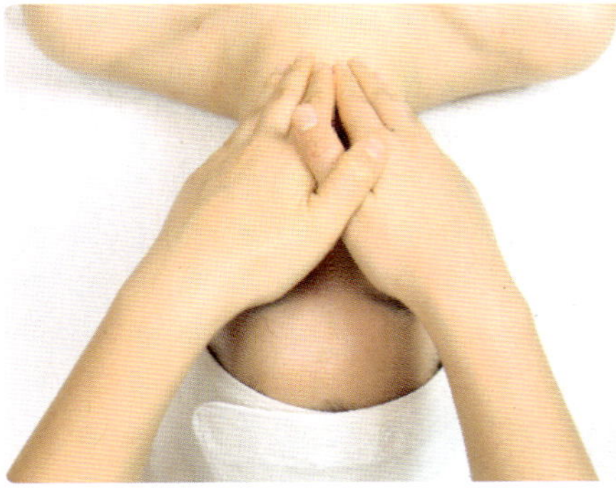

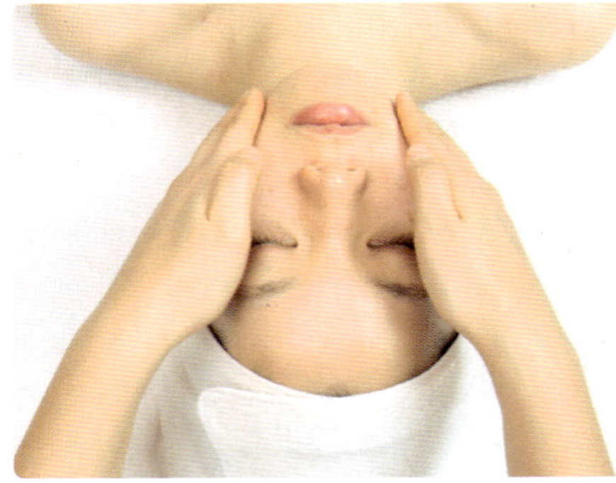

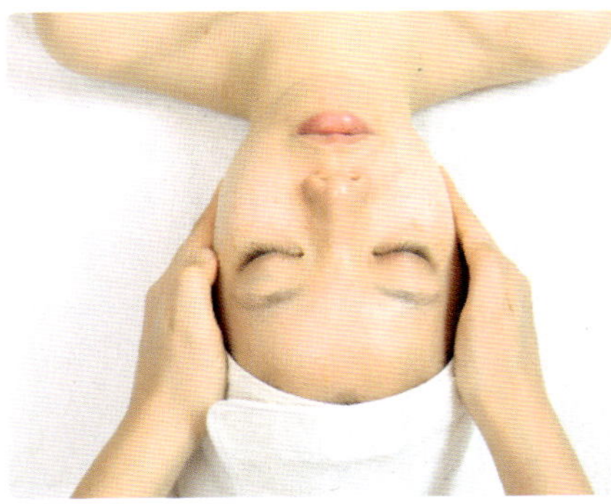

10. 턱 중앙 부분에서 하악각 부분까지 3곳으로 나눠서 각각 5회씩 고정원을 그린다.(2set)

• 입술

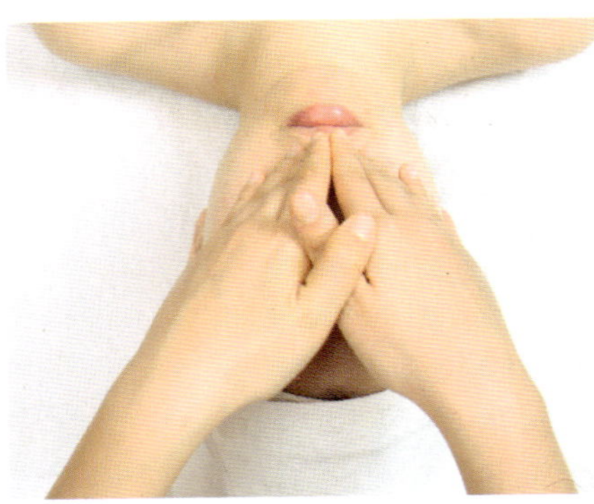

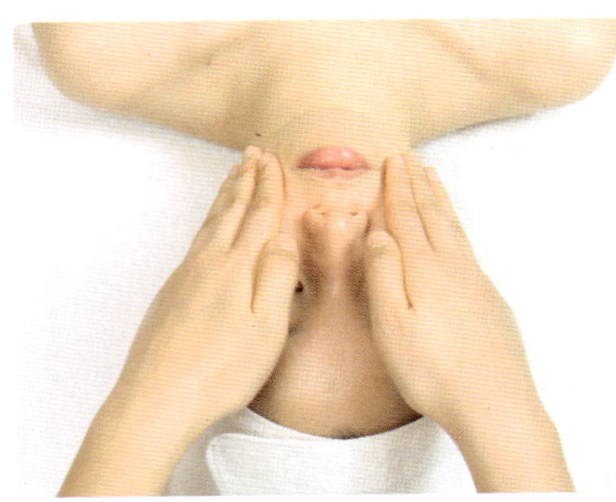

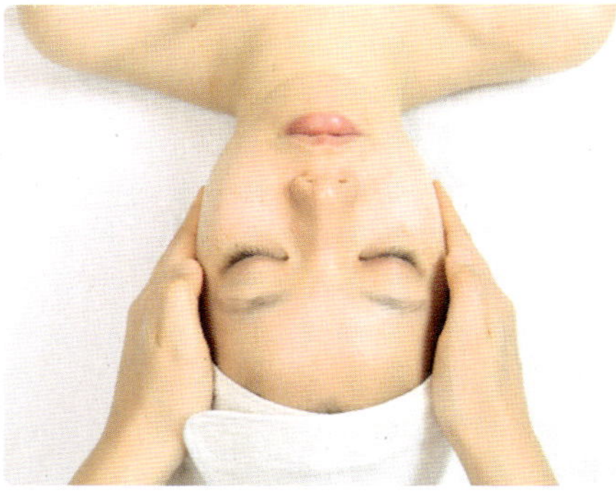

11. 입술 위 중앙 부위, 양쪽 입가, 하악각까지 고정원을 그린다. (5회, 2set)

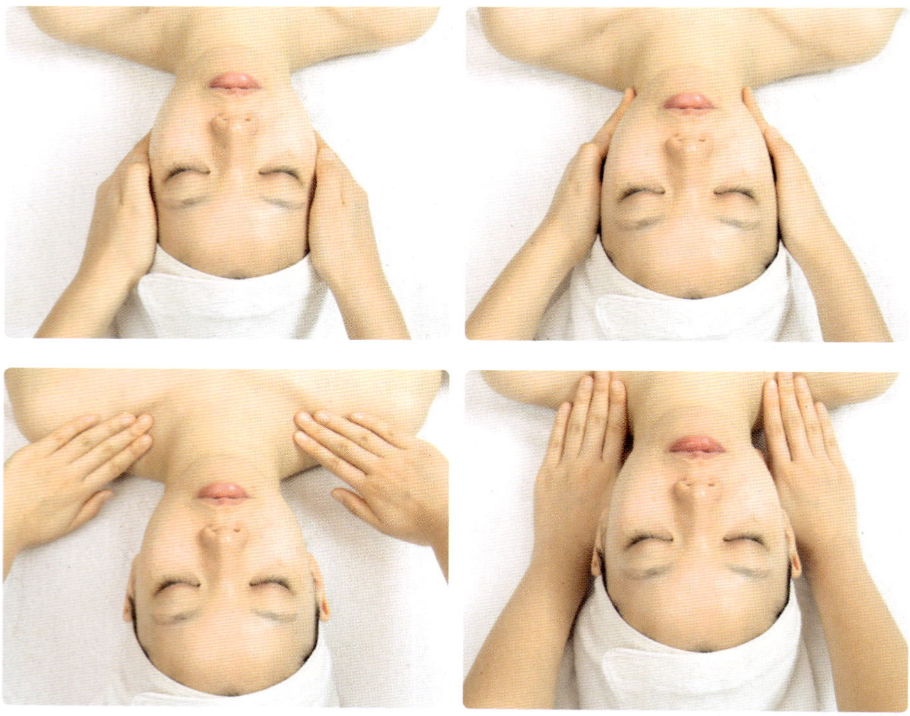

12. 프로펀더스, 미들, 터미너스에 고정원을 그린다. (5회)

• 코

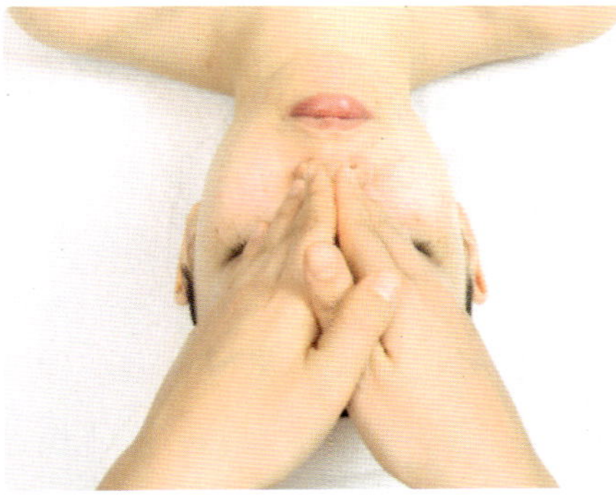

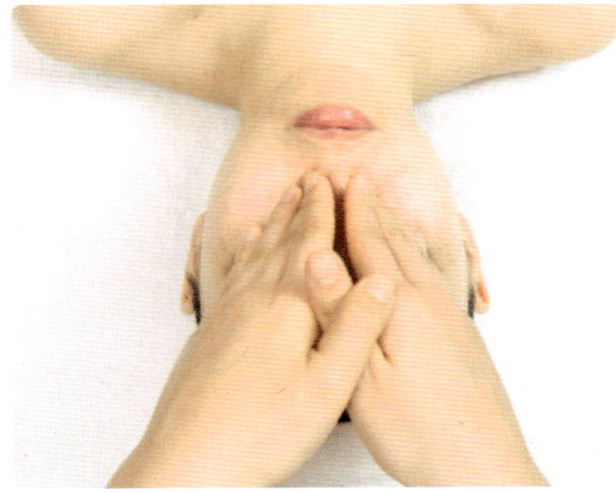

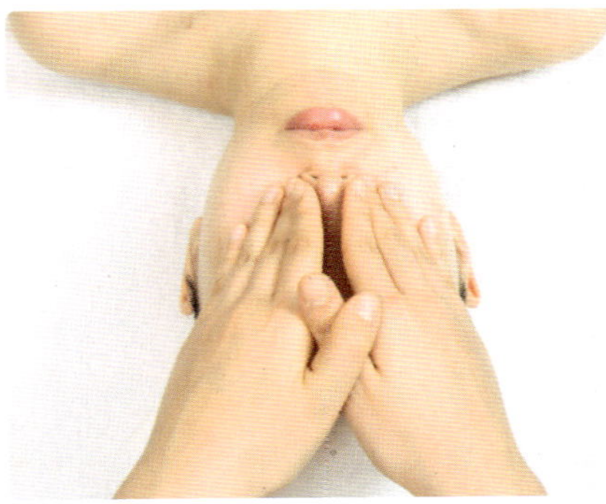

13. 코 끝부분 중앙, 콧망울 중앙, 콧망울 하단 끝에서 고정원을 그린다.(5회)

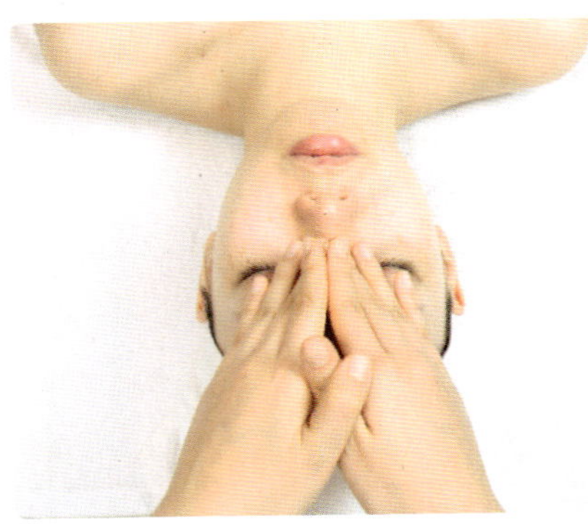

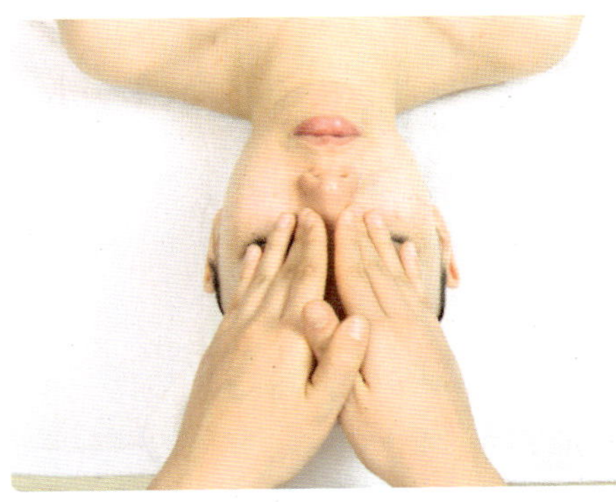

14. 코의 중간 부분, 외측면에 고정원을 그린다.(5회)

15. 코의 상단 중앙 부분에 고정원을 그린다. (5회)

※ 13번 ~ 15번은 (2set 실시)

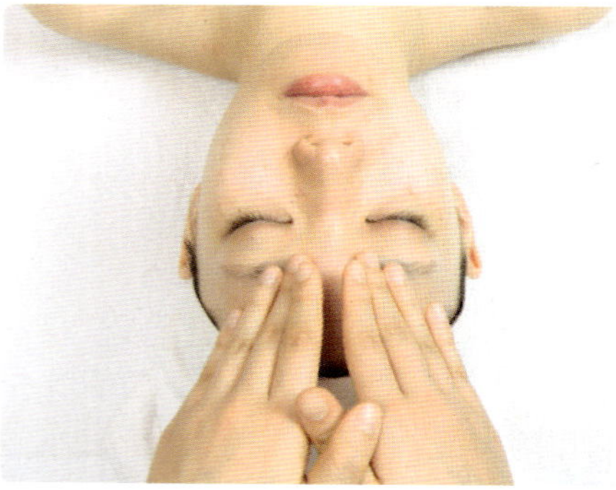

16. 코의 상단 측면에 고정원을 그린다. (5회)

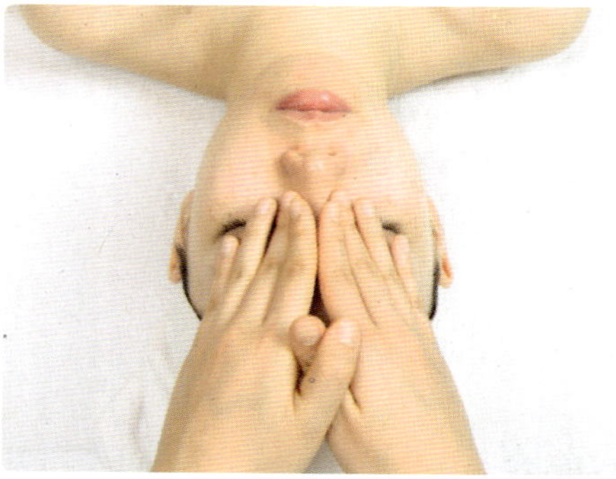

17. 코의 중간 외측면에 고정원을 그린다. (5회)

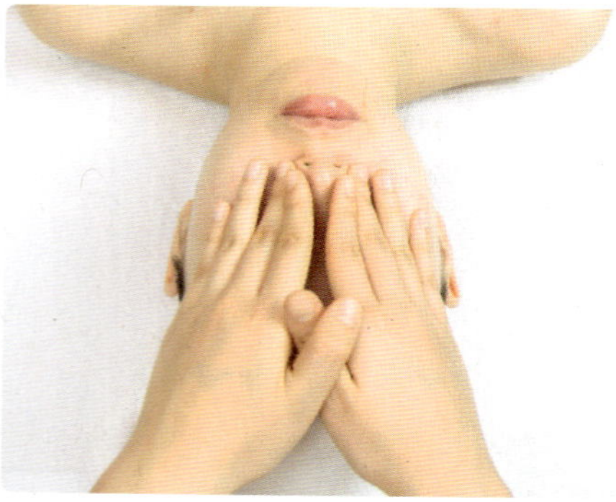

18. 코의 끝부분 콧망울 하단 끝에 고정원을 그린다. (5회)

• 볼

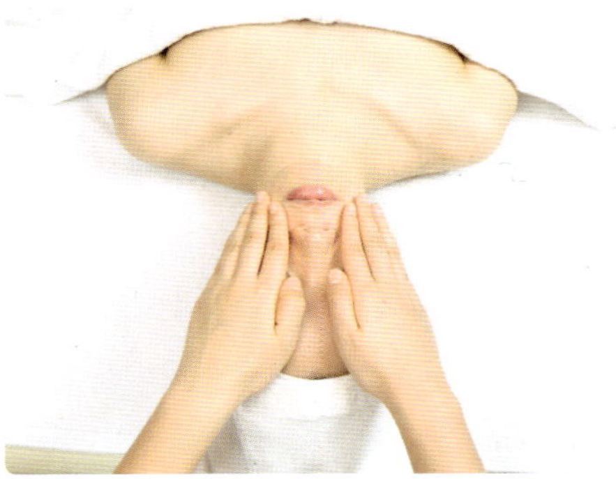

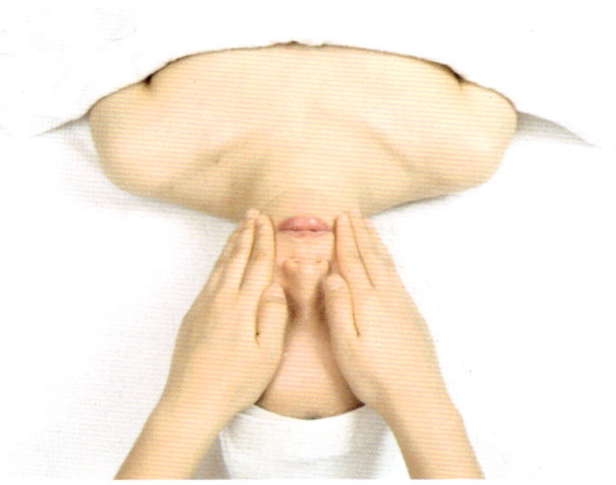

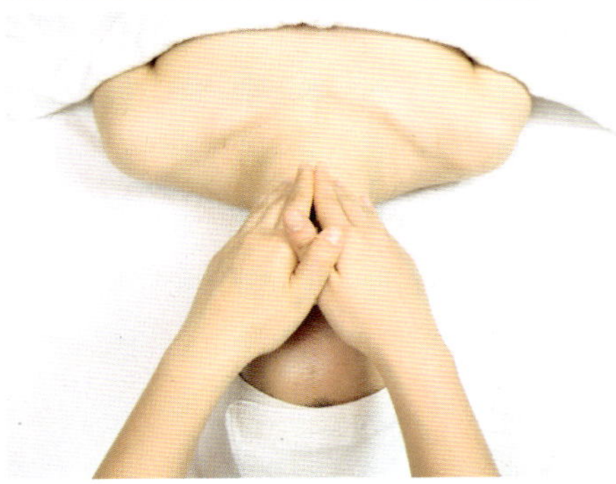

19. 볼 부분, 입가 부분, 입술 아래 중앙 부분에 고정원을 그린다.(5회)

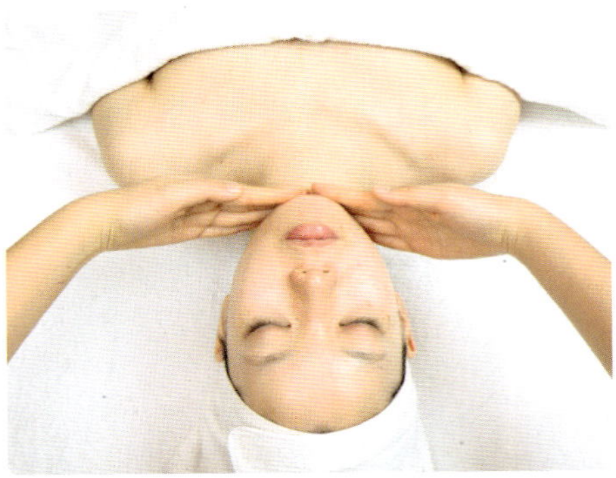

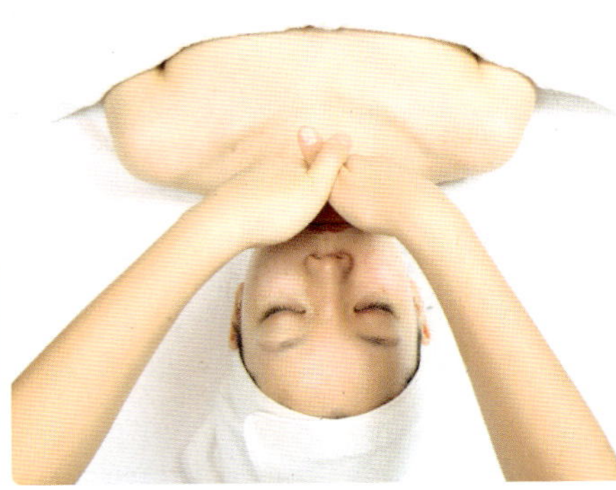

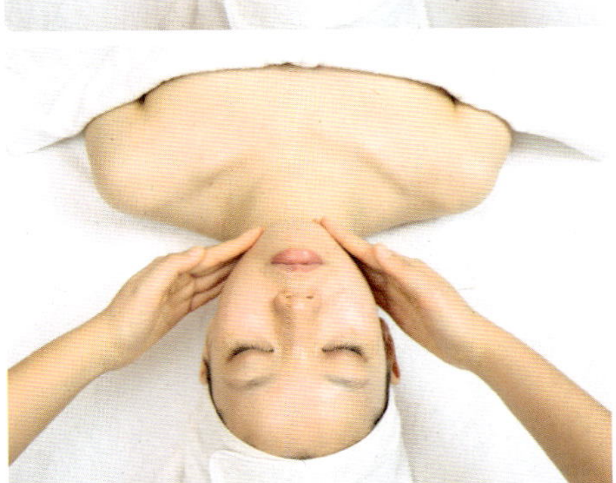

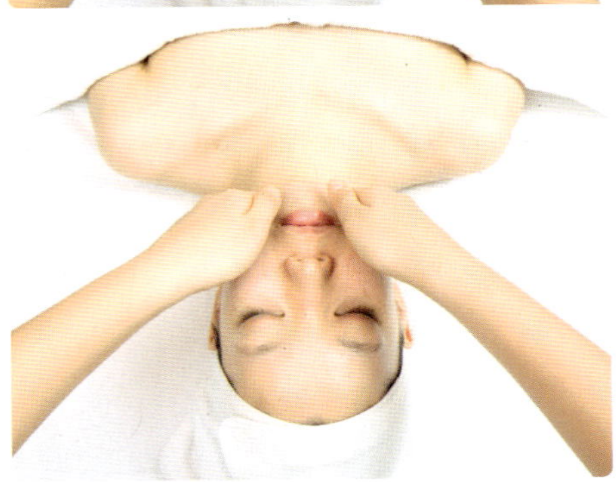

20. 손가락을 마주보게 고정시킨 뒤에 새끼손가락 부분으로 손가락 전체를 살짝 내려 주고 나서 다음 검지가 나란히 마주보는 방향으로 고정원을 그린다.
(턱 중앙 부분부터 5군데로 각각 5회씩 고정원을 그려 준다.)

• 눈

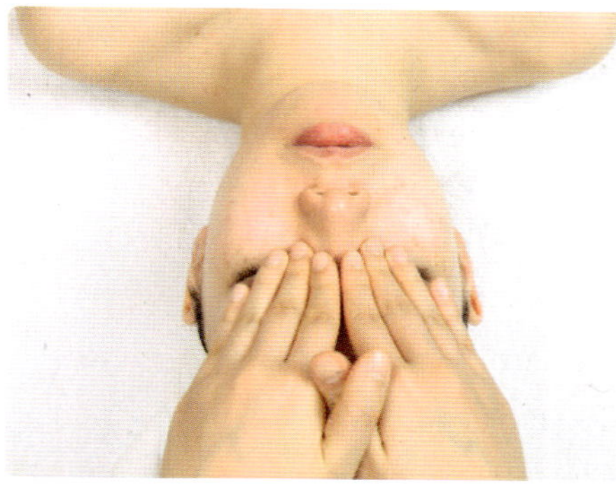
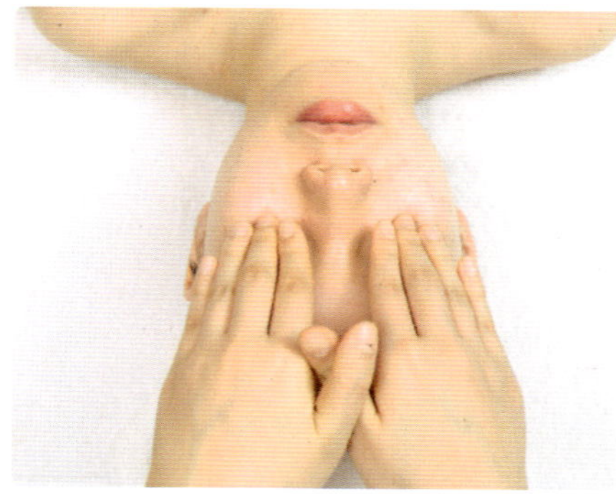
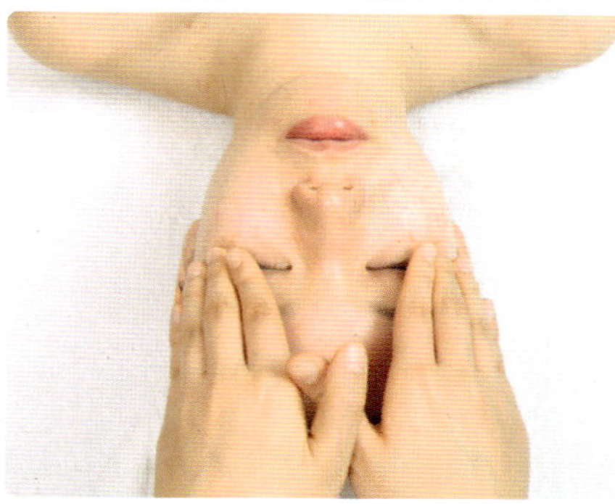

21. 중지를 이용하여 눈밑을 내측, 중앙, 외측 3등분으로 나누어서 고정원을 그린다.(5회, 2set)

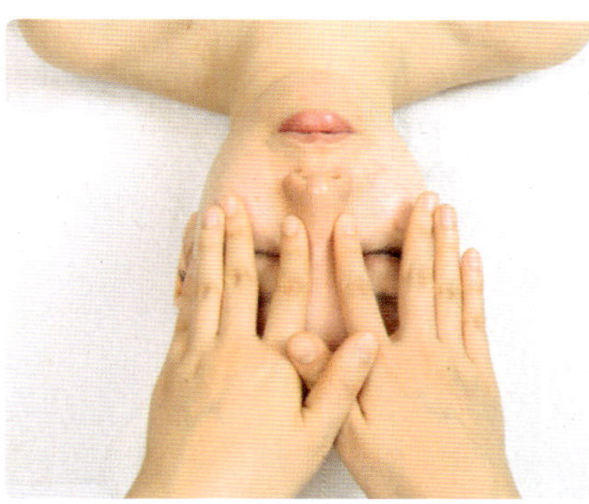
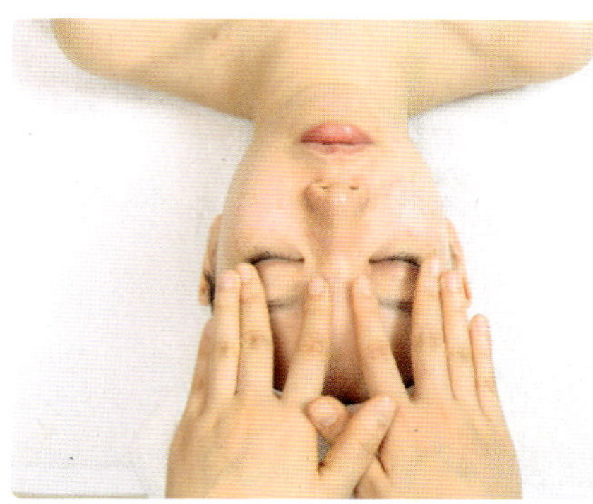

22. 검지손가락을 이용하여 눈 옆부분을 눈썹 부분까지 1자로 끌어올려 준다. (5회, 2set)

• 눈썹

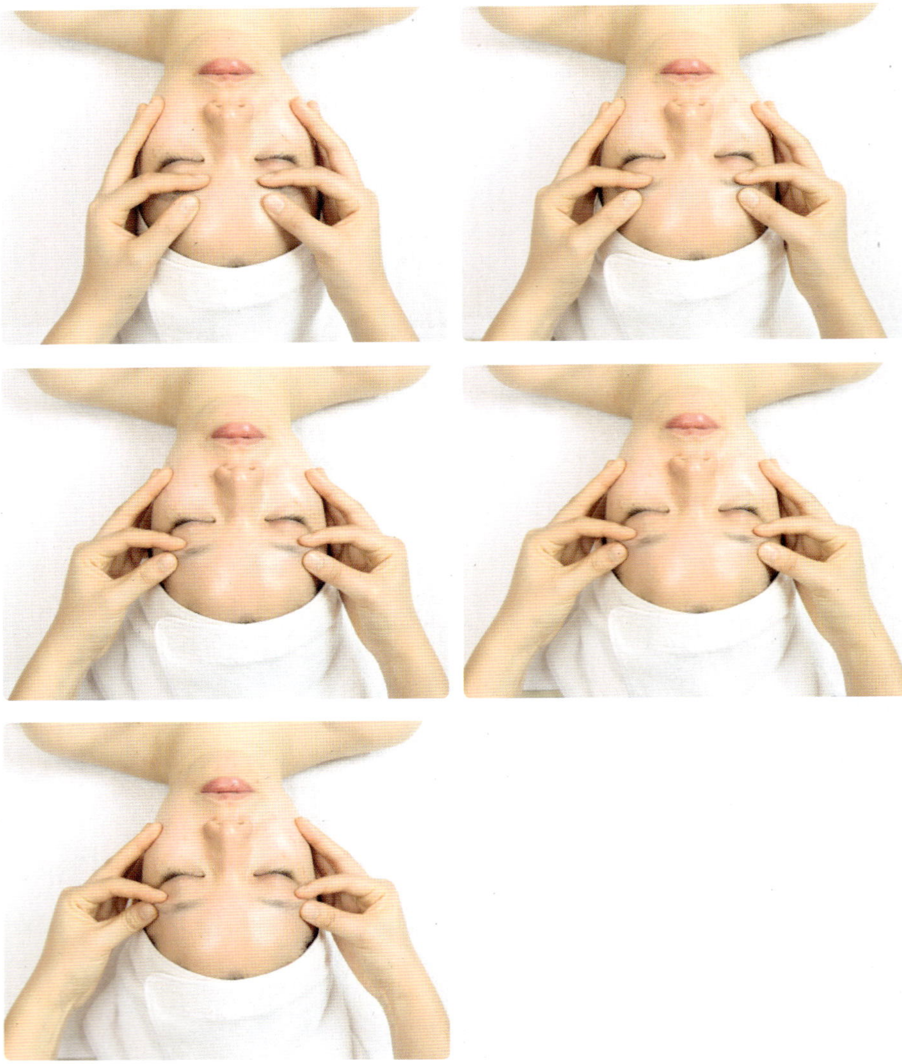

23. 엄지손가락과 검지손가락을 이용하여 눈썹 앞머리부터 끝부분까지 5군데를 가볍게 집어주며 빼준다.(5회, 2set)

24. 엄지손가락을 이용하여 눈 안쪽 부분에서 쓸어 올리고 눈썹 앞부분부터 눈썹 끝 부분까지 가볍게 누르면서 수근과 손바닥 측면과 새끼손가락 측면으로 밀착시키며 프로펀더스(귀 뒤) 방향으로 시행한다. (5회)

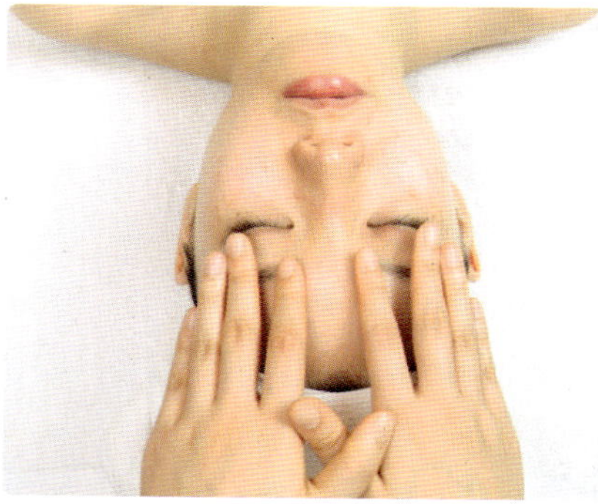

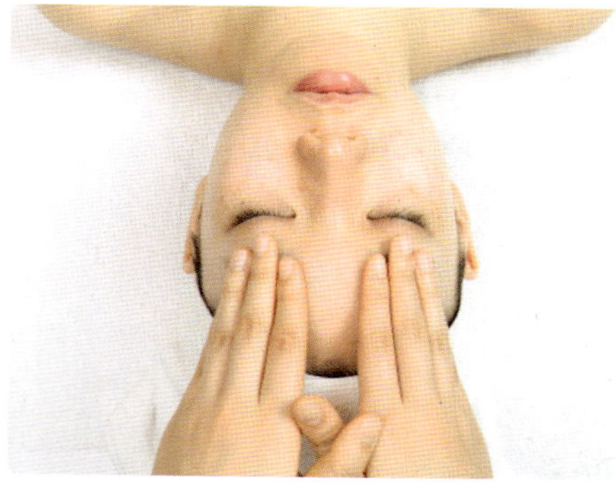

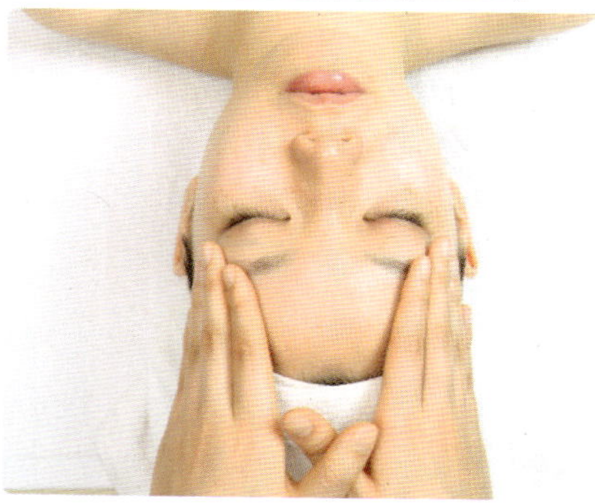

25. 검지손가락을 이용하여 눈썹 앞머리, 2, 3, 4, 5지를 이용하여 눈썹 중간과 눈썹 끝에 고정원을 그려 준다.(5회, 2set)

- 이마

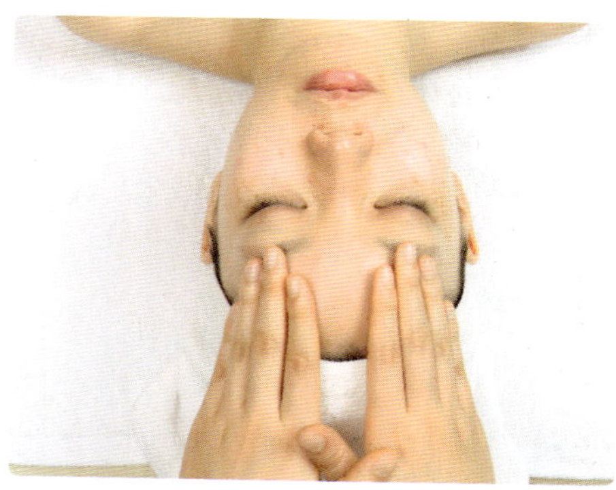

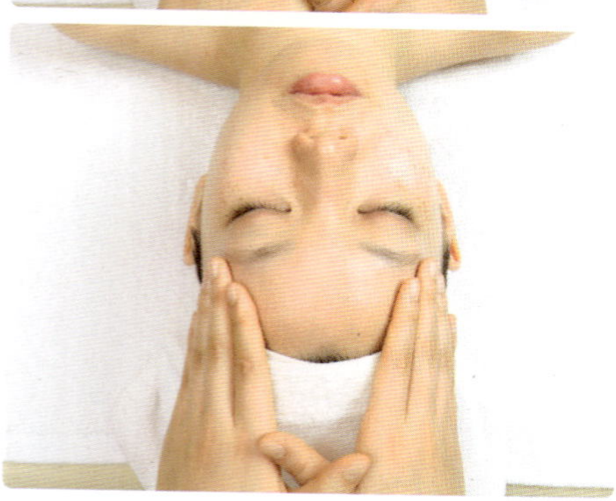

26. 2, 3, 4, 5지를 이용하여 이마 중간, 측면, 가장 외측면에 고정원을 그린다.(5회, 2set)

• 목

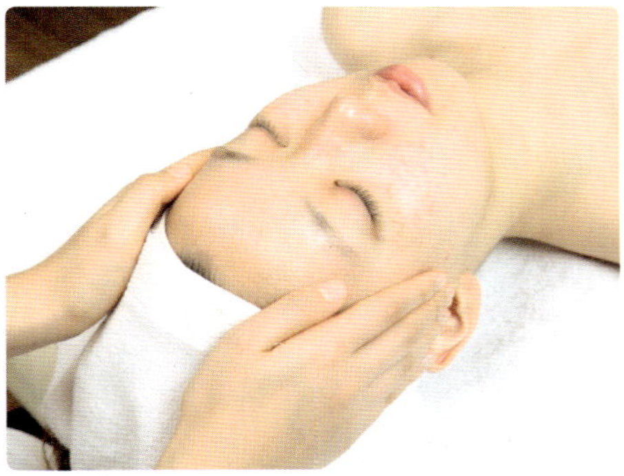

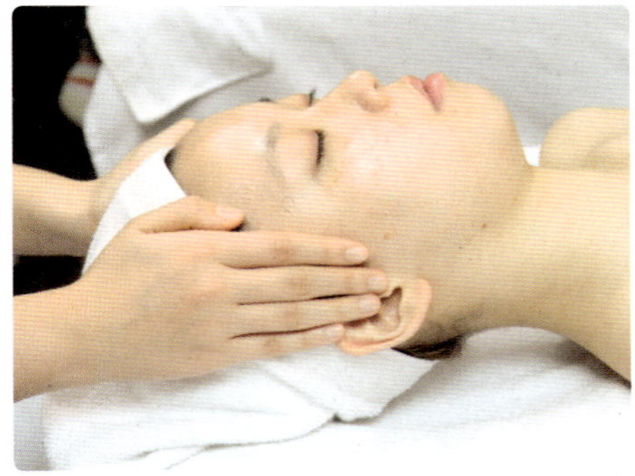

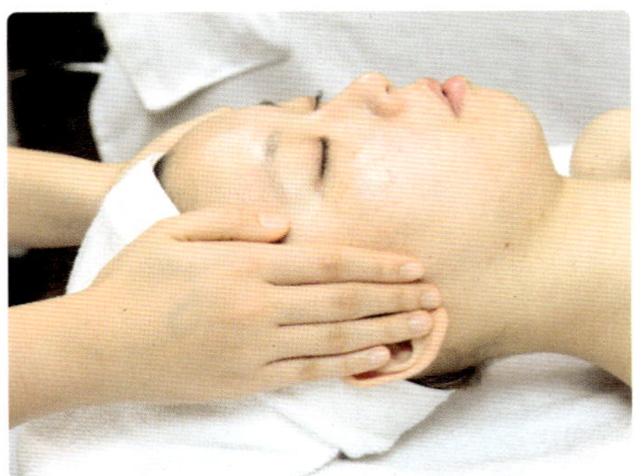

27. 귀 중앙 부분과 귀 끝부분에 고정원을 그려 준다.(5회)

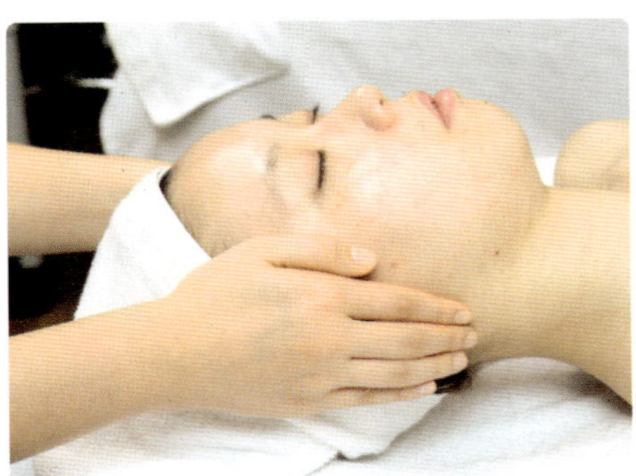

28. 프로펀더스(귀 뒤)에 고정원을 그린다. (5회, 2set)

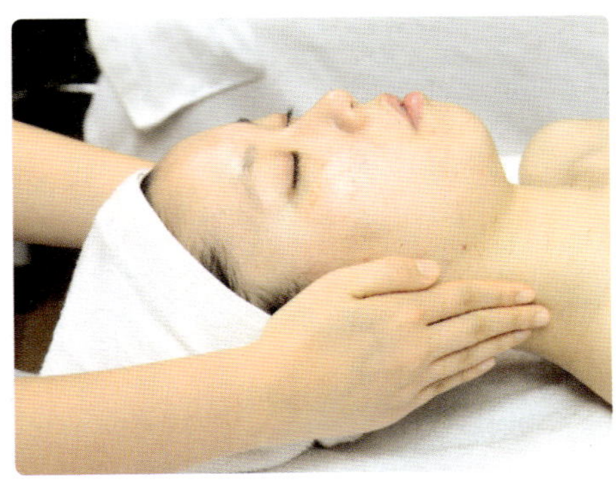

29. 목 중앙에 고정원을 그린다. (5회)

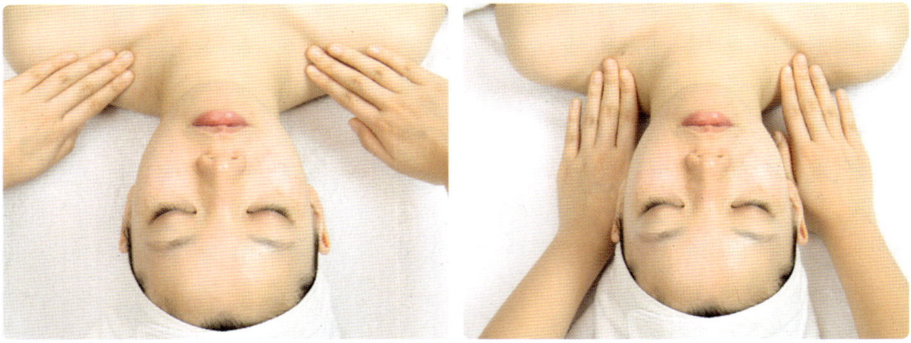

30. 터미너스(쇄골)에 고정원을 그린다. (5회)

• 전체 쓰다듬기

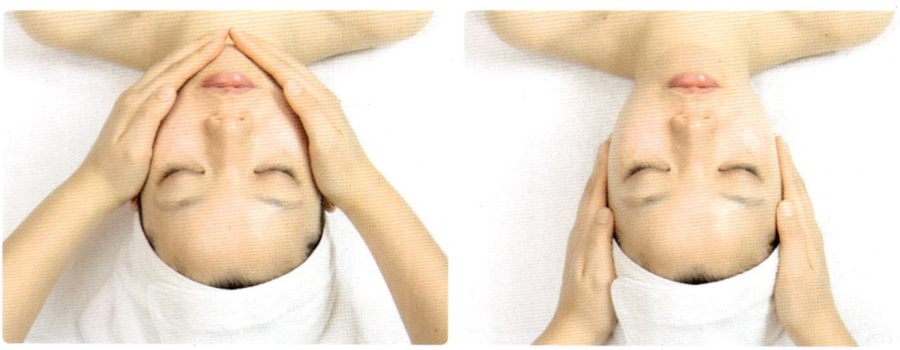

31. 턱을 쓸어 준다.

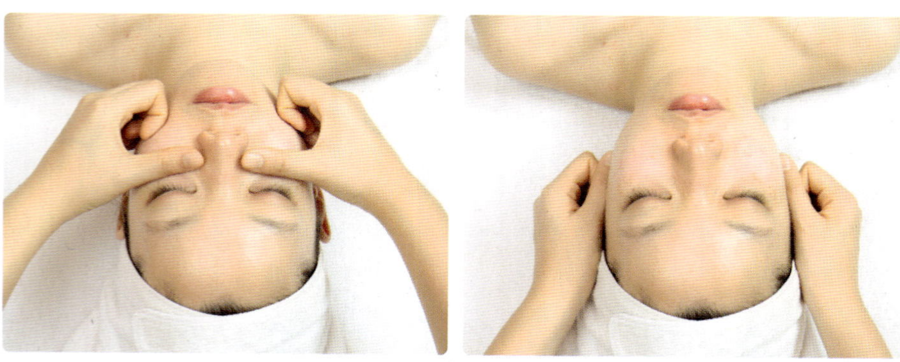

32. 볼을 쓸어 준다.

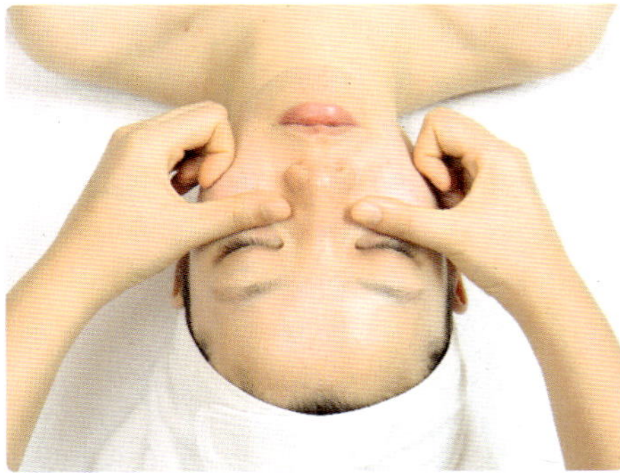
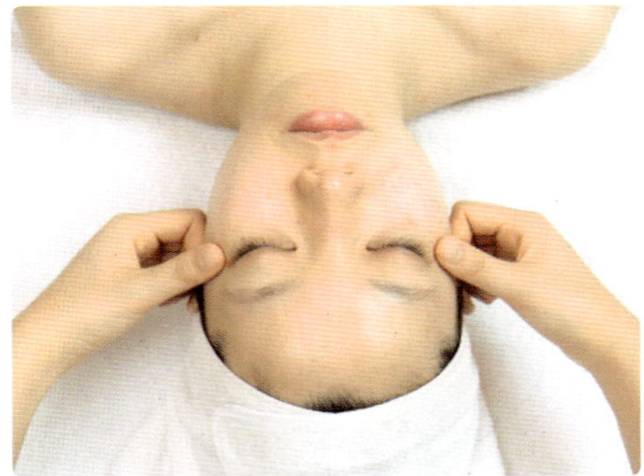

33. 눈밑을 쓸어 준다.

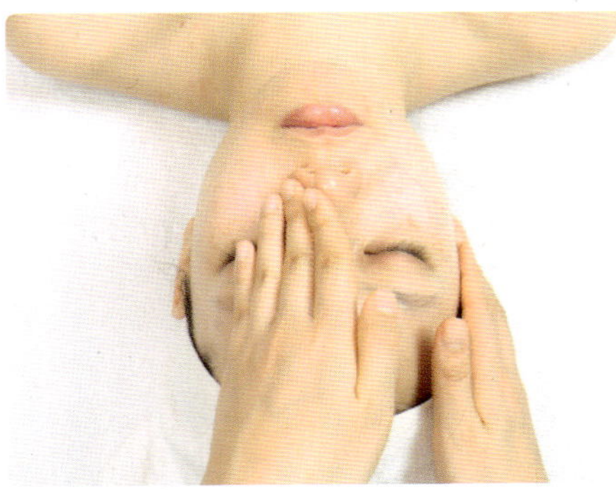
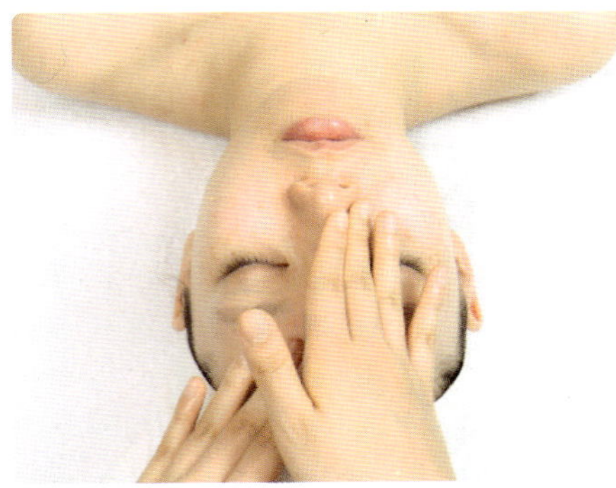

34. 중지를 이용하여 코를 번갈아가면서 쓸어 올려 준다.

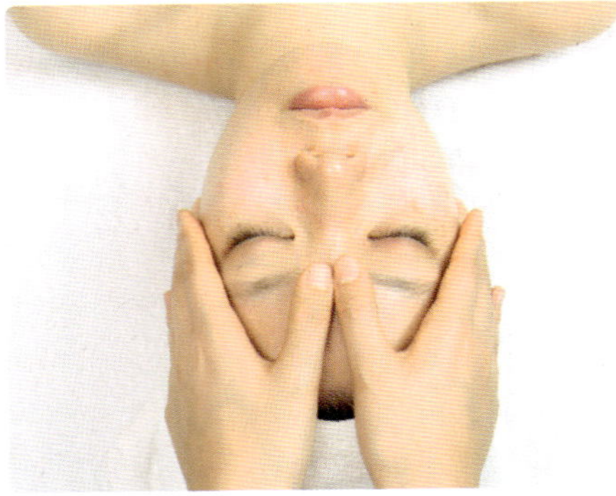
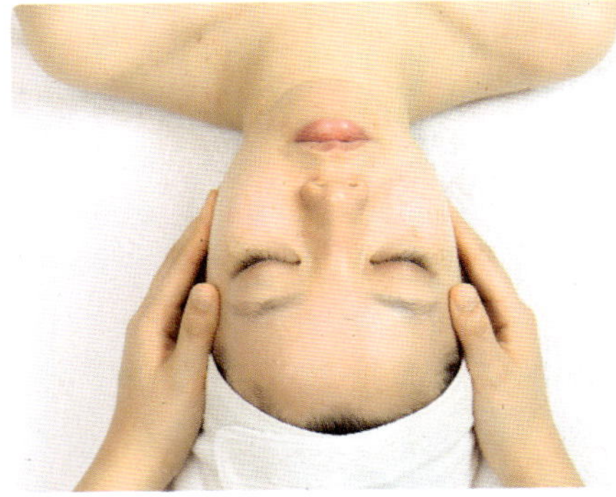

35. 엄지손가락을 이용하여 이마를 동시에 쓸어 준다.

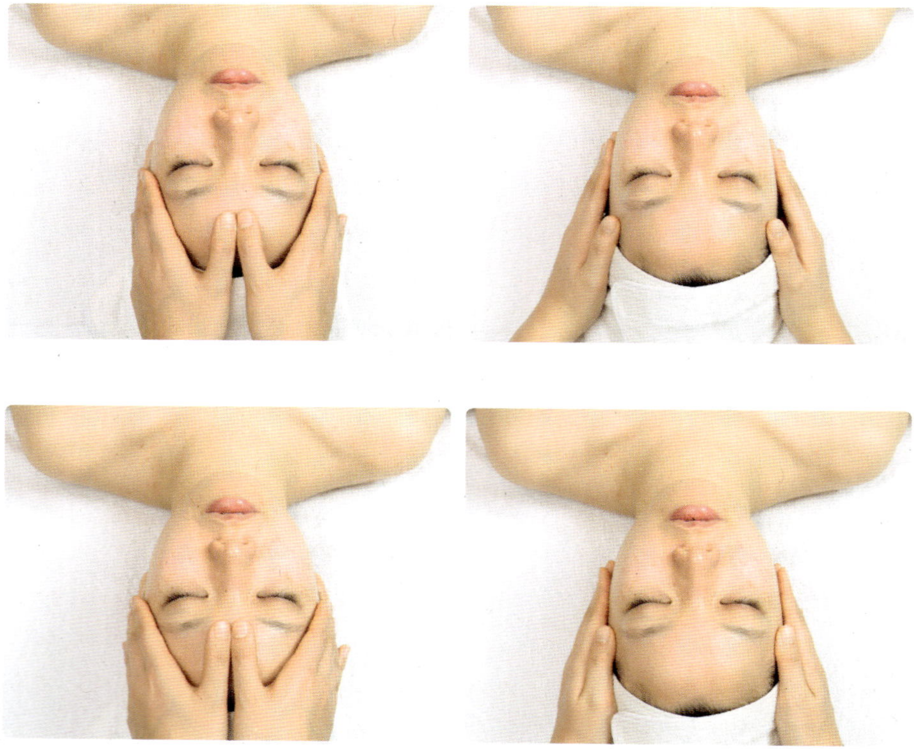

36. 이마를 3회 쓸어 준다.

37. 이마부터 눈밑 부분까지 반복해서 3회 쓸어 준다.

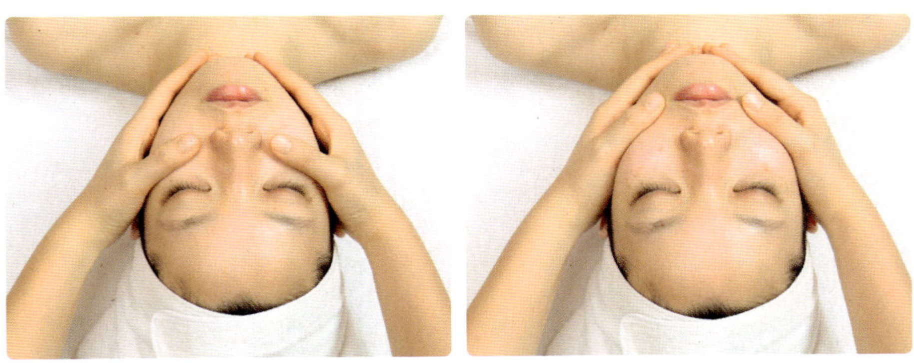

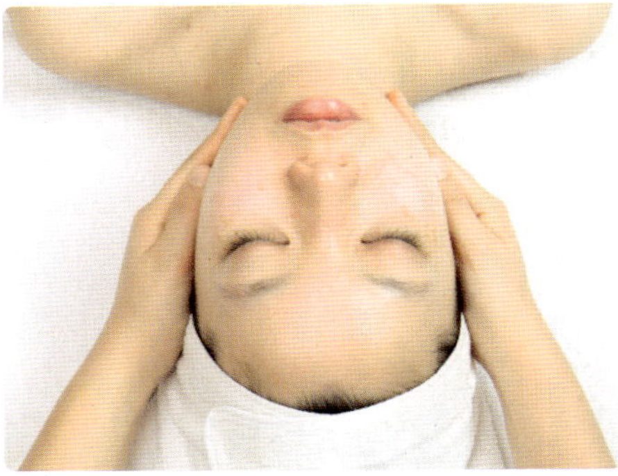

38. 37을 연결해서 엄지를 이용해서 볼을 쓸어 준다. (1회)

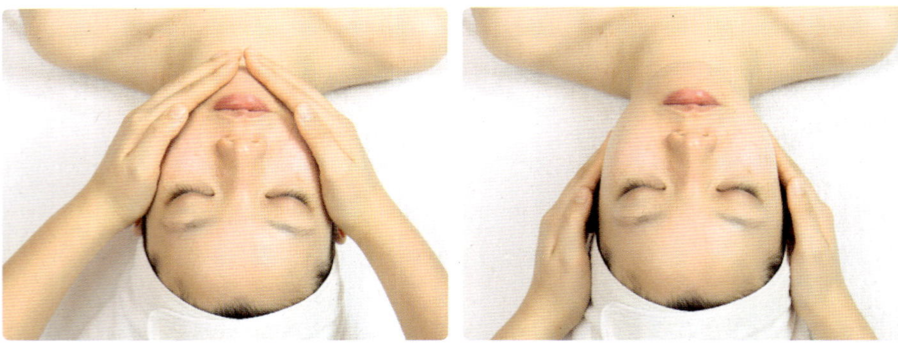

39. 턱을 쓸어 준다. (1회)

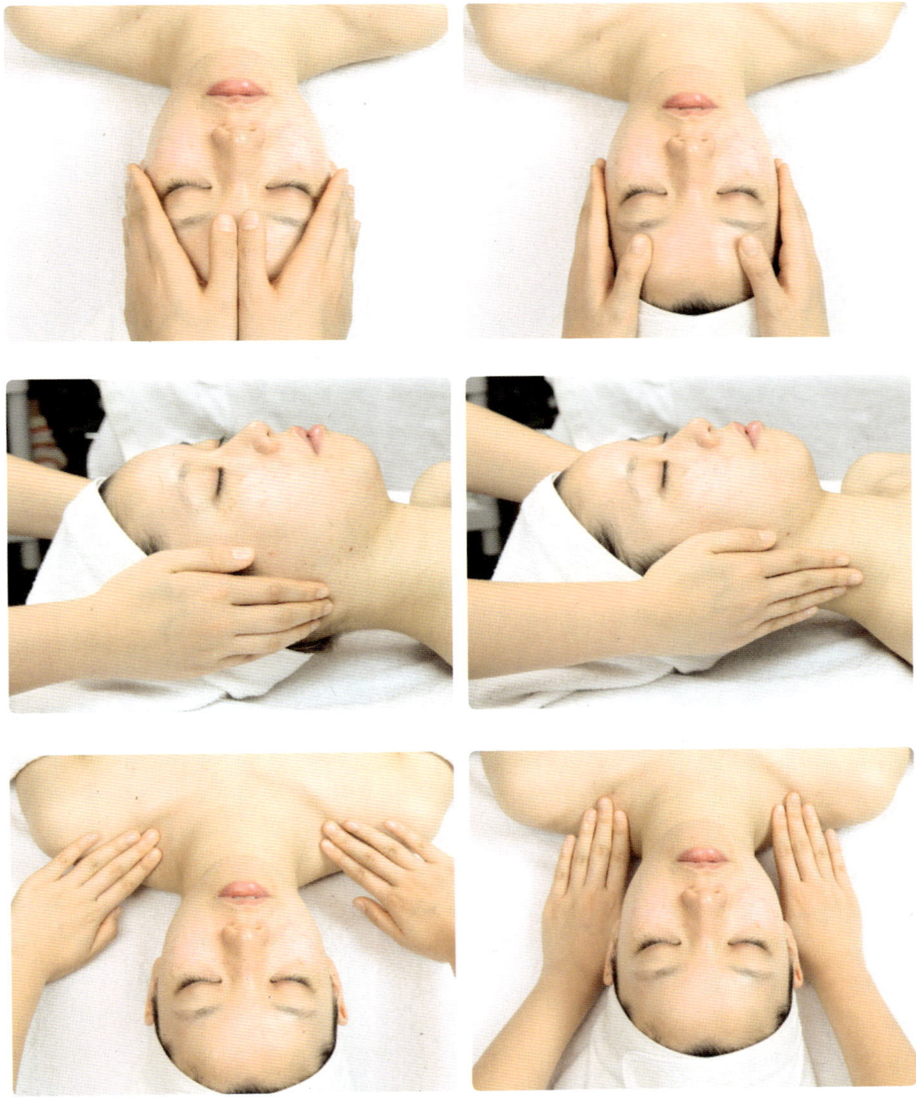

40. 엄지손가락을 마주하고 이마를 쓸어내려온 뒤에 손가락을 모아서 귀 중앙을 지나 프로펀더스, 미들, 터미너스로 이동하며 마무리한다.(1회)

Part III

부록

Chapter 7. 피부미용사(Esthetician) 시험안내

Chapter 7

피부미용사(Esthetician) 시험안내

개요

피부미용업무는 공중위생분야로서 국민의 건강과 직결되어 있는 중요한 분야로 향후 국가의 산업구조가 제조업에서 서비스업 중심으로 전환되는 차원에서 수요가 증대되고 있다. 머리, 피부미용, 화장 등 분야별로 세분화 및 전문화 되고 있는 미용의 세계적인 추세에 맞추어 피부미용을 자격제도화함으로써 피부미용 분야 전문인력을 양성하여 국민의 보건과 건강을 보호하기 위하여 자격제도를 제정하였다.

수행직무

얼굴 및 신체의 피부를 아름답게 유지·보호·개선 관리하기 위하여 각 부위와 유형에 적절한 관리법과 기기 및 제품을 사용하여 피부미용을 수행

출제경향

① 필기 : 피부미용학, 피부학, 해부생리학, 피부미용기기학, 화장품학, 공중위생관리학의 내용을 중심으로 출제(자세한 내용은 출제기준을 참고).

② 실기 : 공개문제 참조

취득방법

I 시행처 : 한국기술자격검정원 / 실시기관 홈페이지(큐넷) – http://q-net.or.kr

Ⅱ 훈련기관

대학 및 전문대학 미용관련학과, 노동부 관할 직업훈련학교, 시·군·구 관할 여성발전(훈련)센터, 기타 학원 등

Ⅲ 시험과목

구 분	과 목
필기시험	제1과목 피부미용이론 제2과목 해부생리학 제3과목 피부미용 기기학 제4과목 화장품학 제5과목 공중위생관리학
실기시험	공개문제 참조

Ⅳ 검정방법

① **필기** : 객관식 4지 택일형, 60문(60분)

② **실기** : 작업형(2~3시간)

Ⅴ 합격기준 : 100점 만점에 60점 이상

Ⅵ 응시자격 : 제한없음

Ⅶ 시험수수료

① **필기** : 14,500 원

② **실기** : 27,300 원

출제기준 (실기)

직무 분야	이용 · 숙박 · 여행 · 오락 · 스포츠	중직무 분야	이용 · 미용	자격 종목	미용사(피부)	적용 기간	2022.7.1 ~ 2026.12.31

○ 직무내용 : 고객의 상담과 피부분석을 통해 안정감 있고 위생적인 환경에서 얼굴, 신체 부위별 피부를 미용기기와 화장품을 이용하여 서비스를 제공하는 직무이다.

○ 수행준거 : 1. 피부미용 실무를 위한 준비 및 위생사항 점검을 수행할 수 있다.
2. 피부의 타입에 따른 클렌징 및 딥클렌징을 할 수 있다.
3. 피부의 타입별 분석표를 작성할 수 있다.
4. 눈썹 정리 및 왁싱 작업을 수행할 수 있다.
5. 손을 이용한 얼굴 및 신체 각 부위(팔, 다리 등)관리를 수행할 수 있다.

실기검정방법	작업형	시험시간	2시간 15분 정도

실기과목명	주요항목	세부항목	세세항목
	1. 피부미용 위생관리	1. 피부미용 작업장위생 관리하기	1. 위생관리 지침에 따라 피부미용 작업장 위생 관리 업무를 책임자와 협의하여 준비, 수행할 수 있다. 2. 쾌적함을 주는 피부미용 작업장이 되도록 체크리스트에 따라 환풍, 조도, 냉 · 난방시설에 대한 위생을 점검할 수 있다. 3. 위생관리 지침에 따라 피부미용 작업장 청소 및 소독 점검표를 기록할 수 있다. 4. 피부미용 작업장 소독계획에 따른 작업장 소독을 통해 작업장의 위생 상태를 관리할 수 있다.
		2. 피부미용 비품위생 관리하기	1. 위생관리 지침에 따라 피부미용 비품의 위생관리 업무를 책임자와 협의하여 준비, 수행할 수 있다. 2. 위생관리 지침에 따라 적절한 소독방법으로 피부관리실 내부의 비품을 소독하여 보관할 수 있다. 3. 소독제에 대한 유효기간을 점검할 수 있다. 4. 사용종류에 알맞은 피부미용 비품의 정리정돈을 수행할 수 있다.

(계속)

실기과목명	주요항목	세부항목	세세항목
		3. 피부미용사 위생관리하기	1. 위생관리 지침에 따라 피부미용사로서 깨끗한 위생복, 마스크, 실내화를 구비하여 착용할 수 있다. 2. 장신구는 피하고 가벼운 화장과 예의 있는 언행으로 작업장 근무수칙을 준수할 수 있다. 3. 위생관리 지침에 따라 두발, 손톱 등 단정한 용모와 신체 청결을 유지할 수 있다.
	2. 얼굴관리	1. 얼굴클렌징하기	1. 얼굴피부유형별 상태에 따라 클렌징 방법과 제품을 선택할 수 있다. 2. 눈, 입술 순서로 포인트 메이크업을 클렌징할 수 있다. 3. 얼굴피부유형에 맞는 제품과 테크닉으로 클렌징할 수 있다. 4. 온습포 또는 경우에 따라 냉습포로 닦아내고 토닉으로 정리할 수 있다.
		2. 눈썹정리하기	1. 눈썹정리를 위해 도구를 소독하여 준비할 수 있다. 2. 고객이 선호하는 눈썹형태로 정리할 수 있다. 3. 눈썹정리한 부위에 대한 진정관리를 실시할 수 있다.
		3. 얼굴 딥클렌징하기	1. 피부 유형별 딥클렌징 제품을 선택할 수 있다. 2. 선택된 딥클렌징 제품을 특성에 맞게 적용할 수 있다. 3. 피부미용기기 및 기구를 활용하여 딥클렌징을 적용할 수 있다.

(계속)

실기과목명	주요항목	세부항목	세세항목
		4. 얼굴 매뉴얼테크닉하기	1. 얼굴의 피부유형과 부위에 맞는 매뉴얼 테크닉을 하기 위한 제품을 선택할 수 있다. 2. 선택된 제품을 피부에 도포할 수 있다. 3. 5가지 기본 동작을 이용하여 매뉴얼 테크닉을 적용할 수 있다. 4. 얼굴의 피부상태와 부위에 적정한 리듬, 강약, 속도, 시간, 밀착 등을 조절하여 적용할 수 있다.
		5. 영양물질 도포하기	1. 피부유형에 따라 영양물질을 선택 할 수 있다. 2. 피부유형에 따라 영양물질을 필요한 부위에 도포할 수 있다. 3. 제품의 특성에 따른 영양물질이 흡수되도록 할 수 있다.
		6. 얼굴 팩 · 마스크하기	1. 피부유형에 따른 팩과 마스크종류를 선택할 수 있다. 2. 제품 성질에 맞는 팩과 마스크를 적용할 수 있다. 3. 관리 후 팩과 마스크를 안전하게 제거할 수 있다.
		7. 마무리하기	1. 얼굴관리가 끝난 후 토닉으로 피부정리를 할 수 있다. 2. 고객의 얼굴피부유형에 따른 기초화장품류를 선택할 수 있다. 3. 영양물질을 흡수시키고 자외선 차단제를 사용하여 마무리 할 수 있다.

(계속)

실기과목명	주요항목	세부항목	세세항목
	2. 신체 각 부위별 피부관리	1. 신체 각 부위별 클렌징하기	1. 화장품 성분에 대한 지식을 이해하고 피부상태에 따라 클렌징 방법과 제품을 선택할 수 있다. 2. 클렌징 방법을 이해하고 클렌징 제품을 팔, 다리에 도포하여 순서에 맞게 연결 동작으로 가볍게 시행할 수 있다. 3. 마무리를 위하여 온 습포 등으로 잔여물을 닦아낸 후 토너로 피부를 정리할 수 있다.
		2. 신체부위별 딥클렌징하기	1. 전신 피부 유형별 딥클렌징 제품을 선택할 수 있다. 2. 선택된 딥클렌징 제품을 특성에 따라 전신 피부 유형에 맞게 적용할 수 있다. 3. 피부미용기기 및 기구를 활용하여 딥클렌징을 적용할 수 있다.
		3. 신체 부위별 피부관리하기	1. 손, 팔, 다리의 피부유형과 피부 상태를 파악하여 피부관리에 적합한 제품을 선택, 도포할 수 있다. 2. 손, 팔, 다리의 피부 상태를 파악하고 목적에 맞는 매뉴얼 테크닉을 적용, 피부관리를 할 수 있다.
		4. 신체부위별 팩·마스크하기	1. 전신 피부유형에 따른 팩과 마스크종류를 선택할 수 있다. 2. 제품 성질에 맞게 팩과 마스크를 적용할 수 있다. 3. 관리 후 팩과 마스크를 안전하게 제거할 수 있다.

(계속)

실기과목명	주요항목	세부항목	세세항목
		5. 신체부위별 관리 마무리하기	1. 전신관리가 끝난 후 토닉으로 피부정리를 할 수 있다. 2. 고객의 전신 피부유형에 따른 기초화장품류를 선택할 수 있다. 3. 해당 부위에 맞는 제품을 선택 후 특성에 따라 적용할 수 있다. 4. 피부손질이 끝난 후 전신을 가볍게 이완할 수 있다.
	3. 피부미용 특수관리	1. 제모하기	1. 신체부위별 왁스를 선택하고 도구를 준비할 수 있다. 2. 제모할 부위에 털의 길이를 조절할 수 있다. 3. 제모 할 부위를 소독할 수 있다. 4. 수분제거용 파우더와 왁스를 적용할 수 있다. 5. 부위에 맞게 부직포를 밀착하여 떼어 낸 후 남은 털을 족집게로 정리할 수 있다. 6. 냉습포로 닦아낸 후 진정 제품으로 정돈할 수 있다.
		2. 림프관리하기	1. 림프관리시 금기해야 할 상태를 구분할 수 있다. 2. 림프관리시 적용할 피부상태와 신체부위를 구분할 수 있다. 3. 림프절과 림프선을 알고 적절하게 관리할 수 있다. 4. 셀룰라이트 피부를 파악하여 림프관리를 적용할 수 있다. 5. 림프정체성 피부를 파악하여 림프관리를 적용할 수 있다.

미용사(피부) 공개문제 관련 FAQ (Vol. 1)

- 문제 관련

Q1 미용사(피부) 실기시험은 과제 구성이 어떻게 됩니까?

A1 미용사(피부) 실기시험은 공개된 바와 같이 1과제「얼굴관리」, 2과제「팔, 다리관리」, 3과제「림프를 이용한 피부관리」의 순으로 구성되어 시험이 시행됩니다. 공개문제 등은 수정사항에 의하여 새로 등재되므로 정기적으로 확인을 해야 합니다.

Q2 과제별 시험 시간은 어떻게 됩니까?

A2 시험시간은 전체 2시간15분(순수작업시간 기준)이며, 각 과제별 시간은 과제 85분, 2과제 35분, 3과제 15분입니다.

Q3 기본 준비작업은 어떻게 해야 하나요?

A3 과제 시작 전에 준비작업 시간을 따로 부여하며, 이때 과제에 필요한 작업물과 도구, 베드 등을 작업에 적합하게 준비한 다음 대기하고 있으면 됩니다. 모델은 바로 작업이 가능한 상태로 되어 있어야 하며, 눕혀서 대기하면 됩니다.

Q4 손을 이용한 피부관리와 마사지는 어떤 차이가 있나요?

A4 미용사(피부)의 피부관리는 마사지라는 용어를 사용하지 않습니다. 시중의 마사지와 손을 이용한 피부관리(매뉴얼테크닉)는 목적하는 바가 분명히 다릅니다. 피부미용에서의 손을 이용한 피부관리는 원칙적으로 화장품 등의 물질의 원활한 도포 및 그것을 돕기 위한 일련의 손 동작을 의미하며 근육을 강하게 누르거나 마사지하여 일정 부위를 자극하거나 쾌감을 유도하는 일련의 마사지 법과는 분명한 차이가 있습니다.

Q5 피부관리계획표의 작성은 어떻게 하나요?

A5 당일날 시험장에서 얼굴부위별 타입에 대한 내용과 사용할 딥클렌징제를 지정(당일 시험장 측에서 제시함)하면 그에 따른 피부관리계획표를 작성하게 되며, 이는 대동한 모델의 피부타입과는 관계없이 이루어집니다. 그리고 이후의 작업은 모델의 피부타입과는 관계없이 피부관리계획표 상의 제품을 기준으로 수행하면 됩니다. 기타 피부관리 계획표의 기재사항은 공개문제를 참고하면 됩니다.

Q6 눈썹정리 과제는 어떻게 작업하면 됩니까?

A6 눈썹정리는 가위, 눈썹칼, 족집게를 이용하여 하면 됩니다. 족집게의 사용시는 반드시 감독위원의 입회 및 지시에 따라야 되며, 3개 이상만 뽑아내면 됩니다. 넓은 면의 잔털과 모양내기는 눈썹칼을 이용하면 됩니다. 눈썹정리 시 제거한 눈썹은 옆에 티슈에 모아 놓았다가 감독위원의 지시에 따라 휴지통에 버리면 됩니다(하나도 없는 경우는 미리 눈썹 정리를 다 해온 것으로 판단하여 채점 상 불이익을 받을 수 있습니다.). 단, 눈썹정리 시 한쪽 눈썹에만 작업해야 합니다.

Q7 딥클렌징 과제는 어떻게 작업하면 됩니까?

A7 모델의 피부 타입과는 관계없이 4가지 타입 중 당일 지정해주는 제품 타입을 이용하여 관리를 해야 합니다.

Q8 팩은 어떻게 하면 되나요?

A8 시험장에서 지정해주는 얼굴과 목 타입에 맞는 제품을 사용하면 됩니다. 얼굴에서 T 존과 U 존, 그리고 목 부위의 세 부위별로 타입을 제시(전체가 한 가지 타입이 될 수도 있고, 세 부위가 각각 다른 타입이 될 수도 있음)하여 팩을 도포하도록 되어 있습니다.

Q9 마스크 어떻게 하면 되나요?

A9 석고마스크와 고무모델링 마스크 중 시험장에서 지정해주는 제품을 사용하면 됩니다. 마스크를 위한 기본 전처리를 실시한 후, 얼굴에서 목의 경계부위까지(턱 하단 포함) 코와 입에 호흡을 할 수 있도록 도포하면 됩니다.

Q10 팔, 다리 관리시간은 어떻게 되고 또 관리 부위는 어떻게 되나요?

A10 10분 동안 팔 관리를 하고, 이어 다리 부위를 15분 동안 관리하는 방식으로 진행됩니다. 관리부위는 공개된 것처럼 오른 쪽 팔과 오른 쪽 다리부위 총 2부위를 대상으로 순서대로 작업하게 됩니다. 팔은 전체를 관리대상으로 하고, 다리의 경우도 전체를 대상으로 범위가 넓어졌습니다. 다리는 서혜부를 제외한 아래쪽 전부를 말하며, 뒤쪽도 포함되므로 뒤쪽은 다리를 들어서(다리를 세우거나, 개구리 다리 모양으로 옆으로 해서) 관리를 하면 됩니다.

Q11 제모는 어떻게 하나요?

A11 제모는 제공되는 왁스를 종이컵에 덜어가서 사용하여 작업하면 됩니다. 제모 작업의 부위는 양쪽 팔 또는 다리 전체 중 제모하기에 적합한 부위를 선택하여 한번만 작업하며, 제모 면적은 수험자 지참 재료인 부직포(7×20cm)를 이용할 때 적합한 정도인 4~5 × 12~15cm 정도이면 됩니다. 단, 부직포를 제거할 때는 감독위원의 입회하에 작업을 하면 됩니다.

Q&A

Q12 림프를 이용한 관리는 어떻게 하나요?

A12 림프를 이용한 관리는 15분의 시간으로 진행되며, 림프관리시에는 종료와 동시에 끝낼 수 있도록 하면 됩니다. 림프를 이용한 관리는 시술 부위는 얼굴과 목을 대상으로 하며 림프절을 따라 손을 이용하여 피부관리를 하면 되며, 순서는 데콜테 부위의 에플라쥐를 가볍게 하신 후 손동작의 시작점은 프로펀더스(profundus)부터 시작하면 되고, 목관리−얼굴관리 순으로 하고 마지막 동작은 에플라쥐로 끝내면 됩니다.

Q13 시중의 피부관리실 등을 보면 업소에 따라 피부관리하는 방법이 상당히 다르고 또 업소나 사람마다 행하는 시술법이 다른 것 같은데 어떤 것을 기준으로 하게 되나요?

A13 미용사(피부)는 기능사 등급의 시험입니다. 즉 피부미용사의 업무를 행하기 위한 기본적인 동작과 시술을 보는 것이기 때문에 화려한 테크닉이나 특별한 작업 방법을 요구하지 않습니다. 손을 이용한 피부관리는 기본 동작의 정확도, 연결성, 리드미컬한 움직임 등 기본 동작과 자세 등을 가장 중점으로 채점하는 것을 기본 방향으로 하고 있습니다.

Q14 시험 시 검정장에서 제공되는 것은 무엇이 있나요?

A14 공통으로 사용되는 기자재(왁스 워머, 온장고 등)와 베드 등은 검정장에서 준비가 됩니다. 지참 시 필요한 준비물은 공개문제 혹은 원서 접수 시에 www.Q-net.or.kr에서 확인이 가능합니다.

Q15 모델은 직접 데리고 와야 하나요?

A15 수험자가 모델을 대동하고 와야 합니다. 그리고 자신이 데려온 모델은 자신이 관리하게 되며, 사전 준비 시간에 모델에게 필요한 준비물(가운, 슬리퍼 등)은 모델에게 미리 주셔야 합니다.

Q16 모델의 조건은 어떻게 되나요?

A16 모델은 기본적으로 메이크업을 하고 와야 하며, 모델의 나이 상한 제한은 없어졌으며 만 14세가 되는 해 출생자부터 모델로서 가능합니다. 그리고 국적이 한국인 외에 조선족이나 중국계 한족 및 동남아인, 백인 등은 모델로서 가능합니다만 피부색 등이 일반적인 한국인과 많이 달라 감독위원의 채점에 지장을 줄 수 있는 모델은 불가합니다.

그 외에 심한 민감성 피부 혹은 심한 농포성 여드름이 있는 사람(스크럽이나 고마쥐의 1회 관리 시에도 문제가 생기는 피부를 의미), 성형수술(코, 눈, 턱윤곽술, 주름제거 등)한지 6개월 이내인 사람, 임신 중인 사람, 피부관리에 적합하지 않은 피부질환을 가진 사람 등은 모델이 될 수 없으며, 눈썹이 없거나 적어(일반적인 기준으로 가로길이의 2/3 정도가 되지 않는 경우) 눈썹관리 작업에 적합하지 않은 사람, 체모가 없거나 아주 적어 제모시술에 적합하지 않은 사람은 감점 등의 불이익이 있을 수 있습니다.

여성 수험자는 여성모델을, 남성 수험자는 남성 모델을 준비하면 되며 사전에 모델에게 작업에 요구되는 노출에 대한 동의를 받으셔야 합니다.

Q17 남자가 응시하게 되는 경우는 모델을 어떻게 해야 하나요?

A17 남자의 경우는 남자수험자들만 따로, 남성 모델을 대상으로 피부관리를 하게 됩니다. 그리고 모델은 기본적으로 화장이 되어 있어야 하며, 만약 화장이 필요한 남성 모델의 경우 검정장의 대기실에서 모델조건에 맞는 화장을 할 수 있도록 할 예정이니 이를 위한 준비를 따로 하면 됩니다. 그리고 남자 모델은 시험장의 베드에서 관리를 받기 위해 상의를 탈의하여야 하며, 다리 관리 시에는 하의를 탈의하거나, 다리 관리 범위에 지장이 없도록 하의를 관리하도록 해야 됩니다.

Q&A

Q18 볼에 화장품을 덜어서 사용해야 합니까?

A18 기본적으로 관리 시 위생상태의 유지를 위해 한번의 양으로 모두 사용되지 않는 한 필요한 양만큼 볼에 덜어둔 뒤 관리 시 사용되는 것이 권장됩니다. 볼 3개를 모두 사용했을 경우에는 티슈 등으로 닦아낸 뒤 소독을 하고 재사용하는 것은 허용됩니다(필요한 경우 소형 볼을 더 지참할 수 있음).

Q19 습포는 어떻게 사용해야 합니까?

A19 온습포 혹은 냉습포는 관리에 반드시 사용되어야 하는 단계가 있습니다. 그 외의 경우에는 습포를 사용하는 것에 대하여는 관리상의 선택 혹은 방법으로 간주하여 점수화 하지는 않습니다(언제 사용해야 하는 것은 채점과 관계된 사항이므로 답변하지 않습니다.). 그리고 온습포의 사용은 비치된 온장고를 이용하면 되며, 반드시 사용할 때마다 가져와야 합니다. 그리고 온창고 이용 시에는 집게(비치될 예정임, 개인 집게 사용가능)와 트레이(쟁반)를 사용하여 습포를 가져오면 됩니다.

Q20 1과제의 손을 이용한 관리시 관리 부위는 어디까지 입니까?

A20 1과제의 손을 이용한 관리시 관리 대상이 되는 부위는 데콜테까지입니다. 단, 가슴 및 겨드랑이 안쪽 부위는 포함하지 않습니다.

※ 지참 준비물 등은 문제의 변경이나 기타 다른 사유로 수량 및 품목 등이 변경될 수도 있으니 정기적인 확인을 부탁드립니다.

※ 기타 세부 사항은 본 공단 홈페이지(http://www.q-net)의 「고객지원 – 자료실 공개문제」에 공개되어 있는 내용을 참고하시기 바랍니다.

공지되는 FAQ는 시험준비를 앞둔 수험자들의 편의를 도모하기 위해 수험자의 빈번한 문의사항에 대한 답변을 정리한 것이며, 해당 내용은 관련분야의 전문가로 구성된 전문가 회의 및 자문을 통해 결정된 사항에 대한 설명으로 시험 준비 시에 참고하기 바랍니다.

미용사(피부) 공개문제 관련 FAQ (Vol. 2)

- 재료 관련

Q1 위생복(관리사 가운)과 실내화, 마스크는 어떤 것으로 준비해야 합니까?

A1 위생목은 흰색 반팔 가운 및 흰색 바지로, 몸의 모든 복식은 흰색으로 통일하면 됩니다. 실내화는 앞, 뒤가 트이지 않은 실내화(운동화는 안되며, 반드시 실내화를 지참해야 함)를 준비하면 되고 관리 작업상 굽이 있는 경우도 가능합니다. 마스크의 경우는 약국 등에서 판매하는 일회용 흰색 마스크를 사용하면 됩니다. 즉, 목장은 외부에서 보았을 때 머리 부분의 액세서리를 제외하고 모두 흰색(양말 등 포함)이면 가능하며, 반팔 위생복 밖으로 긴팔 옷을 입거나, 위생복 안의 옷이 위생복 밖으로 절대 나오지 않아야 합니다. 기타 자세한 사항은 "미용사(피부) 수험자 복장 감점 적용범위"를 참고하기 바랍니다.

Q2 타월은 어떻게 준비하고 또 사용 용도는 어떤가요?

A2 타월은 대, 중, 소로 지정된 사이즈(대형의 경우 10% 정도의 크기 차이는 무방합니다.)로 준비하면 되며, 대형은 베드 깔개와 1,3과제에서의 모델을 덮는 용으로, 중형은 2과제에서 신체 부위를 가리는 용도 및 목 등 부위 받침용으로, 소형은 기타 및 습포용으로 사용하면 됩니다. 수량은 대형과 중형은 지정된 수량을 준비하면 되고, 소형은 작업에 필요한 습포의 양에 따라 최소 5장 이상 가져오시면 됩니다(온창고에는 최대 6장까지 보관할 수 있습니다.). 그리고 대형의 경우 보통 피부미용업소에서 사용하는 베드용 타올의 폭으로 되어있는 것(100~135×180cm)도 가능합니다.

Q&A

Q3 모델용 가운은 어떻게 준비하나요?

A3 모델용 가운은 지정된 색의 가급적 무늬가 없는 것으로 준비하면 됩니다. 현란하거나 큰 무늬를 제외한 작은 무늬(일명 땡땡이 등)가 있는 정도는 허용하며, 밴드형과 벨크로(찍찍이)형 중 하나를 준비하면 됩니다. 그리고 겉가운은 검정시설 상 모델 대기실과 검정장이 떨어져 있어 이동을 해야 하는 경우가 많으므로 이때 사용하는 것으로 색깔 역시 지정된 색 계통으로 일반 가운형을 준비하면 됩니다.

Q4 남성 모델용 옷은 색상이 상하의 통일인가요?

A4 남성 모델용 옷은 상의는 흰색, 하의는 베이지 혹은 남색으로 준비하면 됩니다.

Q5 모델용 슬리퍼는 특별한 제한이 없나요?

A5 모델용 슬리퍼는 특별한 제한은 없습니다.

Q6 알코올 및 분무기는 분무기에 알코올을 넣어오면 되는 건가요?

A6 펌프식 혹은 스프레이식의 분무기에 알코올을 넣어오면 되고 이것은 화장품, 기구 혹은 손 등의 소독시에 사용됩니다. 그리고 스프레이식을 사용하여 소독하는 것에 대한 감점 등의 사항은 없습니다.

Q7 정리대는 가져가야 하나요?

A7 왜건은 기본적인 검정장 시설에 속하므로 모두 구비되어 있습니다. 그러므로 가져올 필요가 없습니다.

Q8 미용솜과 일반솜은 무엇을 얘기하는 건가요?

A8 미용솜은 일반 화장솜을, 일반솜은 탈지면(코튼)을 의미합니다. 둘 다 소독용 혹은 클렌징용으로 사용됩니다.

Q9 보울과 해면볼은 어떤 사이즈를 준비하면 됩니까?

A9 보울은 소형의 유리 혹은 플라스틱 볼을 준비하면 되고 화장품을 덜어서 사용하는 용도로 이용됩니다. 그리고 해면볼(대야)은 물을 떠놓거나 해면을 담아 사용하기에 적절한 사이즈를 준비하면 됩니다.

Q10 팩 시 거즈와 아이패드는 어떻게 사용되고 준비하여야 합니까?

A10 거즈는 팩 시 얼굴 전체에 깔고 그 위에 팩을 도포하는 용도로 사용되는 것이 아니고, 팩이나 딥클렌징 시 입술을 덮는 용으로 사용되는 거즈를 의미합니다. 아이패드도 역시 팩이나 딥클렌징 시 눈을 덮는 용도로 사용되며, 상품화된 아이패드를 사용하거나, 아니면 일반적으로 화장솜을 덮어서 사용해도 됩니다(단, 마스크 시에는 얼굴전체에 깔고 그 위에 마스크를 도포하는 용도로 사용됩니다.).

Q11 제모 시의 부직포는 무엇이며 제시된 규격대로만 준비해야 합니까?

A11 부직포는 제모시에 사용되는 머슬린 천으로 사용되는 용도의 종이(혹은 천)를 의미하며 일반적으로 홀로 말려서 상품화되어 판매되고 있습니다. 규격에 맞추어 준비해오면 되고 한 장만 사용하므로 정해진 크기의 부직포를 가지고 제모 작업을 할 수 있을 정도로 제모부위를 정하면 됩니다.

Q12 보관통의 재질은 반드시 금속이어야 하나요?

A12 보관통의 재질은 금속, 플라스틱, 유리 모두 관계없이 준비하면 됩니다.

Q13 딥클렌징용 화장품 4가지를 모두 준비해야 하나요?

A13 딥클렌징 시에는 지정된 타입을 사용하는 것이므로 목록의 4가지를 모두 준비해 와야 하며, 각각을 피부타입 별로 따로 더 많이 준비하실 필요는 없습니다. 이 중 효소는 가루를 물에 개어서 크림상으로 만들어 사용하는 것을 준비해야 합니다. AHA의 경우는 액체형으로 준비하며, 시중에 있는 제품 중에서 함량 표시가 되어있는 것이 많지 않으므로 함유표시는 있되, 함량이 겉으로 표시 안 된 제품을 가져오시는 경우 함량을 확인하여 준비하고 만약에 지정된 함량 이상의 것을 사용하였을 때 심한 트러블이 생기는 경우는 수험자에게 귀책이 돌아갈 수 있습니다.

Q14 팩은 어떤 피부타입을 준비하면 됩니까?

A14 팩은 기본적으로 중성(정상), 지성, 건성의 3가지 피부타입을 기본으로 준비하면 되고, 필요에 따라 여드름 혹은 민감성 등 기타 타입을 1~2가지 정도 더 준비해도 무방한 필수조건은 아닙니다. 그리고 팩은 기본적으로 크림 타입을 준비해 오시면 되며, 투명하거나 팩의 도포 타입 및 도포 방향 등을 구별할 수 없는 것은 제외됩니다.

Q15 탈컴 파우더는 베이비 파우더를 준비해 와도 됩니까?

A15 탈컴 파우더를 사용하는 목적과 실제 효과가 베이비 파우더와 유사하므로 베이비 파우더로 대체하셔도 되지만 탈컴 파우더를 권장합니다(이와 관련해서 감점 등은 없습니다.).

Q16 진정로션 혹은 젤 용으로 알로에 젤을 사용해도 됩니까?

A16 일반적으로 알로에의 함유량이 높은 알로에 젤이 진정용으로 많이 사용되고 있으므로 가능합니다.

Q17 아이크림과 립크림은 같이 사용하는 경우가 많은데 같이 사용해도 되나요?

A17 아이크림과 립크림은 각각 따로 준비하셔도 되고 같이 사용해도 됩니다.

Q18 메이크업 리무버와 클렌징 제품이 혼동됩니다. 설명해 주세요.

A18 메이크업 리무버는 포인트 메이크업 리무버와 페이셜 클렌저를 의미하며, 클렌징 제품은 바디 클렌징 제품으로 현재 시험에서는 알코올을 함유하고 있는 화장수 등으로 가볍게 닦아내는 클렌징을 하도록 되어 있으므로 이에 필요한 화장품을 준비하면 됩니다(추후 스크럽 및 클렌저를 사용하는 클렌징을 요구하는 문제가 공개되는 경우에는 거기에 맞는 제품을 준비하면 됩니다.).

Q19 팔, 다리 관리용 화장품은 어떤 타입이 사용됩니까?

A19 팔, 다리 관리용 화장품은 오일타입 및 크림타입 둘 다 사용이 가능합니다.

Q20 화장품은 어떤 형태로 가져와야 합니까?

A20 화장품은 판매되는 제품으로 가져오시면 되고, 사용하던 것도 무방합니다만 덜어오는 것은 안됩니다. 그리고 외부 등에 관련된 화장품의 타입이나 용도 등이 프린트 혹은 스티커(제품회사에서 붙인, 단 인쇄된 것이어야 하며, 조잡하게 프린트 되어 개인이 만들 수 있는 것과 구분이 되지 않는 것은 붙이지 말 것)등으로 적혀져 있으면 됩니다. 모든 피부용의 경우 “all skin type 혹은 모든 피부용”이라고 적혀 있지 않아도 범용 혹은 모든 피부에 사용할 수 있다는 등의 내용이 설명서 혹은 제품에 안내되어 있으면 사용 가능합니다. 그리고 딥 클렌징제의 경우는 4가지 타입으로 목록상의 제품 성상에 맞는 제품이면 사용이 가능합니다. 그리고 화장품은 브랜드를 차별하지 않으며, 같은 회사의 라인으로 통일시킬 필요도, 제품용량의 일정이상이 들어있을 필요도 없습니다.

Q&A

Q21 기타 자신이 가지고 오고 싶은 도구를 가져오는 것은 가능한가요?

A.21. 목록상의 재료의 수량을 더 가져오시는 것은 가능합니다. 그러나 개인 왁스 및 왁스 워머는 따로 전원이 준비되지 못하므로 불가능하고 베게 등은 타월로 대체 가능하므로 불필요하며, 면 시트 등은 검정장의 시설에 따라 적용사항이 다를 수 있으니 불필요합니다. 기타 작업의 결과에 영향을 주지 않는 범위 내의 화장품 등은 더 가져오셔도 됩니다.

※ 지참 준비물 등은 문제의 변경이나 기타 다른 사유로 수량 및 품목 등이 변경될 수도 있으니 정기적인 확인을 부탁드립니다.

※ 기타 세부 사항은 본 공단 홈페이지(http://www.q-net)의 「고객지원 자료실 공개문제」에 공개되어 있는 내용을 참고하시기 바랍니다.

공지되는 FAQ는 시험준비를 앞둔 수험자들의 편의를 도모하기 위해 수험자의 빈번한 문의사항에 대한 답변을 정리한 것이며, 해당 내용은 관련분야의 전문가로 구성된 전문가 회의 및 자문을 통해 결정된 사항에 대한 설명으로 시험 준비 시에 참고하기 바랍니다.

미용사(피부) 수험자 복장 감점 적용 범위

구분	기준	내용	감점 적용	비고
위생복(가운)	반팔 흰색	민소매형(민소매+ 반팔티 포함)	✓	가운의 목깃, 허리 부분 길이, 디자인 등은 감점 사항 아님
		긴팔(걷는 것도 포함)	✓	
		반팔가운이지만 속티가 길게 나온 경우	✓	
		하얀색 바탕에 검정무늬(단추 등 포함)	✓	비표식 개념
위생복(하의)	흰색 긴 바지	검정, 회색, 아이보리, 베이지 등의 유색 하의	✓	하의의 종류, 재질 및 디자인은 구분하지 않음
		긴바지가 아닌 하의 (반바지, 스타킹, 츄리닝, 레깅스 등)	✓	
		색줄 혹은 색무늬 있는 하의	✓	
		기타 흰색 외 색상	✓	
마스크	흰색	청색(하늘색 포함)	✓	청색은 비표식 개념 (수험자 재료목록 기 기재사항)
		미착용	✓	
		흰색 외 색상	✓	
신발	흰색 실내화	실내화가 아닌 신발(일반운동화, 구두 등 실외에서 착용하는 신발 등)	✓	신발 앞 혹은 뒤가 터져 있는 경우 샌달 혹은 슬리퍼 형으로 간주
		샌달 형	✓	
		슬리퍼 형	✓	
		뒤가 터져 있는 간호사 신발	✓	
		선명하고 확실하게 구분되는 두꺼운 줄 및 무늬가 있는 신발	✓	
		기타 흰색 외 색상	✓	
티셔츠	흰색	흰색을 제외한 유색 티셔츠 (가운 밖으로 노출이 되는 경우)	✓	비표식 개념
		목 전체를 덮는 폴라티	✓	

구분	기준	내용	감점 적용	비고
양말	흰색	흰색 외 색상 (표시가 나는 유색 스타킹 등도 포함) ※ 표시가 나지 않는 스타킹은 감점 제외 ※ 양말을 안신은 경우(맨발)는 감점	✓	복식은 흰색으로 통일하도록 되어 있으며, 유색은 비표식 개념
두발	–	머리띠 및 머리망 머리핀 등의 두발 고정용품	✓	색상제한 없음 예) 흰색 머리띠 착용 가능

※ 양말 : 상표, 유색 테두리 허용

※ 신발 : 상표, 유색 테두리 허용 (제시된 사진 참고)

※ 젤리화, 크록스화, 벨크로형(찍찍이) 형태의 실내화 등도 지참 가능하며 감점사항에 해당되지 않습니다.

※ 반팔 위생복(가운)의 팔부위에서 안쪽 옷(티셔츠)이 밖으로 나오면 감점

※ 허용 양말 및 신발 사진 예시

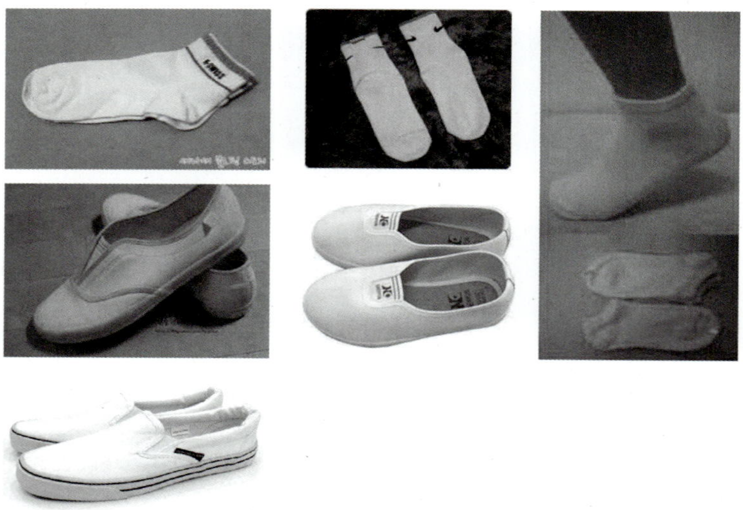

미용사(피부) 지급재료

일련번호	재료명	규격	단위	수량	비고
1	핫왁스	400~500 ml	개	1	7인당 1개
2	화장솜	100개	통	1	20인당 1개

미용사(피부) 수험자 지참 재료 목록

일련번호	지참공구명	규격	단위	수량	비고
1	위생복	상의 반팔 가운, 하의 긴 바지	벌	1	모든 복식은 흰색 통일
2	실내화	흰색	켤레	1	실내화만 허용
3	마스크	흰색	개	1	
4	대형타월	100×180cm, 흰색	장	2	베드용, 모델용
5	중형타월	65×130cm, 흰색	장	1	
6	소형타월	35×80cm, 흰색	장	5장 이상	습포, 건포용
7	헤어터번(터번)	벨크로(찍찍이)형	개	1	분홍색 or 흰색
8	여성모델용 가운 및 겉가운	밴드(고무줄 벨크로)형, 일반형(겉가운)	벌	1	분홍색 or 흰색
9	남성모델용 옷	박스형 반바지 & 반팔 T-셔츠	벌	1	하의 - 베이지 or 남 색 상의 - 흰색
10	모델용 슬리퍼		켤레	1	
11	필기도구	볼펜	자루	1	검은색(유색 · 지워 지는 펜 불가)
12	알코올 및 분무기		개	1	1인 사용량
13	일반솜		봉	1	탈지면, 1인 사용량
14	비닐봉지, 비닐백	소형	장	각 1	쓰레기처리용, 습포보관용 (두터운 비닐백)
15	미용솜		통	1	화장솜
16	면봉		봉	1	1인 사용량
17	티슈		통	1	1인 사용량
18	붓	클렌징, 팩용	개	2	바디용 불가
19	해면	스폰지, 면타입	세트	1	1인 사용량

일련 번호	지참공구명	규격	단위	수량	비고
20	스파튤라		개	3	클렌징, 팩용
21	보울(bowl)		개	3	클렌징, 팩 등
22	가위	소형	개	1	눈썹정리, 제모
23	족집게		개	1	눈썹정리, 제모
24	브러시		개	1	눈썹정리, 제모
25	눈썹칼	safety razer	개	1	눈썹정리
26	거즈		장	1	
27	아이패드		개	2	거즈, 화장솜 가능
28	나무스파튤라		개	1	제모용
29	부직포	7×20cm	장	1	제모용
30	장갑	라텍스	켤레	1	제모용
31	종이컵	100ml	개	1	제모용
32	보관통	컵형	개	2	스파튤라, 붓 등
33	보관통	뚜껑달린 통	개	2	알코올 솜 등
34	해면볼	소형	개	1	
35	바구니		개	2	정리용 사각
36	트레이(쟁반)	소형	개	1	습포용
37	효소		개	1	파우더형
38	고마쥐		개	1	크림형 or 젤형
39	AHA	함량 10% 이하	개	1	액체형
40	스크럽제		개	1	크림형 or 젤형
41	팩	크림타입	set	1	정상, 건성, 지성
42	스킨토너 (화장수)		개	1	모든 피부용
43	크림, 오일	매뉴얼 테크닉용	개	1	모든 피부용
44	탈컴 파우더		개	1	제모용

일련번호	지참공구명	규격	단위	수량	비고
45	진정로션 혹은 젤		개	1	제모용
46	영양크림		개	1	모든 피부용
47	아이 및 립크림		개	1	모든 피부용 (공용사용가능)
48	포인트 메이크업 리무버	아이, 립	개	1	모든 피부용
49	클렌징 제품	얼굴 등	개	1	모든 피부용
50	고무볼	중형	개	1	마스크용
51	석고마스크	파우더타입	개	1	1인 사용량
52	고무모델링 마스크	파우더타입	개	1	1인 사용량
53	베이스크림	크림타입	개	1	석고 마스크용
54	모델		명	1	모델기준 참조

※ 공개문제 및 수험자 지참 준비물에 언급된 도구 및 재료 중 기타 실기시험에서 요구한 작업 내용에 영향을 주지 않는 범위 내에서 수험자가 피부 미용 작업에 필요하다고 생각되는 재료 및 도구는 추가 지참 할 수 있습니다.

※ 해면은 스폰지 타입과 면(코튼)타입의 지참 및 혼용 사용이 가능합니다.

※ 타월류의 경우는 비슷한 크기이면 무방합니다.

※ 팩과 마스크, 딥클렌징용 제품을 제외한 다른 모든 화장품은 모든 피부용을 지참해야 합니다.

※ 바구니의 경우 왜건크기보다 크면 사용할 수 없습니다.

※ 부직포는 지정된 길이에 맞게 미리 잘라서 오면 됩니다.

※ 모델기준 : 만 14세 이상의 신체 건강한 남, 여(년도기준)로 아래의 조건에 해당하지 않아야 합니다.

① 심한 민감성 피부 혹은 심한 농포성 여드름이 있는 사람 등 피부관리에 적합하지 않은 피부질환을 가진 사람

② 성형수술(코, 눈, 턱윤곽술, 주름제거 등)한지 6개월 이내인 사람

③ 호흡기 질환, 민감성 피부, 알레르기 등이 있는 자

④ 임신 중인 자

⑤ 정신질환자

※ 수험자가 동반한 모델도 신분증을 지참하여야 하며, 공단에서 지정한 신분증을 지참하지 않은 경우, 모델로 시험에 참여가 불가능합니다.

※ 젤리화, 크록스화, 벨크로형(찍찍이) 형태의 실내화 등도 지참 가능하며 감점사항에 해당되지 않습니다.

※ 여성 수험자는 여성 모델을, 남성 수험자는 남성 모델을 준비하시면 되며 사전에 모델에게 작업에 요구되는 노출에 대한 동의를 받으셔야 합니다.

※ 수험자의 복장상태 중 위생복 속 반팔 또는 긴팔 티셔츠가 밖으로 나온 것도 감점사항에 해당됨을 양지 바랍니다.

※ 큐넷(www.q-net.or.kr) 자료실 내 2022년 미용사(피부) 공개 문제 내의 수험자 유의사항(전과제 공통) 등 관련 자료를 사전에 반드시 확인하여 준비하시기 바랍니다.

※ 적용시기: 2023년 상시 실기검정 제 1회 시행 시부터

국가기술자격 실기시험문제

자격종목	미용사(피부)	과제명	〈전 과제 공통〉

※ 수험자 유의사항

1. 수험자와 모델은 시험위원의 지시에 따라야 하며, 지정된 시간에 시험장에 입실해야 합니다.
2. 수험자는 수험표 및 신분증(본인임을 확인할 수 있는 사진이 부착된 증명서)을 지참해야 합니다.
3. 수험자는 반드시 위생복(상의는 흰색 반팔 가운, 하의는 흰색 긴바지로 모든 복식은 흰색으로 통일(1회용 가운 제외), 마스크 및 실내화(색상은 흰색 통일)를 착용하여야 하며, 복장 등에 소속을 나타내거나 암시하는 표시가 없어야 합니다.
4. 수험자 및 모델은 눈에 보이는 표식(예 : 네일 컬러링, 디자인 등)이 없어야 하며, 표식이 될 수 있는 액세서리(예: 반지, 시계, 팔찌, 발찌, 목걸이, 귀걸이 등)를 착용할 수 없습니다.
5. 수험자는 시험 중에 필요한 물품(습포, 왁스 등)을 가져오거나 관리상 필요한 이동을 제외하고 지정된 자리를 이탈하거나 다른 수험자와 대화 등을 할 수 없으며, 질문이 있는 경우는 손을 들고 시험위원이 올 때까지 기다려야 합니다.
6. 사용되는 해면과 코튼은 반드시 새 것을 사용하고 과제 시작 전 사용에 적합한 상태를 유지하도록 미리 준비해야 합니다.
7. 시험 시 사용되는 타월은 대형과 중형은 지참재료상의 지정된 수량만큼만 사용하고, 소형은 필요시 더 사용할 수 있습니다.
8. 수험자는 작업에 필요한 습포를 시험 시작 전 미리 준비(온습포는 과제당 6매까지 온장고에 보관)할 수 있으며, 비닐백(지퍼백 등)에 비번호 기재 후 보관하여야 합니다.

9. 모델은 반드시 화장(파운데이션, 마스카라, 아이라인, 아이섀도, 눈썹 및 입술화장(립스틱 사용 등)이 되어 있어야 합니다(남자모델의 경우도 동일).
10. 모델은 만 14세 이상의 신체 건강한 남, 여(년도기준)로 아래의 조건에 해당하지 않아야 합니다.
    ① 심한 민감성 피부 혹은 심한 농포성 여드름이 있는 사람 등 피부관리에 적합하지 않은 피부질환을 가진 사람
    ② 성형수술(코, 눈, 턱윤곽술, 주름제거 등)한지 6개월 이내인 사람
    ③ 호흡기 질환, 민감성 피부, 알레르기 등이 있는 자
    ④ 임신 중인 자
    ⑤ 정신질환자
    ※ **수험자가 동반한 모델도 신분증을 지참하여야 하며, 공단에서 지정한 신분증을 지참하지 않은 경우, 모델로 시험에 참여가 불가능합니다.**
    ※ 여성 수험자는 여성 모델을 남성 수험자는 남성 모델을 대동해야 하며 사전에 대동한 모델에게 작업에 요구되는 노출에 대한 동의를 받으셔야 합니다.
11. 관리 대상부위를 제외한 나머지 부위는 노출이 없도록 수건 등으로 덮어두시오(단, 팔은 노출이 가능함).
12. 팩과 딥클렌징 제품을 제외한 화장품은 어느 한 피부타입에만 특화되지 않고 모든 피부타입에 사용해도 괜찮은 타입(올 스킨타입 혹은 범용)을 사용해야 합니다.
13. 수험자 또는 모델은 핸드폰을 사용할 수 없습니다.
14. 작업에 필요한 각종 도구를 바닥에 떨어뜨리는 일이 없도록 하여야 하며, 특히 눈썹칼, 가위 등을 조심성 있게 다루어 안전사고가 발생되지 않도록 주의해야 합니다.
15. 제시된 작업시간 안에 세부 작업을 끝내며, 각 과제의 마지막 작업 시에는 주변정리를 함께 끝내야 하되, 각 세부 작업 시험시간을 초과하는 경우는 해당되는 세부 작업을 0점 처리합니다.

16. 다음 사항은 실격에 해당하여 채점 대상에서 제외됩니다.

① 시험 전체 과정을 응시하지 않은 경우

② 시험 도중 시험실을 무단 이탈하는 경우

③ 부정한 방법으로 타인의 도움을 받거나 타인의 시험을 방해하는 경우

④ 무단으로 모델을 수험자간에 교환하는 경우

⑤ 국가기술자격법상 국가기술자격 검정에서의 부정행위 등을 하는 경우

⑥ 수험자가 위생복을 착용하지 않은 경우

⑦ 모델이 가운을 미착용한 경우(여성:속가운, 남성: 베이지색 또는 남색 반바지)

⑧ 수험자 유의사항 내의 모델 조건에 부적합한 경우

⑨ 주요 화장품을 대부분 덜어서 가져온 경우

17. 시험응시 제외 사항

① 모델을 데려오지 않은 경우

18. 득점 외 별도 감점 사항

① 복장상태, 사전 준비상태 중 어느 하나라도 미 준비하거나 준비 작업이 미흡한 경우

② 모델이 가운을 미착용한 경우(여성: 겉가운, 남성: 흰색 반팔 티셔츠)

③ 관리 범위를 지키지 않는 경우(관리 범위 중 일부를 하지 않거나 범위를 벗어나는 것 모두 해당)

④ 작업순서를 지키지 않는 경우

⑤ 눈썹을 사전에 모두 정리를 해서 오는 경우

⑥ 필요한 기구 및 재료 등을 시험 도중에 꺼내는 경우

19. 마스크 작업 시 마스크 종류 및 순서가 틀린 경우(예: 팩과 마스크의 순서를 바꿔서 작업한 경우 등), 지압 및 강한 두드림 등 안마 행위를 하는 경우 및 눈썹과 체모가 없는 경우는 해당 작업을 0점 처리합니다.

20. 항목별 배점은 얼굴관리 60점, 부위별 관리 25점, 림프를 이용한 피부관리 15점입니다.

미용사(피부) 2023년도 실기시험문제 변경 현황

✓ 관련 법령 등 명시구체화

✓ 고마쥐, 제모 작업 범위 추가

✓ 면(코튼) 타입 해면 사용 허용

구분	현행	개정	비고
공개문제 p1	⑤ 국가자격검정 규정에 위배되는 부정행위 등을 하는 경우	⑤ 국가기술자격법상 국가기술자격 검정에서의 부정행위 등을 하는 경우	적용시기: 2023년 상시 실기검정 제1회부터
공개문제 p4	5) 고마쥐 제품 사용 시 도포는 얼굴에 하되 밀어내는 것은 이마와 오른쪽 볼 부위만을 대상으로 하시오.	5) 고마쥐 제품 사용 시 도포는 얼굴에 하되 밀어내는 것은 이마 전체와 오른쪽 볼 부위만을 대상으로 하시오.	
공개문제 p8	2. 수험자 유의사항 2) 제모 시 손 또는 발을 제외한 좌·우측 팔 전체 또는 다리 전체 중 적합한 부위에 한번만 제거하시오.	2. 수험자 유의사항 2) 제모 시 손 또는 발을 제외한 좌·우측 팔 전체 또는 다리 전체 중 작업을 수행하기 적합한 부위를 선택하여 한번만 제거하시오.	
수험자 지참 준비물	– 스폰지 해면 사용	→ 해면(스펀지, 면(코튼) 타입 혼용 사용 가능)	

국가기술자격 실기시험문제

자격종목	미용사(피부)	과제명	얼굴관리

※ 시험시간 : 2시간 15분

1과제 : 1시간25분(준비작업시간 및 위생 점검시간 제외)

1. 요구사항

※ 다음과 같이 준비 작업을 하시오.

가. 클렌징 작업 전, 과제에 사용되는 화장품 및 사용 재료를 관리에 편리하도록 작업대에 정리하시오.

나. 베드는 대형 수건을 미리 세팅하고, 재료 및 도구의 준비, 개인 및 기구 소독을 하시오.

다. 모델을 관리에 적합하게 준비(복장, 헤어터번, 노출관리 등)하고 누워 있도록 한 후 감독위원의 준비 및 위생 점검을 위해 대기하시오.

※ 아래 과정에 따라 모델에게 피부미용 작업을 하시오.

순서	작업명	요구사항	시간	비교
1	관리계획표 작성	제시된 피부타입 및 제품을 적용한 피부관리 계획을 작성하시오.	10분	
2	클렌징	지참한 제품을 이용하여 포인트 메이크업을 지우고 관리범위를 클렌징 한 후, 코튼 또는 해면을 이용하여 제품을 제거하고, 피부를 정돈하시오.	15분	도포 후 문지르기는 2~3분 정도 유지하시오.
3	눈썹정리	족집게와 가위, 눈썹칼을 이용하여 얼굴형에 맞는 눈썹모양을 만들고, 보기에 아름답게 눈썹을 정리하시오.	5분	눈썹을 뽑을 때 감독확인 하에 작업하시오.(한쪽 눈썹에만 작업하시오.)

순서	작업명	요구사항	시간	비교
4	딥클렌징	스크럽, AHA, 고마쥐, 효소의 4가지 타입 중 지정된 제품을 이용하여 얼굴에 딥클렌징 한 후, 피부를 정돈하시오.	10분	제시된 지정타입만 사용하시오.
5	손을 이용한 관리 (매뉴얼테크닉)	화장품(크림 혹은 오일타입)을 관리부위에 도포하고, 적절한 동작을 사용하여 관리한 후, 피부를 정돈하시오.	15분	
6	팩	팩을 위한 기본 전처리를 실시한 후, 제시된 피부타입에 적합한 제품을 선택하여 관리부위에 적당량을 도포하고, 일정시간 경과 뒤 팩을 제거한 후, 피부를 정돈하시오.	10분	팩을 도포한 부위는 코튼으로 덮지 마시오.
7	마스크 및 마무리	마스크를 위한 기본 전처리를 실시한 후 지정된 제품을 선택하여 관리부위에 작업하고, 일정시간 경과 뒤 마스크를 제거한 다음 피부를 정돈한 후 최종마무리와 주변 정리를 하시오.	20분	제시된 지정마스크만 사용하시오.

2. 수험자 유의사항

※ 다음과 같이 준비 작업을 하시오.

1) 지참 재료 중 바구니는 왜건의 크기(가로×세로)보다 큰 것은 사용할 수 없습니다.
2) 관리계획표는 제시된 조건에 맞는 내용으로 시험에서의 작업에 의거하여 작성하시오.
3) 필기도구는 검은색 볼펜만을 사용하여 작성하시오.
4) 눈썹정리 시 족집게를 이용하여 눈썹을 뽑을 때는 감독위원의 입회하에 실시하되, 감독위원의 지시를 따르시오.
   (작업을 하고 있다가 감독위원이 지시하면 족집게를 사용하며, 작업을 하지 않고 기다리지 마시오.)

5) 고마쥐 제품 사용 시 도포는 얼굴에 하되 밀어내는 것은 이마 전체와 오른쪽 볼 부위만을 대상으로 하시오.

6) 팩은 요구되는 피부타입에 따라 제품을 선택하여 사용하고, 붓 또는 스파튤라를 사용하여 관리 부위에 도포하시오.

7) 마스크의 작업 부위는 얼굴에서 목 경계 부위까지로 작업 시 코와 입에 호흡을 할 수 있도록 해야 합니다.

8) 얼굴 관리 중 클렌징, 손을 이용한 관리, 팩 작업에서의 관리범위는 얼굴부터 데콜테(가슴(breast)은 제외)까지를 말하며, 겨드랑이 안쪽 부위는 제외됩니다.

9) 모든 작업은 총 작업시간의 90% 이상을 사용하시오.(단, 관리계획표 작성은 제외)

국가기술자격 실기시험문제

자격종목	미용사(피부)	세부과제명	관리계획표 작성

※ 시험시간 : 2시간 15분

1과제 세부과제: 10분

※ 아래 예시에서 주어진 조건에 맞는 관리계획표를 작성하시오.

1. 얼굴의 피부 타입은 팩 사용의 부위별 피부 타입을 기준으로 결정하시오. (단, T–존과 U–존의 피부 타입만으로 판단하며, 피부의 유수분 함량을 기준으로 한 타입(건성, 중성(정상), 지성, 복합성)만으로 구분하시오.

2. 팩 사용을 위한 부위별 피부 상태(타입)

   ❍ T–존 :

   ❍ U–존

   ❍ 목 부위:

3. 딥클렌징 사용제품:

4. 마스크

※ 기타 유의사항

1) 관리계획표상의 클렌징, 매뉴얼테크닉용 화장품은 본인이 시험장에서 사용하는 제품의 제형을 기준으로 하시오.

<table>
<tr><th colspan="3">관리계획 차트 (Care Plan Chart)</th></tr>
<tr><td>비번호</td><td>형별</td><td>시험일자 20 . . . (부)</td></tr>
<tr><td rowspan="2">관리목적
및
기대효과</td><td colspan="2">관리목적 :</td></tr>
<tr><td colspan="2">기대효과 :</td></tr>
<tr><td>클렌징</td><td colspan="2">☐ 오일 ☐ 크림 ☐ 밀크/로션 ☐ 겔</td></tr>
<tr><td>팁클렌징</td><td colspan="2">☐ 고마지(gommage) ☐ 효소(enzyme) ☐ AHA ☐ 스크럽</td></tr>
<tr><td>매뉴얼테크닉 제품타입</td><td colspan="2">☐ 오일 ☐ 크림</td></tr>
<tr><td>손을 이용한 관리형태</td><td colspan="2">☐ 일반 ☐ 림프</td></tr>
<tr><td rowspan="3">팩</td><td colspan="2">T – 존 : ☐ 건성타입 팩 ☐ 정상타입 팩 ☐ 지성타입 팩</td></tr>
<tr><td colspan="2">U – 존 : ☐ 건성타입 팩 ☐ 정상타입 팩 ☐ 지성타입 팩</td></tr>
<tr><td colspan="2">목부위 : ☐ 건성타입 팩 ☐ 정상타입 팩 ☐ 지성타입 팩</td></tr>
<tr><td>마스크</td><td colspan="2">☐ 석고 마스크 ☐ 고무모델링 마스크</td></tr>
<tr><td rowspan="2">고객 관리
계획</td><td colspan="2">1주 :</td></tr>
<tr><td colspan="2">2주 :</td></tr>
<tr><td rowspan="2">자가관리
조언
(홈케어)</td><td colspan="2">제품을 사용한 관리 :</td></tr>
<tr><td colspan="2">기타 :</td></tr>
</table>

※ 관리계획표는 요구하는 피부타입에 맞추어 시험장에서의 관리를 기준으로 하시오.

※ 고객관리계획은 향후 주단위의 관리 계획을, 자가관리 조언은 가정에서의 제품 사용을 위주로 간단하고 명료하게 작성하며 수정 시 두 줄로 긋고 다시 쓰시오.

※ 향후 관리는 총 기간을 2주로 하고 각 주관리에 대한 내용을 기술

예) 클렌징 → 딥 클렌징(효소, 고마쥐, 스크럽, AHA 중 택 1) → 매뉴얼 테크닉 → 크림팩 (타입 등 표기) → 크림(제품 타입 등 표기)

예) 클렌징 → 딥 클렌징(효소, 고마쥐, 스크럽, AHA 중 택 1)→ 매뉴얼 테크닉 → 크림팩 (타입 등 표기) → 크림(제품 타입 등 표기)

※ 체크하는 부분은 주가 되는 하나만 하시오.

※ 고객관리 계획에서 마스크에 대한 사항은 제외하며, 마무리에 대한 사항은 작성하시오.

국가기술자격 실기시험문제

자격종목	미용사(피부)	과제명	팔, 다리 관리

※ 시험시간 : 2시간 15분

2과제 : 35분(준비작업시간 제외)

1. 요구사항

※ 팔, 다리 관리를 하기 위한 준비작업을 하시오.

가. 과제에 사용되는 화장품 및 사용 재료는 작업에 편리하도록 작업대에 정리하시오.

나. 모델을 관리에 적합하도록 준비하고 베드 위에 누워서 대기하도록 하시오.

※ 아래 과정에 따라 모델에게 피부미용 작업을 하시오.

<table>
<tr><th>순서</th><th>작업명</th><th></th><th>요구사항</th><th>시간</th><th>비교</th></tr>
<tr><td rowspan="2">1</td><td rowspan="2">손을 이용한 관리 (매뉴얼 다리 테크닉)</td><td>팔(전체)</td><td rowspan="2">모델의 관리부위(오른쪽 팔, 오른쪽 다리) 화장수를 사용하여 가볍고 신속하게 닦아낸 후 화장품(크림 혹은 오일 타입)을 도포하고, 적절한 동작을 사용하여 관리하시오.</td><td>10분</td><td>총 작업시간 의 90% 이상을 유지하시오.</td></tr>
<tr><td>다리(전체)</td><td>15분</td><td></td></tr>
<tr><td>2</td><td colspan="2">제모</td><td>왁스 워머에 데워진 핫 왁스를 필요량만큼 용기에 덜어서 작업에 사용하고, 팔 또는 다리에 왁스를 부직포 길이에 적합한 면적만큼 도포한 후, 체모를 제거하고 제모부위의 피부를 정돈하시오.</td><td>10분</td><td>제모는 좌우 · 구분이 없으며 부직포 제거 전 손을 들어 감독의 확인을 받으시오.</td></tr>
</table>

2. 수험자 유의사항

1) 손을 이용한 관리는 팔과 다리가 주 대상범위이며, 손과 발의 관리 시간은 전체 시간의 20%를 넘지 않도록 하시오.
2) 제모 시 손 또는 발을 제외한 좌우측 팔 전체 또는 다리 전체 중 작업을 수행하기 적합한 부위를 선택하여 한번만 제거하시오.
3) 관리부위에 체모가 완전히 제거되지 않았을 경우 족집게 등으로 잔털 등을 제거하시오.
4) 제모 작업은 7×20cm 정도의 부직포 1장을 이용한 도포 범위 (4~5×12~14 cm)를 기준으로 하시오.

국가기술자격 실기시험문제

자격종목	미용사(피부)	과제명	림프를 이용한 피부관리

※ 시험시간 : 2시간 15분

3과제 : 15분(준비작업 시간 제외)

1. 요구사항

※ 림프관리에 적합한 준비작업을 하시오.

가. 과제에 사용되는 화장품 및 사용 재료는 작업에 편리하도록 작업대에 정리하시오.

나. 모델을 작업에 적합하도록 준비하시오.

※ 아래 과정에 따라 모델에게 피부미용 작업을 하시오.

순서	작업명	요구내용	시간	비고
1	림프를 이용한 피부관리	적절한 압력과 속도를 유지하며 목과 얼굴 부위에 림프절 방향에 맞추어 피부관리를 실시하시오. (단, 에플라쥐 동작을 시작과 마지막에 하시오.)	15분	종료시간에 맞추어 관리하시오.

2. 수험자 유의사항

1) 작업 전 관리부위에 대한 클렌징 작업은 하지 마시오.
2) 관리 순서는 에플라쥐를 먼저 실시한 후 첫 시작지점은 목 부위(profundus)부터 하되, 림프절 방향으로 관리하며, 림프절의 방향에 역행되지 않도록 주의하시오.
3) 적절한 압력과 속도를 유지하고, 정확한 부위에 실시하시오.

[참고 자료]

피부미용사 부문

개정된 NCS 직무분석 매뉴얼

국가직무능력표준
National Competency Standards

참고 문헌

- 강수경 외 8인, "에스테틱-얼굴편", 뷰티누리, 2011.
- 권혜영 외 4인, "뉴 피부과학", 메디시언, 2014.
- 권혜영 외 4인, "피부미용사 필기 시험", 메디시언, 2020.
- 권혜영 외 4인, "최신 피부미용학", 훈민사, 2010.
- 권혜영, "피부관리실의 고객만족을 위한 성공가이드", 성안당, 2012.
- 김광옥 외 10인, "피부관리 이론과 실제 AESTHETICS", 도서출판 성화, 2003.
- 김경영 외 7인, "한권으로 끝내는 화장품학", 메디시언, 2020.
- 김기연 외 14인, "화장품학", 현문사, 2010.
- 김명숙, "이론과 실제 피부관리학", 현문사, 2009.
- 김봉인 외 9인, "에센스 미용기기학", 메디시언, 2020.
- 김영순 외 2인, "스웨디시 마사지 이론과 실제", 훈민사, 2008.
- 김유정 외 4인, "피부미용학", 구민사, 2014.
- 안경민 외 4인, "피부미용사 실기", 웰북, 2008.
- 윤미숙 외 7인, "에센스 기초 피부관리", 메디시언, 2023.
- 이연희 외 6인, "기초실무 안면피부관리", 광문각, 2012.
- 이유미 외 3인, "전신피부관리실습", 광문각, 2011.
- 하문선 외 2인, "스킨 트리트먼트 매뉴얼", 청구문화사, 2011.
- 하순득 외 4인, "아름다움을 창조하는 피부관리학", 형설출판사, 2009.
- 홍승정 외 6인, "기초실무 전신피부관리", 광문각, 2010.
- 국가직무능력표준 http://www.ncs.go.kr/
- 큐넷 http://q-net.or.kr

찾아 보기

교육역량 강화를 위한

기초 에스테틱 AESTHETICS 개정판

2022년 3월 1일 초판 인쇄
2024년 3월 1일 개정판 발행

저 자 권혜영/안경민/양미영
임현지/하문선

발행인 주병오 · 주민기

발행처 메디시언

경기도 파주시 회동길 209
파주출판문화정보산업단지
영업팀 (031)955－7566 · 7577
편집디자인팀 (031)955－7731
F A X (031)955－7730
홈페이지 www.ji-gu.co.kr
이메일 jigupub@hanmail.net

ISBN 979－11－86739－32－7－93590

값 24,000원